# 含珊瑚碎屑地层
# 防渗止水系统设计与工程实例

阳吉宝　李忠平　任海平　韩炳辰　著

同济大学 出版社
TONGJI UNIVERSITY PRESS

## 内 容 提 要

本书以中国人民解放军海军工程设计研究院和上海市建工设计研究院联合开展的"珊瑚碎屑及珊瑚礁岩防渗止水系统研究"的科研成果为基础,以海南省某临海地区入岩深基坑为研究对象,主要研究解决临海地区入岩深大基坑的防渗止水问题。全书从场地的地形地貌、地质条件、基坑特点等方面开展研究分析,包括入岩深基坑的设计选型、设计原则、基坑稳定性分析、基坑监测要求等方面,并通过两个实例进行了全面系统的介绍,同时对入岩深大基坑的设计与施工进行了总结和反思。

本书适合岩土工程、地下结构及相关专业的科研人员和高校师生阅读。

**图书在版编目(CIP)数据**

含珊瑚碎屑地层防渗止水系统设计与工程实例 / 阳
吉宝等著. —上海:同济大学出版社,2017.10
(珊瑚碎屑及珊瑚礁岩防渗止水系统研究)
ISBN 978 - 7 - 5608 - 6551 - 5

Ⅰ. ①含… Ⅱ. ①阳… Ⅲ. ①防渗工程-研究 Ⅳ.
①TU761.1

中国版本图书馆 CIP 数据核字(2016)第 233055 号

**含珊瑚碎屑地层防渗止水系统设计与工程实例**

阳吉宝 李忠平 任海平 韩炳辰 著
**出 品 人** 华春荣 **策划编辑** 杨宁霞 **责任编辑** 李 杰 胡 毅
**责任校对** 徐春莲 **封面设计** 张 微

出版发行 同济大学出版社 www.tongjipress.com.cn
(地址:上海市四平路 1239 号 邮编:200092 电话:021 - 65985622)
经 销 全国各地新华书店、建筑书店、网络书店
排版制作 南京展望文化发展有限公司
印 刷 上海丽佳制版印刷有限公司
开 本 889 mm×1194 mm 1/16
印 张 18.75
字 数 600 000
版 次 2017 年 10 月第 1 版 2017 年 10 月第 1 次印刷
书 号 ISBN 978 - 7 - 5608 - 6551 - 5

定 价 168.00 元

# 前　言

21世纪是发展绿色海洋经济的新时代，也是临海地区工程建设突飞猛进的新时代。然而，临海地区或海岛地区的工程建设不论在规模、数量，还是在地质条件研究、施工经验的积累等方面均远远落后于内陆经济发展较快和发达的地区。这样，在临海地区或海岛地区进行重大和重点工程项目建设时，就必须充分研究当地的地质条件，比选设计方案，制订施工要求，以确保建设项目的顺利实施。

为工程设计与施工需要，上海市建工设计研究院有限公司于2010年2月开始与中国人民解放军海军工程设计研究院接洽联系，商讨科研协作，着手确定研究对象和研究内容，以及类似工程案例选择等准备工作，并于2013年2月正式立项，共同开展"珊瑚碎屑及珊瑚礁岩防渗止水系统研究"的课题协作研究，主要研究如何解决海南省临海地区入岩深大基坑的防渗止水问题。本项科研以海南省临海地区入岩深基坑为研究对象，以临海地区具有类似地质地层条件的基坑工程的防渗止水问题为研究内容，从场地的地形地貌、地质条件、基坑特点等方面开展研究分析，主要研究如何解决入岩深基坑的设计选型、施工工序、工艺选择问题，确定施工、检测和监测方案与要求，最后针对此次项目的基坑工程提出设计与施工方案，分析基坑边坡的稳定性，明确施工、检测、监测的方法、内容和具体操作要求。

为顺利完成科研项目，课题组选择类似地质条件但规模相对较小的入岩深基坑作为研究对象，以积累理论研究和实际工程经验，为三亚某基地入岩深大基坑设计与施工创造条件。基于上述目的，上海市建工设计研究院有限公司自2010年5月开始，有幸参与文昌卫星发射基地的建设项目，先后参与078基地1#工位、2#工位的基坑工程与桩基工程的设计、咨询及施工。在这些项目的实施过程中，出现了诸多问题，主要体现在：对临海地区的地质条件研究不够；对临海地区浅基坑设计与施工经验不足；对临海地区入岩深基坑设计与施工的难度认识不清，重视不够，经验缺乏；对临海地区特殊地质条件下的桩基设计与施工的重点、难点分析认识不到位；等等。尤其是1#工位、2#工位深基坑止水帷幕体的设计与施工，因受基坑开挖面积大（约1.5万m²）、开挖深度深（约23 m）且进入基岩深度达12 m等条件的限制，加之对临海地区地质条件的复杂性分析认识不足，1#基坑在开挖到基岩面时发生严重渗漏，给基坑基岩面下岩体爆破和基础工程施工带来困难，甚至危及基坑边坡的安全稳定性。2#工位基坑设计与施工在分析总结1#工位基坑的成果经验和吸取失败教训的基础上，优化和改进了基坑止水帷幕体的设计方案，进一步明确施工、检测和监测的要求，从而使2#工位基坑的工期、费用和施工质量都大大优于1#工位基坑。相对于海南某临海入岩深大基坑，文昌卫星发射基地的基坑工程面积较小，开挖深度近似，主要类似的是场地的地形地貌和地层条件。这样，深入研究和总结文昌卫星基地工程建设项目的设计与施工经验，有助于指导海南临海入岩深大基坑工程的设计与施工。

本书共 10 章。第 1 章为绪论，概述本书的主要研究方法、研究内容和研究成果；第 2、3、4 章主要对临海地区的地形地貌、气象条件和地质条件加以分析研究，并对比分析了海南省不同地区的临海地质条件；第 5 章结合对某临海场地在潮汐作用下的地下水水位变化特征的观测，分析研究临海地区潮汐作用对基坑边坡稳定性的影响；第 6 章主要研究临海地区入岩深基坑设计选型，通过方案初步对比分析，再用模糊理论优选经济、合理、可行的设计方案；第 7 章主要讨论入岩深基坑的具体设计原则、设计依据、设计内容等问题；第 8 章主要研究深基坑在开挖和基础施工全过程中的安全稳定性问题，简称"全程稳定性分析"，讨论基坑稳定性的主要影响因素、基坑边坡稳定性最差部位和时段；第 9 章主要讨论基坑设计时对止水帷幕体施工、检测和基坑监测的要求；第 10 章详细介绍文昌卫星发射基地 1$^\sharp$ 工位、2$^\sharp$ 工位基坑设计方案，并对 1$^\sharp$ 工位基坑设计与施工过程中的不足进行总结和反思。

本课题研究肇始于 2010 年 2 月，正式立项于 2013 年 2 月，课题研究已达 5 年多，特别是近两年来，在海南文昌和三亚等地开展了一系列野外现场试验、测试和室内资料整理分析工作，其中还开展了长达 1 年半的潮汐作用下地下水水位观测，收集了海南省及其邻近区域的地质构造和工程地质、水文地质资料，参考并吸收了海南地区和类似地区同类型工程实例和设计、施工经验，这些工作均为本书的编著创造了良好的基础条件，同时也保证了本课题研究基础、项目研究成果的真实性和可靠性。通过检索和查阅文献发现，目前，类似工程案例较少，对临海地区的地质条件的研究以及对入岩深基坑工程设计与施工的研究均不多见，"珊瑚碎屑及珊瑚礁岩防渗止水系统研究"的课题组希望本书能对类似地质条件和类似工程有较大的参考价值和指导作用。

著 者

2016 年 9 月

# 目　录

# 1 绪　论

## 1.1　问题的提出

　　某船坞建设场地位于剥蚀残山—海湾沉积过渡的海岸地带,面向大海,建筑物纵轴垂直海岸,一部分进入大海,大部分嵌入海岸。现场勘察钻孔结果显示,场地岩土体从上到下可分为 4 大层 13 亚层。第一大层为珊瑚碎屑、珊瑚礁灰岩,埋深为从地表到地下 15 m;第二大层为粉质黏土和粉细砂,埋深地表下 7～47 m;第三大层为强风化到中风化石英砂岩,埋深地表下 3～54 m;第四大层为强风化、中风化—微风化的花岗岩,埋深地表下 57 m。从整个场地的地层特征分析,场区岩土工程条件复杂,岩土种类多,特殊性岩土(珊瑚碎屑、珊瑚礁灰岩和黏土质蚀变岩)分布广泛,基岩埋深变化大,同时处在两种岩性接触交错的部位。

　　本工程因体量大、施工周期长,基坑开挖要深入基岩,揭露基岩及其上覆土体,特别是强渗透性的基岩面附近的交界面,而且工程属性重要,所以,为确保施工安全,拟采用围堰内干施工。本工程基坑平面位置部分在陆地、部分在海里,在陆地部分的基坑又部分要进入基岩面以下,基岩面以上的地层分布有珊瑚礁、珊瑚碎屑层,透水性极强;基岩面为极强透水层,而且基岩面高低起伏较大,局部会有孤石存在,在确保基坑边坡稳定的同时如何选择经济合理、施工可行的止水帷幕形式是本次立项研究需要解决的主要问题之一。在陆地部分,主要解决两个问题:① 基岩面以上,在分布有珊瑚礁、珊瑚碎屑层中止水帷幕施工可行性和实际施工后止水效果的研究;② 采用合理可行的工法解决基岩面的渗透问题。在海里部分,主要也是解决两个问题:① 先研究解决围堰坝体的施工问题,可利用海底吹砂的办法形成坝体,主要解决围护体的稳定问题;② 再在围堰坝体内施工三轴搅拌桩,主要解决围堰坝体的止水问题。这样,可形成一个封闭、稳定的止水帷幕和围堰坝体,以满足基础长时间干施工条件的要求。

　　根据场地的地层地质特征,并在总结已在类似地层环境下成功实施基坑围护体设计与施工工程案例的基础上,提出本基坑围护体结构形式拟采用三轴搅拌桩加高压旋喷桩复合结构体,即基岩面以上采用三轴搅拌桩,用高压旋喷桩对上覆土体与基岩交接面进行加固。这样,三轴搅拌桩施工的可行性及工后止水效果必须研究定论,通过研究确定是否可以参照海南省文昌市卫星发射基地基坑设计与施工的方法来实施本项目基坑止水防渗帷幕工程。

　　在临海场地设计与施工基坑,因潮汐作用而引起的地下水水位变化必然对基坑的稳定性产生影响,为在基坑围护设计计算时正确确定计算参数,研究必须查明潮汐作用下引起地下水水位和水土压力时空变化的规律。沿着基坑长轴(近似与海岸垂直)方向,随着距离海岸边界距离大小的变化,由潮汐作用引起的地下水水位和水土压力变化也随之发生变化,作用于基坑四周的水土压力也是各不相同的。由潮汐作用引起的地下水流速和流向均随着一天两次的潮涨潮落而变化。这样,只有在查清地下水水位和水土压力在潮汐作用下随时间、空间变化的规律的基础上,才能正确确定基坑围护体的施工参数,从而准确地计算基坑边坡的稳定性,为安全设计基坑打下坚实的基础。在临海地区,受特殊气象条件的影响,波浪和潮汐风暴潮一起出现的情况时有发生。这样,在设计基坑时,要考虑因波浪和潮汐风暴潮共同作用而引起的地表水和地下水水位变化对基坑稳定性产生的影响,海水进入基坑内对基坑明排水能力的要求。

基坑围护体的稳定性占据一切基坑工程最重要的位置。本项目基坑面临着复杂的加荷条件:① 受到由潮汐引起的地下水变动循环加载的作用;② 因基坑面积大、施工周期长,使得地下水水位循环加载对基坑围护体具有长期作用的效应;③ 恶劣天气会引起暴雨、潮汐波浪的加载作用;④ 基岩爆破会对围护体施加振动荷载。考虑到上述复杂的加载条件,有必要对基坑、基础施工全过程围护体的稳定性进行分析。

综上所述,本书主要研究临海含珊瑚碎屑及珊瑚礁灰岩地层的地质条件,尤其是水文地质条件和潮汐对临海地层水土压力时空分布规律的影响和评价,在此基础上,根据科学、合理、经济和可持续发展的原则,比选入岩的基坑止水帷幕设计方案,分析基坑围护体的全程安全性和稳定性。

## 1.2　研究现状概述

对珊瑚礁灰岩工程力学性质的研究自 20 世纪 70 年代开始已引起我国科研工作者的广泛关注,汪稔等[1]对南沙群岛珊瑚礁的工程特征进行了系统的研究,王新志等[2]对取自南沙群岛的礁灰岩进行了声波测试、单轴抗拉强度试验、单轴抗压强度试验和三轴压缩强度试验。试验结果表明,礁灰岩具有较高的孔隙率,远远大于其他岩石,其纵波波速为 2 700~3 700 m/s,并随着孔隙率的增大而呈线性减小;礁灰岩的软化性较弱,干燥抗拉强度和饱和抗拉强度相差不大;礁灰岩的破坏形态表明其具有脆性岩石的特点,但又与花岗岩等脆性岩石有本质的区别。在破坏时并不像其他脆性岩石一样具有单一破裂面,而是沿着珊瑚礁的生长线同时出现多个破裂面,并保持较高的残余强度,礁灰岩的这种破坏模式是由其特殊的岩体结构决定的。为研究三轴搅拌桩在珊瑚礁灰岩分布区施工的可行性,也即分析珊瑚礁灰岩的可搅拌性,同时要研究三轴搅拌桩在本场地复杂土层条件下的施工可行性,这是一个全新的课题。

为研究岩石的可搅拌性,可以参考岩石可钻性的研究成果。岩石可钻性是表征地层难钻易钻程度、反映岩石破碎综合性质的主要指标,是当今石油钻井工程界选择钻头、预测钻速的基础数据[3]。韩来聚等[4]应用数理统计方法研究分析了岩石地面纵波波速 $V_p$、横波波速 $V_s$ 分别与钻头可钻性的相关关系,并通过测井波速资料建立了利用声波测井资料预测碳酸盐岩地层剖面可钻性的数学模型。李士彬等[5]通过研究发现,岩石可钻性与井深有关,也与围压有关,建立了考虑围压作用下的岩石可钻性级值模型。邹德永等[6]利用岩屑声波法评价了岩石可钻性。鲍挺等[7]对岩石可钻性的研究方法与发展前景进行概括,指出岩屑硬度法是今后地层可钻性研究发展的重点。熊继有等[8]讨论了岩石矿物成分与可钻性的关系。修宪民等[9]讨论了岩石力学性质及可钻性的分级研究,应用数理统计学原理,依据岩石力学性质和可钻性指标,建立表示岩石可钻性的数学模型,并以此模型进行岩石可钻性分级。分形理论、神经网络理论等也被广泛应用于岩石可钻性的研究[10-15],通过试验分析研究,岩石可钻性分级定量研究成果已能满足实际生产需要。前述岩石可钻性研究方法与研究成果为研究珊瑚礁灰岩可搅拌性带来了启示,可以参考岩石可钻性研究方法,以开创性地开展珊瑚礁灰岩可搅拌性的研究。

自从发现固体潮及与之相关的水位潮汐变化现象以来,地质体在引潮力作用下的应力、应变及孔压(水位)变化一直受到有关研究者的关注。王仁等[18,19]从理论上计算出某一时刻日月引潮力所致的构造应力场,并剖析了周期性潮汐引力触发地震的可能性。张昭栋等[20]从弹性理论和地下水动力学原理导出了井水位对固体潮应变的响应方程。汪成民等[21]通过分析得出地球表面的潮汐应力表达式,并利用深井水位与潮汐应力的平衡方程式探讨井水位的变化问题。廖欣等[22]认为只片面承认应变对孔压的影响,而计算应力、应变时忽略了流体的影响,即没有考虑到流体与岩体骨架之间的耦合作用,通过研究,得到引潮力作用下饱和岩体的应力、孔压表达式。

在引潮力作用下,会引起近海岸岩土体地下水水位和水土压力的变化,邓苏谊[23]通过研究,利用边界元方法通过对临海区域无压含水层在潮汐作用下的地下水水位变化的研究,得到潮汐作用下地下水水位波动解析解,钟启明[24]在辽宁省瓦房店市渤海湾临海地区通过钻孔进行同位素示踪测定,分别测定了各钻孔的地下水流速流向。高茂生等[25]通过地下水水位观测井进行地下水水位动态变化和海洋潮汐涨(落)潮关系的研究,划定了地下水受潮汐影响的范围,并评价了地下水波动的范围。孙海枫等[26]通过观测发现,随着与海岸距离的增大,潮汐影响逐渐降低,愈靠近海岸影响越大,当距离海岸大于30 m时,影响可忽略。于洪丹等[27]对厦门海底隧道,利用海流监测数据,考虑潮汐荷载循环变化过程中衬砌的疲劳损伤过程,用有限元模拟分析了应力渗流耦合作用下潮汐荷载对隧道衬砌和围岩稳定性的影响。向先超等[28]根据海滩区淤泥长期受周期性的波浪和潮汐作用的特征,建立了有限元计算模型,计算结果表明潮汐对淤泥路基排水固结有显著影响。张浩等[29]通过钻孔地下水水位和潮汐高度的观测,对某房屋基础是否受潮汐作用进行了判别。吕振利等[30]对福建省泉州某江心洲地区基坑受江水潮汐作用的影响进行了分析,主要考虑荷载作用和潮汐对高压旋喷桩施工质量的影响。朱汝贤等[31]、金成文等[32]分别对受潮汐作用地区高压旋喷桩施工质量控制进行了讨论。吴明军等[33]、高亚军等[34]对潮汐水流对海岸边钻孔灌注桩施工影响进行了分析,并提出建议。赵晖等[35]利用二维离散元模拟分析了人造基床单桩在潮汐作用下的稳定性。

在临海地区,受特殊气象条件影响,波浪和潮汐风暴潮一起出现的情况时有发生。林祥等[36]分析了由暴风引起的近岸波浪和潮汐风暴潮及其相互作用的影响。欧素英等[37]对珠江三角洲网河区径流潮流的相互作用进行了分析。

水是基坑工程的天敌,地下水的存在对基坑工程会产生不利影响,地下水的渗透破坏常常可以酿成灾难性后果。据统计,70%以上的基坑工程事故是由水直接或间接造成的,其中22%的基坑工程事故与地下水有关。对于临海深基坑,受水作用的影响较之于其他类型基坑更甚,因为它不仅受地下水作用,而且时常遭遇更恶劣天气的暴雨作用;其受地下水作用也与通常地方不同,每天还会受到两次由潮汐引起的附加地下水水位增高的作用。为此,研究临海场地基坑工程受水作用的风险因素与控制,其重要意义不言自明[38]。

李群[39]认为,做好沿海地区基坑降水工作,关系到施工安全、质量与进度的控制。郑定刚等[40]分析了在考虑大气降雨量条件下的基坑降水计算问题。沈建军等[41]在考虑海水潮汐条件下进行了抽水试验,并求得潜水含水层渗透系数。对于全封闭基坑,其降水实际作用等同于疏干抽水。王赫生等[42]讨论了某煤矿抽水试验及疏水设计参数的合理确定。邹正盛等[43]对基坑降水因渗透等原因造成"疏不干"问题提出了工程对策。王金超等[44]对沿海地下建筑物基坑降水问题进行了讨论,重点讨论了降水设备选型和数量的确定,以确保施工正常顺利进行。胡鸿志等[45]对特大型深基坑降水提出抽渗结合,讨论了如何设计基坑内疏干井,并辅以明沟排水。徐冬生[46]讨论了疏干降水施工技术对人工挖孔桩的作用,对基坑疏干降水有所启示。刘澜[47]对基坑底部分布有隔水基岩的基坑疏干降水问题进行了研究,并提出相应措施。褚振尧等[48]针对某露天煤矿降水问题提出了疏干井与明排水系统相结合的方案。上述研究对本项目基坑降水设计有很大的启迪作用。

深基坑降水的数值模拟分析研究一直是基坑工程研究的热点问题之一。骆祖江等[49]对基坑降水疏干过程进行了三维渗流场数值模拟研究,模拟的降水过程和降水效果与实际工程施工情况有良好的一致性。赵文超[50]对考虑渗流影响的基坑工程进行了三维有限元模拟及分析,并与二维模拟结果进行对比,研究结果表明二维分析渗流场解得到更清晰直观的结果。冯海涛[51]利用有限元软件plaxis对深基坑降水问题进行了研究,重点讨论深基坑内降水疏干后,对基坑内土体力学性质改善与提高及对环境保护等方面有着积极的意义。

## 1.3　存在的问题

本书主要研究解决在临海含珊瑚碎屑及珊瑚礁灰岩地层的止水帷幕设计与施工可行性的问题。为此,我们必须认识到目前对场地和类似地层地质条件研究存在如下问题:

1) 地层水文地质条件研究

临海含珊瑚碎屑及珊瑚礁灰岩地层从岩土层特征来说,有两个显著特点,一是因基岩面起伏较大而使上覆土体厚度变化较大;二是基岩面上覆土层土体成分变异较大。对这样的地层,水文地质条件研究可以根据水文地质学基本原理开展实地勘察研究。这样,所获得的地质参数才能有效地指导设计与施工。显然,目前对土层的物理力学性质研究较多,大多研究土层的承载力,而在类似土层开展场地野外详细水文地质勘查,如现场抽水试验等工程案例和科研成果鲜有报道。

2) 潮汐作用下以及恶劣天气时的地下水水位与水土压力时空变化规律研究

为在临海地区设计与施工嵌岩基坑工程,必须详细研究临海地区特有的潮汐作用和特殊恶劣天气影响。为此应做到三个查明:① 查明沿着基坑长轴(近似与海岸垂直)方向,由潮汐作用引起的地下水水位和水土压力随着距离海岸边界距离大小的变化而变化的规律,为安全设计基坑,正确确定基坑四周水土压力计算参数,从而准确地计算基坑边坡的稳定性打下坚实的基础;② 查明沿着基坑长轴方向,随着距离海岸边界距离大小的变化,由潮汐作用引起的地下水流速和流向随着一天两次潮涨潮落而发生变化的规律,确定地下水流速和流向相对稳定的时间段,在此基础上,对基坑围护体施工参数确定提出建议;③ 查明在特殊气象条件下,波浪和潮汐风暴潮一起出现时的降雨强度,从而估算基坑集水面积内的积水量。根据波浪和潮汐风暴潮发生的强度和延续时间,估算海水涌入基坑内的积水量,从而对基坑明排水能力提出要求,并估算上述作用所产生的荷载对基坑长期稳定性所产生的影响。如此,必须开展现场水土压力观测,深入研究分析潮汐作用和恶劣天气对临海地区基坑工程设计和施工以及基坑稳定性的影响。考虑到建设工程的重要性,现场野外测试工作不可或缺。

3) 止水防渗帷幕设计选型

对于本基坑止水防渗帷幕结构体,有多种形式可供选择,如钻孔灌注桩排桩加外拉锚、咬合桩,甚至素混凝土地下连续墙。但初步分析,它们的造价较高,而且施工工期较长,设备投入多。本项目必须通过对比分析各种围护结构体的经济造价,施工难易程度,从而进一步寻找经济、合理、科学且施工方便的止水防渗围护结构体形式。

4) 基坑全程稳定性分析

基坑的安全稳定性始终是基坑设计与施工的首要问题。临海复杂的地质条件下,基坑围护结构体在基坑开挖以及基础施工期间受到多种附加荷载的作用,在不同阶段,所受荷载的种类不同,强度不同,有时是单一荷载,有时是多种荷载叠加,有由基坑开挖而引起的主动土压力,有由潮汐作用引起的动荷载,有基岩爆破所产生的动荷载,以及恶劣天气所产生的不利荷载作用等。这样,区分荷载种类、加荷阶段、加荷特征,通过数值模拟计算分析基坑围护体的全程稳定性就成为基坑工程必须研究解决的问题。

5) 施工可行性问题研究

本基坑止水防渗帷幕围护体结构形式拟采用三轴搅拌桩加高压旋喷桩垂向复合结构体,即基岩面以上采用三轴搅拌桩,用高压旋喷桩对上覆土体与基岩交接面进行加固。这样,必须研究确定这种基坑围护形式是否适合本场地的地层地质条件;施工是否可行,特别是建立的珊瑚礁灰岩可搅拌性级值评价模型是否切合实际;高压旋喷桩对基岩面起伏较大的地层施工适应性如何;工后围护体施工质量能否达到设计要求。

因类似工程实例极为少见,施工可行性研究以及施工质量可控性研究也少有案例可循,只有通过研究或现场试成桩才能确定施工参数,因此,必须考虑施工设备的机械性能、场地地层地质条件等,同时,也要充分考虑设备操作人员的经验、操作能力。

6)施工质量检测问题研究

工后围护体施工质量的可靠性、稳定性必须通过有效的检测方法去检测,并且应该在基坑开挖前实施,如发现问题,及时进行处理,这样可避免或消除因施工质量问题导致基坑围护体渗漏,甚至危及基坑安全的事故发生。尽管目前针对搅拌桩和高压旋喷桩成桩质量检测的方法很多,但还未发现对类似土层和基坑围护形式的施工质量检测案例报道。我们必须在总结分析各种方法优点、缺点和适应性的基础上,比选针对性强的检测方法,以确保施工质量。

## 1.4 防渗止水系统设计研究

### 1.4.1 常用的施工工艺

目前国内外常用的基坑防渗方法种类较多,按施工工艺可分为深层搅拌桩法、静压注浆法、化学材料灌浆法、高压旋喷桩法及混凝土防渗墙、钻(冲)孔咬合桩、素地下连续墙等。深层搅拌桩法是利用水泥材料作为固化剂,通过特制的搅拌机械,在地基中将土层和固化剂强制进行搅拌,水泥和土产生一系列的物理化学反应,形成水泥土桩。该方法应用于临海复杂地质条件时存在以下缺点:

(1)临海地层含有珊瑚碎屑和珊瑚礁灰岩,采用水泥土搅拌桩必须采用动力大的三轴搅拌桩桩机,同时还存在遇到珊瑚礁灰岩能否搅拌的问题;

(2)临海地层的基岩面起伏较大,如施工操作控制不严,三轴搅拌桩桩机搅拌头可能碰到基岩而卡机,甚至损坏搅拌桩桩机;

(3)临海地层土体成分复杂,存在三轴搅拌桩施工成桩质量不均匀、不稳定的风险。

静压注浆法是利用液压(或气压)把固化剂浆液强制注入地基中的裂缝或孔隙,以使土的物理力学特性得到改善的方法。静压注浆可分为渗透注浆、劈裂注浆和压密注浆。在深基坑防渗工程中主要应用的是渗透注浆。所谓渗透注浆是指浆液以渗透方式渗入土体孔隙的注浆方法。由其注浆机理可知,并不是任何地层都可采用这种方法进行注浆,如用土的渗透性指标来表示可灌性的话,比较成功的经验是,当土的渗透系数大于 $(2\sim3)\times10^{-1}$ cm/s 时,可采用普通水泥灌浆,当土的渗透系数大于 $(5\sim6)\times10^{-2}$ cm/s 时,可采用黏土注浆,由此可见,对砂卵石地层或含大颗粒较多的杂填土层可用此工艺进行注浆。但是深基坑的侧壁很少是由这种地层组成的。

劈裂注浆法仅适用于有明显的小主应力面时,如直线堤段、直线坝段等,否则劈不开。它是一种先破坏土体结构然后再固化土体的一种灌浆工艺。在浆压作用下,浆液克服地层的初始应力和抗拉强度,引起土体结构的扰动破坏,使地层中原有的裂隙或孔隙张开,形成一些新的或更大的裂隙。在均质地层中灌浆后浆液固结体呈树根状,所以该工艺用于深基坑防渗很难形成完整帷幕。但是可以用该方法加固基坑底部外围的土体,使其被动土压力区强度增大,起到缩短桩长、防止护坡桩"踢脚"、增大基坑稳定性的作用。

由此看来,静压注浆构筑基坑防渗帷幕应用范围很窄,效果也难以保证,所以应用较少。

化学材料灌浆法属渗透注浆,只不过灌注的浆液由化工材料制成,如果从防渗角度来讲渗透系数小于 $10^{-3}$ cm/s 的土层需采用化学浆材灌注形成帷幕。但化学浆材成本昂贵,施工复杂,且具有一定的毒副作用,所以除基坑堵漏外,很少大面积采用。

高压旋喷桩是把带有喷嘴的注浆管放进预先钻好的孔内,以 $32\sim40$ MPa 的压力把浆液或水从喷嘴中喷射出来,形成喷射流冲击破坏土层,当能量大、速度快、脉动状态的射流在土层中产生的动压大于土层的结构强度时,土颗粒便从土中剥离下来,一部分细颗粒随浆液冒出地面,其余土粒与浆液搅拌混合,浆液凝固后,便在土中形成水泥土固结体。固结体的大小形状与高压射流的方向、转动角度和提升速度有密切关系。当喷射流旋转提升时,固结体呈圆形,即所谓的"旋喷";喷射流固定一个方向喷射提升时,固结体为条形,称之为"定喷";当喷射流做往复摆动喷射时(摆动角度小于 180°),固结体呈哑铃形,则该种工艺被称为"摆喷"。喷射注浆用于基坑地下水控制工程,其喷射体形状可按需要改变,喷射长度可根据不同的地层调整控制,各凝结体之间连接效果良好,不存在接缝问题。凝结体的防渗性能较好,其强度和弹性模量可根据需要做必要的控制,最大的优点是适用面较广,几乎可适用于任何地层。

采用钻孔或冲孔等工艺施工咬合桩防渗墙,可解决入岩问题。但因临海地区基岩面起伏较大,要想彻底解决基岩面附近的渗漏问题,桩身进入基岩的深度必须在 500 mm 以上,钻机入岩施工时间长,成本高。采用成槽机施工地下连续墙也可以解决入岩防渗问题,只不过同样存在入岩施工困难、工期长、成本高等问题。

## 1.4.2　基坑防渗帷幕的几种结构形式

1) 侧壁止水帷幕的结构形式

基坑侧壁止水帷幕的平面结构形式主要有喷射凝结体自身连接形成帷幕和喷射凝结体与支护桩共同组成止水支护墙体两种类型;其竖向结构则有帷幕未深入下部相对不透水层的悬挂式帷幕和防渗帷幕嵌入下部相对不透水层的落底式防渗帷幕之分。综合考虑安全、经济、可靠、可行等各种因素的影响,具体工程应根据实际情况选择使用合理的结构形式,如图 1-1 和图 1-2 所示。

对于临海入岩基坑,显然必须采用入岩的隔断渗透体的方式。

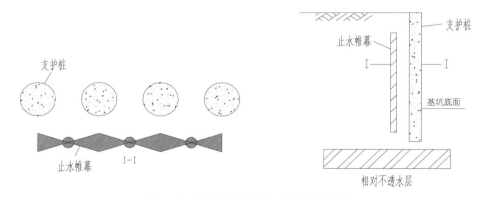

图 1-1　高喷凝结体悬挂式帷幕示意图

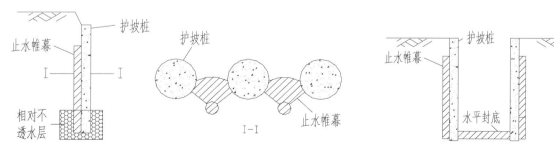

图 1-2　支护桩与凝结体共同组成落底式止水帷幕　　　　图 1-3　五面止水结构示意图

2) 水平帷幕的结构形式

水平止水帷幕就是在基坑某一深度范围内利用旋喷体套接的形式形成水平止水底板(也称为水

平封底),它和竖向帷幕一起组成一个封闭的箱形止水结构以阻止地下水的渗入。该形式又称五面止水结构形式,如图1-3所示。

对于临海入岩基坑,其基岩就相当于不透水层,无需采用水平帷幕的结构形式。

### 1.4.3 侧向止水帷幕的平面结构形式

对基坑竖向防渗帷幕基本要求是帷幕不出现漏水点,也就是说各喷射凝结体之间连接紧密,正确选择良好的连接形式是确保帷幕完整的重要环节之一。

侧向止水帷幕连接形式的选取受支护结构的形式、基坑场地的土性、基坑开挖深度、止水帷幕承担的水头等因素制约。目前大部分深基坑仍采用混凝土灌注桩作为挡土桩。下面是几个具有代表性工程竖向帷幕的连接形式示意图。

(1)郑州金博大厦。该工程开挖范围内的土层条件为粉土、粉质黏土及粉细砂,基坑开挖16 m。止水帷幕结构如图1-4所示。

(2)武汉广场。工程开挖范围内的土层条件为杂填土、粉质黏土和粉细砂。基坑开挖深度12.8 m。帷幕结构形式如图1-5所示。

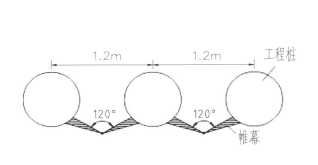

图1-4 郑州金博大厦竖向帷幕结构示意图　　　图1-5 武汉广场竖向帷幕结构示意图

(3)建银大厦。该工程开挖范围内的土层条件为杂填土、粉质黏土、粉土和粉砂,基坑开挖深度14 m。如图1-6所示。

(4)武汉香格里拉大酒店。基坑开挖范围内的土层为杂填土、粉质黏土、粉土和粉细砂。基坑开挖14.0 m。竖向帷幕结构形式示意图如图1-7所示。

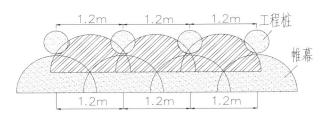

图1-6 建银大厦竖向帷幕结构示意图

(5)武汉世贸大厦。该工程开挖范围内的土层条件为杂填土、粉质黏土和粉细砂。竖向帷幕结构形式如图1-8所示。采取这种结构形式的还有武汉百营广场深基坑、芜湖32号煤码头基坑等工程。

对于临海入岩基坑,因土体强度较高,边坡稳

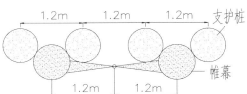

图1-7 武汉香格里拉大酒店基坑结构示意图

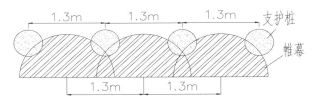

图1-8 武汉世贸大厦竖向帷幕结构示意图

定性不是主要考虑问题,但土体的渗透性较大,基坑围护体采用止水帷幕加放坡、护坡形式。止水帷幕设计与施工是考虑的重点问题。

### 1.4.4 存在的问题

目前,对珊瑚礁地层的工程力学性质研究相对较多,而对珊瑚礁地层的防渗止水问题研究不多。梁文成[53]在总结苏丹珊瑚礁灰岩地区的地质勘察时提出:珊瑚碎屑物及珊瑚礁灰岩孔隙发育,渗透性强,在进行钻探时都会出现漏浆的问题。谢万东[54]在介绍高压旋喷桩在具有较高孔隙度和较强透水性的珊瑚礁基坑止水中的应用时,提出采用双排高压旋喷桩进行基坑开挖止水,并特别强调:① 在珊瑚礁地基中采用旋喷桩作为止水帷幕,建议采用二重管法或三重管法进行施工,单重管法难以满足要求;② 对于相同的工法,珊瑚礁中旋喷桩的成桩直径明显小于在普通土类中的成桩直径,设计时应适当减少成桩直径,保证桩体的搭接宽度;③ 必须严格控制施工质量,如旋喷桩的定位、垂直度、水泥用量、提升速度等。

由于面积大、使用时间长,入岩基坑的止水帷幕设计与施工,因其使用性质的重要性和一旦发生破坏,将会产生不可控制的严重危害性,这些都要求我们必须认真对待。首先,我们必须认真分析临海地区的水文地质条件,并结合施工可行性,再根据科学性、经济性、合理性的原则比选基坑止水帷幕的结构形式。而这些问题正是对于临海复杂地质条件下基坑止水帷幕问题研究的不足之处和难题。

## 1.5 本书的研究方法、内容与成果

### 1.5.1 研究方法

对于临海复杂地质条件下的基坑防渗止水系统选型的研究,通过收集、分析和总结国内外有关类似地区基坑工程研究的新理论、新方法、新成果,特别要重点收集和研究海南岛地区基坑工程的设计与施工案例,掌握国内外有关类似基坑工程设计与施工的最新研究进展,建立本项目研究的资料库和数据库。在对拟建工程场地的工程地质勘察报告进行深入研究的基础上,结合本项目的研究目标,进一步开展野外地质勘探工作,并通过室内试验和现场原位测试,获得场地地层的工程力学性质参数和水文地质参数。最后根据基坑防渗止水系统设计要求,按科学性、经济性、安全性和可行性等比选原则对基坑防渗止水可能采用的设计方案进行比选,确定综合最优的设计方案。

对于临海潮汐作用下基坑止水帷幕围护体受地下水作用的研究,首先,收集、分析和总结国内外有关潮汐作用所引起地下水变化研究的新理论、新方法、新成果,特别要重点收集和研究海南岛地区潮汐作用对海岸边基坑工程的设计与施工影响,掌握国内外有关潮汐作用对基坑稳定性影响和基坑围护体施工质量影响的最新研究进展,结合拟建工程场地的工程地勘察报告,根据拟建物平面布置,选择 3 个有代表性的地质剖面通过钻孔埋设地下水水位观测元件,采用自动数据采集系统每一小时采集一次数据;同样,选择 3 个有代表性的地质剖面通过钻孔埋设水土压力观测元件,采用自动数据采集系统每半个小时采集一次数据。在研究期间,关注气象变化,在恶劣天气到来之前做好准备工作,在强降雨和有波浪及潮汐风暴潮一起出现时,在做好地下水水位和水土压力变化观测的同时,做好对波浪和潮汐风暴潮的观测,并对降雨量进行量测。根据采集和观测的数据,建立数据库,并进行深入、系统的分析研究。

对于场地水文地质条件研究,通过现场抽水试验,确定水文地质参数并选用渗流数学模型,根据现场的实际环境确定计算模型的边界条件,并将数值模型的计算结果与现场实际抽水试验作对比分析,以检验参数选取、模型选用的合理性、有效性。

对于基坑围护体全程稳定性的分析研究,主要以有限元计算程序为手段,通过施工全过程的模拟计算分析,着重对不同阶段、不同加荷特征量进行讨论研究,分析围护体的安全稳定性,以优化设计方案。

## 1.5.2 研究内容

本项目的主要研究内容为:

1) 场地水文地质条件研究

通过场地现场踏勘和场地岩土工程勘察报告的深入分析研究,查明场地地形、地貌和含水层分布,查明场地水文地质单元的补、径、排特征,再通过 3 组完整井的抽水试验,研究确定场地水文地质参数。

2) 潮汐作用下的地下水水位与水土压力时空变化规律研究

查清沿着基坑长轴(近似与海岸垂直)方向,由潮汐作用引起的地下水水位和水土压力随着距离海岸边界距离大小的变化而变化的规律,由潮汐作用引起的地下水流速和流向随着一天两次潮涨潮落而发生变化的规律,研究比选潮汐作用下地下水水位变化模拟的理论方法,为安全设计基坑、正确确定基坑四周水土压力计算参数,从而为准确地计算基坑边坡稳定性打下坚实的基础。通过收集资料,查清在特殊气象条件下,波浪和潮汐风暴潮一起出现时的降雨强度,从而估算基坑集水面积内的积水量;根据波浪和潮汐风暴潮发生的强度和延续时间,估算海水涌入基坑内的积水量,从而对基坑明排水能力提出要求,并估算上述作用所产生的荷载对基坑长期稳定性所产生的影响。

3) 防渗止水系统形式比选研究

对于本研究对象的基坑工程防渗止水系统设计,有多种形式可供选择,如钻孔灌注桩排桩加外拉锚、咬合桩,甚至地下连续墙。但通过分析,相较于本研究课题提出的围护结构体,它们的造价偏高。本研究项目必须通过对比分析各种围护结构体的经济造价,从而进一步论证本研究课题提出的复合围护结构体的合理性、经济性。

4) 防渗止水系统设计研究

首先讨论临海含珊瑚碎屑及珊瑚礁灰岩地层的基坑围护体设计的目的和主要解决的问题,验算渗透稳定性和边坡稳定性,重点解决地下水的隔水、降水问题,解决基坑施工期间的明排水问题。

本基坑围护体结构形式拟采用三轴搅拌桩加高压旋喷桩复合结构体,即基岩面以上采用三轴搅拌桩,用高压旋喷桩对上覆土体与基岩交接面进行加固。防渗止水系统设计研究必须确定这种基坑围护形式是否适合本场地的地层地质条件,施工是否可行,高压旋喷桩对基岩面起伏较大的地层施工适应性如何,工后围护体施工质量能否达到设计要求。所以,要研究并提出施工要求和施工质量检测要求。

5) 基坑围护体全程安全稳定性分析

对基坑围护体的全程安全稳定性采用三维有限元和部分断面采用二维有限元进行数值模拟,分析基坑开挖和基础工程施工整个过程的围护体安全稳定性,研究基坑在开挖基岩面以上土体所产生的主动土压力、基岩爆破开挖所产生的动荷载和潮汐以及恶劣天气所产生不利荷载作用下围护体的稳定性。

6) 施工场地地质条件研究

受研究条件的限制,本项目研究主要是以先行施工的类似地质条件的场地海南省文昌市龙楼镇卫星发射基地 1#、2# 工位基坑为工程实例。而实际拟建工程又在海南省三亚市,尽管两工程场地都位于类似临海复杂地质条件,但还是有存在差异的可能性,为此,本项目从两场地的土层地质条件、水文地质条件以及场地地形、地貌和气象条件等方面进行对比分析,以判断文昌市龙楼镇卫星发射场地工程实例对三亚市某基地工程项目的参考价值。

7）试成桩及现场试验

本项目通过对海南省文昌市龙楼镇卫星发射基地 $1^{\#}$、$2^{\#}$ 工位基坑防渗止水帷幕的工程实例设计与施工研究,讨论和介绍临海复杂地层基坑防渗止水帷幕的设计与施工具体工程,并分析施工过程中所发现的问题,对此提出修改、完善的建议。

## 1.5.3　研究成果与创新点

通过近五年的科研工作,在对海南省文昌市卫星发射基地 $1^{\#}$、$2^{\#}$ 工位基坑设计和施工经验总结的基础上,研究认真对比分析了拟建工程场地的地质条件、基坑工程特点,并在拟建场地内开展了长达 1 年半的潮汐作用下地下水水位观测,在文昌市卫星发射基地和拟建场地进行抽水试验以查明场地的水文地质条件,对三轴搅拌桩施工质量控制进行配比试验,上述研究获得了一定的科研成果,也创新地解决了临海复杂地质条件下防渗止水系统的设计和施工难题。

本项目的研究成果如下:

1）场地自然条件分析

通过场地现场踏勘和场地岩土工程勘察报告的深入分析研究,查明文昌市区域地貌一般有：低丘陵区、海积平原、新老砂堤、海成阶、台地和熔岩形小台地;三亚市区域地貌一般有：山地、丘陵、台地、谷地及阶地平原;其中文昌基地的地貌类型为海成 I 级阶地,三亚某基地的地貌类型为剥蚀残山—海湾沉积过渡的海岸地貌,两基地的地貌类型相似。

查明文昌基地区域地质：浅部主要为海相的沉积物[时代有早更新世($Q_1^m$)、晚更新世($Q_3^m$)和全新世($Q_4^m$)];第四系下伏的基岩地质为中生代侏罗纪中侏罗世(J2)花岗岩。三亚某基地区域地质：主要出露的地层有：下古生界寒武系、奥陶系、志留系和不同期次花岗岩;上古生界石炭系、中生界白垩系和新生界第四系海相沉积物;两基地区域地质有相似之处。

查明区域地下水特征：文昌市区域地下水,含水层厚度变化大,富水强度一般属弱至中等,上部为孔隙裂隙潜水,下部为承压水。三亚市区域地下水,含水层厚度分布不均,富水性一般为差至强。

2）场地工程地质条件分析

查明文昌基地的场地地貌类型属于海成 I 级阶地地貌。上部地层为第四纪海相沉积物,分布的主要土层为细砂及含珊瑚碎屑细砂;下伏基岩为强风化、中风化花岗岩;三亚某基地的地貌类型属于剥蚀残山—海湾沉积过渡的海岸地貌;上部地层为第四纪海相沉积物,分布的主要土层为珊瑚碎屑夹砂、珊瑚礁灰岩及粉细砂;下伏基岩主要为强风化、中风化花岗岩;局部地段为强风化、中风化石英质砂岩。根据分析：两基地在地貌和地层、岩性上具相似性。

3）场地水文地质条件分析

经综合对比文昌基地与三亚某基地抽水试验成果：三亚某基地内的主要含水层第①₃层珊瑚碎屑夹砂层的渗透系数一般为 $1.06 \times 10^{-2} \sim 9.3 \times 10^{-2}$ cm/s;文昌基地主要含水层第②层细砂、第③层含砂珊瑚碎屑层的渗透系数一般为 $3.0 \times 10^{-2} \sim 8.2 \times 10^{-2}$ cm/s;两基地内主要含水层岩性特征基本相同,渗透系数基本接近。

4）临海场地潮汐作用下围护体稳定性与可靠度分析

本项目在研究与海水有直接水力联系的潜水含水层地下水波动规律的基础上,采用蒙特卡洛模拟方法建立基坑围护结构稳定性分析模型,重点解决了潮汐影响下地下水波动状态不确定性对基坑稳定性的影响。针对工程实践,总结了潮汐影响下地下水波动特征值的概率统计方法以及以此为基础的围护体稳定性的验算方法,研究得到如下几点结论:

(1)根据潜水含水层地下水一维波动的布辛奈斯克方程,分析了滨海潜水含水层在海水潮汐运动影响下的运动规律。分析结果显示,潮汐的波动周期、震动幅度以及计算点与海岸的水平距离都会影响到地下水的波动情况。

（2）根据场地现场对潮汐作用观察，拟建场地的潮汐类型为混合潮型。

（3）分析场地勘察成果，临海特殊地质条件下影响基坑稳定的主要因素为潮汐作用引起的地下水水位波动和岩性的空间变异性。

（4）根据基坑稳定性分析的 Bishop 条分法，编写稳定性分析程序；并按照最危险滑动面的枚举法编制程序，搜索查找最危险的滑动面。

（5）采用蒙特卡洛方法，结合场地潮汐作用下地下水水位波动分析统计成果，对边坡进行稳定可靠性分析，可靠度分析结果与工程实际条件较为符合。

（6）从渗透稳定性计算和边坡稳定性计算来看，地下水水位波动直接影响稳定性系数，说明地下水作用是主要的、关键的。临海入岩深基坑边坡渗透稳定性和边坡安全稳定性系数主要受控于基坑外侧的地下水作用。

5）临海地区入岩深基坑防渗止水帷幕体设计选型研究

通过理论和工程实例研究，对于入岩深基坑防渗止水系统设计必须紧密结合场地的地层条件、工程设计要求、工程周边环境要求和施工可行性要求，抓住防渗止水系统设计要解决的主要矛盾，认真分析施工的重点、难点问题，在初步比选的基础上，选择出可实施的待比选方案；对于待优选的方案，可根据深基坑设计比选原则，通过模糊综合评判的方法再作优化比选。对于临海复杂地质条件下的基坑，其防渗止水要求是主要的，首先必须满足防渗止水要求，在比选过程中要赋予防渗止水要求以较大的权重。理论分析和工程实践证明，对于临海入岩深基坑，采用上部三轴搅拌桩和入岩部位高压旋喷桩搭接的复合止水帷幕体形式，科学、经济、合理，具有可操作性强、止水效果好、工程造价较低和工期较短等优点。

6）防渗止水系统的设计方案研究

通过工程实例研究认为，针对临海复杂地质条件下的典型地层，结合本工程的特点，基坑围护的关键目的是防渗止水。设计时要分区段划分断面，结合断面的地层情况，采用隔水与降排水相结合的工程措施，有效地切断基坑内外水力联系和大气降水。根据岩土分界面位置，合理划分基坑边坡放坡标高和分级放坡级数，设置放坡平台要满足排水、抢险、检测等要求，同时沿坡面设置滤水管和沿坡脚设置排水沟，可大大提高边坡的稳定性，保证基坑安全。在临海复杂地质条件下的典型地层地区，采用三轴搅拌桩与高压旋喷桩相结合的止水帷幕形式是科学合理的，防渗止水效果良好。三轴搅拌桩与高压旋喷桩相结合的止水帷幕的止水效果，可通过地下水水位监测来检验，开挖时通过渗漏点位置来分析查找渗漏原因。

7）深基坑工程全程稳定性分析

深基坑工程的全程稳定性分析是以现场岩土勘察资料为基础的，结合设计方案和边坡稳定性强度破坏理论 SRM 法，综合考虑了渗流、止水、潮汐及爆破对边坡稳定性的影响，得到如下结论：

（1）坝体边坡中，随着止水帷幕的渗透系数增大，边坡的稳定性系数逐渐减小；止水围护结构的破坏部位越往下，边坡的稳定性越好，由于越往下的土质条件比较好，止水帷幕底部已经打入花岗岩，透水性比较差，土层上部透水性较强，对边坡的稳定性影响较大；海平面与坑内渗透位置的水头差越大对坝体边坡的稳定性影响越大，边坡稳定性随水头差的加大而逐渐减小。

（2）对于陆地边坡，边坡的稳定性随着止水帷幕的渗透系数增大，边坡的稳定性系数逐渐减小；围护搅拌桩结构的破坏部位越往下，边坡的稳定性越好，要控制边坡上部搅拌桩的施工质量。

（3）考虑爆破荷载对基坑边坡稳定性的影响，主要考虑单响炸药量、爆心距和爆破深度三个因素。随着单响炸药量的增加，边坡随着受到的振动力加大，稳定性逐渐下降；随着爆破深度的加大，爆破对边坡的稳定性影响越小。

（4）基坑工程最危险部位为基坑开挖到土岩结合面的部位。随着基坑开挖深度的逐渐加大，坝体围堰和陆地边坡的稳定性逐渐下降，当开挖到岩层顶部的时候，此时的边坡稳定性在土体开挖阶段的稳定性最差。加之，土岩结合面本身就是基坑边坡稳定性最薄弱的部位，基岩面以上的强风化带也是基坑边坡的强渗透面,基坑开挖至基岩面后,受边坡重力、渗透作用等影响,基岩面以上土体边坡的稳定性最差。在以后的时段,基坑边坡稳定性始终受控于基岩面以上土体边坡的稳定性。

(5)通过对基坑工程最危险的时段分析,研究认为:在基坑开挖到基岩面后,岩层爆破开挖阶段,由于爆破产生的应力波会降低边坡的抗剪强度,而且产生的惯性力也会使边坡下滑,这时,边坡的稳定性较差;如再遇到恶劣天气时,如台风、暴风雨天气的大降雨,地下水水位上升,坑内产生积水,渗流作用对边坡稳定性影响较大,这时,边坡稳定性也较差;基坑开挖到基岩面以下,在受到潮汐作用时,地下水水位上升,基坑基岩面以上的土体边坡的稳定性下降;当基坑开挖到基岩面以下,而且又遭遇潮汐、降雨等共同作用时,边坡的稳定性最差。

8)进一步明确止水帷幕体施工、检测和监测要求

为确保基坑工程的安全稳定性。进一步明确:

(1)止水帷幕体施工要求。通过对场地地质条件的分析,在查明基岩面上覆土体的不均匀性特征和基岩面埋深及起伏状况的基础上,对止水帷幕体施工工序和工艺提出具体要求,并编制施工细则以指导具体施工,规范操作。

(2)施工质量检测要求。通过研究,选用综合钻孔取芯和声波测试优点的声波CT成像检测方法,这样既能通过钻孔取芯来部分检测成桩均匀性、成桩桩长和桩身强度,而且利用声波CT成像基础,又能全周长检测施工质量。

(3)基坑监测要求。抓住基坑围护体安全稳定性最薄弱环节,即防渗止水问题,明确基坑外侧地下水水位和潮汐作用下的地下水水位变化是主要监测内容,边坡稳定性也是必须监测的对象。根据监测对象的变化特征安排监测频率和报警值。

9)试成桩及现场试验

通过对078工程1#、2#工位基坑的设计与施工过程的回顾与反思,对1#工位基坑发生大量渗漏的原因分析,对2#工位基坑渗漏情况得到有效控制的经验总结,可以达到如下结论:

(1)基坑防渗止水帷幕体设计形式是科学合理的。

针对临海地区复杂的地层,基岩面上覆土层的变异性大,基岩面以上土体含有珊瑚碎屑、珊瑚礁灰岩,土体厚度、物理指标均极不均匀,选用三轴搅拌桩可有效对上覆土体进行搅拌处理,工后止水效果好;为适应基坑止水帷幕体轴线位置、基岩面埋深、基岩面起伏等变化,采用小型钻机引孔的方式进入基岩,设备体型小,操作简单、方便,入岩深度能保证,这样为高压旋喷桩施工进入基岩面创造了条件,使复合止水帷幕体设计能得到有效实施。

(2)截水、排水设计与有效实施是关键。

在坡顶、放坡平台和坡底布置截水、排水沟,能有效配合提升基坑隔水帷幕的止水效果,也能弥补止水帷幕体施工质量的部分缺陷。基坑开挖期间的降水,可采用明排水的方式,这样可提高降水效率,也能节省费用。

(3)加强边坡土岩分界面设计能增强基坑稳定性。

基坑边坡土岩分界面是整个边坡稳定性的薄弱部位,也是渗漏最严重的部位。为提高边坡稳定性,隔断地下水渗漏通道,应加强土岩分界面的设计,一般情况下,设置一道底腰梁,并预留空间供设置排水沟。

(4)重视施工前的地质条件勘察。

三轴搅拌桩施工前的探孔和高压旋喷桩施工前的引孔等,都是保证施工顺利进行的必不可少的环节。要分析基岩面上覆土层的不均匀性,要分析珊瑚礁灰岩的分布对三轴搅拌桩施工的影响;要查明基岩面的埋深和起伏情况。对地层变化较大的区域,应分区以便按区域确定施工参数。

(5)加强施工过程质量控制。

施工前应认真编制施工组织设计方案,明确施工组织、岗位职责和管理程序,认真进行技术交底,

明确施工工序和施工参数,对施工过程中可能出现的问题有预测,有分析,有应对处理措施。施工班组应准备好各类记录表格,施工过程应有详细记录,如施工发生问题可追溯查找。

(6)重视施工质量检测。

施工质量检测是对于新型设计、地质条件复杂等止水帷幕体质量事后控制所必不可少的手段。检测方法的选取不能仅考虑方便、费用,一定要将检测方法的有效性放在首位。通过后期的研究,采用声波 CT 法具有科学性与合理性。因此要在止水帷幕体上钻孔并取出水泥土桩芯样,这样可直观看到止水帷幕体的长度、强度和上下均匀性。声波成像又可分析止水帷幕体的成桩质量。这一方法,将钻孔取芯方法和声波方法有机结合起来,费用较低,施工方便,且测试结果稳定、可靠。

(7)认真分析渗漏风险,制定堵漏预案。

基坑开挖不发生渗漏的可能性几乎为零,但在设计时要认真分析设计、施工和检测的风险,找到影响施工质量的风险因素和可能发生渗漏的薄弱部位,有针对性地制订加强施工管理的对策,编制加固处理、抢险和堵漏预案,做到有备无患。

(8)重视设计与施工经验的总结。

临海复杂地质条件下的基坑止水帷幕体施工是个难题,只有不断实践,不断总结,在实践中不断发现问题,不断解决问题,才能不断成熟起来。地下水和潮汐作用,以及恶劣天气等是影响临海地区基坑稳定性的主要因素;紧密结合场地地质条件,尤其是基岩面情况是解决止水防渗问题的前提;选择科学合理的止水帷幕体形式是基坑防渗止水施工成功的关键;加强基坑防渗止水帷幕体施工质量控制是确保工后效果的基础;施工质量检测与处理是预测防渗止水效果的必不可少的手段;分析渗漏风险,制定堵漏预案是确保防渗止水施工成功最后的安全屏障。

10)创新点

通过对临海复杂地质条件下入岩深基坑设计的理论与工程实践研究,获得了一定的创新成果,主要体现在如下几方面:

(1)从入岩深基坑设计与施工角度深入研究场地的地质条件。

临海地区地质条件复杂主要表现在:基岩面以上土体极不均匀,含有珊瑚碎屑及珊瑚礁灰岩;基岩面埋深变化大,基岩面起伏较大。通过充分的研究,我们认识到复杂地质条件影响入岩深基坑设计方案的选型,更影响止水帷幕体施工的设备、工序和工艺等环节的确定。临海地区地层的不均匀性,迫使人们必须按施工参数的区分来划分施工区段,施工时按区段设置施工参数。

临海地区入岩深基坑稳定性取决于土体的渗透性和基岩面上覆土体的物理力学指标。入岩深基坑设计的重点是解决基岩面防渗土层的渗透问题和土体边坡安全稳定性问题。场地现场抽水试验表明,临海地区基岩面上覆土层的渗透系数较大,一般大于 0.01 cm/s,在设计止水帷幕体时必须注意这一特征。

(2)临海潮汐作用对深基坑稳定性影响。

通过场地现场对潮汐作用下地下水变化的时空规律研究,发现场地所在区域的潮汐属于混合潮型。潮汐引起的地下水水位变化随着远离海岸距离的加大而减弱,离海岸 50 m 距离已很小,100 m 范围外无影响。通过利用波动方程能很好地拟合潮汐所引起的地下水水位变化。经统计,潮汐引起的地下水水位变化呈正态分布,利用蒙特卡洛模拟地下水水位变化所引起边坡渗透、安全稳定性系数也呈正态分布,说明临海地区入岩深基坑的渗透、安全稳定性与地下水水位变化密切相关。

(3)入岩深基坑防渗止水系统设计选型研究。

通过对海南省文昌市卫星防渗基地 1#、2# 工位入岩深基坑设计与施工经验总结,在反思成功经验和失败教训的基础上,认为采用三轴搅拌桩和高压旋喷桩垂向组合可有效实施入岩深基坑止水帷幕体的设计与施工。这种复合止水帷幕体,止水效果好,施工方便,工期短,造价低。

（4）提出了入岩深基坑的设计要点。

从设计角度来看，止水帷幕体必须隔断基岩面以上土体的渗透通道，所以，止水帷幕体必须进入基岩；入岩深基坑整个边坡稳定性最薄弱的部位是基岩面上覆土体，基岩面也是渗透带，所以，放坡、护坡设计必须按岩土体分界面来划定，确保基岩面上覆土体的稳定性就保证了整个边坡的稳定性。为此，在基岩面附近设置放坡平台，布置底腰梁；认真设计好坡顶截水和基坑内排水系统是临海入岩深基坑设计成功所必不可少的要求。

在强调入岩深基坑设计的同时，需对施工要求、止水帷幕体施工质量检测以及基坑监测均作出严格规定。

（5）入岩深基坑工程全程稳定性分析。

通过三维和二维有限元对入岩深基坑工程全程稳定性进行分析、研究。我们认为基坑工程最危险的部位为基坑开挖到土岩结合面部位。随着基坑开挖深度的逐渐加大，坝体围堰和陆地边坡的稳定性逐渐下降，当开挖到岩层顶部的时候，此时的边坡稳定性在土体开挖阶段的稳定性最差。加之，土岩结合面本身就是基坑边坡稳定性最薄弱的部位，基岩面以上的强风化带也是基坑边坡强渗透面，基坑开挖至基岩面后，受边坡重力、渗透作用等影响，基岩面以上土体边坡稳定性最差。在以后的时段，基坑边坡稳定性始终受控于基岩面以上土体边坡的稳定性。

通过对基坑工程最危险的时段分析，认为：在基坑开挖到基岩面后，岩层爆破开挖阶段，由于爆破产生的应力波会降低边坡的抗剪强度，而且产生的惯性力也会使边坡下滑，这时，边坡稳定性较差；如再遇到恶劣天气时，如台风、暴风雨天气的大降雨，地下水水位上升，坑内产生积水，渗流作用对边坡稳定性影响较大，这时，边坡稳定性也较差；基坑开挖到基岩面以下，在受到潮汐作用时，地下水水位上升，基坑基岩面以上的土体边坡的稳定性下降；当基坑开挖到基岩面以下，而且又遭遇潮汐、降雨等共同作用时，边坡稳定性最差。

# 2 自然条件

## 2.1 区域地貌

### 2.1.1 海南省地形、地貌

1）地理位置

海南岛属于热带海岛，北面与雷州半岛相望，地处东经 108°36′43″~111°2′31″，北纬 18°10′04″~20°9′40″之间，面积为 33 920.53 km²。

海南省位于中国最南端，北以琼州海峡与广东省划界，西临北部湾与广西壮族自治区和越南相对，东濒南海与台湾省相望，东南和南边在南海中与菲律宾、文莱和马来西亚为邻。

海南省的管辖范围包括海南岛、西沙群岛、中沙群岛、南沙群岛的岛礁及其海域，是我国面积最大的省。全省陆地（主要包括海南岛和西沙、中沙、南沙群岛）总面积 3.54 万 km²（其中海南岛陆地面积 3.39 万 km²），海域面积约 200 万 km²。

2）地形与地貌

（1）地形与地貌概述。

海南岛四周低平，中间高耸，以五指山、莺歌岭为隆起核心，向外围逐级下降，由山地、丘陵、台地、平原构成环形层状地貌，梯级结构明显。山地和丘陵是海南岛地貌的核心，占全岛面积的 38.7%，山地主要分布在岛中部偏南地区，丘陵主要分布在岛内陆和西北、西南部等地区。在山地丘陵周围，广泛分布着宽窄不一的台地和阶地，占全岛总面积的 49.5%。环岛多为滨海平原，占全岛总面积的 11.2%。西、南、中沙群岛地势较低平，一般在海拔 4~5 m 之间。海南岛形似一个呈东北至西南向的椭圆形大雪梨，东北至西南长约 200 km，西北至东南宽约 180 km，总面积（不包括卫星岛）3.39 万 km²，是我国仅次于台湾岛的第二大岛。环岛海岸线长 1 528 km，有大小港湾 68 个，周围－5 m 至－10 m 的等深地区达 2 330.55 km²，相当于陆地面积的 6.8%。海南岛热带面积占全国热带总面积的 42.4%。环岛平原在地区分布上，琼北有文昌海积平原，琼西北有王五—加来海积阶地平原，琼南有琼海—万宁沿海平原和陵水—榆林沿海平原，琼西南有南罗—九所滨海平原。南海诸岛地形具有面积小、地势低的特点，其中以西沙群岛的永兴岛面积较大，计 1.8 km²，其余都在 1 km² 以下，最高的西沙群岛石岛，海拔也不过 12~15 m，其余一般都只高出海平面 4~5 m。此外，还有一群暗沙——水表岛屿。海南岛北与广东雷州半岛相隔的琼州海峡宽约 18 海里（1 海里＝1 852 m），是海南岛与大陆之间的"海上走廊"，也是北部湾与南海之间的海运通道。从岛北的海口市至越南的海防仅约 220 海里，从岛南的榆林港至菲律宾的马尼拉航程约 650 海里。西沙群岛和中沙群岛在海南岛东南面约 300 km 的南海海面上。中沙群岛大部分淹没于水下，仅黄岩岛露出水面。西沙群岛有岛屿 22 座，陆地面积 8 km²，其中永兴岛最大。南沙群岛位于南海的南部，是分布最广，暗礁、暗沙、暗滩最多的一组群岛，陆地面积仅 2 km²，其中曾母暗沙是我国最南的领土，南海诸岛是太平洋与印度洋之间交通的必经之地，在国际海运航线上具有重要的战略地位。

（2）地貌分区和分类。

地貌区是根据岛内地貌的宏观差别，即区域地貌的综合特征来划分的，它受宏观的新构造运动格局和影响新构造条件的大地构造基础控制。海南岛全境可划分为两个地貌区，即北部台地平原区和南部山地丘陵区，其分区界线大部分为区域性断裂，这些区域性断裂有的是一级大地构造单元界线，有的则是二、三级构造单元界线，其两侧新构造升降情况或幅度不同，从而造成了地貌宏观特征的差异。

地貌亚区是在地貌区内根据区域地貌的具体差异来划分的次一级地貌，其划分的依据为：在山地、台地和丘陵区为区域性断裂，两侧为不同升降幅度所控制的切割深度不一的山地、台地、丘陵和山间盆地；平原为不同的新构造沉降幅度和河流堆积强度所造成的区域性地貌以及残留的丘陵区。在全岛的两个陆地地貌区内共可划分出 14 个地貌亚区（图 2-1）。

海南岛北部台地平原区：① 方昌海积平原区；② 云龙—蓬莱—大路熔岩台地区；③ 南渡江中下游河谷平原区；④ 永兴—临高熔岩台地区；⑤ 王五—加来海成阶地平原区。海南岛南部山地丘陵区：① 琼海—万宁沿海平原变质岩残丘区；② 陵水—榆林沿海平原变质岩山地丘陵区；③ 吊罗山—同安岭岩浆岩山地丘陵区；④ 琼中混合花岗岩山地丘陵区；⑤ 儋州—昌江花岗岩变质岩丘陵台地区；⑥ 海南岛中部红层地貌区；⑦ 坝王岭—南高岭变质岩花岗岩山地丘陵区；⑧ 尖峰岭—牛腊岭岩浆岩山地丘陵区；⑨ 西部第四纪滨海平原区。

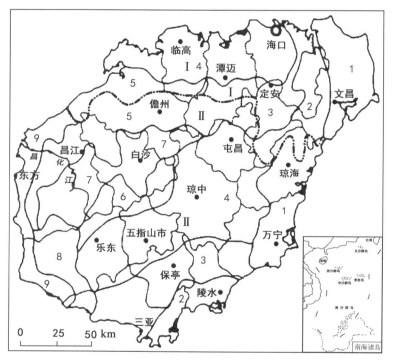

图 2-1　海南岛陆地地貌分区图

## 2.1.2　文昌市及文昌基地区域地貌

文昌地势为西南内陆向东北沿海倾斜[55]。全境平均海拔高度 42.55 m。位于西南部的蓬莱镇的全境和重兴、南阳镇的一部分及隆耸滨海的铜鼓岭、七星岭、抱虎岭等 3 个孤峰地区属低丘陵区，平均海拔高度 138.1 m，面积为 244.2 km²，占全市土地面积的 10.10%。海拔最高点，为铜鼓岭顶峰 338 m。境西部海拔最高点为定安、琼海交界的蓬莱镇大马坡村、大杨村处，海拔 210.5 m。市中、北部地带，有一大片带蝶形的海积平原，平均海拔高度 19.5 m，分布于潭牛、公坡、宝芳、翁田、昌洒、龙马等乡镇的升谷坡、白秋坡、真正坡地区及北部几个大田洋：鹧鸪洋、潭揽洋、东村洋、排港洋、东堆洋、白茅洋、合坡洋等,面积 638.5 km²,占全市土地面积的 26.4%。从铺前镇的木栏头至东部龙楼的铜鼓岭一带的沿海区,有一条平均宽度约 2 000 m 的新老沙堤,平均海拔高度 40 m 左右,高出内侧潟湖平原区 10 m 左右,面积 183.1 km²,占全市土地面积 7.6%。其余地区以从境东北的翁田镇至南部的会文镇的潟湖平原区内侧的大片地域及西南的重兴、南阳、新桥镇的大部分,为海成阶、台地和熔岩形小台地,平均海拔高度 36.48 m,面积共有 1 351.2 km²,占全市土地面积的 55.9%。

文昌卫星发射中心地貌类型属于海成Ⅰ级阶地地貌。

### 2.1.3　三亚市及某基地区域地貌

三亚市是中国最南端的城市,是中国唯一的国际化热带滨海旅游城市。位于北纬 18°09′~18°37′、东经 108°56′~109°48′之间。东邻陵水县,北依保亭县,西毗乐东县,南临南海。全市面积 1 919.58 km²,其中规划市区面积 37 km²。全境北靠高山,南临大海,地势自北向南逐渐倾斜,形成一个狭长状的多角形。境内海岸线长 209.1 km,有大小港湾 19 个。主要港口有三亚港、榆林港、南山港、铁炉港、六道港等。主要海湾有三亚湾、海棠湾、亚龙湾、崖州湾、大东海湾、月亮湾等。有大小岛屿 40 个,主要岛屿 10 个,面积较大的有西瑁洲岛(2.12 km²)、蜈支洲岛(1.05 km²)。

地形构成为山地占 33.46%;丘陵占 26.2%;台地占 15.5%;谷地占 2.6%;阶地平原占 23.3%。全市成土母岩母质以花岗岩、砂页岩和安山岩为主,花岗岩占 56.6%;砂页岩占 13.2%;安山岩占 14.4%;浅海沉积占 9.8%;河流冲积地占 3.7%;湾海沉积占 2.3%。东西长 91.6 km,南北宽 51.75 km。自东向西由福万岭—黄岭—云梦山连成一条横向小系,将南部沿海丘陵、台地、平原和北部的山地分开。而南部,又由北向南的鹿回岭—田岸后大岭—海圮岭—牙龙岭和荔枝岭—塔岭两条山系,把南部分成三域。全市形成北部山地,东部平原,南部平原、丘陵和西部丘陵、平原 4 个地块[56]。

三亚某基地属于剥蚀残山—海湾沉积过渡的海岸地貌,剥蚀残山、海岸悬崖、不规则滨海平原和海滩潮间带等地貌单元均有分布。工程跨越了内村村庄陆地和村前海湾两个部分。

地形较平坦,微向海倾,是全新世以来随着海平面震荡下降、潟湖消亡逐渐形成的不规则小规模滨海平原,高程变化 2~5 m。村前海湾海底地形可分为两个区域,大致以-7 m 海水等深线为界,-7 m 线以浅区域由于受到珊瑚礁发育的影响,海底地形变化较剧烈,坡度 1:20~1:25,-7 m 线以外区域海底地形变化逐渐平缓,坡度约 1:100。

## 2.2　区域地质

### 2.2.1　海南省区域地质

#### 1) 海南省地层

海南省地层发育较全,自中元古界长城系至第四系,除缺失蓟县系、泥盆系及侏罗系外,其他地层均有分布。海南省地层清理研究成果(海南省岩石地层,1997)提出采用岩石地层单位(含火山岩地层)58 个。1:50 000 和乐幅、博鳌港幅、中原市幅区域地质调查新建寒武纪美子林组,共 59 个正式岩石地层单位。综合地层分区为:九所—陵水断裂以北属华南地层大区的东南地层区,其中九所—陵水断裂与王五—文教断裂之间为五指山地层分区,王五—文教断裂以北为雷琼地层分区的海口地层小区;九所—陵水断裂以南为南海地层大区,其中海南岛的陆地部分为三亚地层区,包括西沙群岛、南沙群岛在内的广大海域。由于地层工作程度和研究程度较低,未作进一步划分,其中近岸大陆架的莺歌海盆地由于石油天然气勘查,对第三纪地层进行了详细划分[57]。

（1）元古界。

海南省内仅发育中、新元古界，以中浅变质的砂泥质岩石为主，次为火山岩及碳酸盐岩。自下而上分为中元古界长城系抱板群，新元古界青白口系石碌群，震旦系石灰顶组，缺失蓟县系。

（2）下古生界。

广泛分布于三亚地层区及五指山地层分区。其中三亚地层区以碎屑岩、碳酸盐岩为主，少量硅质岩及磷矿层。计有8个岩石地层单位，即寒武纪孟月岭组、大茅组、奥陶纪大葵组、牙花组、沙塘组、榆红组、尖岭组及于沟村组，缺失志留纪地层。五指山地层分区以具复理石韵律结构的粉砂泥质岩为主，少量砂岩、碳酸盐岩、酸性及基性火山岩等，计7个岩石地层单位，即寒武纪美子林组、奥陶纪南碧沟组、志留纪陀烈组、空列村组、大于村组、靠亲山组及足寒岭组。

（3）上古生界。

仅分布于五指山地层分区。缺失泥盆系，只有石炭纪、二叠纪地层。

（4）中生界。

中生界仅出露下三叠统及白垩系，缺失侏罗纪沉积地层，为陆相碎屑岩、泥质岩及火山岩沉积。

（5）新生界。

第三纪地层主要分布在海口地层小区。五指山地层分区则见于琼东北的长昌盆地及琼西南沿海地区。三亚地层分区则分布于南部沿海。此外，南海地层大区的莺歌海盆地第三纪地层也比较发育。

海口地层小区由于受雷琼断陷盆地控制，第三纪地层发育齐全，且厚度巨大，隐伏分布于琼北广大地区，共有8个岩石地层单位，其中老第三纪长流组、流沙港组及涠洲组为陆相碎屑岩夹基性火山岩沉积，新第三纪为碎屑岩夹基性火山岩、偶夹碳酸盐岩沉积的海相地层。岩石地层单位有下洋组、角尾组、灯楼角组、海口组。此外，海口地层小区的西南部有小面积的陆相煤系地层，为中新世长坡组。

五指山地层分区及三亚地层区共有7个岩石地层单位。其中老第三纪有昌头组、长昌组、瓦窑组，分布在琼东北的长昌盆地、琼西南白沙—乐东盆地的西南部局部地区，为陆相碎屑岩、油质页岩、褐煤沉积。新第三纪分布在海南岛西南沿海地区，岩石地层单位有佛罗组及望楼港组，属海相碎屑岩沉积。琼东北的蓬莱发育基性火山岩地层，岩石地层单位有石马村组及石门沟村组。

南海地层大区的莺歌海盆地有陵水组、三亚组、梅山组、黄流组、莺歌海组等5个岩石地层单位，属海相碎屑岩、碳酸盐岩沉积。

第四纪地层较发育，有8个岩石地层单位，呈带状环岛分布，主要受新生代晚期的新构造格局控制。岩石地层单位有秀英组、北海组、八所组、万宁组、琼山组及烟敦组，除万宁组为河口三角洲沉积，北海组为洪冲积成因外，其余均为海相砂砾及泥质沉积。琼北第四纪还发育有火山岩地层，已建组的有晚更新世道堂组及早全新世石山组。

2）海南省地质构造

海南的大地构造单元，以东西向九所—陵水构造带为界，在该构造带以北的海南岛广大地区属于华南褶皱系五指山褶皱带；在构造带以南的三亚地区和南海在内的广大地区属于南海地台。由于海南所处的大地构造位置的特殊性，历来引起许多地质学家的关注。特别是区域地质调查和地质矿产勘查工作深入开展及宇航遥感技术的发展，为海南地质构造的深入研究，积累了丰富的资料，提供了新的信息。

但是，从海南地壳活动的特点来看，无论在构造运动、岩浆活动、沉积作用、变质作用及成矿作用等方面，都具有多旋回特征，而且在发展演化上具有多阶段性，在空间展布上具有不均衡性。

（1）构造运动。

海南岛发生的构造运动，以区域性地层的不整合接触关系和岩浆岩侵入的时间为依据，自中元古代以来，发生的构造运动如下：

中岳运动：发生于长城纪，是岛内已知最早的一次造山性质为主的构造运动。

晋宁运动：发生于青白口纪，主要表现为石碌群发生强烈褶皱。

加里东运动：在海南岛可分早、晚两期，早期发生在寒武纪与奥陶纪之间，晚期发生在志留纪末与早石炭世之间。

海西运动：根据五指山地层分区晚古生代地层之间的不整合接触关系，将本区海西运动划分为三幕。① 海西运动第一幕，发生于石炭纪，主要表现为石炭系内部的地层中沉积多层层间砾岩和岩浆侵入和喷发活动。② 海西运动第二幕，发生于早、晚二叠世之间。③ 海西运动第三幕，发生于二叠纪至三叠纪之间。

印支运动、燕山运动：根据燕山期侵入岩体规模、岩体与下白垩统的接触关系及岩体的同位素年龄值，将燕山运动划分为三幕。① 燕山运动第一幕，发生在晚侏罗世之后，早白垩世之前。② 燕山运动第二幕，发生在早、晚白垩世之间。③ 燕山运动第三幕，发生在晚白垩世之后，早第三纪沉积之前。

喜马拉雅运动。在海南岛和北部湾地区，根据地层接触关系，大致可划分为四幕。① 喜马拉雅运动第一幕，发生于始新世末，渐新统涠洲组与下伏始新统流沙港组的平行不整合接触。伴随这次构造运动，岛北地区在东西向与南北向和北西向深断裂交汇处出现玄武岩浆喷发。② 喜马拉雅运动第二幕，发生于渐新世末，渐新统涠洲组与上覆下中新统下洋组平行不整合接触。伴随此幕构造运动形成多期玄武岩的强烈喷发。③ 喜马拉雅运动第三幕，发生在上新世末，更新世层与上新统之间普遍不整合接触，中间有基性岩浆喷发形成玄武岩。④ 喜马拉雅运动第四幕，发生在更新世至全新世，表现为上、中更新统之间常见到的不整合接触或平行不整合接触。伴随这次构造运动在琼北发生了基性、超基性岩浆喷发活动。

（2）区域构造变形。

海南岛在地质历史发展过程中，经历了中岳、晋宁、加里东、海西、印支、燕山和喜马拉雅等构造运动。每一期构造运动都在海南岛留下一定的构造形迹。从空间分布上，以各种方向、不同形态和不同性质的构造形迹组合，形成东西向构造带、南北弓构造带、北东向构造带、北西向构造带等主要构造体系，构成了本岛的主要构造格局，控制着本岛沉积建造、岩浆活动、成矿用以及晚近时期的山川地势的展布。

① 东西向构造形迹。

在海南岛，东西向构造形迹，从北往南有王五—文教构造带、昌江—琼海构造带、尖峰—吊罗构造带、九所—陵水构造带。

② 北东向构造形迹。

海南岛北东向褶皱和断裂构造十分发育，这组构造形迹，按其展布方位，分为北东组和北北东组构造带。

③ 北西向构造形迹。

这组北西向构造主要见于海南岛西南部、中部和东北部地区，主要有尖峰岭—石门山断裂带、乐东—田独断裂带、白沙—陵水断裂带、儋州—万宁断裂带、龙波—翰林断裂带、东寨港—清澜断裂带。

④ 南北向构造形迹。

海南岛南北向构造形迹，根据其分布特点，划分为琼东南北向构造带、琼中南北向构造带和琼西南北向构造带。

（3）深部构造特征。

海南岛的深部构造特征表现为地幔隆起背景上的凹陷区，幔凹的中心在琼中至乐东一带，幔凹的最大深度为34 km左右。由于岛内的地壳结构不同和深部构造的差异，导致了海南岛在地质构造、沉积建造和岩浆活动等方面表现出许多不同的特征。

（4）大地构造。

海南地处的大地构造单元，以海南岛的东西向九所—陵水断裂带为界，在该断裂带以南的三亚地区和南海在内的广大地区属于南海地台，在海南岛陆上部分三亚地区被划分为南海地台北缘三亚台褶带;在该断裂带以北至王五—文教断裂带属于华南褶皱系五指山褶皱带;在王五—文教断裂带以北琼州海峡及其两岸在内的地区属于雷琼断陷。

南海地台的结晶基底形成于长城纪末,根据任纪舜报道(1984年),位于南海地台的永兴岛钻孔中前寒武系变质岩为花岗片麻岩、石英云母片麻岩、片麻状花岗岩,并引述翁世劼的介绍,该片麻岩的矿物Rb—Sr等时线年龄为 $1\,465 \times 10^6$ 年。这样看来,永兴岛钻孔内的变质岩与长城系抱板群变质岩相当,也具有长城纪晚期的变质年龄,它属于抱板群,因此,南海地台的结晶基底为长城纪抱板群;地台盖层在三亚地区见有地台型沉积的含磷、锰、硅质、碳酸盐建造和含三叶虫、笔石页岩建造及陆屑式碎屑岩建造组成的寒武纪至奥陶纪的沉积盖层。由于加里东运动影响,使沉积盖层发生褶皱,形成了南海地台北缘三亚台褶带。该褶皱带在海南岛上陆地面积约 $1\,720\ km^2$,重力场以变化平缓、等值线多呈东西走向,到东部转为北东走向为其特征。因此,在该台褶带上,分布有北东向三道—晴坡岭—荔枝沟复式向斜及其次一级褶皱构造组成的三亚褶皱构造带。

五指山褶皱带,布格重力异常多为负值区,以重力低为主,由众多相对变化幅度不大的重力低和重力高组成。引起重力低的花岗岩和产生重力高的元古代、古生代和中生代地层多已出露于地表。该褶皱带演化历程经历了三个发展阶段及相应的构造运动。长城纪—志留纪,为地槽发展阶段,发育复理石建造和火山碎屑岩建造,经历了中岳、晋宁、加里东等构造运动,志留纪末加里东运动使这个地槽褶皱封闭;泥盆纪—早三迭世,为准地台发展阶段,广泛发育地台型沉积的碳酸盐建造和碎屑岩建造,经历了海西和印支早期构造运动。此阶段在泥盆纪处在上升剥蚀,使海南岛缺失泥盆系,然后才沉积了石炭系、二迭系和下三迭统,在早三迭世末的早期印支运动结束了准地台的发展历史;中三迭世至第四纪,为大陆边缘活动带发展阶段,经历了印支中晚期、燕山和喜马拉雅等构造运动。在中晚三迭世和侏罗纪是以岩浆侵入和喷发为主,因此缺失了中上三迭统和侏罗系。中生代晚期才沉积白垩系。喜马拉雅运动则以断陷作用为主。在新生代初,海南岛北部发生沉降,形成了雷琼断陷,沉积了巨厚的海陆交互相第三系和第四系,同时还喷发堆积了多期基性火山岩。

由此看来,南海地台的演化发展历程与五指山褶皱带有明显不同。南海地台的基底是寒武纪以前褶皱的地槽系,可能是长城纪末的中岳运动使这个地槽封闭,从寒武纪开始至奥陶纪沉积了地台式盖层,为地台发展阶段;五指山褶皱带的基底是志留纪末的加里东运动褶皱封闭的地槽系,从石炭纪至早三迭世处于相对稳定状态,为准地台发展阶段;中三迭世以后至第四纪构造活动增强,为大陆边缘活动带发展阶段。总的来看,五指山褶皱带经历了地槽—准地台—大陆边缘活动带的发展阶段。

## 2.2.2　文昌市及文昌基地区域地质

文昌地质构造属雷州地洼列的南缘。雷州地洼中部断陷形成琼州海峡,发生于50万年前。第四纪发生海侵,特别是早更新世和晚更新世的海侵最大。外营力夷平了文昌古生代到中生代的地层,形成了大面积的海相沉积。在地貌上表现为台地盖层、海岸堆积阶地、滨海新老砂堤等。海相的沉积,时代有早更新世($Q_1^m$)、晚更新世($Q_3^m$)和全新世($Q_4^m$)三大类;第四系下伏的基岩地质为中生代侏罗纪中侏罗世(J2)花岗岩。

文昌基地在区域地质构造上位于上琼中南隆起区的东北端,主要受东西向"王五—文教大断裂"的控制[58],其次为南北向的"琼东南北向构造带",现分述如下:

1) 王五—文教构造带

该构造带是划分雷琼凹陷与琼中隆起的区域性构造带,其构造形迹除了在铜鼓岭北面宝陵港见及外,其余地区地表未见出露,呈隐伏状产出,为物探推测构造带。大致展布在北纬 $19°45'$,横跨儋州、澄迈、定安、文昌等地区。卫片中表现为一清晰的东西向亮带,为南北两种不同影像的分界线。在重力图中,构造带以北,重力场与北部湾一致,其重力高、低反映了基底起伏和上第三系沉积,构造带以南是重力低异常区,负异常反映的是莫霍面的起伏,地壳增厚,达 $34 \sim 35\ km$。在航磁 $\Delta T$ 平面图中,反映为一个剧烈变化的正异常交接带。

构造带由一系列呈东西向分布的断裂组成,重力异常显示其断面倾向北,倾角大于60°,呈阶梯状下降,具有正断层特征。沿构造带发育多个东西向的新生代凹陷盆地,反映了盆地的形成受它的制约,自西往东、自南往北,盆地的下拗幅度逐渐增大,长坡盆地、福山—多文盆地和海口盆地下拗幅度分别为300～400 m、2 000 m、3 000 m。盆地内接受了新生代以来的沉积。同时,并控制了琼北新生代多期次的火山喷发或喷溢作用,形成大面积东西向展布的玄武岩被。沿构造带,地震活动比较强烈,据1463—1834年间的不完全统计,琼山、定安、澄迈、文昌等地发生过37次地震,其中破坏性地震有5次。1970年,临高县附近海域发生过1.8级弱震,也与该构造带有关。

文昌市铜鼓岭北面宝陵港花岗岩中,发育走向近东西的构造破碎带(图2-2),倾向南,倾角达60°～70°,宽约10 m,由浑圆状构造角砾岩、糜棱岩、糜棱岩化岩石组成。根据南侧围岩中发育一组次级劈理与主断面分析,断裂具有左旋压扭性活动特征。此外,沿构造带见有海西期闪长岩脉侵入,反映了构造带至少形成于海西期。

由此表明,构造带多期活动特征明显。海西期表现为左旋压扭性;燕山期控制了同期里万岩体的侵位,导致岩体呈东西向展布,根据岩体未发育定向组构,可能显示该期活动具有张性或张扭性;新生代以来,构造带活动非常强烈,多次活动特征明显,控制了新生代盆地的形成和火山喷发、喷溢作用以及地震活动。

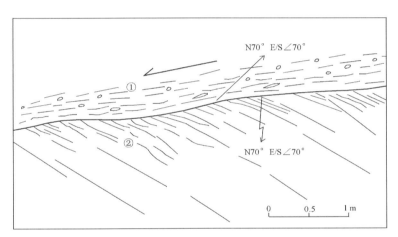

图2-2 铜鼓岭东西向构造形迹素描图
①—糜棱岩;②—劈理 (汪啸风等,1991)

2) 琼东南北向构造带

位于东经110°00′～110°45′,纵贯文昌、琼山、澄迈、定安、屯昌、琼海、万宁等市县。南北延长120 km以上,东西宽达60 km以上。由琼东南北隆起构造带,及同方向文昌—迈号、铺前—长坡、蓬莱—烟塘、长昌—黄竹、琼山—仙沟、雷鸣、瑞溪—白莲和山口—南坤等一系列近于平行的南北向断裂带组成。沿断裂带呈南北向分布有印支期新市和大致坡花岗岩体,燕山期屯昌、长坡和烟塘等花岗岩体,喜马拉雅期玄武岩浆喷发形成的灵山—琼海大路南北向分布玄武岩被。

该构造带从其卷入的万宁市龙滚至东岭地区晚古生代地层和岩浆活动来看,它的形成始于海西—印支期,燕山期活动强烈,表现为强烈褶皱隆起,同时发育一些南北向断裂带,控制着海西期、印支期和燕山期岩浆侵入和喜马拉雅期玄武岩浆喷发活动。

## 2.2.3 三亚市及某基地区域地质

1) 三亚市区域地质

三亚市范围在大地构造上,位于西太平洋地壳构造不同发展阶段的大陆边缘区。属由澳大利亚稳定陆壳破碎沉陷的南海—印支地台、华夏断块和华南断坳孤悬南海之中的海南隆起南部的崖县地体,并接受了不同地质时代,岩性各异的地层沉积。主要出露的地层有:下古生界寒武系、奥陶系、志留系和不同期次花岗岩;上古生界石炭系、中生界白垩系和新生界第四系。

三亚地区的地质构造为褶皱构造和断裂构造。

褶皱构造不甚发育,仅在大茅洞至南丁岭一带见小型向斜,枢纽呈 S 形弯曲,整体上呈北东—南西向。

断裂构造较发育,主要有东西向、北东向、北西向和南北向四组。东西向断裂,表现为压性或压扭性,局部地段表现为强压性或强扭性,断裂倾角一般较陡;北东向断比较发育,规模也较大,多数表现为逆时针扭动的压扭性,局部见到压性(逆冲)和强扭性,北西向断裂,主要表现为顺时针扭动的压扭性;南北向断裂,主要表现为强压性或强扭性,断裂规模较小,断面陡直。现分述如下:

(1)东西向构造形迹。

九所—陵水构造带位于北纬 $18°15'\sim18°30'$,横贯乐东、三亚和陵水等县市,由九所—陵水断裂带、崖城—藤桥断裂带和崖县—红沙断裂带等组成。该构造带在海西期和燕山期有强烈活动,分布有海西期牙笼角岩体,燕山期罗蓬、千家、保城、税町、高峰、南林、陵水等岩体,它们形成了一条东西向的花岗岩穹隆构造带。另外,燕山晚期有同安岭、牛腊岭等火山岩喷发。该构造带展布区,在大茅村附近和田独村尾岭的寒武、奥陶系中,大曾岭的花岗岩中,陵水英州坡附近的花岗岩中,都见到东西向的断层带和挤压破碎带,显示了压性断裂带的特征。

(2)北东向构造形迹。

① 南好褶皱构造带:分布在保亭县南好到三亚雅亮一带,全长 30 余千米,宽 10 多千米。由大致平行的岗阜鸡复式倒转背斜及鹅格岭—空猴岭倒转向斜、那通岭—白土岭倒转背斜及北东向断层组成。褶皱带由志留系陀烈组、空列村组、大干村组、靠亲山组、足赛岭组和下石炭统南好组构成。

② 三亚褶皱构造带:分布于三亚市到南田农场一带,西南端沉没入南海,北东端被海西期花岗岩吞蚀。全长 40 多千米,宽 10 多千米。由三道—晴坡岭荔枝沟复式向斜及其次一级褶皱构造组成。复向斜核部为上奥陶统干沟村组,两翼地层为中奥陶统尖岭组、榆红组、沙塘组,下奥陶统牙花组、大葵组,中寒武统大茅组和下寒武统孟月岭组等构成。与该褶皱带相伴生的还发育有一系列北东向断层带,如北东向田独断裂带。

(3)北西向构造形迹。

乐东—田独断裂带,北西起东方江边马眉,往南东经乐东、志仲,一直延伸到三亚市的田独,总体走向北西 $320°\sim330°$,由一系列北西向断裂带组成。该断裂带在航片上反映十分清晰。其北西段的乐东至江边马眉一带,基本沿流过此地区的北西向昌化江流域分布;其南东段的乐东、经志仲至三亚市田独地区,沿此段断裂带上的高峰断裂带断续见到破碎带、断层角砾岩带和挤压破碎带及温泉分布。

(4)南北向构造形迹。

① 琼中南北向构造带。

位于东经 $109°25'\sim109°35'$,纵贯儋州、临高、白沙、琼中、通什、保亭、三亚等市县。由走向南北的褶皱带、断裂带、岩浆岩带(岩体、岩脉群)等组成。该构造带由北往南,在北段发育有南北向大成褶皱带、洛基—南丰断裂带等组成,沿断裂带有石英脉群充填,还有洛基火山岩喷发;在中段分布有元门—莺歌岭断裂带、细水—什运断裂带,在什运一带的断裂破碎带,称为风模断层。沿断裂带在元门一带充填有钠长斑岩脉及充填有元门岩体;在南段分布有番阳—高峰断裂带,在什运风模断层带南端分布有几十公里长的南北向燕山期岩体。在该段南北向断裂带中,还分布有南北向延伸的燕山期三道岩体、北山岩体和充填有南北向花岗斑岩脉及石英脉带。

② 琼西南北向断裂带。

位于东经 $108°55'\sim109°15'$,北起儋州市红岭,经白沙、昌汪、东方、乐东等县,向南到三亚市梅山至崖城一带。主要由金波断裂带、燕窝岭断裂带、抱伦断裂带和洋淋岭断裂带组成。金波断裂带，北起红岭农场，经芙蓉田、金波农场，向南延伸到坝王岭林业局一带，全长 50 多千米，宽 1 km 以上。沿断裂带岩石破碎，从红岭农场到金波农场一带充填有燕山晚期峨朗岭—金波花岗斑岩体，芙蓉田—金波一带充填有花岗斑岩脉和石英脉带，坝王岭一带充填的巨大石英脉见有铅锌等多金属矿化。

琼西南北向构造带，是一条十分明显的蚀变矿化强烈构造带。

2）三亚某基地区域地质构造

根据区域地质资料，本区域的主要构造格架由一套古生代地层组成的轴向总体北东、长度大于 20 km 的向斜构造（晴坡岭向斜）和不同方向、不同时代、不同规模的断层组成。工程区所在地区位于该向斜构造的南东翼，组成该向斜构造南东翼的地层主要为古生代寒武系、奥陶系地层。由于后期印支、燕山期花岗岩的侵入和断裂的破坏，向斜构造显得残缺不全，表现为寒武系、奥陶系地层和不同期次花岗岩交错出露、岩体破碎。

根据某基地工程详勘钻孔揭露，场区内下伏基岩主要为燕山期花岗岩，寒武系大茅组的石英质砂岩、粉砂岩和板岩。Ⅰ区下伏基岩以花岗岩为主，埋藏浅，岩体较完整，局部地段有寒武系地层残留体"漂浮"于花岗岩之上（图 2-3）；Ⅱ区下伏基岩由花岗岩和石英质砂岩为主，其次为板岩和粉砂岩，基岩顶板埋藏逐渐变深，受断层构造和接触变质影响，岩体较破碎。

## 2.3　区域水文气象

### 2.3.1　海南省区域水文气象

1）区域水文

（1）地表水。

海南岛地势中部高四周低，比较大的河流大都发源于中部山区，组成辐射状水系。全岛独流入海的河流共 154 条，其中水面超过 100 km² 的有 38 条。南渡江、昌化江、万泉河为海南岛三大河流，三条大河的流域面积占全岛面积的 47%。南渡江发源于白沙县南峰山，斜贯岛北部，至海口市入海，全长 311 km；昌化江发源于琼中县空示岭，横贯海南岛西部，至昌化港入海，全长 230 km；万泉河上游分南北两支，分别发源于琼中县五指山和风门岭，两支流到琼海市龙江合口咀合流，至博鳌港入海，主流全长 163 km。海南岛上真正的湖泊很少，人工水库居多，著名的有松涛水库、牛路岭水库、大广坝水库和南丽湖等。

（2）地下水。

根据地下水的赋存条件、水理性质及水力特征，海南省地下水可分为四种基本类型。

① 松散岩类孔隙水。

松散岩类孔隙水可分为潜水和承压水两个亚类。

孔隙潜水：分布于沿海一带，为滨海堆积、河流冲洪积和山前古洪积平原区，面积 6 252.2 km²。山前古洪积零星分布于山前，含水层岩性主要为亚砂土，局部为砂砾；冲积、冲洪积层分布于河流两侧，含水层岩性主要为含砾亚砂土、中粗砂、砂砾石；滨海堆积，一般平行于海岸，宽 1~2 km，含水层岩性主要为含贝壳中细砂、含砾亚砂土、中粗砂、砂砾石。含水层厚度 5~15 m，水位埋深多小于 2 m。其富水性除山前贫乏外，其余均为中等—丰富区。

孔隙承压水：分布于海南岛北部和南部沿海平原区，主要赋存于新第三系海口组、灯楼角组、角尾组和下洋组中，除北部海口组有两个承压含水层为松散—固结的贝壳砂砾岩外，其余均为一套多层次

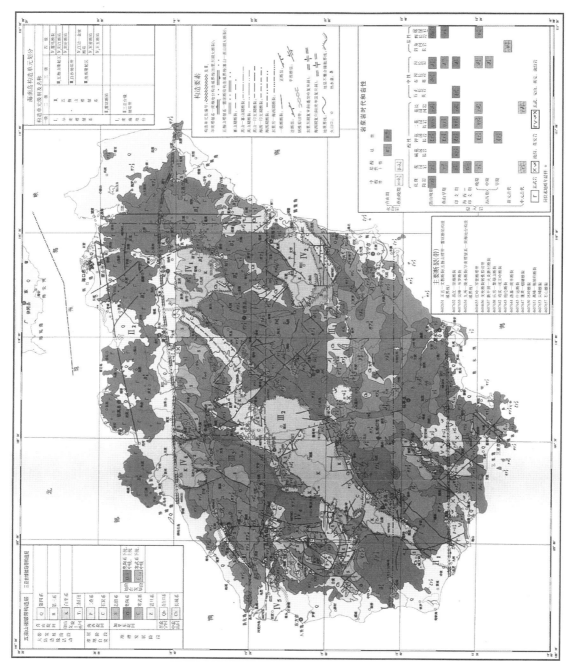

图 2 - 3 海南岛区域地质图

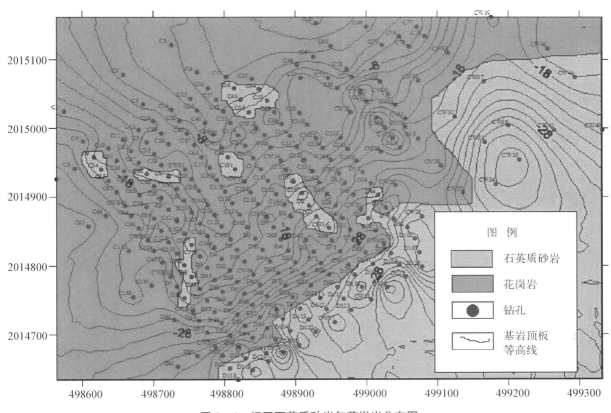

图 2-4 场区石英质砂岩与花岗岩分布图

松散岩类含水层组,其富水程度多为中等—丰富,少数为贫乏。地下水化学类型多为 $HCO_3$-松散岩类含水层组,其富水程度多为中等—丰富,少数为贫乏。地下水化学类型多为 $HCO_3$- $Ca·Mg$、$HCO_3$- $Ca$、$HCO_3$- $Na$ 型。矿化度一般小于 $1.0\ g/L$,总硬度 $5\sim20$ 德国度,pH 值 $6.5\sim9.0$。

② 碎屑岩类孔隙裂隙水。

主要分布于儋州、定安、琼海、乐东、白沙、昌江、文昌等县市,面积 $6\,484\ km^2$。出露地层主要为白垩系、老第三系的泥质粉砂岩、细砂岩、含砾砂岩。另外,还有寒武系、奥陶—志留系、石炭、二叠系碎屑岩,有不同程度的变质。

地下水多赋存在层间裂隙和构造裂隙中,地下水径流模数一般为 $2\sim10\ L/(s·km^2)$。富水程度为中等—贫乏。水化学类型为 $HCO_3$- $Ca$、$HCO_3$- $Ca·Na$、$HCO_3$- $Ca·Mg$ 型。矿化度一般小于 $0.3\ g/L$,总硬度一般小于 2 德国度,pH 值 $6.0\sim7.5$。

③ 碳酸岩类裂隙岩溶水。

海南岛碳酸盐岩分布面积比较小,主要分布于儋州市八一农场、三亚市大茅、红花、落笔洞、昌江县、东方县等地,面积约 $300\ km^2$。含水层岩性主要为灰岩、大理岩、白云岩。地下水主要来自降雨,其次是岩性、构造和地形的控制。其富水性取决于裂隙岩溶的发育程度。质纯的可溶岩岩溶发育,构造破碎带、可溶岩与非可溶岩接触部位岩溶发育。岩溶率:灰岩 $9.5\%\sim14.7\%$;大理岩 $1.5\%\sim10.3\%$;白云岩 $0.8\%\sim4.3\%$。富水程度多为丰富—中等,局部贫乏。水化学类型为 $HCO_3$- $Ca$ 型。矿化度多小于 $0.3\ g/L$。pH 值 $6.5\sim7.5$。

④ 岩浆岩类孔隙裂隙水。

岩浆岩类孔隙裂隙水可分为块状岩类裂隙水和火山岩裂隙孔洞水两个亚类。

块状岩类裂隙水,主要分布在中部山地丘陵区,出露面积 $16\,566\ km^2$。中部山区、东部雨量充沛,林木繁茂,裂隙较发育,富水性较好;西部、南部水量较为贫乏。其岩性主要为花岗岩。块状岩类网状脉状裂隙水,除构造断裂带部位地下水较富集外,水量为中等或贫乏。据统计,钻孔单位涌水量大于 20 m³/(d·m) 的占 22.7%;5~20 m³/(d·m) 的占 25.7%;小于 5 m³/(d·m) 的占 51.5%。矿化度多在 0.2~0.4 g/L。pH 值在 6.5~7.5,属中性淡水。

火山岩裂隙孔洞水,多分布在海南岛北部。为新生代火山岩,具有多期次喷发的层状构造特征。岩性以微孔状、气孔状玄武岩为主,凝灰岩、集块岩、火山角砾岩次之。第三纪火山岩裂隙、孔隙不发育,富水性差,出露面积小。第四纪火山岩分布面积广,以层状、似层状岩被产出,裂隙孔洞发育,水量为丰富—中等。径流排泄条件良好,补给充足,矿化度低。水化学类型为 $HCO_3$-Na、$HCO_3$-Na·Ca、$HCO_3$-Na·Mg 型。总硬度 1~4 德国度。

2)区域气象

(1)气温。

① 平均气温。

A. 年平均气温

海南岛各地的年平均气温为 22.5~25.6℃,以中部的琼中最低,南部的三亚最高。等温线向南弯曲呈弧线分布,从中部山区向四周沿海递增,23℃等温线在中部山区闭合。

B. 气温的年变化

各地平均气温年变化基本一致,呈单峰型。最冷月为 16.6~23.0℃,均出现在 1 月;最热月为 25.5~29.2℃,各地出现时间不一,通什、保亭、乐东出现在 6 月,三亚、白沙、昌江、东方出现在 6 月和 7 月(6、7 月数值相同),其他地区出现在 7 月。

C. 气温的年变差

由于海洋的调节,海南岛气温年变差普遍较小,多数地区为 8~10℃,三亚最小(7.6℃)。普遍比中国大陆地区低 5~10℃。

② 极端最高气温。

海南岛各地累年极端最高气温为 35.4~40.5℃。高温中心有两个,一个位于北部、西北部内陆的澄迈、儋县到昌江一线,另一个位于南部内陆的保亭县。大于或等于 40℃的高温记录曾出现过 3 次,即 1933 年 5 月 2 日海口出现 40.5℃(这也是海南岛有观测资料以来的最高值)、1983 年 5 月 14 日澄迈金江出现 40.3℃和 1985 年 4 月 24 日儋县那大出现 40.0℃。西部、南部沿海一带是累年极端最高气温的低值区,小于 36℃。海南岛虽处热带,但出现 35℃高温日比中国内陆地区少得多,出现 40.0℃的酷热日更是罕见现象。

年极端最高气温多数年份出现在 4、5 月,也有出现在 6、7 月。这是因为晚春初夏这段时间,正处于西南低压槽或副热带高压控制下,天气炎热少雨;而盛夏和秋季,由于降雨较多,最高气温不太高。

③ 极端最低气温。

海南岛多数地区的极端最低气温在零度以上,只有中部山区及西北部内陆曾出现零度以下的低温。零度以下的记录出现过 3 次,即 1955 年 1 月 11 日儋县西华农场出现 -4.3℃、1963 年 1 月 15 日白沙县牙叉镇出现 -1.4℃和 1974 年 1 月 2 日乐东县尖峰岭天池出现 -3.0℃。

年极端最低气温以出现在 1 月居多,也有出现在 2 月或 12 月。10℃以下的低温出现在 11 月中旬至翌年 4 月上旬,5℃以下的低温主要出现在 1 月。

(2)湿度。

① 水汽压。

指湿空气的气压中,由纯水汽所产生的分压力,单位为 hPa(百帕)。海南水汽来源比较充足且终年温度较高,故全年水汽压较大。年平均为 23~26 hPa,中部及西北部内陆较小,四周沿海较大。年变化呈单峰型,高值为 30~32 hPa,北部出现在 8 月,中、南部出现在 6 月;低值为 16~20 hPa,各地均以 1 月最小。

② 相对湿度。

指空气中实际水汽压与当时气压下的饱和水汽压之比。海南各地年平均相对湿度为77%～87%,以昌江的77%为最小,以文昌的87%为最大。年变化,北半部为双峰型,即2月和9月为峰值,5月或7月为谷值;南半部为单峰值,即8月或9月为峰值,12月或1月为谷值。

海南各地累年极端最小相对湿度为8%～27%,以三亚、通什的8%最小。夏半年各地为30%～40%,冬半年多在20%以下,以12月或1月为最小。

(3) 降水。

指从大气中降落到地面的各种固态或液态水粒子,如雨、雪、霰、雹等。从大气中降落到地面的液态水滴称为雨,固态部分称为冰雹或雪等。海南岛由于温度较高,只有在某些年份,在强烈的对流上升运动作用下偶尔会下冰雹,并以北部内陆的春、夏季出现的概率大些。下雪是罕见现象。

① 年雨量的地域分布。

海南各地的年平均雨量为923～2 459 mm。等雨量线呈环状分布,中、东部多,西部少;山区丘陵多,沿海平原少;多雨中心位于万宁西侧至琼中一带,少雨区位于东方县沿海。多雨中心的琼中县,年平均雨量为2 458.5 mm,年最多雨量为3 759.0 mm(1978年),年最少雨量为1 398.1 mm(1959年)。少雨区的东方县,年平均雨量为922.7 mm,年最多雨量为1 528.8 mm(1980年),年最少雨量为275.4 mm(1969年)。琼中与东方直线距离不足150 km,雨量如此悬殊。

② 雨量的季节分布。

由于季风环流的交替影响,海南的雨、旱季非常明显。冬半年受东北季风控制,气候干燥少雨;夏半年受西南、东南季风的影响,气候炎热多雨。若按累年平均月雨量大于(小于)其周年平均值作为雨(旱)季标准,琼中的5—11月,万宁的6—11月,东方的6—10月,其余地区的5—10月为雨季;其余月份为旱季。雨季的雨量占年雨量的80%～90%,其中5—7月占年雨量的30%～40%,8—10月占年雨量的50%左右;旱季的雨量仅占年雨量的10%～20%,其中12月至翌年2月仅占年雨量的2%左右。

③ 雨量的年变化。

1—6月的雨量逐月增加,其中5—6月受锋面或低压槽影响,雨量明显增加,6月达到峰值;7月受副热带高压脊稳定控制,雨量相对减少;8—10月主要受热带系统的影响,雨量较多,9月达到高峰值;10月以后又逐渐转冬季风控制,雨量逐渐减少,11月降幅最大。

④ 降雨日数。

海南各地年降雨日数(日雨量大于或等于0.1 mm的日数)为88～194 d。等雨日线与等雨量线分布基本一致,180 d的等雨日线在中部山区闭合,越往西南,雨日越少,东方县是雨日最少的地方。在雨季,大部分地区每月的雨日都在15 d左右,其中以8月或9月的雨日最多;在旱季,大部分地区月雨日均不足10 d,有些地区有的年份则数月滴雨不下。

⑤ 降雨强度。

降雨强度表示单位时间或某一时段内的降雨量,也有把降雨期间测站的总降雨量除以该期间的雨日所得到的平均日降雨量作为该雨期降水强度。海南平均降雨强度(年平均雨量除以年平均雨日)为11～13 mm/d。雨季的各月平均降雨强度比较均匀,为14～17 mm/d,其中北部、东部以9月最大、约20 mm/d,琼中以10月最大、达23.8 mm/d;旱季的各月平均降雨量不足5 mm/d。实测日最大降雨量,各地均超过250 mm,超过400 mm的有白沙、儋县、屯昌、陵水等市、县,其中白沙县1977年7月21日降雨量达490.3 mm,为有气象记录以来的极大值。另据水文、林业资料,24 h最大降雨量超过500 mm的有白沙、乐东、龙昌、昌江、琼海、澄迈等地,其中尖峰岭天池1983年7月17日出现965.3 mm的极值记录。

⑥ 降雨变率。

降雨变率是衡量某地降雨量稳定性的指标,变率越大,降雨越不稳定。海南年雨量平均相对变率为 16%～24%,中部、北部较小,西部沿海较大。旱季各月各地均大于 50%,雨季普遍比旱季小10%～15%。

(4) 风向风速。

① 风向。

风向随天气系统的转换发生变化。天气系统较弱时,沿海地区出现海陆风;而中部山区因地形复杂,地方性风较明显。

海南各地年盛行风向(各风向中挑选频率最大者)有所差异,琼中、通什、白沙等 12 个市、县的静风频率最大,琼中县高达 56%。这些地区频率次大风向及其他地区的盛行风向,以定安至乐东连线为分界线,此线以北(西)地区盛行东至东风;此线以南(东)地区又有不同,万宁及以南地区是北至东北风,万宁以北地区是南至东南风。

风向随季节变化很明显。10 月至翌年 3 月,主要受冷空气的影响,盛行东北至东风;4—9 月盛行偏南风。各地偏南风转偏北风的时间基本一致,都在 9 月份。偏北风转偏南风的时间则由南向北,由东向西逐渐推迟,三亚在 2 月,琼海在 3 月,海口在 4 月,东方在 5 月。偏南、偏北风维持时间长度也不一致;东方的偏南风只有 1 个月,偏北风长达 8 个月;琼海的偏南、偏北风各占 6 个月;其他地方的南风占 5 个月,北风占 7 个月。

② 风速。

海南各地年平均风速为 1.1～4.5 m/s。风速等值线呈环状分布,2 m/s 等值线在中部山区闭合,最小值位于琼中县,最大值位于东方县沿海。各地平均风速最大(小)值出现的季节有所不同。最大值,东方出现在夏季,三亚、陵水、保亭出现在秋季,其他地区出现在冬春季;最小值,东方出现在秋季,琼中出现在冬季,其他地区出现在夏季。

海南的最大风速,主要是台风造成的,其次是受强冷空气的影响。强对流天气也可出现局部大风,如龙卷风、飑线等。多数地区累年最大风速大于 24 m/s,以东、西部沿海最大,达 30 m/s 以上。各地的最大风速出现时间均是夏、秋季。风速极值出现于 7314 号台登陆琼海县时,因风速仪被吹毁,推算当时的最大风速达 60 m/s。

海南的大风日数(瞬间风速大于或等于 17.2 m/s)。多数地区平均全年 3～6 d,东方以 22 d 为最多,琼中、乐东一带约 2 d,为最少。沿海地区一年四季都有可能出现大风,内陆地区主要出现在 4—10 月,均以夏、秋季为多、为大。

## 2.3.2 文昌市及文昌基地区域水文气象

1) 区域水文

(1) 地表水。

全市地表水资源年总量达 19.8 亿m³,平均地表径流量为 18.7 亿m³。

流经文昌流域面积达 100 km² 以上的河流有文教河、珠溪河、文昌江、石壁河、北水溪等 5 条;流域面积 100 km² 以下的共育 32 条。总长 556.6 km,总流域面积为 2 384.6 km²,年集雨量为 39.44 亿m³,年地表径流量为 18.69 亿m³,成为该市灌溉和运输的重要资源。但支流短小,洪枯悬殊,易涝易旱,河水流失快,蕴藏量小,且水能不足。

(2) 地下水。

全市天然地下水资源达 12.33 亿m³/年(包括地面径流量补给)。地下水特征受地层岩性、岩相结合形成,其构造性质受地形、地貌、天气、降水等各种复杂自然因素控制。这些条件决定着地下水在时空分布的差异,松散岩类孔隙水水系由第四系松散岩(包括胶结较疏松的岩类)组成,岩性主要为似层状的气孔玄武岩、火山角、砾岩和凝灰砂砾岩,有含水层 2～3 层。厚度变化大,富水强度属弱至中等,水化学属 $HCO_3Cl～MgNa$ 型淡水,上部为孔隙裂隙潜水,下部为承压水。20 世纪 50 年代末,曾在湖山水库灌区罗豆山良村海边平原打出两口自流井,它们分别是该市第一、第二个承压自流井。灌溉农田对地下水的开采利用仍很少。工业和城乡生活用水多利用浅层地下水(即潜水),几乎还没有开发利用承压水。地下水的分布多在东部、东北部沿海地区。

该市地下水资源丰富,水质良好,据市卫生部门对全市 24 个区 5 033 口饮用水井作典型调查,地下水水位距地表 3～7 m,占 86%,对其中 60 口水井的水质进行水样化验,五毒污染及有机污染都较少,符合饮用水要求,开发利用前景广阔。

2)区域气象

(1)气温。

文昌市属北回归线以南,系低纬度地带,地处热带北缘,属热带海洋季风气候区。终年无霜,冬无严寒,四季常青,雨水充沛,日照充足,气候温和。

文昌常年平均气温为 23.9℃,平均最低气温 14.8℃,出现在 1 月;平均最高气温 32.4℃,出现在 7 月。历史上极端最低温度为 4.7℃,出现在 1963 年;极端最高温度为 39.1℃,出现在 1969 年。冬季,北部比南部气温偏低,如 1 月份,北部为 16.8℃,南部为 18.1℃。12 月至翌年 2 月平均温度,北部为 18.1℃,南部为 18.7℃。极端最低温度,1975 年,文城站 5℃,翁田站 3.4℃。

(2)湿度。

文昌年平均相对湿度为 80%,最小湿度为 34%。各月差异不大,在 85%～88% 之间。一年中以 2、3 月份最大,为 88%;5、7、10、11 月份最小,为 85%,年最小相对湿度 75%,出现于 1963 年 1 月 27 日。

(3)降水。

文昌年平均降雨量 1 886.2 mm,但分布不均匀:雨季 5—10 月份,降雨量 1 490 mm,占全年的 79%;旱季 11—4 月份,降雨量 396.2 mm,占全年的 21%;雨季高峰期在 8—10 月份,台风暴雨频繁,占全年雨量的 42%～49%;旱季高峰期在 3 月下旬至 4 月上旬,常出现夏旱情。全市历年来平均降雨日有 140 d,但各地区降雨日有所差异,总的趋势是西部低丘陵区偏多,年降雨日为 159 d,据美文、石壁、东路水文站资料,平均年雨量 1 940.8 mm。北部次之,据湖山、翁田、龙虎山水文站资料,平均年雨量 1 768.4 mm。中部地区,据宝芳、文城水文站资料,平均年雨量 1 738.9 mm。南部较少,据重兴(长坡)、清澜、东郊、会文水文站资料,平均年雨量 1 612 mm。1972 年,湖山地区年降雨量 2 751.1 mm,是 1951 年以来年降雨量最多地区。春夏旱在 60 d 以上年概率 92%～73%,严重的 80 d 以上,年概率 65%～49%。据县气象局记录资料:从 1986 年 9 月至 1987 年底,持续 16 个月雨量稀少,在此期间,仅降雨 1 276 mm 比常年同期减少 1 241 mm。

(4)风向风速。

文昌属于季节气候区,风向春多东,夏多南,秋多西,冬多北,故风向的季节变化是很明显的。3 月至 9 月受低纬度暖气流影响,盛行偏南季风,风向以东南风为主;10 月至翌年 2 月,由于北方冷空气入侵频繁,劲吹偏北季风,风向以东北风为主。盛行偏北风。全年最多的风向为东南偏南风。

境内各地的常风分布总的特点是:沿海大,内陆小;南部大,北部小。东南部的清澜、会文等地区,各月平均风速在 3.0 m/s 以上,年平均风为 3.5～3.6 m/s。文城地区在 3.0 m/s 以上,年平均风速为 2.4 m/s,风速最小,常风速较大。

(5)自然灾害。

境内自然灾害主要有气象灾害和地质灾害;气象灾害有台风、洪涝、干旱雷暴、龙卷风冰雹、海潮咸雾及低温阴雨;地质灾害有地震、水土流失。

### 2.3.3 三亚市及某基地区域水文气象

1) 区域水文

(1) 地表水。

三亚市地表水资源多年平均降雨深度 604 mm,半径流系数 0.43,年总径流量 11.5 亿 m³,半径深度 604 mm,半径流系数 0.43,年总径流量 11.5 亿 m³,丰水年($P=10\%$)的年径流量 18.2 亿 m³,平水年($P=50\%$)的年径流量 10.8 亿 m³,枯水年($P=90\%$)的年叫的年径流量 5.8 亿 m³。集雨面积 1 905 km²,多年平均降雨量 1 417 mm。

从保亭县流入藤桥镇的年径流量为平水年 4.576 亿 m³,枯水年径流量 2.288 亿 m³,从乐东县、保亭县流入崖城镇的年径流量为平水年 1.671 亿 m³,枯水年年径流量为 0.794 亿 m³。

降水量西部比东部少,径流分布自内地递减。

(2) 地下水。

地下水资源的分布情况为:藤桥至梅东沿海一带,总储量 1.42 亿 m³;梅东至南滨农场一带富水性中等,单层单位水量小于 1.5 L/(s·m);岩组单位水量一般为 1~3 L/(s·m),保港至水南四村一带富水性强,单层单位水量 1~3 L/(s·m),岩组厚度小于 130 m;羊栏、荔枝沟地区,岩组厚度小于 100 m,有 2~5 个含水层,单层厚度一般小于 12 m,岩组含水层厚度小于 40 m,单层单位水量一般 1~2 L/(s·m),马岭地区含水层薄,水位埋藏深,富水性较差;田独地区岩组厚度为 30~90 m,有 3 个含水层,红土坎至上新村一带,水层及水位埋藏深,富水性差;榆林至榆林潭一带,含水层较浅,厚度较大,富水性较好;藤桥、林旺地区有 2 个含水层,厚度小于 20 m,单位水量 1 L/(s·m)。藤桥只有 1 个含水层,厚度小于 15 m,单位水量一般小于 0.1 L/(s·m)。

本市有地下温泉 6 处,一处在南田农场赤田东村附近,一处在林旺落根田洋中,一处在荔枝沟镇半岭水库周围,一处在南滨农场热泉井,一处在羊栏凤凰村热泉,一处在崖城镇良种场。

2) 区域气象

(1) 气温。

三亚市属于热带海洋性季风气候,阳光充足,长夏无冬,秋春相连。

三亚市的气温从 1959—2000 年,累年平均气温 25.8℃,极端低温 5.1℃,出现在 1974 年 1 月 2 日;极端高温 35.9℃,出现在 1990 年 6 月 4 日。

(2) 湿度。

全市湿度变化比较稳定,在 72%~90%之间,1959—2000 年累年平均相对湿度为 79%,最高相对湿度是 1965 年的 81%,最低是 1977 年的 76%。各地区也有所差别,如三亚地区是 79%;藤桥地区是 82%;高峰地区是 84%。北部山区最高,9 月份平均为 90%,三亚地区最低,但 12 月平均也不低于 72%。

(3) 降水。

1959—2000 年累年平均降水量为 1 280.6 mm,年最多降水量是 1990 年,降水 1 987.7 mm,最小年降水量是 1971 年,降水 674.0 mm,每年 11 月至翌年 4 月降水总量占全年的 10%;5 月至 10 月的降水量约占全年的 90%。5 月至 7 月是前汛期,以雷阵雨为主,长晴间雨,雨过天晴,日射强烈。8 月至 10 月是后汛期,以台风为主。每年 5 月进入雨季,11 月进入旱季。只有极少数年份 2、3 月下大雨,或者是立冬后还有台风影响。年雨量在 600~2 000 mm 之间变动。常年平均值 1 261 mm,年雨日占全年日数的 1/3,较大的雨日(日雨量大于或等于 5.0 mm),占全年日数的 12.8%。而暴雨日雨量大于或等于 50.0 mm,年平均只有 5.5 d,而雨量却占全市总量的 33.4%。在旱季半年中,雨量只占全年的 10%,即使在雨季中,长达连续 30 d 没有显著降雨的月份也占全年的 23%,而雨骤水量流失大,造成大旱。

全市年降水量相差比较悬殊,约 500 mm。北部山区年平均雨量 1 625.0 mm;南部沿海 1 279.3 mm;西部地区 1 100～1 300 mm;东部地区 1 511.5 mm。在一年中的降水量分布是不均匀的。累年台风影响最大日降水量在 1986 年 5 月 19 日,为 327.5 mm。

(4) 风向风速。

1959—1990 年,累年平均风速 2.7 m/s,年风向多东风,次为东北风。台风累年年平均影响个数 4.3 个,累年年最高影响个数 10 个。

海域的风可分为季风、台风和龙卷风 3 种。季风春去夏至,夏去秋来,一年中,随季节变化,均受大气环流所主宰。台风在三亚海域影响最频繁。

每年 10 月以后,东北风是附近海域的主要风向,4 月开始,沿海海域转而以南太平洋上吹来的东南风为主,其次是印度洋吹来的西南风;三亚沿海海域平均风速为 2.9 m/s。

## 2.4  结论

通过上述分析,可以得到如下结论:

1) 地形、地貌

海南岛地貌主要为由山地、丘陵、台地、平原构成环形层状地貌,山地和丘陵是海南岛地貌的核心。全境从宏观上可划分为两个地貌区,即北部台地平原区和南部山地丘陵区;在全岛的两个陆地地貌区内共可划分出 14 个地貌亚区;文昌市区域地貌一般有:低丘陵区、海积平原、新老砂堤、海成阶、台地和熔岩形小台地;三亚市区域地貌一般有:山地、丘陵、台地、谷地及阶地平原;其中文昌基地的地貌类型为海成 I 级阶地,三亚某基地的地貌类型为剥蚀残山—海湾沉积过渡的海岸地貌。两基地的地貌类型相似。

2) 区域地质

海南省区域地质:全省地层发育较全,自中元古界长城系至第四系,除缺失蓟县系、泥盆系及侏罗系外,其他地层均有分布。文昌基地区域地质:浅部主要为海相的沉积物[时代有早更新世($Q_1^m$)、晚更新世($Q_3^m$)和全新世($Q_4^m$)];第四系下伏的基岩地质为中生代侏罗纪中侏罗世(J2)花岗岩。三亚某基地区域地质:主要出露的地层有下古生界寒武系、奥陶系、志留系和不同期次花岗岩,上古生界石炭系、中生界白垩系和新生界第四系海相沉积物。两基地区域地质有相似之处。

3) 地下水特征

海南省区域地下水特征:根据地下水的赋存条件、水理性质及水力特征,海南省地下水可分为 4 种基本类型,分别为:① 松散岩类孔隙水,可分为潜水和承压水两个亚类。孔隙潜水:分布于沿海一带,为滨海堆积、河流冲洪积和山前古洪积平原区;孔隙承压水:分布于海南岛北部和南部沿海平原区;② 碎屑岩类孔隙裂隙水,多赋存于层间裂隙和构造裂隙中;③ 碳酸岩类裂隙岩溶水,该类地下水在省内分布面积较小;④ 岩浆岩类孔隙裂隙水,可分为块状岩类裂隙水和火山岩裂隙孔洞水两个亚类。

文昌市区域地下水特征:含水层厚度变化大,富水强度一般属弱至中等,上部为孔隙裂隙潜水,下部为承压水。三亚市区域地下水特征:含水层厚度分布不均,富水性一般为差至强;地下水类型为孔隙潜水及基岩裂隙潜水。两基地地下水特征类似。

# 3 工程地质条件

## 3.1 地形、地貌

海南文昌卫星发射中心基地位于海南省文昌市龙楼镇以南,距东侧东海约 1 km,地形基本平坦,原场地为农田,局部分布有虾塘,场区地面高程一般为 5.06～6.40 m;场地地貌类型属于海成 I 级阶地地貌。

海南三亚某基地位于海南省三亚市吉阳镇以南,西邻榆林港。场地岸上地面高程一般为 2.0～5.0 m;海湾部分,水底高程一般为 −7.47～2.00 m。本区地貌类型属于剥蚀残山—海湾沉积过渡的海岸地貌,剥蚀残山、海岸悬崖、不规则滨海平原和海滩潮间带等地貌单元均有分布。

## 3.2 地层岩性

### 3.2.1 海南省地层岩性及工程地质分区

1) 岩体

岛内岩体工程地质类型可分为岩浆岩、变质岩、沉积碎屑岩和沉积碳酸盐等 4 个建造类型和 18 个岩组。

(1) 岩浆岩建造。

包括:① 坚硬块状侵入岩组,以酸性花岗岩为主,其次为基性辉绿岩辉长岩的侵入体组成;② 较坚硬—软弱薄层—厚层状火山碎屑岩组;③ 坚硬—较坚硬块状基性火山熔岩组,以气孔—致密状玄武岩为主组成;④ 坚硬块状中酸性熔岩组,以流纹质凝灰熔岩和安山质熔岩为主。

(2) 变质岩建造。

包括:① 坚硬—较坚硬薄层—块状变质石英砂岩和板岩互层夹结晶灰岩组;② 坚硬—较坚硬薄层—厚层状千枚岩夹变质砂岩和结晶灰岩组;③ 坚硬—较坚硬薄层—厚层状板岩夹变质砂岩组;④ 坚硬—较坚硬薄层—厚层状片岩夹石英岩和结晶灰岩组;⑤ 坚硬—较坚硬薄层—块状混合片麻岩和混合花岗岩组。

(3) 沉积碎屑岩建造。

包括:① 坚硬—软弱薄层—块状砂砾岩夹泥岩组;② 坚硬—较坚硬中层—厚层状砂岩组;③ 较坚硬—软弱薄层—厚层状砂岩夹泥岩组;④ 较坚硬—软弱薄层—厚层状砂岩和泥岩互层组;⑤ 软弱—坚硬薄层—厚层状黏土岩夹砂岩组;⑥ 软弱—坚硬薄层—厚层状碎屑岩夹碳酸盐岩组。

(4) 沉积碳酸盐建造。

包括:① 坚硬—较坚硬中层—层块状碳酸盐岩组;② 坚硬—软弱薄层—块状碳酸盐岩夹碎屑岩组;③ 坚硬—较坚硬薄层—层块状碳酸盐岩与碎屑岩互层岩组。

2）土体

岛内土体主要分布于滨海平原和河谷地带，其工程地质类型可划分为 5 大类 8 亚类；

（1）碎石性土。

包括砂砾、砾卵石土，分布于山前冲洪积平原、河流阶地及部分海滩、河床。呈单层或多层结构，厚度一般小于 10 m，力学性质差异大，地基承载力特征值一般为 250～420 kPa。

（2）砂性土。

包括：① 砾砂、中粗砂，广泛分布于滨海地区海岸砂堤、阶地、三角州及河海漫滩，呈多层结构为主，厚度不一，由数米至数十米。力学性质差异大，在沿海岸砂堤呈松散到稍密状；其余一般为稍密至中密状，内摩擦角 21°～43°，压缩模量 7～39 MPa，地基承载力特征值 130～270 kPa。② 粉细砂，分布于海积一级阶地、部分海滩砂堤和南渡江三角州。以多层状结构为主，顶板埋深一般 0～25 m，以稍密至中密状为主，压缩模量 5～38 MPa，内摩擦角为 17°～38°，地基承载力特征值 100～190 kPa。

（3）粉土。

分布于河、海阶地、三角州，大多为双层或多层结构，单层厚度一般为 1～5 m，顶板埋深一般为 0～20 m，中更新统粉土层中普遍含少量细砾。在不同的地形地貌条件下其力学性质有较大差异，压缩系数为 0.09～0.35(MPa)$^{-1}$，压缩模量为 4.8～29.94 MPa，地基承载力特征值为 130～380 kPa。

（4）黏性上。

岩性为黏土和粉质黏土，广泛分布于环岛滨海平原台地和河流阶地，滨海地区以多层状结构为主，内陆河流阶地以双层结构为主。厚度变化很大，琼北和琼南滨海地区总厚度在 100 m 以上，内陆河流阶地一般小于 10 m。一般黏性土地基承载力标准值为 105～280 kPa，压缩模量为 2.1～11.0 MPa。老黏性土地基承载力特征值为 160～325 kPa，压缩模量为 4.9～16.4 MPa。

（5）特殊土。

包括：① 淤泥、淤泥质土：主要分布于滨海地区，尤其以河口和海湾地段最为常见。顶板埋深为 0～9 m，厚度一般为 0.5～12.0 m，常夹粉细砂薄层或砂团。② 胀缩土：沉积型胀缩土为杂色黏土，多分布于琼北平原台地区，自由膨胀率为 40%～80%；残积胀缩土分布于北部火山岩分布区，尤以海口市金牛岭至狮子岭一带较多见，为玻屑凝灰岩风化形成的膨润土，亲水矿物蒙脱石为主要成分。自由膨胀率为 65%～106%。③ 红土：为新生代玄武岩风化黏土，广泛分布于北部火山台地，其最大特点是具团粒结构，透水性较好，具高压缩性，孔隙比为 1.13～1.5，压缩系数为 0.44～0.90(MPa)$^{-1}$。

3）工程地质分区

依据地质构造、地貌类型和工程地质条件，全岛划分为 4 个工程地质区 9 个工程地质亚区，见图 3-1。

（1）琼北平原台地较不稳定工程地质区（Ⅰ）。

构造上大致处于王五—文教断裂带以北及琼山—仙沟（琼海）断裂带以东，也就是琼北拗陷带和琼东北断隆带。总的地势中部较高，向周边缓倾。区内地形坡状起伏，其间散布有众多火山锥或孤丘。海拔一般为 20～80 m，个别山丘可达 340 m，沿海零星分布有 5 m 以下的低地。晚近期活动断裂发育，地壳较不稳，历史上地震震级最高 7.5 级，烈度 7～8 度。

① 北部火山台地以熔岩为主亚区（Ⅰ₁）。

为一东西向转南北向的脊状台地，南渡江由西向东流过本区以南，于定城附近北转穿越本区流向琼州海峡。中段石山一带火山锥密布，形成火山丘陵地貌景观。熔岩以岩被盖于松散层之上，熔岩孔洞孔隙发育。岩组以坚硬熔岩为主，局部有软弱火山碎屑岩分布。风化层厚度不一。主要工程地质问题为渗漏、塌陷、不均匀沉降、滑坡和胀缩土。

图 3-1 海南岛工程地质略图

② 长坡—定安波状冲洪积平原亚区（$I_2$）。

构造上为琼北拗陷的南部边缘部分,东西向王五—文教断裂纵贯全区,晚近期活动断裂发育。边缘地段地形波状起伏、近河地段较为平坦。岩组为松散土体,黏性土和砂性土呈双层或多层结构,主要工程地质问题为河岸侵蚀崩塌、渗流管涌、水土流失、胀缩土和砂土液化。

③ 锦山—清澜洪积海积平原亚区（$I_3$）。

地形呈波状起伏,沿海岸线分布有砂堤,河口和海湾地段地势低平。西北部地震烈度 8 度,东南部 7 度。岩组为砂性土、黏性土、局部有碎石土,呈双层或多层结构,在海湾河口地段有淤泥质土分布。在西部海口地区土层最大厚度可达 1 000 m 以上。主要工程地质问题为水土流失、岸边侵蚀崩塌、港湾淤积、沉陷、地基液化和胀缩土。

④ 文昌侵蚀剥蚀台地亚区（$I_4$）。

构造属琼东北断隆的一部分,波状地形。岩组主要为坚硬岩浆岩、变质岩。风化层厚度一般为

5～20 m。主要工程地质问题是,风化层花岗岩球状风化残留体引起的不均匀沉降。

（2）中部山地丘陵工程地质区（Ⅱ）。

中部五指山、莺歌岭为中山地形,向周边逐渐过渡到低山丘陵,一般海拔为100～750 m,据不完全统计,海拔1 000 m以上的山峰超过20座。昌江—屯昌一线以北以海拔300 m以下的丘陵为主。区内水系发育,以五指山为中心,呈放射状流向四周,河谷多呈"V"形。构造复杂,北东向和东西向构造带特别发育,构成了本区的主要构造格架。晚近期有明显隆升,活动断裂较发育,沿断裂带有众多温泉出露。历史上地震震级最高5级,除东北部受邻区地震影响,烈度在7～8度外,其余为6度或6度以下。岩组构成复杂。

①儋州—昌江低山丘陵岩浆岩和变质岩亚区（Ⅱ₁）。

西北部为丘陵谷地、东南部为中—低山,岩组主要有坚硬岩浆岩、坚硬—较坚硬变质岩,还有零星分布的坚硬碳酸盐岩和坚硬—软弱红层碎屑岩。主要工程地质问题为滑坡、坝基渗漏、软弱夹层和花岗岩球状风化残留体引起的不均匀沉降等。

②定安县雷鸣丘陵谷地红层碎屑岩为主亚区（Ⅱ₂）。

为低缓丘陵盆地地形,中部为金鸡岭火山锥,水系发育。岩组以坚硬—软弱红层碎屑岩为主,中部金鸡岭一带分布有小面积山熔岩。主要工程地质问题为软弱夹层。

③白沙县—乐东县山荣中低山红层碎屑岩为主亚区（Ⅱ₃）。

中—低山谷地,切割强烈,山势走向北东。岩组以坚硬—软弱红层碎屑岩为主,局部有小面积变质岩和岩浆岩分布。主要工程地质问题为滑坡、崩塌。

④屯昌县—保亭县低山丘陵以岩浆岩为主亚区（Ⅱ₄）。

东北部以丘陵盆地为主,南部为低山谷地,水系发育。以坚硬岩浆岩组为主,其次有坚硬—软弱红层碎屑岩组和坚硬—较坚硬变质岩组,在南部零星分布有坚硬强岩溶化碳酸盐岩。工程地质问题主要为滑坡、崩塌、不均匀沉降、塌陷和渗漏等。

⑤五指山中—低山变质岩为主亚区（Ⅱ₅）。

中—低山谷地地貌,切割强烈,沟谷呈"V"形,水系发育。五指山海拔1 887 m,为全省最高峰。岩组以坚硬变质岩为主,其次在中部有坚硬中酸性火山岩和侵入岩分布。主要工程地质问题为滑坡和崩塌。

（3）琼西滨海冲洪积海积倾斜平原工程地质区（Ⅲ）。

延绵分布于岛西海岸带,东接丘陵山地,成为向海倾斜的微起伏平原。岩组以洪积海积相为主的松散土体,有少量河流冲积土分布,黏性土和砂砾土呈双层或多层结构,在河口和海湾附近分布有淤泥质土。主要工程地质问题为河岸海岸侵蚀崩塌、港湾淤浅、渗漏、水土流失、软土沉陷和沙土液化。

（4）琼东南滨海残丘平原软土工程地质区（Ⅳ）。

断续分布于东南沿海河口地段,在波状平原上散布有侵蚀剥蚀残丘,潟湖、海湾发育。历史上地震最高震级北部5.5级、南部3.5级,有多处温泉出露。岩组主要有冲洪积和海积的土体,砂性土、黏性土呈双层或多层状结构,残丘主要为坚硬岩浆岩。在海湾潟湖和河口附近普遍分布有淤泥层。主要工程地质问题为软土沉陷、沙土液化、滑坡、河海岸侵蚀崩塌。

## 3.2.2　海南文昌卫星发射中心基地

从海南省工程地质略图可知：文昌市属琼北平原台地较不稳定工程地质区（Ⅰ）,文昌侵蚀剥蚀台地亚区（Ⅰ₄）。

根据"海南文昌卫星发射中心基地岩土工程勘察报告",勘察深度范围内上部地层属于第四纪海相沉积物,以砂土及含砂珊瑚碎屑为主,局部为珊瑚礁灰岩;第四系下伏的基岩地质为中生代侏罗纪中侏罗世（J2）花岗岩。根据时代成因、岩性特征与物理力学性质等诸多因素,将岩土工程勘察深度范围内的地基土层共划分为 4 个工程地质层。其岩性特征如表 3-1 所示。

表 3-1　地层岩性特征

| 地层编号 | 地层名称 | 湿　度 | 厚度(m) | 密实度 | 其他性状描述 |
|---|---|---|---|---|---|
| ① | 填土 | 稍湿 | 0.5～1.5 | 松散 | 浅褐黄色；以粉细砂为主，含少量细粒土及植物根系，局部为灰色虾塘底部回填土 |
| ② | 细砂 | 很湿 | 2.15～5.5 | 松散—稍密 | 褐黄色；以粉细砂为主，矿物成分主要为石英、长石，均粒结构，颗粒均匀，磨圆度一般，该层底部含有大量珊瑚碎屑 |
| ③ | 含砂珊瑚碎屑 | 很湿、饱和 | 6.00～9.50 | 松散—稍密 | 灰色；以生物碎屑及珊瑚碎屑为主，含粉细砂，含量30%～40%，砂砾成分主要为石英、长石等，混粒结构，局部为珊瑚礁灰岩 |
| ④₁ | 强风化花岗岩 | — | 0.70～3.00 | — | 灰黄色；强风化，原岩结构清晰，主要矿物质成分为石英、长石等，矿物风化明显，取芯呈碎块状，局部呈短柱状，岩体较软岩，岩体破碎；岩体基本质量等级为Ⅴ类 |
| ④₂ | 中风化花岗岩 | — | — | — | 灰白色；中风化，局部微风化，粗粒结构，块状构造，主要矿物成分为石英、长石等，裂隙较发育，硅质胶结，取芯呈短柱状—长柱状，岩体为较硬岩—坚硬岩，岩体较完整—完整，局部较破碎，岩体基本质量等级为Ⅱ～Ⅲ类 |

## 3.2.3　海南三亚某基地

从海南省工程地质略图可知：三亚市属琼东南滨残丘平原软土工程地质区(Ⅳ)。

根据"海南三亚基地岩土工程勘察报告"[59]，勘察最大揭露深度为70.5 m，勘探深度范围内，由上到下分为4个大层13个亚层，其岩性特征详见表 3-2。根据勘察钻孔揭露，勘察深度范围内上部地层属于第四纪海相沉积物，第四系地层主要为珊瑚碎屑夹砂、珊瑚礁灰岩及粉细砂；局部地段分布有淤泥质粉质黏土混珊瑚碎屑、粉质黏土及粉质黏土混砂；第四系下伏的基岩为燕山期花岗、寒武系大茅组石英质砂岩。

表 3-2　地层岩性特征

| 地层编号 | 地层名称 | 厚度(m) | 湿　度 | 状　态 | 密实度 | 其他性状描述 |
|---|---|---|---|---|---|---|
| ①₁ | 杂填土 | 0.30～1.80 | 稍湿 | — | 松散 | 色杂，含少量植物根系，主要成分为砂性土夹少量碎石及珊瑚碎屑，主要分布在陆域，厚度一般0.30～1.80 m |
| ①₂ | 淤泥质粉质黏土混珊瑚碎屑 | 0.6～24.9 | 饱和 | 流塑—软塑 | — | 灰—青灰色，珊瑚碎屑大小不一，含量不均，以中粗砂(钙质)为主，局部见珊瑚碎块、砾，混贝壳。珊瑚碎屑含量一般为15%～50%，随着水深增加，珊瑚碎屑含量降低 |
| ①₃ | 珊瑚碎屑夹砂 | 0.3～18.4 | 稍湿—饱和 | — | 松散—中密 | 灰白—青灰色，以珊瑚碎块、砾、砾砂和粗砾砂(钙质)为主，密实度不均匀，标贯击数离散性大。总体上，从上到下碎屑物由粗粒向细粒变化，从陆地到海域层厚由厚向薄变化。该层较连续，几乎在所有钻孔均有分布 |

续　表

| 地层编号 | 地层名称 | 厚度(m) | 湿　度 | 状　态 | 密实度 | 其他性状描述 |
|---|---|---|---|---|---|---|
| ①₄ | 珊瑚礁灰岩 | 0.5～6.3 | 饱和 | — | — | 白—灰白色,半成岩—成岩状态,取芯为短柱状或柱状,少量碎块状,内部多孔隙。在近岸浅滩区域,珊瑚礁发育较好,远离岸边,珊瑚礁发育较差。珊瑚礁的分布在平面上具有岛状不连续性,在垂向上具有分节分段特性 |
| ②₁ | 粉质黏土 | 0.7～21.7 | 湿 | 硬塑 | — | 灰黄色—黄色,硬塑,表层局部可塑,杂有灰白、灰褐色斑块,纯净黏土段切面光滑,局部混有少许粉细砂、中砂 |
| ②₂ | 粉细砂 | 0.5～7.3 | 饱和 | — | 中密 | 青灰色—灰黄色,中密,饱和。矿物成分以石英和长石为主。该层分布较连续 |
| ②₃ | 粉质黏土混砂 | 0.5～20.9 | 很湿—饱和 | — | 松散—稍密 | 灰色;以生物碎屑及珊瑚碎屑为主,含粉细砂,含量30%～40%,砂砾成分主要为石英、长石等,混粒结构,局部为珊瑚礁灰岩 |
| ②₄ | 粉质黏土 | 0.5～3.5 | 湿—很湿 | 软塑—可塑 | — | 灰黑色,软塑—可塑,含贝壳片,土质均一,该层分布不连续,仅局部有分布 |
| ③₁ | 强风化石英质砂岩 | 0.5～39.3 | — | — | — | 灰色,褐灰色,岩体破碎,钻探取芯不完整,多为碎石块 |
| ③₁₋₁ | 黏土质蚀变岩和软弱风化岩 | 0～18.0 | — | 硬塑—坚硬 | — | 浅灰色—棕黄色,硬塑—坚硬,成分以黏土矿物为主,局部可见有原岩结构。为风化软弱夹层和黏土质蚀变岩夹层。根据所含黏土矿物成分不同,具有不同的膨胀性,一般为弱—强膨胀性。分布不连续,以透镜体形式分布在个别钻孔中 |
| ③₂ | 中风化石英质砂岩 | 1.0～10.6 | — | 坚硬 | — | 灰色—灰白色,局部为褐灰色、褐红色。微晶结构,块状构造,层面不清,岩石坚硬,节理较密集,完整性较差,岩芯多为短柱状,长度5～15 cm,多见高角度节理和近垂直节理,节理面多平直,见褐色风化锈染,锤击不易碎 |
| ④₁ | 强风化花岗岩 | 0.35～9.3 | — | — | — | 褐黄色—灰色。粗粒结构,块状构造,取芯不完整,为3～5 cm小碎块,原岩结构清晰,部分矿物风化为黏土矿物 |
| ④₂ | 中风化花岗岩 | 0.8～20.6 | — | 坚硬 | — | 褐黄色,局部灰色—灰白色。粗粒结构,块状构造,大部分岩芯完整,长度5～15 cm,最长达50 cm以上,多见高角度节理和垂直节理,节理面多平直,见褐色风化锈染,锤击不易碎 |
| ④₃ | 微风化花岗岩 | — | — | 坚硬 | — | 灰色—灰白色,粗粒结构,块状构造,岩石新鲜 |

　　Ⅰ区下伏基岩以花岗岩为主,埋藏浅,岩体较完整,局部地段有寒武系地层残留体"漂浮"于花岗岩之上(图3-2);Ⅱ区下伏基岩由花岗岩和石英质砂岩为主,其次为板岩和粉砂岩,基岩顶板埋藏逐渐变深,受断层构造和接触变质影响,岩体较破碎。因为石英质砂岩和板岩、粉砂岩层位变化复杂,无法精确区分,故统一归并为石英质砂岩。

　　在两种岩性交界面附近,地层的工程特性变化尤其不均匀,首先是因为不同岩性的抗风化能力差异,形成风化软弱夹层,其次是因为交界处存在热液蚀变作用,形成软弱的黏土质蚀变岩夹层,再次是由于断层及其分支断层的影响。限于研究深度的限制,无法将其一一区分,笼统将这些软弱夹层划分

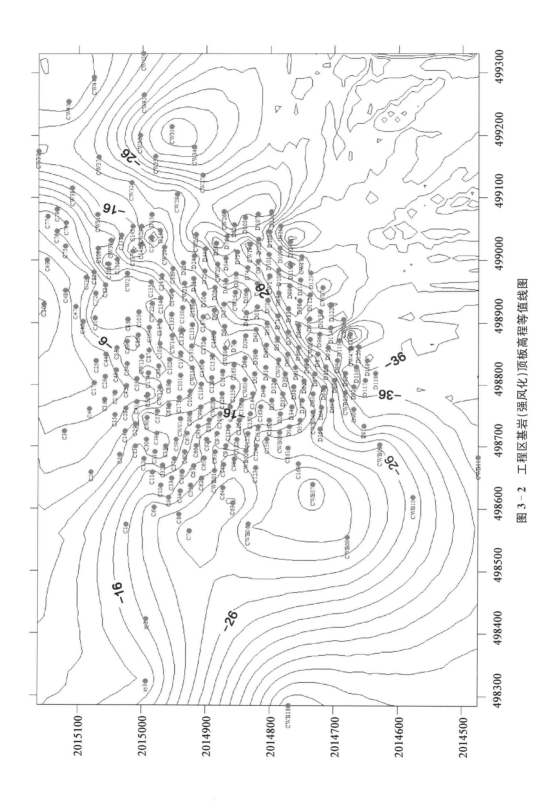

图 3 - 2  工程区基岩（强风化）顶板高程等值线图

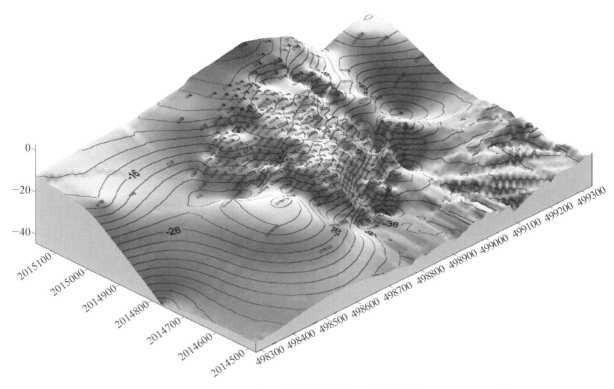

图3-3 工程区基岩(强风化)面变化效果图

为③$_{1-1}$层(黏土质蚀变岩和软弱风化岩)。

总体看,场区特殊性岩土(珊瑚碎屑、珊瑚礁灰岩和黏土质蚀变岩和软弱风化岩)种类多,基岩埋深变化大。其中,Ⅰ区基岩埋藏稍浅,顶板高程-2~-20 m,以花岗岩为主,岩体较完整;Ⅱ区基岩埋藏深,顶板高程-15~-40 m,以花岗岩和石英质砂岩为主,受断层构造和接触变质影响,岩体较破碎。

## 3.3 岩土物理力学性质

文昌基地和三亚某基地岩土物理力学性质分别如表3-3和表3-4所列。

### 3.3.1 文昌基地岩土物理力学性质指标

表3-3 岩土层主要力学性质指标

| 岩土层编号 | 岩土层名称 | 质量密度 $\rho$ (g/cm³) | 天然含水量 $W$ | 孔隙比 $e$ | 直剪快剪摩擦角 $\varphi_q$(°) | 直剪快剪内聚力 $C_q$(kPa) | 固结快剪摩擦角 $\varphi_q$(°) | 固结快剪内聚力 $C_q$ (kPa) | $Es_{1-2}$ (MPa) | 单轴极限抗压强度 $f_r$(MPa) | 单轴极限抗拉强度 $f_t$(MPa) | 标准贯入试验平均值 $N$(击) |
|---|---|---|---|---|---|---|---|---|---|---|---|---|
| ② | 细砂 | 1.99 | 20.4% | 0.609 | 37.2 | 0 | | | 15.0 | | | 18.7 |
| ③ | 含砂珊瑚碎屑细砂 | | | | | | | | *15.0 | | | 19.6 |
| ④$_1$ | 强风化花岗岩 | | | | | | | | | 10 | 1.0 | >50.0 |

注: *代表经验值。

## 3.3.2　三亚某基地岩土物理力学性质指标

表 3 – 4　岩土层主要力学性质指标

| 岩土层编号 | 岩土层名称 | 质量密度 $\rho$(g/cm³) | 天然含水量 $W$ | 孔隙比 $e$ | 液限 $W_L$ | 塑限 $W_p$ | 塑性指数 $I_p$ | 液性指数 $I_L$ | 休止角(°) 水上~水下 | 直剪快剪摩擦角 $\varphi_q$(°) | 直剪快剪内聚力 $C_q$(kPa) | 固结快剪摩擦角 $\varphi_q$(°) | 固结快剪内聚力 $C_q$(kPa) | $a_{1-2}$(MPa⁻¹) | $E_{s1-2}$(MPa) | 无侧限抗压强度 $q_u$(kPa) | 单轴极限抗压强度 $f_r$(MPa) | 单轴极限抗拉强度 $f_t$(MPa) | 标准贯入试验平均值 $N$(击) |
|---|---|---|---|---|---|---|---|---|---|---|---|---|---|---|---|---|---|---|---|
| ①₂ | 淤泥质粉质黏土混珊瑚碎屑 | 1.87 | 34.3% | 1.0 | 31.9% | 19.3% | 13.5 | 1.2 | | 5 | 15 | 10 | 35 | 0.6 | 3 | 18 | | | 3 |
| ①₃ | 珊瑚碎屑夹砂 | 1.5~1.6 | 10% | 0.8~1.1 | | | | | 39~32 | 35 | 3 | | | 0.16 | 17★ | | | | 13 |
| ①₄ | 珊瑚礁灰岩 | | | | | | | | | | | | | | | | 10 | 1.0 | |
| ②₁ | 粉质黏土 | 2.04 | 20.6% | 0.6 | 32% | 18% | 14.2 | 0.28 | | 15 | 40 | 16 | 70 | 0.20 | 10 | 200 | | | 18 |
| ②₂ | 粉细砂 | 2.63 | | | | | | | 40~37★ | 37★ | | | | | 20★ | | | | 20 |
| ②₃ | 粉质黏土混砂 | 2.03 | 18.0% | 0.6 | 31% | 17% | 13.2 | 0.22 | | 18 | 45 | 20 | 54 | 0.23 | 10 | | | | 25 |
| ③₁ | 强风化石英质砂岩 | 2.6 | | | | | | | | | | | | | 2 000■ | | 30 | 2 | >50 |
| ③₂ | 中风化石英质砂岩 | 2.63 | | | | | | | | | | | | | 10 000■ | | 60 | 4 | >50 |
| ④₁ | 强风化花岗岩 | 2.56 | | | | | | | | | | | | | 3 000■ | | 25 | 0.5 | >50 |
| ④₂ | 中风化花岗岩 | 2.62 | | | | | | | | | | | | | 10 000■ | | 50 | 2 | >50 |
| ④₃ | 微风化花岗岩 | 2.65 | | | | | | | | | | | | | 20 000■ | | 70 | | |
| 备注 | 1. 带★数据为根据经验给出的推荐值。 2. 带■数据指标为变形模量。 3. 桩基参数按照《港口工程灌注桩设计与施工规程》(JTJ 248—2001)提出;第①₃层珊瑚碎屑夹砂的天然含水量指陆域,地下水位以上。 | | | | | | | | | | | | | | | | | | |

## 3.4　结论

通过上述讨论，可以得到：

（1）海南岛地貌主要为由山地、丘陵、台地、平原构成环形层状地貌，山地和丘陵是海南岛地貌的核心。全境从宏观上可划分为两个地貌区，即北部台地平原区和南部山地丘陵区；在全岛的两个陆地地貌区内共可划分出14个地貌亚区；海南岛内岩体工程地质类型可分为岩浆岩、变质岩、沉积碎屑岩和沉积碳酸盐等4个建造类型和18个岩组；土体主要分布于滨海平原和河谷地带，其工程地质类型可划分为5大类8亚类。

（2）文昌基地：场地地貌类型属于海成Ⅰ级阶地地貌。上部地层为第四纪海相沉积物，分布的主要土层为细砂及含珊瑚碎屑细砂；下伏基岩为强风化、中风化花岗岩；三亚某基地：地貌类型属于剥蚀残山—海湾沉积过渡的海岸地貌；上部地层为第四纪海相沉积物，分布的主要土层为珊瑚碎屑夹砂、珊瑚礁灰岩及粉细砂；下伏基岩主要为强风化、中风化花岗岩；局部地段分布强风化、中风化石英质砂岩。根据分析，两基地在地貌和地层、岩性上具相似性。

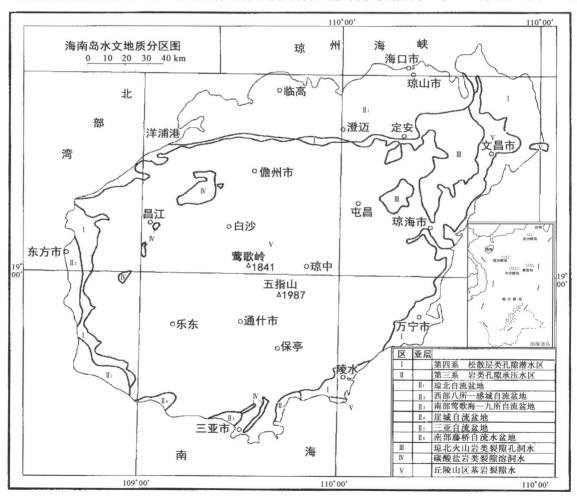

# 4 水文地质条件

## 4.1 含水层的特征

### 4.1.1 海南省地下水类型及水文地质分区

1）地下水类型

海南省地下水的类型及含水层特征已在第 2.3.1 节详细叙述,本节不再叙述。

2）海南省水文地质分区

根据含水岩类的分布、地下水的赋存条件和动力特征,把海南岛划分为 5 个区,6 个亚区(图 4-1)。

| 区 | 亚层 | |
|---|---|---|
| Ⅰ | | 第四系 松散层类孔隙潜水区 |
| Ⅱ | | 第三系 岩类孔隙承压水区 |
| | Ⅱ₁ | 琼北自流盆地 |
| | Ⅱ₂ | 西部八所—感城自流盆地 |
| | Ⅱ₃ | 南部莺歌海—九所自流盆地 |
| | Ⅱ₄ | 崖城自流盆地 |
| | Ⅱ₅ | 三亚自流盆地 |
| | Ⅱ₆ | 南部藤桥自流水盆地 |
| Ⅲ | | 琼北火山岩类裂隙孔洞水 |
| Ⅳ | | 碳酸盐岩类裂隙溶洞水 |
| Ⅴ | | 丘陵山区基岩裂隙水 |

图 4-1 海南岛水文地质分区图

（1）第四系松散岩类孔隙潜水区（Ⅰ）。

分布在滨海堆积平原、砂堤、河谷平原、山前洪积平原，面积为 5 946 km²，地下水天然资源为 885 万 m³/d。

（2）第三系松散固结岩类孔隙承压水区（Ⅱ）。

根据水文地质单元分为北部自流盆地、西部八所—感城自流斜地和南部莺歌海—九所、崖城、三亚藤桥自流盆地 6 个亚区。地下水天然资源为 359.526 万 m³/d。开采资源总量为 234.275 万 m³/d。

① 琼北自流盆地（Ⅱ₁）。

分布在海南岛北部，面积 4 605 km²，地下水天然资源 348.724 万 m³/d。开采模数 226 m³/(d·km²)，开采资源 229.354 万 m³/d。

② 西部八所—感城自流斜地（Ⅱ₂）。

分布在海南岛西部八所—感城一带，面积 86.4 km²。地下水天然资源 1.331 万 m³/d，开采模数 43.7 m³/(d·km²)，开采资源 0.367 万 m³/d。

③ 南部莺歌海—九所自流盆地（Ⅱ₃）。

分布在本岛西南部莺歌海—九所沿海地带，面积 399.8 km²。地下水天然资源 3.692 万 m³/d，开采模数 43.7 m³/(d·km²)，开采资源 1.888 万 m³/d。

④ 崖城自流盆地（Ⅱ₄）。

分布在南部崖城、梅山沿海一带，面积 60.4 km²。地下水天然资源 2.983 万 m³/d，开采模数 122.0 m³/(d·km²)，开采资源 1.786 万 m³/d。

⑤ 三亚自流盆地（Ⅱ₅）。

分布在三亚、马岭一带，面积为 49.20 km²。地下水天然资源为 1.280 万 m³/d，开采模数为 122.0 m³/(d·km²)，开采资源 0.646 万 m³/d。

⑥ 南部藤桥自流水盆地（Ⅱ₆）。

分布在三亚市藤桥、林旺一带，面积 60 km²。地下水天然资源 1.516 万 m³/d，开采模数 122.0 m³/(d·km²)，开采资源 0.234 万 m³/d。

（3）琼北火山岩类裂隙孔洞水（Ⅲ）。

分布在海南岛北部，为第四纪火山岩，有火山岩裸露区和火山岩红土覆盖区两种类型。面积为 3 928.5 km²。地下水天然资源为 854.375 万 m³/d。开采模数为 1 638.5 m³/(d·km²)。开采资源 39.646 万 m³/d。

（4）碳酸盐岩类裂隙溶洞水（Ⅳ）。

分布在三亚市大茅—红花、儋州市八一农场、昌江县和东方市，面积 251.48 km²。地下水天然资源 24.512 万 m³/d。开采模数 342.4 m³/(d·km²)。开采资源 7.037 万 m³/d。

（5）丘陵、山区基岩裂隙水（Ⅴ）。

分布在海南岛中部、西部和东南部的大部分地区，出露地层包括块状的侵入岩和层状的碎屑岩、变质岩。面积 23 050.44 km²。地下水径流模数 1.259～12.839 L/(s·km²)。地下水天然资源 2 068.780 万 m³/d。

## 4.1.2　文昌基地含水层特征

根据"文昌基地详勘报告"及"文昌基地水文地质试验报告"，场地有两层含水层，第一层含水层为赋存于第②层细砂及第③层含珊瑚碎屑细砂的孔隙潜水；第二层含水层为赋存于第④₁层强风化花岗岩中裂隙潜水；地下水补给方式主要为接受大气降水及地下径流补给；通过大气蒸发及地下径流进行排泄；详勘期间钻孔中静止水位（混合水位）埋深为 1.00～2.40 m，地下水水位高程为 4.92～3.30 m。水文地质试验期间，1# 发射塔所在场地抽水试验井中的静止水位埋深为 1.68～2.67 m，高程为 4.32～3.33 m；2#

发射塔所在场地抽水试验井中的静止水位埋深为 3.40～3.50 m,地下水水位高程为 2.60～2.50 m。

第②层细砂含水层厚度一般为 2.15～5.50 m,第③层含珊瑚碎屑细砂含水层厚度一般为 6.00～9.50 m,第④₁层强风化花岗岩含水层厚度一般为 0.70～3.00 m。

根据"文昌卫星发射中心详勘抽水试验成果",第②层细砂及第③层含砂珊瑚碎屑含水层的渗透系数为 $8.2 \times 10^{-2}$ cm/s;根据《水文地质手册》(第二版),第②层细砂及第③层含砂珊瑚碎屑为强透水层,水量较大;第④₁层强风化花岗岩为强透水层,水量较大;第④₂层中风化花岗岩岩体基本完整,总体来说属于弱透水层,水量不大,但不排除局部地段张性裂隙发育、水量丰富的可能性。

### 4.1.3　三亚某基地含水层特征

根据"海南三亚某基地岩土工程勘察报告"及"海南三亚某基地水文地质试验报告",本工程基坑范围场区内潜水主要含水层为第①₃层珊瑚碎屑夹砂层、第①₄层珊瑚礁灰岩及第③₁层强风化石英质砂岩或第④₁层强风化花岗岩;潜水主要接受大气降水垂直补给和工程区周边的第四系孔隙潜水的侧向补给,排泄途径为垂直蒸发和通过①₃层珊瑚碎屑及①₄层珊瑚礁灰岩向海中径流排泄。在水文地质试验期间,在本工程基坑范围区的抽水孔及水位观测孔测得地下水水位埋深一般为 1.89～2.49 m,地下水水位高程为 3.80～1.39 m。潜水水位随地势缓慢变化,微向海倾斜;第①₃层珊瑚碎屑夹砂层及第①₄层珊瑚礁灰岩层中赋存的潜水径流比较畅通,水量比较丰富,水位受季节性大气降水影响明显。

第①₃层珊瑚碎屑夹砂含水层厚度分布不均,厚度一般为 0.30～18.40 m;第①₄层珊瑚礁灰岩分布不均匀,在近岸浅滩区域,珊瑚礁发育较好;远离岸边,珊瑚礁发育较差。珊瑚礁的分布在平面上具有岛状不连续性,在垂向上具有分节分段特性;厚度一般为 0.50～6.30 m;第③₁层强风化石英质砂岩含水层在本工程基坑范围区的东北部及东部有分布,厚度分布不均,一般为 0.5～39.30 m;第④₁层强风化花岗岩含水层在场区遍布,厚度分布不均,厚度一般为 0.35～9.30 m。

### 4.1.4　小结

通过以上论述,可以得到:

(1) 海南岛水文地质分区可划分为 5 个区:第四系松散岩类孔隙潜水区(Ⅰ)、第三系松散固结岩类孔隙承压水区(Ⅱ)、琼北火山岩类裂隙孔洞水(Ⅲ)、碳酸盐岩类裂隙溶洞水(Ⅳ)、丘陵、山区基岩裂隙水(Ⅴ);6 个亚区:琼北自流盆地(Ⅱ₁)、西部八所—感城自流斜地(Ⅱ₂)、南部莺歌海—九所自流盆地(Ⅱ₃)、崖城自流盆地(Ⅱ₄)、三亚自流盆地(Ⅱ₅)、南部藤桥自流水盆地(Ⅱ₆)。

(2) 根据文昌、三亚两基地分析对比,文昌、三亚两基地含水层特征:含水层的岩土性质、补给途径及排泄方式相同;但文昌基地含水层厚度分布相对均匀;而三亚某基地含水层厚度分布不均匀。

## 4.2　抽水试验

### 4.2.1　文昌基地抽水试验

1) 抽水试验方案

(1) 抽水井的设计与布置。

本次抽水试验在 101#、102# 建筑所在场地共布置两口抽水井,北侧布置 1 口(10# 抽水井),南侧布置 1 口(11# 抽水井),均布置在止水帷幕桩中心(具体布置位置详见水文地质试验勘探点平面布置图,图 4-2)。

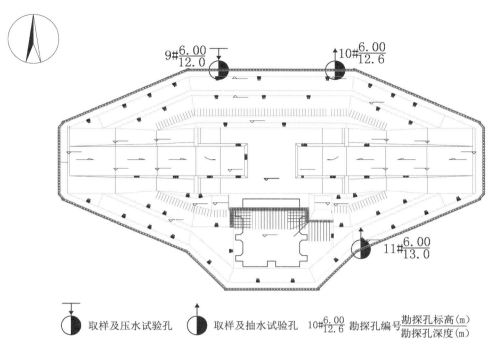

图 4-2　101#、102# 建筑抽水井平面示意图

在 201#、202# 建筑所在场地共布置两口抽水井,北侧布置 1 口(3# 抽水井),西南角布置 1 口(7# 抽水井),其中 3# 抽水井布置在止水帷幕桩中心,7# 抽水井布置在止水帷幕桩内侧,即基坑内,西侧、南侧均邻止水帷幕(具体布置位置详见水文地质试验勘探点平面布置图,图 4-3)。

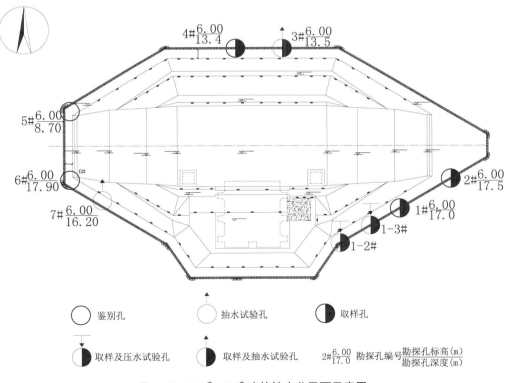

图 4-3　201#、202# 建筑抽水井平面示意图

（2）抽水试验方法及要求。

试验方法经试抽确定,如出水量较大则采用稳定流抽水试验(如 3#井、7#井及 11#井),如出水量较小,无法采用稳定流抽水试验时,则采用简易抽水试验(水位恢复法)。

稳定流抽水试验分 3 个落程进行抽水,由于受场地条件的限制,本次抽水试验采用单井抽水试验(无观测孔)。由于本次试验抽水井的直径较小,过滤器内径为 106 mm,故本次试验抽水设备采用功率为 750 W、1 150 W 的真空泵(清水自吸泵进行抽水试验)进行抽水,水位观测采用电测水位计进行测量;出水量采用与出水管联结的水表进行测量。

抽水设备如图 4-4 所示。

① 动水位及涌水量观测。

抽水孔动水位、涌水量的观测工作需同时进行。

在保证出水量基本为常量的前提下,按下列时间间距进行观测,记录观测数据分别为 5 min,5 min,5 min,5 min,5 min,5 min,15 min,15 min,15 min,15 min,15 min,15 min,30 min,以后每30 min 观测一次。

② 稳定水位观测。

要求每小时测定一次,三次所测数据相同或 4 h

图 4-4 抽水试验设备

内水位相差不超过 2 cm,即为稳定水位。

③ 恢复水位观测。

抽水试验结束或中途因故停泵,需进行恢复水位观测。观测时间间距为:1 min,3 min,5 min,10 min,15 min,30 min 以后每隔 30 min 观测一次,直至完全恢复,观测精度要求同稳定水位的观测。

（3）抽水试验注意事项。

① 在抽水井的钻进过程中,对抽水试验井的地层岩性(水泥土桩的完整性、裂隙等)进行详细的记录、描述,据此及时修正井的结构;

② 抽水过程中,及时、准确地对抽水试验观测数据和异常现象进行记录;

③ 在出现异常现象后,抽水试验工作人员应根据现场具体的情况,采取合理的应对措施,保证抽水试验的正常进行;

④ 确保钻孔的垂直度和孔径要求符合设计;

⑤ 静止水位、动水位、恢复水位的观测应符合精度要求;

⑥ 钻孔清孔和洗井质量的好坏对试验成果质量影响很大,必须高度重视;

⑦ 注意井管的粘接找正。

（4）成井工艺。

抽水井 3#、7#、10#、11#孔径 $\phi$130 mm,一径到底,滤水管外径 $\phi$110 mm,内径 $\phi$106 mm。抽水井成井施工工艺流程:测放井位—钻机就位—钻孔—清孔换浆—井管安装—填滤料—洗井—置泵试抽水—正常抽水试验—井孔处理。

施工程序及技术质量要求如下:

① 井位测放:按照井位设计平面图测放;

② 钻机就位:将钻机底座调平,固定牢固;

③ 钻孔:钻进过程中,垂直度控制在1‰以内,钻进至设计深度后方可终孔;

④ 清孔:终孔后应及时进行清孔,确保井管到预定位置;

⑤ 下井管:采用 $\phi110$ mm PVC 管。管底采用 60 目滤网包滤料进行封底,防止抽水过程中砂土涌入井管中;要求逐节粘接且井管下在井孔中央。管顶应外露出地面 30 cm 左右。

滤水管内径 $\phi106$ mm,外径 $\phi110$ mm,网眼排列呈梅花状,圆眼直径 20 mm,纵向眼距 60 mm,横向眼距 40 mm,外包尼龙砂网,网孔大小 0.25 mm。

⑥ 分层填滤料:用塑料布封住管口,软管接通水放入管井内,在井管外壁与孔壁之间投放滤料,同时向井管内注水。填滤料时应用铁锹铲滤料均匀抛撒在井管四周,保证填滤料均匀,密实;填到地面为止。

滤料粒径范围 0.5~5.0 mm。

⑦ 洗井:填滤料结束后,应立即洗井。可采用空压机清洗。洗井要求破坏孔壁泥皮,洗通四周的渗透层;

⑧ 置泵抽水:水泵应按照降深要求确定,刚抽出的水浑浊含砂,应沉淀排放,当井出清水后,进行抽水试验。

2) 抽水试验资料整理

(1) 101#、102# 建筑物。

将现场采集的数据进行计算并汇编及绘制,详见以下:

① 101#、102# 建筑物 11# 抽水孔第一落程水位观测记录($Q_1=69.12$ m³/d)(表 4-3)。

② 101#、102# 建筑物 11# 抽水孔第二落程水位观测记录($Q_2=76.38$ m³/d)(表 4-4)。

③ 101#、102# 建筑物 11# 抽水孔第三落程水位观测记录($Q_3=75.17$ m³/d)(表 4-5)。

④ 101#、102# 建筑物 10# 简易抽水孔水位观测记录(表 4-6)。

⑤ 101#、102# 建筑物 11# 抽水孔第一落程 $Q\text{-}t$、$s\text{-}t$ 曲线[图 4-5(b),(c)]。

⑥ 101#、102# 建筑物 11# 抽水孔第二落程 $Q\text{-}t$、$s\text{-}t$ 曲线[图 4-6(b),(c)]。

⑦ 101#、102# 建筑物 11# 抽水孔第三落程 $Q\text{-}t$、$s\text{-}t$ 曲线[图 4-7(b),(c)]。

⑧ 101#、102# 建筑物 10# 简易抽水孔 $s\text{-}t$ 曲线[图 4-9(b)]。

(2) 201#、202# 建筑物。

① 201#、202# 建筑物 3# 抽水孔第一落程水位观测记录($Q_1=47.26$ m³/d)(表 4-10)。

② 201#、202# 建筑物 3# 抽水孔第二落程水位观测记录($Q_2=49.51$ m³/d)(表 4-11)。

③ 201#、202# 建筑物 3# 抽水孔第三落程水位观测记录($Q_1=50.98$ m³/d)(表 4-12)。

④ 201#、202# 建筑物 7# 抽水孔第一落程水位观测记录($Q_1=31.10$ m³/d)(表 4-13)。

⑤ 201#、202# 建筑物 7# 抽水孔第二落程水位观测记录($Q_2=35.40$ m³/d)(表 4-14)。

⑥ 201#、202# 建筑物 7# 抽水孔第三落程水位观测记录($Q_1=38.88$ m³/d)(表 4-15)。

⑦ 201#、202# 建筑物 3# 抽水孔第一落程 $Q\text{-}t$、$s\text{-}t$ 曲线[图 4-11(b),(c)]。

⑧ 201#、202# 建筑物 3# 抽水孔第二落程 $Q\text{-}t$、$s\text{-}t$ 曲线[图 4-12(b),(c)]。

⑨ 201#、202# 建筑物 3# 抽水孔第三落程 $Q\text{-}t$、$s\text{-}t$ 曲线[图 4-13(b),(c)]。

⑩ 201#、202# 建筑物 7# 抽水孔第一落程 $Q\text{-}t$、$s\text{-}t$ 曲线[图 4-14(b),(c)]。

⑪ 201#、202# 建筑物 7# 抽水孔第二落程 $Q\text{-}t$、$s\text{-}t$ 曲线[图 4-15(b),(c)]。

⑫ 201#、202# 建筑物 7# 抽水孔第三落程 $Q\text{-}t$、$s\text{-}t$ 曲线[图 4-16(b),(c)]。

3) 试验成果与分析

(1) 渗透系数的计算方法。

抽水试验确定渗透系数的公式很多,具体要根据含水层的厚度及过滤器安装位置等抽水井的结构确定,本次抽水试验主要为潜水非完整井过滤器安装在含水层下部及潜水完整井模式。下面仅对本次计算用到的几种方法加以简介。

① 利用稳定流抽水试验计算渗透系数。

潜水完整井,单井抽水,无观测孔,$Q$-$s$ 关系曲线呈直线时,利用抽水量及水位下降资料计算渗透系数,计算公式如下[60]:

$$K = \frac{0.732Q(\lg R - \lg r_w)}{(2H - s_w)s_w} \qquad (4-1)$$

潜水非完整井,过滤器安装在含水层底部,单井抽水,无观测孔,$Q$-$s$ 关系曲线呈直线时,利用抽水量及水位下降资料计算渗透系数,计算公式如下[61]:

$$K = \frac{0.732Q(\lg R - \lg r_w)}{(H + l)s_w} \qquad (4-2)$$

式中　　$Q$——单井出水量($m^3$);

　　　　$r_w$——抽水井半径(m);

　　　　$s_w$——水位降深(m);

　　　　$R$——影响半径(m);

　　　　$H$——潜水含水层的厚度(m);

　　　　$l$——过滤器长度(m)。

② 根据水位恢复速度计算渗透系数。

潜水非完整井模式,将井内水抽干或根据水泵吸程允许情况下的最大降深,根据水位恢复资料计算渗透系数,其公式如下[61]:

$$K = \frac{2.3\pi r_w\left[\lg(H - h_1) - \lg(H - h_2)\right]}{4t} \qquad (4-3)$$

式中　　$r_w$——抽水井半径(m);

　　　　$h_1, h_2$——某时刻 $t_1, t_2$ 地下水水位距下部隔水层的距离(m);

　　　　$H$——潜水含水层的厚度(m);

　　　　$t$——时间(min)。

(2) 101#、102# 建筑物抽水试验计算成果分析及评价。

① 11# 抽水井抽水试验。

11# 抽水孔抽水试验自 2013 年 5 月 25 日 6 时 20 分开始,至 6 月 26 日 13 时 20 分结束,期间共计进行了三个落程的稳定流抽水试验,三个落程的流量分别为 $Q_1 = 69.12 \ m^3/d$;$Q_2 = 76.38 \ m^3/d$,$Q_3 = 75.17 \ m^3/d$,三个落程抽至稳定后抽水井的最大降深如表 4-1 所示。

表 4-1　11# 抽水井流量及最大降深一览表

| 孔　号 | 最　大　降　深(m) | | |
| --- | --- | --- | --- |
| | $Q_1 = 69.12 \ m^3/d$ | $Q_2 = 76.38 \ m^3/d$ | $Q_3 = 75.17 \ m^3/d$ |
| 11# | 0.242 | 0.314 | 0.200 |

11# 抽水井的结构及渗流模型详见图 4-5—图 4-7。利用潜水非完整井(过滤器位于含水层下部)的渗透系数公式(4-2),计算得三个落程的渗透系数(表 4-2)。

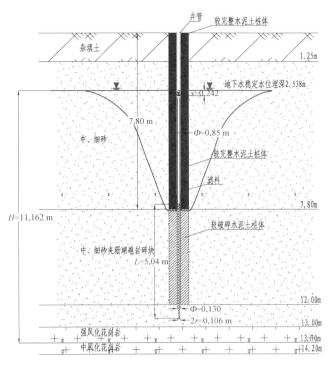

(a) 11#抽水井结构及渗流模型(第一落程)

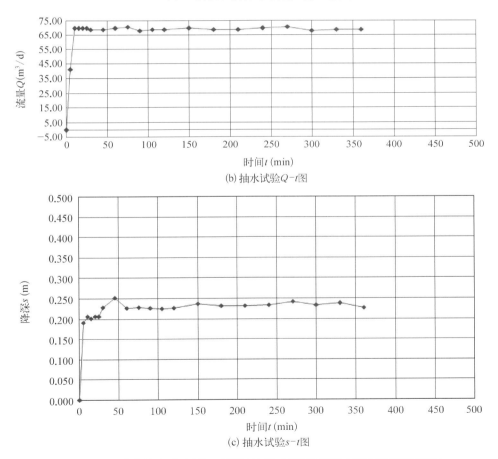

(b) 抽水试验Q-t图

(c) 抽水试验s-t图

**图4-5　11#井抽水试验(第一落程)计算成果图表(潜水稳定流非完整孔)**

表 4-2    11# 抽水井抽水试验计算成果表

| 流　　量 | 渗 透 系 数 | | 影响半径 $R$(m) |
|---|---|---|---|
| | (m/d) | (cm/s) | |
| $Q_1 = 69.12$ m³/d | 30.0 | $3.5 \times 10^{-2}$ | 11.2 |
| $Q_2 = 76.38$ m³/d | 26.4 | $3.0 \times 10^{-2}$ | 13.5 |
| $Q_3 = 75.17$ m³/d | 56.4 | $6.5 \times 10^{-2}$ | 10.6 |

具体影响半径 $R$ 的计算过程详见 11# 孔各落程的抽水试验成果图表(表 4-3—表 4-5、图 4-5—图 4-7)。

表 4-3    11# 井第一落程水位观测记录表

| 试验井号 | 11# | 落程 | 1 | | | 稳定水位埋深(m) | 2.538 |
|---|---|---|---|---|---|---|---|
| 试验段 | 中细砂、珊瑚礁岩 | | 滤水段长度(m) | 5.04 | | 滤水段半径(m) | 0.053 |
| 计算公式 | $K=0.732Q(\lg R - \lg r)/(2H-s)s$ | | | 含水层厚度 $H$(m) | | 11.162 | |
| $t$(min) | $Q$(L/s) | $Q$(m³/d) | $s$(m) | $t$(min) | $Q$(L/s) | $Q$(m/d) | $s$(m) | |
| 0 | 0.00 | 0.00 | 0.000 | | | | |
| 5 | 0.48 | 41.47 | 0.192 | | | | |
| 10 | 0.81 | 69.98 | 0.207 | | | | |
| 15 | 0.81 | 69.98 | 0.202 | | | | |
| 20 | 0.81 | 69.98 | 0.207 | | | | |
| 25 | 0.81 | 69.98 | 0.207 | | | | |
| 30 | 0.80 | 69.12 | 0.229 | | | | |
| 45 | 0.80 | 69.12 | 0.252 | | | | |
| 60 | 0.81 | 69.98 | 0.227 | | | | |
| 75 | 0.82 | 70.85 | 0.229 | | | | |
| 90 | 0.79 | 68.26 | 0.227 | | | | |
| 105 | 0.80 | 69.12 | 0.225 | | | | |
| 120 | 0.80 | 69.12 | 0.227 | | | | |
| 150 | 0.81 | 69.98 | 0.237 | | | | |
| 180 | 0.80 | 69.12 | 0.232 | | | | |
| 210 | 0.80 | 69.12 | 0.232 | | | | |
| 240 | 0.81 | 69.98 | 0.234 | | | | |
| 270 | 0.82 | 70.05 | 0.242 | | | | |
| 300 | 0.79 | 68.26 | 0.234 | | | | |
| 330 | 0.80 | 69.12 | 0.238 | | | | |
| 360 | 0.80 | 39.12 | 0.227 | | | | |
| | | | | | | | |
| | | | | | | | |
| | | | | | | | |

渗透系数计算:

井流模式为潜水非完整井(过滤器位于含水层下部),根据抽水试验资料,平均流量为 0.80 L/s(69.12 m³/d),降深为 0.242 m,据此初步确定影响半径如下:

| 单位出水量 | 单位水位降低 | 影响半径 $R$ |
|---|---|---|
| [L/(s·m)] | (m·n/L) | (m) |
| 3.31 | 0.3 | 300 |

根据公式:$K=0.73Q[(\lg R - \lg r)/s](H+1)$ 计算得 $K=48.3$ m/d;根据公式 $R=2s\sqrt{HK}$ 反推得 $R=1.22$ m;再代入 $K$ 公式求得 $K=30.0$ m/d。

表 4-4　11# 井第二落程水位观测记录表

| 试验井号 | 11# | 落程 | 2 | | | 稳定水位埋深(m) | 2.560 |
|---|---|---|---|---|---|---|---|
| 试验段 | 中细砂、珊瑚礁岩 | | | 滤水段长度(m) | 5.04 | 滤水段半径(m) | 0.053 |
| 计算公式 | $K=0.732Q(\lg R-\lg r)/(2H-s)s$ | | | 含水层厚度 $H$(m) | | 11.14 | |
| $t$(min) | $Q$(L/s) | $Q$(m³/d) | $s$(m) | $t$(min) | $Q$(L/s) | $Q$(m/d) | $s$(m) |
| 0 | 0.00 | 0.00 | 0.00 | | | | |
| 5 | 0.43 | 37.15 | 0.202 | | | | |
| 10 | 0.91 | 78.62 | 0.220 | | | | |
| 15 | 0.55 | 47.52 | 0.212 | | | | |
| 20 | 1.23 | 106.27 | 0.210 | | | | |
| 25 | 0.90 | 77.76 | 0.215 | | | | |
| 30 | 1.25 | 108.00 | 0.225 | | | | |
| 45 | 0.78 | 67.39 | 0.222 | | | | |
| 60 | 0.89 | 76.90 | 0.230 | | | | |
| 75 | 0.90 | 77.76 | 0.230 | | | | |
| 90 | 0.80 | 69.12 | 0.235 | | | | |
| 105 | 1.01 | 87.26 | 0.250 | | | | |
| 120 | 0.87 | 75.17 | 0.255 | | | | |
| 150 | 0.91 | 78.62 | 0.260 | | | | |
| 180 | 0.88 | 76.03 | 0.270 | | | | |
| 210 | 0.88 | 76.03 | 0.273 | | | | |
| 240 | 0.89 | 76.90 | 0.280 | | | | |
| 270 | 0.89 | 76.90 | 0.290 | | | | |
| 300 | 0.89 | 76.90 | 0.295 | | | | |
| 330 | 0.88 | 76.03 | 0.297 | | | | |
| 360 | 0.88 | 76.03 | 0.305 | | | | |
| 390 | 0.88 | 76.03 | 0.310 | | | | |
| 420 | 0.89 | 76.90 | 0.314 | | | | |
| | | | | | | | |
| | | | | | | | |

渗透系数计算：

井流模式为潜水非完整井(过滤器位于含水层下部)，根据抽水试验资料，平均流量为 0.884 L/s(76.38 m³/d)，降深为 0.314 m，据此初步确定影响半径如下：

| 单位出水量 | 单位水位降低 | 影响半径 $R$ |
|---|---|---|
| [L/(s·m)] | (m·n/L) | (m) |
| 2.8 | 0.36 | 300 |

根据公式：$K=0.73Q[(\lg R-\lg r)/s](H+1)$ 计算得 $K=41.2$ m/d；根据公式 $R=2s\sqrt{HK}$ 反推得 $R=13.5$ m；再代入 $K$ 公式求得 $K=26.4$ m/d。

表 4－5 11# 井第三落程水位观测记录表

| 试验井号 | 11# | 落程 | 3 | | | 稳定水位埋深(m) | 2.560 |
|---|---|---|---|---|---|---|---|
| 试验段 | 中细砂、珊瑚礁岩 | | 滤水段长度(m) | | 5.04 | 滤水段半径(m) | 0.053 |
| 计算公式 | $K=0.732Q(\lg R-\lg r)/(2H-s)s$ | | 含水层厚度 $H$(m) | | | 11.03 | |
| $t$(min) | $Q$(L/s) | $Q$(m³/d) | $s$(m) | $t$(min) | $Q$(L/s) | $Q$(m/d) | $s$(m) |
| 0 | 0.00 | 0.00 | 0.000 | 388 | | | −0.02 |
| 5 | 0.83 | 71.71 | 0.195 | 371 | | | −0.025 |
| 10 | 0.85 | 73.44 | 0.207 | 374 | | | −0.025 |
| 15 | 0.86 | 74.30 | 0.210 | 377 | | | −0.038 |
| 20 | 0.58 | 50.11 | 0.212 | 380 | | | −0.038 |
| 25 | 0.86 | 74.30 | 0.212 | 385 | | | −0.036 |
| 30 | 0.91 | 78.62 | 0.208 | 390 | | | −0.045 |
| 45 | 0.88 | 76.03 | 0.220 | 395 | | | −0.050 |
| 60 | 0.88 | 76.03 | 0.227 | 400 | | | −0.05 |
| 75 | 0.88 | 76.03 | 0.229 | 405 | | | −0.05 |
| 90 | 0.88 | 76.03 | 0.215 | 410 | | | −0.05 |
| 105 | 0.76 | 65.66 | 0.210 | 420 | | | −0.035 |
| 120 | 0.86 | 75.17 | 0.210 | | | | |
| 150 | 0.88 | 76.03 | 0.210 | | | | |
| 180 | 0.88 | 76.03 | 0.215 | | | | |
| 210 | 0.88 | 76.03 | 0.210 | | | | |
| 240 | 0.88 | 76.03 | 0.200 | | | | |
| 270 | 0.89 | 76.90 | 0.200 | | | | |
| 300 | 0.88 | 76.03 | 0.200 | | | | |
| 330 | 0.89 | 76.90 | 0.195 | | | | |
| 360 | 0.89 | 76.90 | 0.190 | | | | |
| 362 | | | −0.005 | | | | |
| 363 | | | −0.012 | | | | |
| 364 | | | −0.015 | | | | |
| 365 | | | −0.015 | | | | |

渗透系数计算:

井流模式为潜水非完整井(过滤器位于含水层下部),根据抽水试验资料,平均流量为 0.87 L/s(75.17 m³/d),降深为 0.200 m,据此初步确定影响半径如下:

| 单位出水量 | 单位水位降低 | 影响半径 $R$ |
|---|---|---|
| [L/(s·m)] | (m·n/L) | (m) |
| 4.35 | 0.23 | 300 |

根据公式:$K=0.73Q[(\lg R-\lg r)/s](H+1)$ 计算得 $K=41.2$ m/d;根据公式 $R=2s\sqrt{HK}$ 反推得 $R=13.5$ m;再代入 $K$ 公式求得 $K=26.4$ m/d。

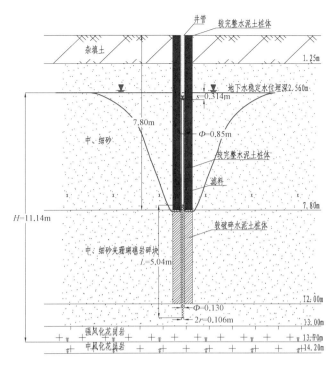

(a) 11#抽水井结构及渗流模型(第二落程)

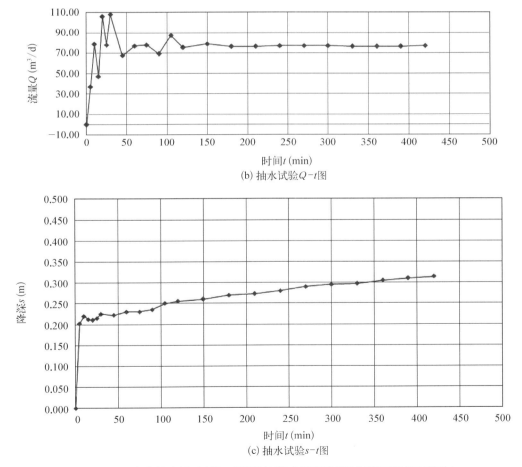

(b) 抽水试验Q-t图

(c) 抽水试验s-t图

图4-6 11#井抽水试验(第二落程)计算成果图表(潜水稳定流非完整孔)

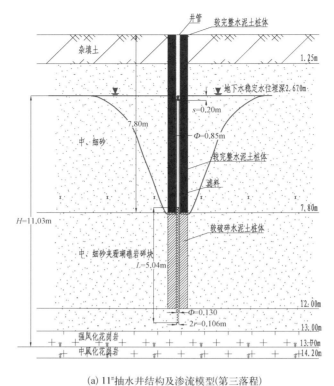

(a) 11#抽水井结构及渗流模型(第三落程)

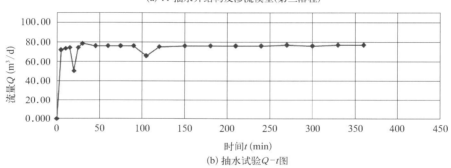

(b) 抽水试验Q-t图

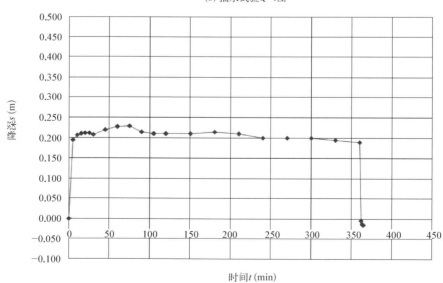

(c) 抽水试验s-t图

图 4-7 11#井抽水试验(第三落程)计算成果图表(潜水稳定流非完整孔)

分析评价：

根据 101#、102# 建筑物东南部 11# 孔所取得水泥土岩芯鉴别，7.80 m 以上水泥土桩体较完整，7.80～13.70 m(中风化花岗岩面)水泥土桩体较破碎，且水泥土中夹较多珊瑚礁岩碎块，其水泥土岩芯见如图 4-8 所示。

**图 4-8　11# 桩水泥土岩芯**

故 7.80～13.70 m 段水泥土渗透性较大，根据 11# 井抽水试验结果其渗透系数为：$3.0 \times 10^{-2} \sim 6.5 \times 10^{-2}$ cm/s，根据所取得岩芯分析其渗透性与抽水试验结果相吻合。

② 10# 水位恢复观测井。

10# 恢复水位观测孔，自 2013 年 5 月 24 日 14 时 30 分开始抽水，到 14 时 45 分结束，水位自 1.68 m 降至 9.78 m，自 14 时 45 分开始观测恢复水位，至 17 时 00 分结束，水位恢复至 6.56 m。利用公式(4-3)计算得渗透系数 $K = 1.32 \times 10^{-5}$ cm/s，具体水位恢复数据及计算过程详见 10# 恢复水位计算成果(表 4-6、图 4-9)。

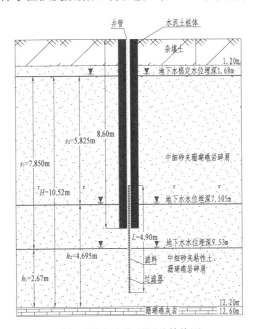

(a) 10# 恢复水位观测井结构图

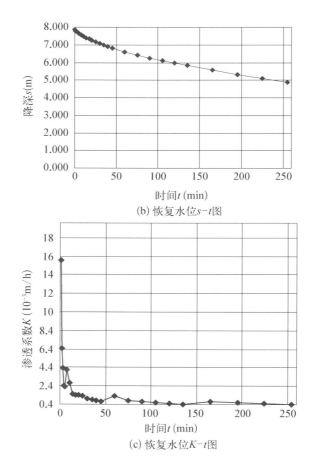

(b) 恢复水位 $s-t$ 图

(c) 恢复水位 $K-t$ 图

**图 4-9　10# 抽水恢复水位计算成果图表(潜水稳定流非完整孔)**

分析评价:

根据 101#、102# 建筑物北部 10# 孔所取得水泥土岩芯鉴别,8.60 m 以上水泥土桩体较完整,8.60～12.20 m(中风化基岩面)水泥土桩体较破碎,且水泥土中夹较多珊瑚礁岩碎块;此外 8.60～12.20 m 段局部岩芯呈天然的含砂碎屑,并夹较多黏性土;岩芯如图 4-10 所示。

**图 4-10　10# 桩水泥土岩芯**

表 4-6 10# 井水位观测记录表

| 试验井号 | 10# | | | 孔口程(m) | | 6.00 | 稳定水位埋深(m) | 1.68 |
|---|---|---|---|---|---|---|---|---|
| 试验段 | 中粗砂夹礁岩碎屑 | | | 滤水段长度(m) | | 4.90 | 滤水段半径(m) | 0.053 |
| 计算公式 | $K=1.81r[\lg(H-h_1)-\lg(H-h_2)]/t$ | | | 含水层厚度 $H$(m) | | | | 10.52 |
| $t$(min) | $H$(m) | $s$(m) | $h$(m) | $r_w$(m) | | | | $K$(m/h) |
| 0 | 10.52 | 7.850 | 2.87 | 0.053 | | | | |
| 1 | 10.52 | 7.800 | 2.72 | 0.053 | | | | $1.60\times10^{-2}$ |
| 2 | 10.52 | 7.800 | 2.72 | 0.053 | | | | $6.13\times10^{-3}$ |
| 3 | 10.52 | 7.720 | 2.80 | 0.053 | | | | $4.31\times10^{-3}$ |
| 4 | 10.52 | 7.690 | 2.83 | 0.053 | | | | $2.43\times10^{-3}$ |
| 5 | 10.52 | 7.655 | 2.87 | 0.053 | | | | $2.28\times10^{-3}$ |
| 8 | 10.52 | 7.555 | 2.97 | 0.053 | | | | $4.11\times10^{-3}$ |
| 11 | 10.52 | 7.465 | 3.06 | 0.053 | | | | $2.72\times10^{-3}$ |
| 14 | 10.52 | 7.400 | 3.12 | 0.053 | | | | $1.58\times10^{-3}$ |
| 17 | 10.52 | 7.330 | 3.19 | 0.053 | | | | $1.40\times10^{-3}$ |
| 20 | 10.52 | 7.245 | 3.28 | 0.053 | | | | $1.46\times10^{-3}$ |
| 25 | 10.52 | 7.150 | 3.37 | 0.053 | | | | $1.32\times10^{-3}$ |
| 30 | 10.52 | 7.065 | 3.46 | 0.053 | | | | $9.96\times10^{-4}$ |
| 35 | 10.52 | 6.975 | 3.55 | 0.053 | | | | $9.16\times10^{-4}$ |
| 40 | 10.52 | 6.885 | 3.64 | 0.053 | | | | $8.12\times10^{-4}$ |
| 45 | 10.52 | 6.795 | 3.73 | 0.053 | | | | $7.31\times10^{-4}$ |
| 60 | 10.52 | 6.585 | 3.94 | 0.053 | | | | $1.31\times10^{-4}$ |
| 75 | 10.52 | 6.425 | 4.10 | 0.053 | | | | $8.20\times10^{-4}$ |
| 90 | 10.52 | 6.256 | 4.26 | 0.053 | | | | $7.31\times10^{-4}$ |
| 105 | 10.52 | 6.095 | 4.43 | 0.053 | | | | $6.28\times10^{-4}$ |
| 120 | 10.52 | 5.962 | 4.56 | 0.053 | | | | $4.60\times10^{-4}$ |
| 135 | 10.52 | 5.825 | 4.70 | 0.053 | | | | $4.30\times10^{-4}$ |
| 165 | 10.52 | 5.570 | 4.95 | 0.053 | | | | $6.78\times10^{-4}$ |
| 190 | 10.52 | 0.020 | 0.20 | 0.000 | | | | $6.77\times10^{-4}$ |
| 225 | 10.52 | 5.095 | 5.43 | 0.053 | | | | $4.91\times10^{-4}$ |
| 255 | 10.52 | 4.880 | 5.64 | 0.053 | | | | $4.23\times10^{-4}$ |

渗透系数 $K$ 值计算:

井流模式为潜水非完整井,根据恢复水位观测资料,依据公式:

$K=2.3\pi r_w[\lg(H-h_1)-\lg(H-h_2)]/(4t)$ 计算得不同时间、水位的渗透系数 $K$ 值,

渗透系数 $K$ 与水位观测时间曲线图见图 4-10(c),计算得渗透系数 $K=4.76\times10^{-4}$ m/h,$K=1.32\times10^{-5}$ cm/s。

根据 10# 恢复水位观测孔试验结果,下部 8.60~12.20 m 段渗透系数为:$1.32 \times 10^{-5}$ cm/s;根据所取得岩芯分析 10# 孔所在场地在 8.60~12.20 m 段,天然土层中夹较多黏性土,尽管 8.60~12.20 m 段水泥土桩体较破碎,但其渗透性相对 11# 桩小。

(3) 201#、202# 建筑物计算成果分析及评价。

抽水试验自 2013 年 5 月 15 日 15 时 20 分开始,至 5 月 19 日 17 时 35 分结束,期间分别对 3#、7# 井抽水时进行了三个落程的稳定流抽水试验,其中 3# 井三个落程的流量分别为 $Q_1 = 47.26$ m³/d;$Q_2 = 49.51$ m³/d,$Q_3 = 50.98$ m³/d;7# 井三个落程的流量分别为 $Q_1 = 31.10$ m³/d;$Q_2 = 35.4$ m³/d,$Q_3 = 38.88$ m³/d;三个落程抽至稳定后抽水井的最大降深如表 4-7、表 4-8 所列。

表 4-7 3# 抽水井流量及最大降深一览表

| 孔 号 | 最 大 降 深(m) | | |
| --- | --- | --- | --- |
| | $Q_1 = 47.26$ m³/d | $Q_2 = 49.51$ m³/d | $Q_3 = 50.98$ m³/d |
| 3# | 2.245 | 2.180 | 2.130 |

表 4-8 7# 抽水井流量及最大降深一览表

| 孔 号 | 最 大 降 深(m) | | |
| --- | --- | --- | --- |
| | $Q_1 = 31.10$ m³/d | $Q_2 = 35.40$ m³/d | $Q_3 = 38.88$ m³/d |
| 7# | 4.910 | 4.470 | 4.070 |

3#、7# 抽水井的结构及渗流模型分别见图 4-11—图 4-16;其中 3# 井利用潜水非完整井(过滤器位于含水层下部)的渗透系数公式(4-2),7# 井利用潜水完整井的渗透系数公式(4-1)分别计算得 3# 井及 7# 井三个落程的渗透系数如表 4-9 所列。

表 4-9 3#、7# 抽水井抽水试验计算成果表

| 井 号 | 流 量 | 渗 透 系 数 | | 影响半径 R(m) |
| --- | --- | --- | --- | --- |
| | | (m/d) | (cm/s) | |
| 3# | $Q_1 = 47.26$ m³/d | 2.4 | $2.8 \times 10^{-3}$ | 25.4 |
| | $Q_2 = 49.51$ m³/d | 2.6 | $3.0 \times 10^{-3}$ | 25.7 |
| | $Q_3 = 50.98$ m³/d | 2.7 | $3.1 \times 10^{-3}$ | 25.6 |
| 7# | $Q_1 = 31.10$ m³/d | 0.7 | $8.1 \times 10^{-4}$ | 25.9 |
| | $Q_2 = 35.40$ m³/d | 0.8 | $9.2 \times 10^{-4}$ | 25.5 |
| | $Q_3 = 38.88$ m³/d | 1.0 | $1.15 \times 10^{-3}$ | 24.9 |

具体影响半径 R 的计算过程详见 3# 井、7# 井各落程的抽水试验成果详见表 4-10—表 4-15、图 4-11—图 4-16。

分析评价:

根据 201#、202# 建筑物北部 3# 孔所取得水泥土岩芯鉴别,8.60 m 以上水泥土桩体较完整,8.60~13.30 m(强风化花岗岩面)水泥土桩体较破碎,且水泥土中夹较多珊瑚礁岩碎块,其水泥土岩芯如图 4-17 所示。

表 4－10　3⁺井第一落程水位观测记录表

| 试验井号 | 3⁼ | 落程 | 1 | | | 稳定水位埋深(m) | 3.480 |
|---|---|---|---|---|---|---|---|
| 试验段 | 中细砂夹礁岩碎屑 | | | 滤水段长度(m) | 3.90 | 滤水段半径(m) | 0.053 |
| 计算公式 | $K=0.73Q(\lg R-\lg r)/(H+1)$ | | | 含水层厚度 $H$(m) | | 13.32 | |

| $t$(min) | $Q$(L/s) | $Q$(m³/d) | $s$(m) | $t$(min) | $Q$(L/s) | $Q$(m/d) | $s$(m) |
|---|---|---|---|---|---|---|---|
| 0 | 0.00 | 0.00 | 0.000 | | | | |
| 5 | 0.27 | 23.33 | 1.070 | | | | |
| 10 | 0.57 | 49.25 | 1.270 | | | | |
| 15 | 0.51 | 44.06 | 1.320 | | | | |
| 20 | 0.53 | 45.79 | 1.365 | | | | |
| 25 | 0.53 | 45.79 | 1.400 | | | | |
| 30 | 0.54 | 46.66 | 1.390 | | | | |
| 45 | 0.40 | 42.34 | 1.455 | | | | |
| 60 | 0.56 | 48.38 | 1.505 | | | | |
| 75 | 0.52 | 44.93 | 1.600 | | | | |
| 90 | 0.57 | 49.25 | 1.770 | | | | |
| 105 | 0.57 | 49.25 | 1.015 | | | | |
| 120 | 0.57 | 49.25 | 1.792 | | | | |
| 150 | 0.57 | 49.25 | 1.915 | | | | |
| 180 | 0.56 | 48.88 | 1.940 | | | | |
| 210 | 0.56 | 48.88 | 1.935 | | | | |
| 240 | 0.56 | 48.88 | 1.088 | | | | |
| 270 | 0.56 | 48.88 | 2.010 | | | | |
| 300 | 0.55 | 47.52 | 2.040 | | | | |
| 330 | 0.55 | 47.82 | 2.110 | | | | |
| 360 | 0.60 | 51.84 | 2.075 | | | | |
| 390 | 0.49 | 42.84 | 2.080 | | | | |
| 420 | 0.54 | 46.66 | 2.210 | | | | |
| 450 | 0.55 | 47.52 | 2.210 | | | | |
| 480 | 0.53 | 43.79 | 2.245 | | | | |

渗透系数计算:

井流模式为潜水非完整井(过滤器位于含水层下部),根据抽水试验资料:平均流量 0.547 L/s(47.26 m³/d),降深为 2.245 m,据此初步确定影响半径如下:

| 单位出水量 | 单位水位降低 | 影响半径 $R$ |
|---|---|---|
| [L/(s·m)] | (m·n/L) | (m) |
| 0.24 | 4.1 | 25 |

根据公式:$K=0.73Q[(\lg R-\lg r)/s](H+1)$计算得 $K=2.4$ m/d;根据公式 $R=2s\sqrt{HK}$ 反推得 $R=25.4$ m;再代入 $K$ 公式求得 $K=2.4$ m/d。

表 4-11  3<sup>#</sup>井第二落程水位观测记录表

| 试验井号 | 3# | 落程 | 2 | | | 稳定水位埋深(m) | 3.450 |
|---|---|---|---|---|---|---|---|
| 试验段 | 中细砂夹珊瑚礁岩 | | | 滤水段长度(m) | 3.40 | 滤水段半径(m) | 0.053 |
| 计算公式 | $K=0.73Q(\lg R - \lg r)/(H+1)$ | | | | | | |
| $t$(min) | $Q$(L/s) | $Q$(m³/d) | $s$(m) | $t$(min) | $Q$(L/s) | $Q$(m/d) | $s$(m) | |
| 0 | 0.00 | 0.00 | 0.000 | 485 | | | 0.055 | |
| 5 | 0.63 | 54.43 | 1.690 | 490 | | | 0.030 | |
| 10 | 0.53 | 45.74 | 1.700 | 495 | | | 0.010 | |
| 15 | 0.58 | 50.11 | 1.785 | 500 | | | −0.003 | |
| 20 | 0.59 | 50.98 | 1.855 | 505 | | | −0.005 | |
| 25 | 0.59 | 50.98 | 1.850 | 510 | | | −0.007 | |
| 30 | 0.57 | 49.25 | 1.865 | 525 | | | −0.015 | |
| 45 | 0.58 | 50.11 | 1.915 | 530 | | | −0.023 | |
| 60 | 0.58 | 50.11 | 1.940 | | | | | |
| 75 | 0.57 | 49.25 | 1.900 | | | | | |
| 90 | 0.59 | 50.98 | 1.960 | | | | | |
| 100 | 0.57 | 49.25 | 1.995 | | | | | |
| 120 | 0.58 | 50.11 | 1.025 | | | | | |
| 150 | 0.57 | 49.25 | 1.045 | | | | | |
| 180 | 0.57 | 49.25 | 1.085 | | | | | |
| 210 | 0.57 | 49.25 | 1.075 | | | | | |
| 240 | 0.58 | 50.11 | 1.095 | | | | | |
| 270 | 0.56 | 48.88 | 1.085 | | | | | |
| 300 | 0.57 | 49.25 | 1.120 | | | | | |
| 330 | 0.56 | 48.80 | 1.140 | | | | | |
| 360 | 0.56 | 48.80 | 1.150 | | | | | |
| 390 | 0.56 | 48.80 | 1.165 | | | | | |
| 420 | 0.56 | 48.80 | 1.160 | | | | | |
| 450 | 0.57 | 49.25 | 1.135 | | | | | |
| 480 | 0.50 | 48.80 | 1.100 | | | | | |

渗透系数计算:

井流模式为潜水非完整井(过滤器位于含水层下部),根据抽水试验资料,平均流量为 0.573 L/s(49.51 m³/d),降深为 2.180 m,据此初步确定影响半径如下:

| 单位出水量 | 单位水位降低 | 影响半径 $R$ |
|---|---|---|
| [L/(s·m)] | (m·n/L) | (m) |
| 0.26 | 3.8 | 25 |

根据公式:$K=0.73Q[(\lg R - \lg r)/s](H+1)$ 计算得 $K=2.6$ m/d;根据公式 $R=2s\sqrt{HK}$ 反推得 $R=25.7$ m;再代入 $K$ 公式求得 $K=2$ m/d。

表 4-12　3#井第三落程水位观测记录表

| 试验井号 | 3# | 落程 | 3 | | | 稳定水位埋深(m) | 3.395 |
|---|---|---|---|---|---|---|---|
| 试验段 | 中细砂夹珊瑚礁岩 | | | 滤水段长度(m) | 3.90 | 滤水段半径(m) | 0.053 |
| 计算公式 | | | $K=0.73Q[(\lg R-\lg r)/s](H+1)$ | | | | |
| $t$(min) | $Q$(L/s) | $Q$(m³/d) | $s$(m) | $t$(min) | $Q$(L/s) | $Q$(m/d) | $s$(m) |
| 0 | 0.00 | 0.00 | 0.000 | | | | |
| 5 | 0.66 | 57.02 | 1.725 | | | | |
| 10 | 0.57 | 49.25 | 1.810 | | | | |
| 15 | 0.61 | 52.70 | 1.825 | | | | |
| 20 | 0.60 | 51.84 | 1.850 | | | | |
| 25 | 0.60 | 51.84 | 1.870 | | | | |
| 30 | 0.59 | 50.90 | 1.890 | | | | |
| 45 | 0.59 | 50.90 | 1.920 | | | | |
| 60 | 0.60 | 51.84 | 1.950 | | | | |
| 75 | 0.59 | 50.98 | 1.975 | | | | |
| 90 | 0.59 | 50.98 | 2.008 | | | | |
| 105 | 0.59 | 50.98 | 2.015 | | | | |
| 120 | 0.58 | 50.11 | 2.025 | | | | |
| 150 | 0.58 | 50.11 | 2.025 | | | | |
| 180 | 0.58 | 50.11 | 2.060 | | | | |
| 210 | 0.58 | 50.11 | 2.065 | | | | |
| 240 | 0.58 | 50.11 | 2.070 | | | | |
| 270 | 0.58 | 50.11 | 2.070 | | | | |
| 300 | 0.58 | 50.11 | 2.060 | | | | |
| 330 | 0.58 | 50.11 | 2.095 | | | | |
| 360 | 0.63 | 54.48 | 2.105 | | | | |
| 390 | 0.57 | 49.25 | 2.125 | | | | |
| 420 | 0.52 | 44.98 | 2.125 | | | | |
| 450 | 0.58 | 50.11 | 2.135 | | | | |
| 480 | 0.63 | 54.43 | 2.180 | | | | |

渗透系数计算:

井流模式为潜水非完整井(过滤器位于含水层下部),根据抽水试验资料,平均流量为 0.590 L/s(50.98 m³/d),降深为 2.130 m,据此初步确定影响半径如下:

| 单位出水量 | 单位水位降低 | 影响半径 R |
|---|---|---|
| [L/(s·m)] | (m·n/L) | (m) |
| 0.26 | 3.6 | 25 |

根据公式:$K=0.73Q[(\lg R-\lg r)/s](H+1)$ 计算得 $K=2.7$ m/d;根据公式 $R=2s\sqrt{HK}$ 反推得 $R=25.6$ m;再代入 $K$ 公式求得 $K=2.7$ m/d。

表 4-13 7# 井第一落程水位观测记录表

| 试验井号 | 7# | 落程 | 1 | | | 稳定水位埋深(m) | 3.500 |
|---|---|---|---|---|---|---|---|
| 试验段 | 中细砂、珊瑚礁岩 | | | 滤水段长度(m) | 7.90 | 滤水段半径(m) | 0.053 |
| 计算公式 | $K=0.72Q(\lg R-\lg r)/[(2H+n)n]$ | | | 含水层厚度 $H$(m) | | 11.600 | |
| $t$(min) | $Q$(L/s) | $Q$(m³/d) | $s$(m) | $t$(min) | $Q$(L/s) | $Q$(m/d) | $s$(m) |
| 0 | 0.00 | 0.00 | 0.000 | | | | |
| 5 | 0.11 | 15.02 | 3.690 | | | | |
| 10 | 0.41 | 35.42 | 4.255 | | | | |
| 15 | 0.3 | 33.70 | 4.255 | | | | |
| 20 | 0.37 | 31.10 | 4.255 | | | | |
| 25 | 0.36 | 31.10 | 4.220 | | | | |
| 30 | 0.37 | 31.97 | 4.220 | | | | |
| 45 | 0.36 | 31.10 | 4.135 | | | | |
| 60 | 0.35 | 30.24 | 4.220 | | | | |
| 75 | 0.35 | 30.24 | 4.240 | | | | |
| 90 | 0.35 | 30.24 | 4.100 | | | | |
| 105 | 0.45 | 35.42 | 3.945 | | | | |
| 120 | 0.40 | 34.56 | 4.170 | | | | |
| 150 | 0.39 | 33.70 | 4.220 | | | | |
| 180 | 0.37 | 31.97 | 4.570 | | | | |
| 210 | 0.35 | 30.24 | 4.645 | | | | |
| 240 | 0.34 | 29.98 | 4.650 | | | | |
| 270 | 0.34 | 29.38 | 4.715 | | | | |
| 300 | 0.34 | 29.98 | 4.767 | | | | |
| 330 | 0.31 | 32.88 | 4.775 | | | | |
| 360 | 0.21 | 24.19 | 4.805 | | | | |
| 390 | 0.32 | 27.65 | 4.855 | | | | |
| 420 | 0.33 | 27.81 | 4.860 | | | | |
| 450 | 0.32 | 27.65 | 4.880 | | | | |
| 480 | 0.32 | 27.65 | 4.910 | | | | |

渗透系数计算:

井流模式为潜水非完整井(过滤器位于含水层下部),根据抽水试验资料,平均流量为 0.96 L/s(31.1 m³/d),降深为 4.910 m,据此初步确定影响半径如下:

| 单位出水量 | 单位水位降低 | 影响半径 $R$ |
|---|---|---|
| [L/(s·m)] | (m·n/L) | (m) |
| 0.07 | 13.6 | <10(取 8.0) |

根据公式:$K=0.732Q[(\lg R-\lg r)/s](2H-s)$ 计算得 $K=0.6$ m/d;根据公式 $R=2s\sqrt{HK}$ 反推得 $R=25.9$ m;再代入 $K$ 公式求得 $K=0.7$ m/d。

表 4-14　$7^{\#}$井第二落程水位观测记录表

| 试验井号 | $7^{\#}$ | 落程 | 2 | | | | 稳定水位埋深(m) | 3.485 |
|---|---|---|---|---|---|---|---|---|
| 试验段 | 中细砂、珊瑚礁岩 | | | 滤水段长度(m) | | 7.90 | 滤水段半径(m) | 0.053 |
| 计算公式 | $K=0.732Q(\lg R-\lg r)/[(2H+n)n]$ | | | 含水层厚度 $H$(m) | | | 11.615 | |
| $t$(min) | $Q$(L/s) | $Q$(m³/d) | $s$(m) | $t$(min) | $Q$(L/s) | $Q$(m/d) | $s$(m) | |
| 0 | 0.00 | 0.00 | 0.000 | 485 | | 0.515 | | |
| 5 | 0.40 | 42.34 | 3.613 | 490 | | 0.375 | | |
| 10 | 0.46 | 39.74 | 3.750 | 495 | | 0.350 | | |
| 15 | 0.46 | 39.74 | 3.880 | 500 | | 0.310 | | |
| 20 | 0.43 | 37.15 | 3.867 | 503 | | 0.305 | | |
| 25 | 0.44 | 38.02 | 3.948 | 510 | | 0.295 | | |
| 30 | 0.42 | 80.29 | 0.900 | 521 | | 0.200 | | |
| 45 | 0.43 | 37.15 | 4.085 | 540 | | 0.250 | | |
| 60 | 0.42 | 36.29 | 4.015 | | | | | |
| 75 | 0.42 | 36.20 | 4.140 | | | | | |
| 90 | 0.41 | 85.42 | 4.145 | | | | | |
| 105 | 0.41 | 35.42 | 4.223 | | | | | |
| 120 | 0.40 | 34.56 | 4.350 | | | | | |
| 150 | 0.40 | 34.56 | 4.287 | | | | | |
| 180 | 0.40 | 34.56 | 4.330 | | | | | |
| 210 | 0.39 | 33.70 | 4.333 | | | | | |
| 240 | 0.38 | 32.03 | 4.377 | | | | | |
| 270 | 0.39 | 30.70 | 4.091 | | | | | |
| 300 | 0.38 | 32.03 | 4.420 | | | | | |
| 330 | 038 | 32.03 | 4.430 | | | | | |
| 360 | 0.38 | 32.08 | 4.450 | | | | | |
| 390 | 0.37 | 31.97 | 4.460 | | | | | |
| 420 | 0.37 | 31.97 | 4.465 | | | | | |
| 450 | 0.37 | 31.97 | 4.470 | | | | | |
| 480 | 0.37 | 31.97 | 4.470 | | | | | |

渗透系数计算:

进流模式为潜水非完整井(过滤器位于含水层下部),根据抽水试验资料,平均流量为 0.41 L/s(35.4 m³/d),降深为 4.47 m,据此初步确定影响半径如下:

| 单位出水量 | 单位水位降低 | 影响半径 $R$ |
|---|---|---|
| [L/(s·m)] | (m·n/L) | (m) |
| 0.09 | 10.9 | <10(取 8.0) |

根据公式:$K=0.73Q[(\lg R-\lg r)/s](2H+s)$ 计算得 $K=0.7$ m/d;根据公式 $R=2s\sqrt{HK}$ 反推得 $R=20.0$ m;再代入 $K$ 公式求得 $K=0.8$ m/d。

表 4-15 7#井第三落程水位观测记录表

| 试验井号 | 7# | 落程 | 3 | | | 稳定水位埋深(m) | 3.445 |
|---|---|---|---|---|---|---|---|
| 试验段 | 中细砂、珊瑚礁岩 | | 滤水段长度(m) | | 7.90 | 滤水段半径(m) | 0.053 |
| 计算公式 | $K=0.732Q(\lg R-\lg r)/[(2H-s)s]$ | | | 含水层厚度 $H$(m) | | 11.655 | |
| $t$(min) | $Q$(L/s) | $Q$(m³/d) | $s$(m) | $t$(min) | $Q$(L/s) | $Q$(m/d) | $s$(m) |
| 0 | 0.00 | 0.00 | 0.000 | | | | |
| 5 | 0.53 | 45.79 | 3.330 | | | | |
| 10 | 0.49 | 42.34 | 3.300 | | | | |
| 15 | 0.48 | 41.47 | 3.567 | | | | |
| 20 | 0.47 | 40.61 | 3.595 | | | | |
| 25 | 0.47 | 40.61 | 3.617 | | | | |
| 30 | 0.48 | 41.47 | 3.645 | | | | |
| 45 | 0.46 | 39.74 | 3.607 | | | | |
| 60 | 0.46 | 39.74 | 3.745 | | | | |
| 75 | 0.45 | 30.00 | 3.700 | | | | |
| 90 | 0.46 | 39.74 | 3.809 | | | | |
| 105 | 0.45 | 39.88 | 3.825 | | | | |
| 120 | 0.45 | 38.00 | 3.880 | | | | |
| 150 | 0.45 | 38.00 | 3.880 | | | | |
| 180 | 0.44 | 38.02 | 3.990 | | | | |
| 210 | 0.44 | 30.02 | 3.968 | | | | |
| 240 | 0.43 | 37.15 | 3.973 | | | | |
| 270 | 0.44 | 38.02 | 4.010 | | | | |
| 300 | 0.43 | 37.15 | 4.012 | | | | |
| 330 | 0.42 | 36.29 | 4.022 | | | | |
| 360 | 0.42 | 36.29 | 4.045 | | | | |
| 390 | 0.42 | 36.29 | 4.062 | | | | |
| 420 | 0.42 | 36.29 | 4.067 | | | | |
| 450 | 0.42 | 36.29 | 4.077 | | | | |
| 480 | 0.42 | 36.29 | 4.070 | | | | |

渗透系数计算:

进流模式为潜水非完整井(过滤器位于含水层下部),根据抽水试验资料,平均流量为 0.45 L/s(38.88 m³/d),降深为 4.07 m,据此初步确定影响半径如下:

| 单位出水量 | 单位水位降低 | 影响半径 $R$ |
|---|---|---|
| [L/(s·m)] | (m·n/L) | (m) |
| 0.11 | 9.0 | <10(取 8.0) |

根据公式:$K=0.732Q[(\lg R-\lg r)/s](2H+s)$ 计算得 $K=0.8$ m/d;根据公式 $R=2s\sqrt{HK}$ 反推得 $R=24.9$ m;再代入 $K$ 公式求得 $K=1.0$ m/d。

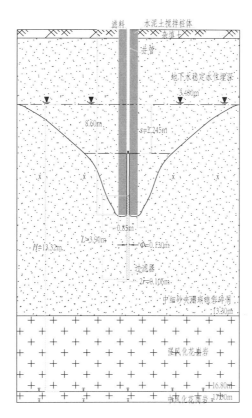

(a) 3#抽水井结构及渗流模型(第一落程)

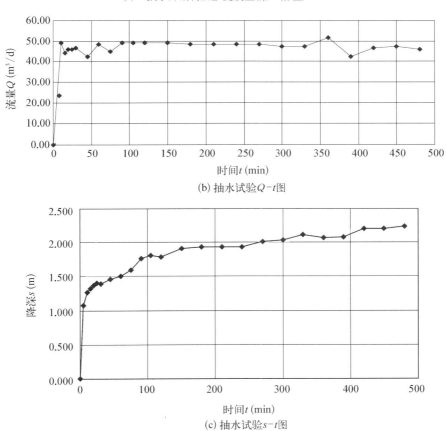

(b) 抽水试验Q-t图

(c) 抽水试验s-t图

**图 4-11　3# 井抽水试验(第一落程)计算成果图表(潜水稳定流非完整井)**

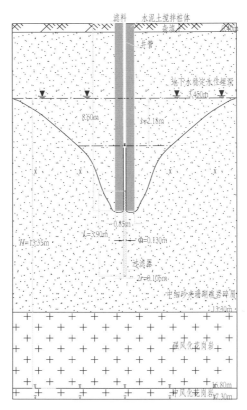

(a) 3#抽水井结构及渗流模型(第二落程)

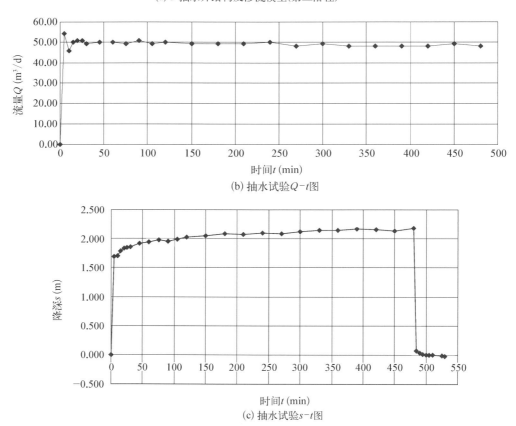

(b) 抽水试验 Q-t 图

(c) 抽水试验 s-t 图

**图 4-12 11# 井抽水试验(第二落程)计算成果图表(潜水稳定流非完整井)**

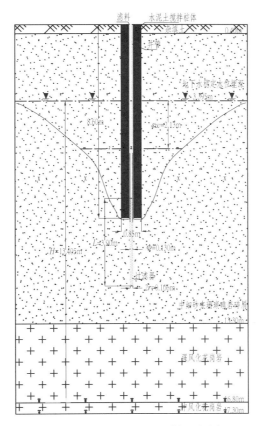

(a) 3#抽水井结构及渗流模型(第三落程)

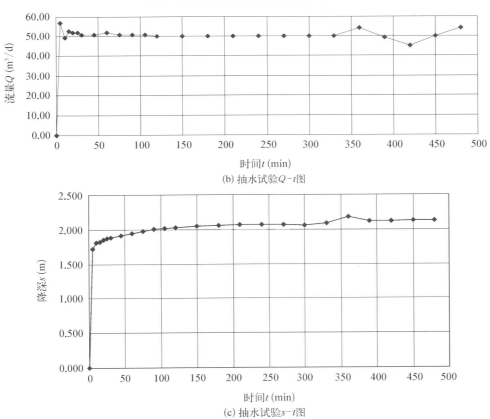

(b) 抽水试验Q-t图

(c) 抽水试验s-t图

**图 4-13  3#井抽水试验(第三落程)计算成果图表(潜水稳定流非完整孔)**

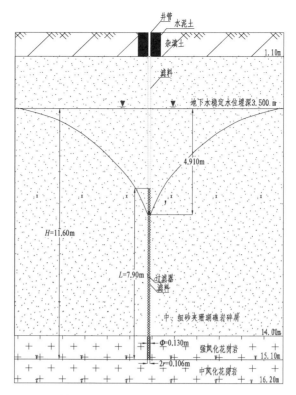

(a) 7#抽水井结构及渗流模型(第一落程)

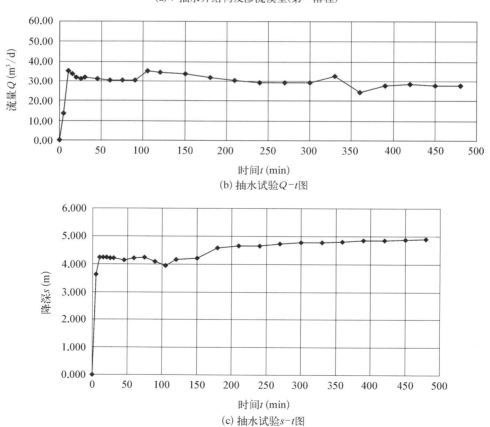

(b) 抽水试验Q-t图

(c) 抽水试验s-t图

图4-14 7#井抽水试验(第一落程)计算成果图表(潜水稳定流非完整井)

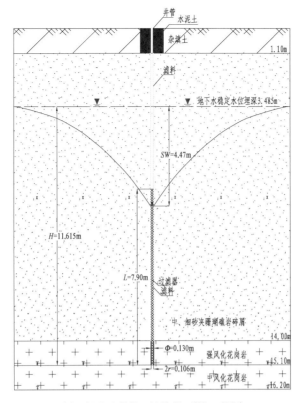

(a) 7#抽水井结构及渗流模型(第二落程)

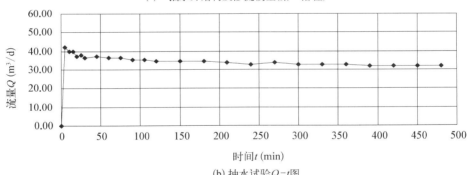

(b) 抽水试验Q-t图

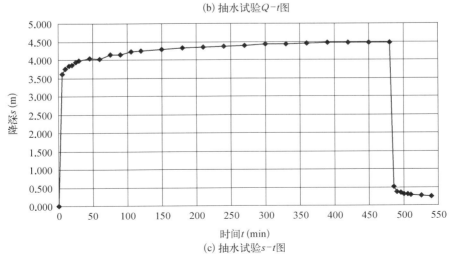

(c) 抽水试验s-t图

图4-15　7#井抽水试验(第二落程)计算成果图表(潜水稳定流非完整井)

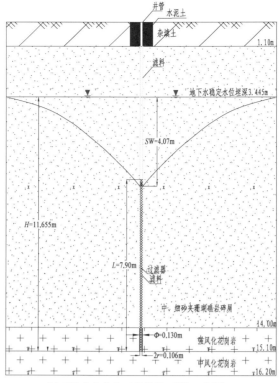

(a) 7#抽水井结构及渗流模型(第三落程)

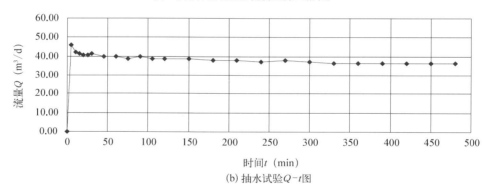

(b) 抽水试验Q-t图

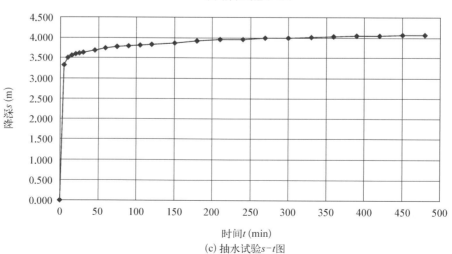

(c) 抽水试验s-t图

图 4-16  7#井抽水试验(第三落程)计算成果图表(潜水稳定流非完整井)

图 4-17　3#桩水泥土岩芯

8.60～13.30 m(强风化花岗岩面)水泥土桩体较破碎,且水泥土中夹较多珊瑚礁岩碎块,故

8.60～13.30 m 段水泥土渗透性较大,根据 3#井抽水试验结果其渗透系数为:2.8×10⁻³～3.1×10⁻³ cm/s,根据所取得岩芯分析其渗透性与抽水试验结果相吻合。

201#、202# 建筑物西南部 7# 抽水孔位于止水帷幕内侧,7# 抽水孔所取得岩芯如图 4-18 所示。

根据 7# 抽水井抽水试验结果,中细砂夹珊瑚礁岩碎屑的渗透系数为 8.1×10⁻⁴～1.15×10⁻³ cm/s,由于 7# 抽水井西侧及南侧止水帷幕的存在,第②层细砂及第③层含砂珊瑚碎屑的计算值偏小。

(4) 文昌卫星发射中心详勘抽水试验成果。

根据"文昌卫星发射中心详勘抽水试验成果",第②层细砂、第③层含砂珊瑚碎屑的渗透系数 $K$ 及影响半径 $R$ 如表 4-16 所列。

图 4-18　2号发射塔 7# 抽水孔岩芯

表 4-16　文昌卫星发射中心详勘抽水试验成果表

| 土层名称 | 孔号 | 抽水井半径 $r$(m) | 流量 (m³/d) | 渗透系数 (m/d) | 渗透系数 (cm/s) | 影响半径 $R$(m) |
|---|---|---|---|---|---|---|
| 第②层细砂、第③层含砂珊瑚碎屑 | ZK14 | 0.10 | 768 | 71.3 | 8.2×10⁻² | 62.5 |

分析评价:

由于详勘时场地为自然状态,周边无三轴搅拌桩等隔水边界的存在,因此在自然状态下(无隔水边界条件)抽水试验渗流模型更接近理论渗流模型。

（5）小结。

根据对本次抽水试验成果的分析，并对比了场地在自然状态下的抽水试成果，充分考虑了本次抽水试验时存在对抽水试验成果的影响因素，综合对比分析，文昌卫星发射中心所在场地内第②层细砂、第③层含砂珊瑚碎屑的渗透系数一般为 $3.0\times10^{-2}\sim8.2\times10^{-2}$ cm/s。

### 4.2.2 三亚某基地抽水试验

1）抽水试验方案

（1）抽水井的设计与布置。

① 拟在试验场区北侧布置一组抽水试验，包括抽水井 1 口（编号为 CS1）、观测井两口（编号为 SW1、SW2）。主要针对风化带第③₁层强风化石英质砂岩、第④₁层强风化花岗岩，拟定抽水井深度进入中风化岩层不少于 1 m，深度约 10.0 m。

② 拟在试验场区中部及南部各布置一组抽水试验，其中在试验场区中部一组抽水试验，抽水井编号为 CS2、观测井编号为 SW3、SW4；其中在试验场区南部一组抽水试验，抽水井编号为 CS3、观测井编号为 SW5、SW6；主要针对本场地第①₃层珊瑚碎屑夹砂、第①₄层珊瑚礁灰岩潜水含水层，拟定抽水井、观测井深度进入中风化岩层不少于 1 m，深度为 8.0~10.0 m。

针对本场地第①₃层珊瑚碎屑夹砂、第①₄层珊瑚礁灰岩潜水含水层，因场地的地形、地貌变化大而导致其含水层厚度变化大，在选择抽水孔孔位和布置观测孔时，要根据原勘察报告地层资料预估影响半径、含水层厚度，并经试计算后再确定观测孔孔位。抽水试验时采用完整井稳定流的方式，并用抽水孔所在区域的平均含水层厚度来计算确定其水文地质参数。

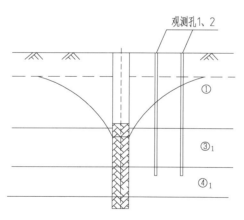

图 4-19 第③₁、第④₁层强风化岩石内的潜水完整井示意图

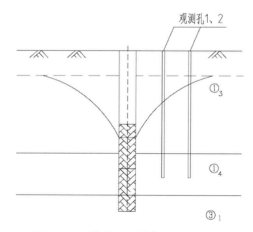

图 4-20 第①₃层、第①₄层内的潜水非完整井示意图

（2）抽水试验的方法和技术要求。

① 试验方法。

通过在抽水井中抽取地下水，同时测量抽水井的出水量及测量抽水井、观测井的水位降深，利用稳定流井流公式或利用 Aquifer-test 软件 Moench 分析潜水含水层抽水试验，通过曲线拟合最终确定含水层的渗透系数。

② 技术要求。

A. 抽水井：抽水井深度的确定与场地地层特征及试验目的有关，本项目采用非完整井及完整井抽水。钻孔适宜半径：对于含水层为第四纪土层（如：第①₃层珊瑚碎屑夹砂）抽水时半径 $r\geqslant0.01H$（$H$ 为含水层厚度）。

B. 观测井：每组试验布两口观测井，主要布置在垂直海岸线的方向上，与抽水孔的距离以 1～2 倍含水层厚度为宜。

C. 水位及稳定延续时间：

（a）水位下降（降深）：正式抽水试验一般要求进行三个降深，降深的差值宜大于 1 m。

（b）稳定延续时间和稳定标准：稳定延续时间一般为 8～24 h。稳定标准：在稳定时间段内，涌水量波动值不超过正常流量的 5‰，主孔水位波动值不超过水位降低值的 1‰，观测孔水位波动值不超过 2～3 cm。如抽水孔、观测孔动水位与区域水位变化幅度趋于一致，则为稳定。

（c）静止水位观测：试验前对自然水位要进行观测。一般地区每小时测定一次，三次所测水位值相同，或 4 h 内水位差不超过 2 cm 者即为静止水位。

（d）水温和气温观测：一般每 2～4 h 同时观测一次。

（e）恢复水位观测：以 1 min，3 min，5 min，10 min，15 min，30 min……按顺序观测，直到完全恢复为止。观测精度以 2 cm 为宜。水位渐趋恢复后，观测时间间隔可适当延长。

（f）动水位和涌水量的观测：动水位和涌水量同时观测，主孔和观测孔同时观测。开泵后每 5 min 观测一次，共测 6 次；然后每 15 min 观测一次，共测 6 次；然后每 30 min 观测一次，直至稳定。

图 4 - 21 CS1 号井抽水试验

抽水设备如图 4 - 21—图 4 - 23 所示。

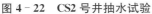

图 4 - 22 CS2 号井抽水试验

图 4 - 23 CS3 号井抽水试验

（3）成井工艺。

各抽水井、水位观测井孔径、滤水管直径如表 4 - 17 所示。

抽水井成井工艺施工工艺流程：测放井位—钻机就位—钻孔—清孔换浆—井管安装—填滤料—洗井—置泵试抽水—正常抽水试验—井孔处理。

施工程序及技术质量要求如下：

① 井位测放：根据井位设计平面图（CAD）采用 GPS（RTK）测放；

② 钻机就位：将钻机底座调平，固定牢固；

表 4 - 17　井类型、孔径一览表

| 井　号 | 类　型 | 孔　径(mm) | 滤水管直径(mm) |
|---|---|---|---|
| CS1 | 抽水井 | 150 | 110 |
| SW1 | 观测井 | 130 | 90 |
| SW2 | 观测井 | 110 | 63 |
| CS2 | 抽水井 | 600 | 250 |
| S5 | 观测井 | 110 | 63 |
| SW3 | 观测井 | 130 | 90 |
| CS3 | 抽水井 | ≤8.10 m,600<br>>8.10 m,110 | 250 |
| SW5 | 观测井 | 130 | 90 |
| SW6 | 观测井 | 110 | 63 |

③ 钻孔：钻进过程中，垂直度控制在 1% 以内，钻进至设计深度后方可终孔；

④ 清孔：终孔后应及时进行清孔，确保井管到预定位置；

⑤ 下井管：采用 $\phi250$ mm、$\phi110$ mm、$\phi90$ mm 及 $\phi63$ mm 的 PVC 管；管底采用 60 目滤网包滤料进行封底，防止抽水过程中砂土涌入井管中；要求逐节粘接且井管下在井孔中央。管顶应外露出地面 30 cm 左右；

⑥ 滤水管网眼排列呈梅花状，圆眼直径 20 mm，纵向眼距 60 mm，横向眼距 40 mm，外包尼龙砂网，网孔大小 0.25 mm；

⑦ 填滤料：用塑料布封住管口，软管接通水放入管井内，在井管外壁与孔壁之间投放滤料，同时向井管内注水，并投放滤料。填滤料时应用铁锹铲滤料并均匀抛撒在井管四周，保证填滤料均匀，密实；填至距地面约 30 cm 为止；

⑧ 洗井：填滤料结束后，应立即洗井。洗井要求破坏孔壁泥皮，洗通四周的渗透层；

⑨ 地面封填：为防止雨水等渗入井中，待洗井完毕后，采用黏土将地面下 30 cm 井管周围空隙填实；

⑩ 置泵抽水：水泵应按照降深要求确定，刚抽出的水浑浊含砂，应沉淀排放，当井出清水后，进行抽水试验。

2）试验资料整理

将现场采集的数据进行计算并汇编及绘制：

（1）第一组抽水试验。

CS1 号抽水井第一落程水位观测记录（$Q_1 = 39.31$ m³/d）（表 4 - 20）。

SW1 号水位观测井第一落程水位观测记录。

SW2 号水位观测井第一落程水位观测记录。

CS1 号抽水井第二落程水位观测记录（$Q_2 = 60.13$ m³/d）（表 4 - 21）。

SW1 号水位观测井第二落程水位观测记录。

SW2 号水位观测井第二落程水位观测记录。

CS1 号抽水井第三落程水位观测记录（$Q_3 = 66.61$ m³/d）（表 4 - 22）。

SW1 号水位观测井第三落程水位观测记录。

SW2 号水位观测井第三落程水位观测记录。

（2）第二组抽水试验。

CS2 号抽水井第一落程水位观测记录（$Q_1 = 45.53$ m³/d）（表 4 - 26）。

S5 号水位观测井第一落程水位观测记录。

SW3 号水位观测井第一落程水位观测记录。

CS2 号抽水井第二落程水位观测记录（$Q_2 = 49.08$ m³/d）（表 4 - 27）。

S5 号水位观测井第二落程水位观测记录。

SW3 号水位观测井第二落程水位观测记录。

（3）第三组抽水试验。

CS3 号抽水井第一落程水位观测记录（$Q_1 = 33.18$ m³/d）（表 4 - 31）。

SW5 号水位观测井第一落程水位观测记录。

SW6 号水位观测井第一落程水位观测记录。

CS3 号抽水井第二落程水位观测记录（$Q_2 = 58.32$ m³/d）（表 4 - 32）。

SW5 号水位观测井第二落程水位观测记录。

SW6 号水位观测井第二落程水位观测记录。

CS3 号抽水井第三落程水位观测记录（$Q_3 = 60.30$ m³/d）（表 4 - 33）。

SW5 号水位观测井第三落程水位观测记录。

SW6 号水位观测井第三落程水位观测记录。

3）试验成果计算与分析

（1）抽水试验确定渗透系数方法。

① 利用潜水完整井流公式计算渗透系数。

稳定流抽水试验确定渗透系数的公式很多，具体要根据含水层的厚度及过滤器安装位置等抽水井的结构确定，本次抽水试验主要为潜水完整井模式及近似为潜水完整井模式。

A. 第一组抽水试验。

针对本试验场区第①₄珊瑚礁灰岩及第④₁层强风化花岗岩含水层，抽水试验时采用稳定流的方式，并用抽水井所在区域的平均含水层厚度来计算其渗透系数。

潜水完整井，单井抽水，两个观测孔，利用抽水量及两个观测井的水位下降资料计算渗透系数，计算公式如下：

$$K = \frac{0.732Q(\lg r_2 - \lg r_1)}{(2H - s_1 - s_2)(s_1 - s_2)} \tag{4-4}$$

式中　$Q$——单井出水量（m³）；

　　　$r_1$——1# 观测井中心距抽水井中心的距离（m）；

　　　$r_2$——2# 观测井中心距抽水井中心的距离（m）；

　　　$H$——潜水含水层的厚度（m）；

　　　$s_1$——1# 观测井的水位降深（m）；

　　　$s_2$——2# 观测井的水位降深（m）。

B. 第二组抽水试验。

针对本试验场区第①₃层珊瑚碎屑夹砂含水层，抽水试验时采用稳定流的方式，并用抽水井所在区域的平均含水层厚度来计算其渗透系数。

潜水非完整井，过滤器安装在含水层底部，单井抽水，两个观测井，利用抽水量及两个观测井的水位下降资料近似利用潜水完整井（两个观测井）稳定流计算公式（4 - 4）计算渗透系数。

C. 第三组抽水试验。

针对本试验场区第①₃层珊瑚碎屑夹砂含水层及第①₄层珊瑚礁灰岩含水层，抽水试验时采用稳定流的方式，并用抽水井所在区域的平均含水层厚度来计算其渗透系数。

潜水非完整井，过滤器安装在含水层底部，单井抽水，两个观测井，利用抽水量及两个观测井的水位下降资料近似利用潜水完整井(两个观测井)稳定流计算公式计算渗透系数,计算公式见式(4-4)。

② 利用 Moench 分析法确定潜水含水层的渗透系数。

利用根据现场实测的时间、流量及水位等原始数据、潜水含水层的厚度以及抽水井及观测井结构参数,如抽水井过滤器的半径、长度;抽水井半径、抽水井过滤器底端至稳定地下水水位的距离($b$)等。利用 Aquifer—test 软件 Moench 分析—潜水含水层抽水试验,通过实测 $W(u)$-$t/r^2$ 曲线与标准 Theis 标准曲线拟合最终确定含水层的渗透系数。

(2) 影响半径($R$)的确定方法。

根据《水文地质手册》(第二版),依据抽水试验确定影响半径,其中潜水含水层、单井抽水带两个水位观测井的影响半径 $R$ 的公式如下[62]:

$$\lg R = \frac{s_1(2H-s_1)\lg r_2 - s_2(2H-s_2)\lg r_1}{(s_1-s_2)(2H-s_1-s_2)} \tag{4-5}$$

式中　$r_1$——1# 观测井中心距抽水井中心的距离(m);

　　　$r_2$——2# 观测井中心距抽水井中心的距离(m);

　　　$H$——潜水含水层的厚度(m);

　　　$s_1$——1# 观测井的水位降深(m);

　　　$s_2$——2# 观测井的水位降深(m)。

(3) 抽水试验计算成果分析与评价。

① 第一组 CS1 号抽水井抽水试验。

第一组抽水试验自 2013 年 10 月 8 日 9 时 20 分开始,至 10 月 10 日 17 时 15 分结束,期间共计进行了三个落程的稳定流抽水试验,三个落程的流量分别为 $Q_1=39.31$ m³/d;$Q_2=60.13$ m³/d,$Q_3=66.61$ m³/d,三个落程抽至稳定后抽水井及观测井的最大降深如表 4-18 所列。

表 4-18　第一组抽水试验流量及最大降深一览表

| 井　号 | 最　大　降　深(m) | | |
|---|---|---|---|
| | $Q_1=39.31$ m³/d | $Q_2=60.13$ m³/d | $Q_3=66.61$ m³/d |
| CS1# | 0.445 | 1.210 | 1.161 |
| SW1 | 0.105 | 0.147 | 0.130 |
| SW2 | 0.07 | 0.060 | 0.060 |

第一组抽水试验(三次降深)抽水井、观测井的结构详见图 4-24—图 4-32,利用公式(4-4)及(4-5)计算得三个落程的渗透系数及影响半径见表 4-19;第一组抽水试验(三次降深)抽水试验成果见表 4-20—表 4-22、图 4-33—图 4-35。

表 4-19　第一组抽水试验计算成果表

| 流　量 | 渗　透　系　数 | | 影响半径 $R$(m) |
|---|---|---|---|
| | (m/d) | (cm/s) | |
| $Q_1=39.31$ m³/d | 33.7 | $3.8×10^{-2}$ | — |
| $Q_2=60.13$ m³/d | 20.8 | $2.4×10^{-2}$ | 95.5 |
| $Q_3=66.61$ m³/d | 28.7 | $3.3×10^{-2}$ | 100.0 |
| 平均值 | 27.7 | $3.2×10^{-2}$ | 97.8 |

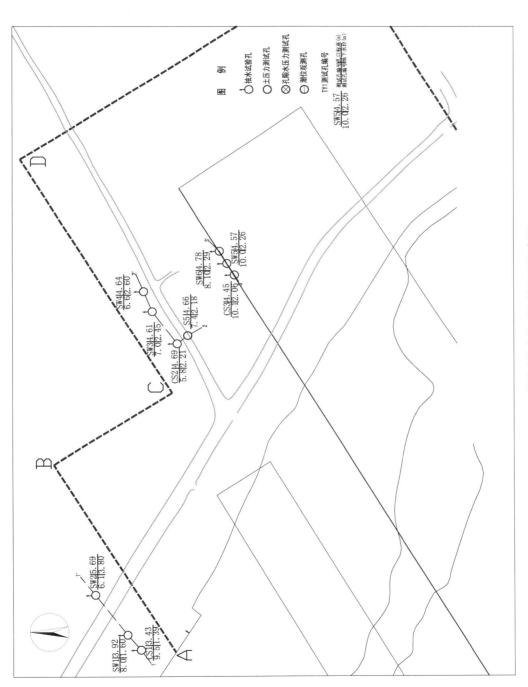

图 4 - 24　三亚某基地抽水井、观测井平面示意图

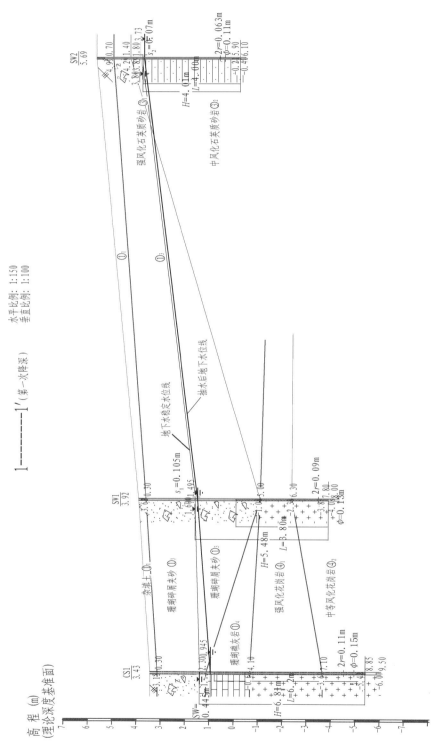

图 4 - 25 三亚某基地第一组抽水试验各落程抽水井、观测井结构断面图(第一次降深)

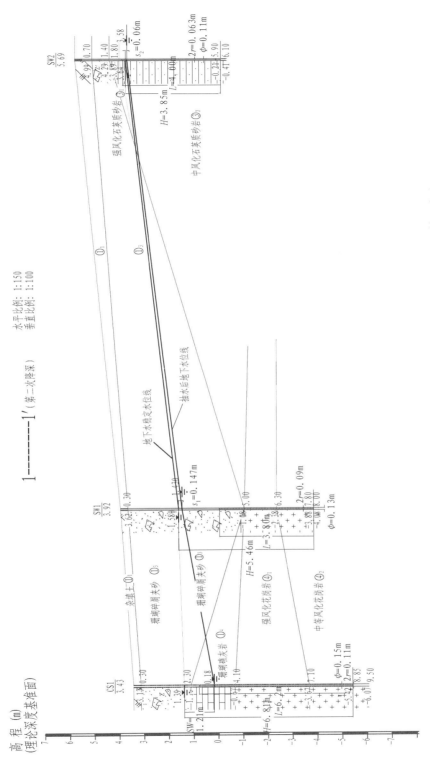

图 4 - 26　三亚某基地第一组抽水试验各落程抽水井、观测井结构断面图(第二次降深)

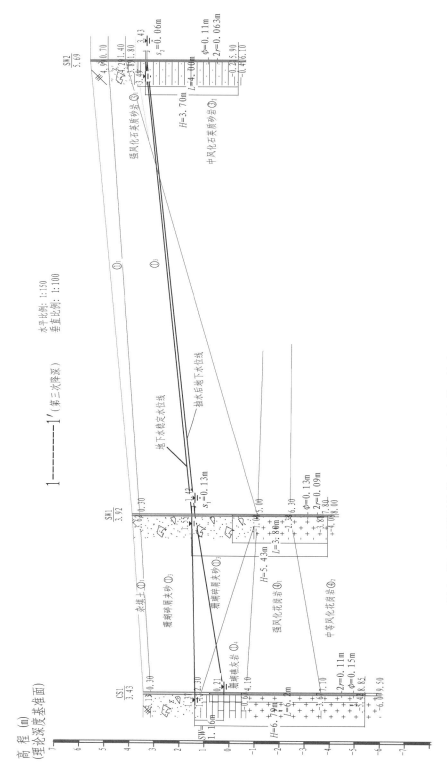

图4-27　三亚某基地第一组抽水试验各高程抽水井、观测井结构断面图（第三次降深）

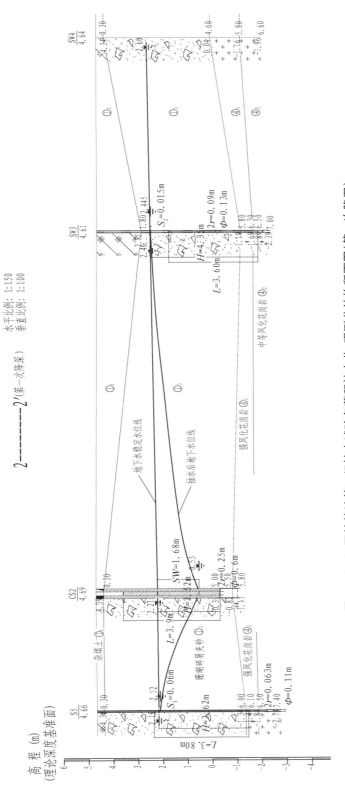

图 4 - 28　三亚某基地第二组抽水试验各落程抽水井、观测井结构断面图（第一次降深）

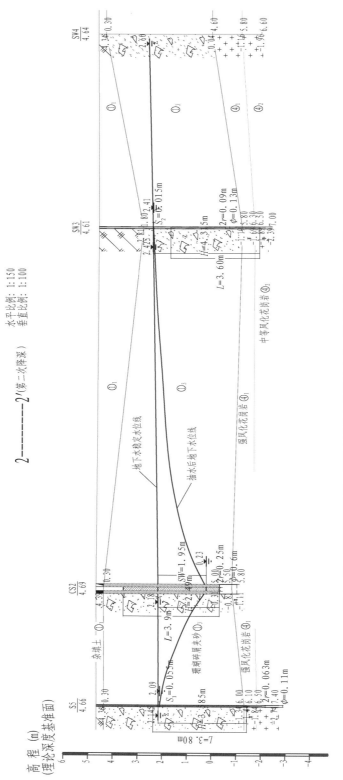

图4-29 三亚某基地第二组抽水试验各落程抽水井、观测井结构断面图(第二次降深)

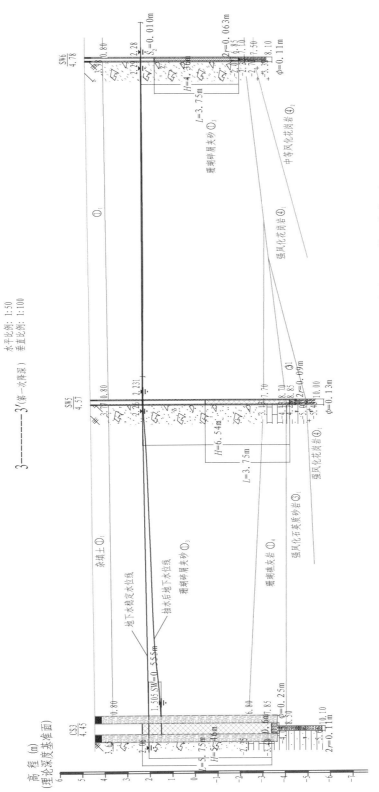

图 4-30 三亚某基地第三组抽水试验各落程抽水井、观测井结构断面图（第一次降深）

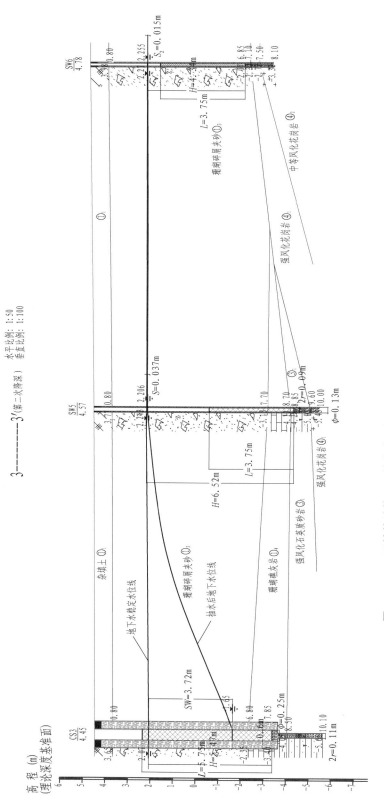

图 4-31 三亚某基地第三组抽水试验各落程抽水井、观测井结构断面图(第二次降深)

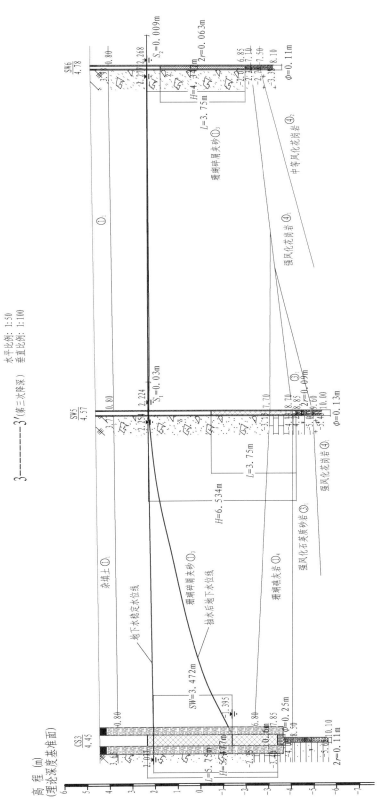

图 4-32 三亚某基地第三组抽水试验各落程抽水井、观测井结构断面图(第三次降深)

表 4‑20 CS1# 井第一落程水位观测记录表

| 试验井号 | CS1# | 落程 | 1 | 稳定水位埋深(m) | SW1 | 2.33 | 稳定水位标高(m) | 1.60 |
|---|---|---|---|---|---|---|---|---|
| 试验段 | 珊瑚礁岩、强风化花岗岩 | | | | SW2 | 1.89 | | 3.80 |
| 计算公式 | $K=0.732Q(\lg r_2-\lg r_1)/[(2H-s_1-s_2)(s_1-s_2)]$ | | | | 抽水井含水层厚度 $H$(m) | | | 6.81 |
| 历时时间 | 抽水量 | | 观测井水位降深 | | 观测井距抽水井的距离(m) | | $z_1$ | 11.0 |
| | | | SW1 | SW2 | | | $z_2$ | 39.2 |
| $t$(min) | $Q$(L/s) | $Q$(m³/d) | $s_1$(m) | $s_2$(m) | | | | |
| 0 | 0.000 | 0.00 | 0.000 | 0 | | | | |
| 5 | 0.400 | 34.56 | 0.013 | 0.02 | | | | |
| 10 | 0.743 | 64.20 | 0.015 | 0.02 | | | | |
| 15 | 0.430 | 37.15 | 0.016 | 0.02 | | | | |
| 20 | 0.427 | 36.89 | 0.017 | 0.022 | | | | |
| 25 | 0.433 | 37.41 | 0.017 | 0.022 | | | | |
| 30 | 0.417 | 36.03 | 0.019 | 0.022 | | | | |
| 45 | 0.531 | 45.88 | 0.022 | 0.024 | | | | |
| 60 | 0.424 | 36.63 | 0.025 | 0.025 | | | | |
| 75 | 0.449 | 38.79 | 0.030 | 0.03 | | | | |
| 90 | 0.404 | 34.91 | 0.032 | 0.03 | | | | |
| 105 | 0.422 | 36.46 | 0.035 | 0.03 | | | | |
| 120 | 0.406 | 35.08 | 0.040 | 0.032 | | | | |
| 150 | 0.334 | 28.86 | 0.048 | 0.035 | | | | |
| 180 | 0.493 | 42.60 | 0.055 | 0.04 | | | | |
| 210 | 0.511 | 44.15 | 0.060 | 0.042 | | | | |
| 240 | 0.461 | 39.83 | 0.067 | 0.046 | | | | |
| 270 | 0.408 | 35.25 | 0.075 | 0.05 | | | | |
| 300 | 0.464 | 40.09 | 0.080 | 0.052 | | | | |
| 330 | 0.459 | 39.66 | 0.085 | 0.055 | | | | |
| 360 | 0.471 | 40.69 | 0.090 | 0.057 | | | | |
| 390 | 0.532 | 45.96 | 0.095 | 0.06 | | | | |
| 420 | 0.473 | 40.87 | 0.100 | 0.065 | | | | |
| 450 | 0.382 | 33.00 | 0.102 | 0.067 | | | | |
| 480 | 0.437 | 37.76 | 0.105 | 0.07 | | | | |

渗透系数及影响半径计算:

井流模式:按潜水完整井考虑

渗透系数 $K$:

根据抽水试验资料,平均流量为 0.455 L/s(39.31 m³/d),SW1 号井降深为 0.105 m,SW2 号井的降深为 0.07 m;根据公式:$K=0.732Q(\lg r_2-\lg r_1)/[(2H-s_1-s_2)(s_1-s_2)]$ 计算得:

珊瑚礁岩、强风化花岗岩的渗透系数为 $K=33.7$ m/d。

表 4 - 21 CS1# 井第二落程水位观测记录表

| 试验井号 | CS1 | | 落程 | 2 | 稳定水位埋深(m) | SW1 | 2.335 | 稳定水位标高(m) | 1.58 |
|---|---|---|---|---|---|---|---|---|---|
| 试验段 | 珊瑚礁岩、强风化花岗岩 | | | | | SW2 | 2.05 | | 3.64 |
| 计算公式 | $K=0.732Q(\lg r_2-\lg r_1)/[(2H-s_1-s_2)(s_1-s_2)]$ | | | | | 抽水井含水层厚度 $H$(m) | | | 6.81 |
| 历时时间 | 抽水量 | | 观测井水位降深 | | 观测井距抽水井的距离(m) | | | $z_1$ | 11.0 |
| | | | SW1 | SW2 | | | | $z_2$ | 39.2 |
| $t$(min) | $Q$(L/s) | $Q$(m³/d) | $s_1$(m) | $s_2$(m) | | | | | |
| 0 | 0.000 | 0.00 | 0 | 0 | | | | | |
| 5 | 1.440 | 124.42 | 0.015 | 0.01 | | | | | |
| 10 | 4.314 | 372.78 | 0.02 | 0.012 | | | | | |
| 15 | 0.617 | 98.91 | 0.022 | 0.013 | | | | | |
| 20 | 0.927 | 80.09 | 0.025 | 0.013 | | | | | |
| 25 | 1.140 | 98.60 | 0.024 | 0.013 | | | | | |
| 30 | 0.493 | 42.60 | 0.025 | 0.02 | | | | | |
| 45 | 0.791 | 68.04 | 0.05 | 0.021 | | | | | |
| 60 | 0.760 | 66.66 | 0.055 | 0.021 | | | | | |
| 75 | 0.723 | 62.47 | 0.04 | 0.021 | | | | | |
| 80 | 0.772 | 66.70 | 0.045 | 0.021 | | | | | |
| 105 | 0.678 | 68.60 | 0.05 | 0.022 | | | | | |
| 120 | 0.689 | 69.60 | 0.054 | 0.023 | | | | | |
| 150 | 0.689 | 69.60 | 0.065 | 0.029 | | | | | |
| 180 | 0.734 | 80.42 | 0.075 | 0.03 | | | | | |
| 210 | 0.612 | 62.88 | 0.065 | 0.032 | | | | | |
| 240 | 0.626 | 54.09 | 0.091 | 0.032 | | | | | |
| 270 | 0.625 | 54.00 | 0.1 | 0.04 | | | | | |
| 300 | 0.611 | 52.79 | 0.107 | 0.04 | | | | | |
| 330 | 0.611 | 52.79 | 0.115 | 0.043 | | | | | |
| 360 | 0.629 | 54.56 | 0.125 | 0.05 | | | | | |
| 390 | 0.585 | 60.64 | 0.25 | 0.05 | | | | | |
| 420 | 0.621 | 60.66 | 0.155 | 0.05 | | | | | |
| 450 | 0.596 | 61.49 | 0.142 | 0.05 | | | | | |
| 480 | 0.582 | 60.00 | 0.147 | 0.06 | | | | | |

渗透系数及影响半径计算：

井流模式：按潜水完整井考虑

渗透系数 $K$：

根据抽水试验资料，平均流量为 0.696 L/s(60.13 m³/d)，SW1 号井降深为 0.147 m，SW2 号井的降深为 0.06 m；根据公式：$K=0.732Q(\lg r_2-\lg r_1)/[(2H-s_1-s_2)(s_1-s_2)]$ 计算得：

珊瑚礁岩、强风化花岗岩的渗透系数为 $K=20.8$ m/d。

影响半径 $R$ 依据公式：

$$\lg R=\frac{s_1(2H-s_1)\lg r_2-s_2(2H-s_2)\lg r_1}{(s_1-s_2)(2H-s_1-s_2)}$$

计算得影响半径 $R=95.5$ m。

表 4 - 22　CS1# 井第三落程水位观测记录表

| 试验井号 | CS1 | 落程 | 3 | 稳定水位埋深(m) | SW1 | 2.37 | 稳定水位标高(m) | 1.55 |
|---|---|---|---|---|---|---|---|---|
| 试验段 | 珊瑚礁岩、强风化花岗岩 | | | | SW2 | 2.20 | | 3.49 |
| 计算公式 | $K=0.732Q(\lg r_2-\lg r_1)/[(2H-s_1-s_2)(s_1-s_2)]$ | | | | | 抽水井含水层厚度 $H$(m) | | 6.79 |

| 历时时间 | 抽水量 | | 观测井水位降深 | | 观测井距抽水井的距离(m) | | $z_1$ | 11.0 |
|---|---|---|---|---|---|---|---|---|
| | | | SW1 | SW2 | | | $z_2$ | 39.2 |
| $t$(min) | $Q$(L/s) | $Q$(m³/d) | $s_1$(m) | $s_2$(m) | | | | |
| 0 | 0.000 | 0.00 | 0 | 0 | | | | |
| 5 | 1.117 | 96.51 | 0.001 | 0 | | | | |
| 10 | 0.943 | 81.48 | 0.002 | 0 | | | | |
| 15 | 1.103 | 95.30 | 0.003 | 0 | | | | |
| 20 | 0.897 | 77.50 | 0.004 | 0 | | | | |
| 25 | 0.937 | 80.96 | 0.005 | 0.001 | | | | |
| 30 | 0.807 | 69.72 | 0.006 | 0.001 | | | | |
| 45 | 0.920 | 79.49 | 0.009 | 0.005 | | | | |
| 60 | 0.816 | 70.50 | 0.013 | 0.01 | | | | |
| 75 | 0.951 | 92.17 | 0.016 | 0.012 | | | | |
| 90 | 0.692 | 59.79 | 0.021 | 0.012 | | | | |
| 105 | 0.822 | 71.02 | 0.025 | 0.018 | | | | |
| 120 | 0.786 | 67.91 | 0.03 | 0.02 | | | | |
| 150 | 0.751 | 64.09 | 0.04 | 0.02 | | | | |
| 180 | 0.739 | 63.05 | 0.048 | 0.023 | | | | |
| 210 | 0.692 | 59.79 | 0.058 | 0.03 | | | | |
| 240 | 0.679 | 58.67 | 0.087 | 0.035 | | | | |
| 270 | 0.664 | 57.37 | 0.076 | 0.035 | | | | |
| 300 | 0.652 | 56.33 | 0.086 | 0.04 | | | | |
| 330 | 0.603 | 52.10 | 0.093 | 0.045 | | | | |
| 360 | 0.623 | 53.03 | 0.102 | 0.05 | | | | |
| 390 | 0.582 | 50.28 | 0.109 | 0.052 | | | | |
| 420 | 0.584 | 50.46 | 0.118 | 0.056 | | | | |
| 450 | 0.580 | 50.11 | 0.125 | 0.06 | | | | |
| 480 | 0.571 | 49.33 | 0.134 | 0.062 | | | | |

渗透系数及影响半径计算：

井流模式:按潜水完整井考虑

渗透系数 $K$:

根据抽水试验资料,平均流量为 0.771 L/s(66.61 m³/d),SW1 号井降深为 0.13 m,SW2 号井的降深为 0.06 m;根据公式:$K=0.732Q(\lg r_2-\lg r_1)/[(2H-s_1-s_2)(s_1-s_2)]$ 计算得:

珊瑚礁岩、强风化花岗岩的渗透系数为 $K=28.7$ m/d。

影响半径 $R$ 依据公式：
$$\lg R=\frac{s_1(2H-s_1)\lg r_2-s_2(2H-s_2)\lg r_1}{(s_1-s_2)(2H-s_1-s_2)}$$

计算得影响半径 $R=100$ m。

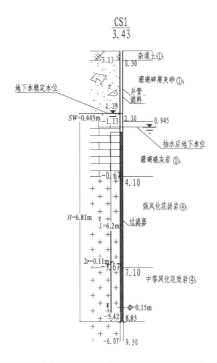

(a) CS1#抽水井结构示意图(第一落程)

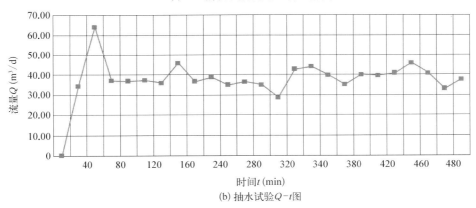

(b) 抽水试验Q-t图

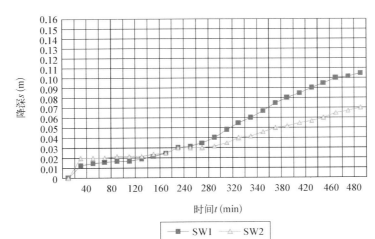

(c) 抽水试验s-t图

图 4-33　第一组抽水试验(第一落程)计算成果图表

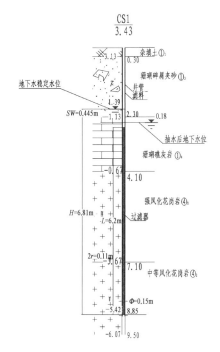

(a) CS1#抽水井结构示意图(第二落程)

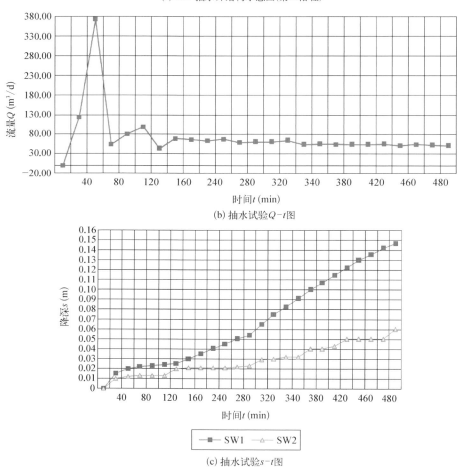

(b) 抽水试验Q-t图

(c) 抽水试验s-t图

图 4-34 第一组抽水试验(第二落程)计算成果图表

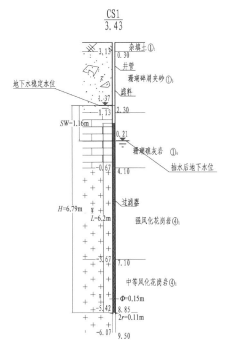

(a) CS1#抽水井结构示意图(第三落程)

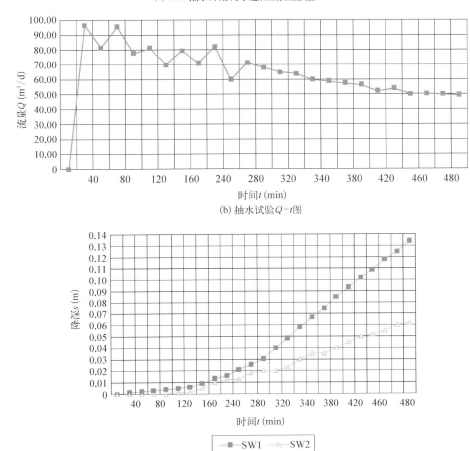

(b) 抽水试验Q-t图

(c) 抽水试验s-t图

**图 4-35　第一组抽水试验(第三落程)计算成果图表**

利用 Aquifer—test 软件 Moench 分析潜水含水层抽水试验，$W(u)$-$t/r^2$ 曲线如图 4-36—图 4-39 所示。

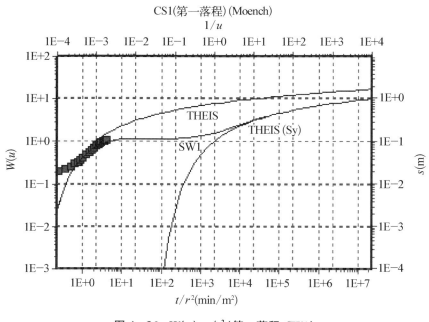

图 4-36 $W(u)$-$t/r^2$（第一落程，SW1）

渗透系数 $K=5.6\times10^{-3}$ cm/s；导水系数 $T=3.79$ cm$^2$/s。

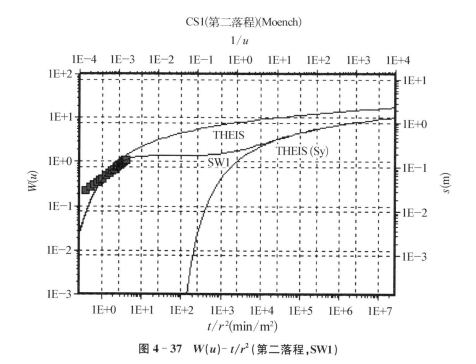

图 4-37 $W(u)$-$t/r^2$（第二落程，SW1）

渗透系数 $K=6.20\times10^{-3}$ cm/s；导水系数 $T=4.20$ cm$^2$/s。

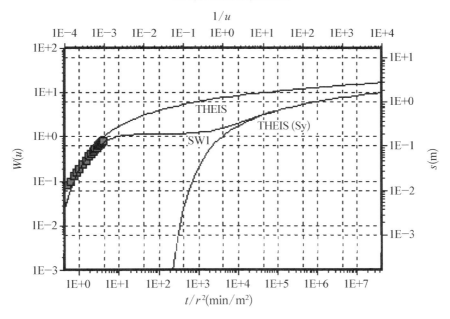

图 4 - 38　$W(u)$ - $t/r^2$ (第三落程 , SW1)

渗透系数 $K = 5.60 \times 10^{-3}\,\mathrm{cm/s}$；导水系数 $T = 3.78\,\mathrm{cm^2/s}$。

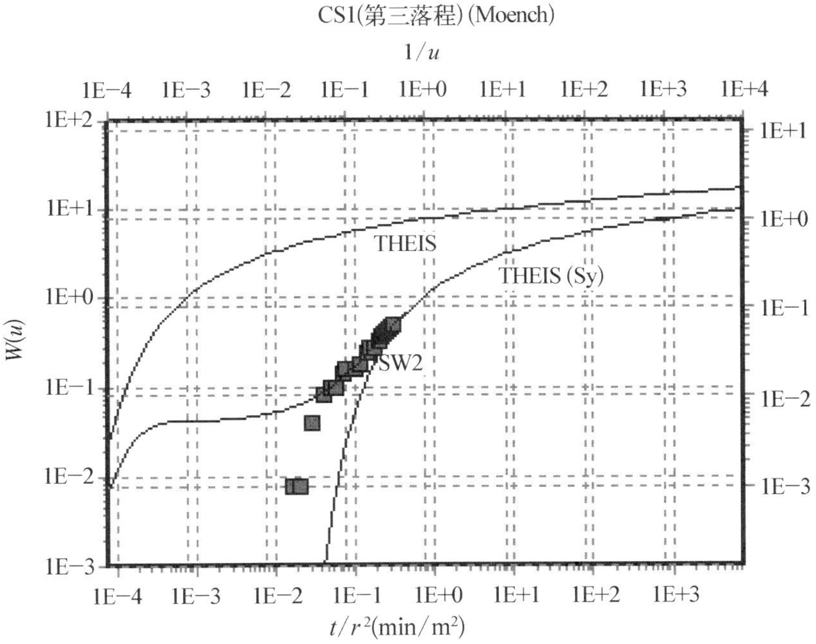

CS1(第三落程)(Moench)

图 4 - 39　$W(u)$ - $t/r^2$ (第三落程 , SW2)

渗透系数 $K = 7.20 \times 10^{-3}\,\mathrm{cm/s}$；导水系数 $T = 4.87\,\mathrm{cm^2/s}$

渗透系数及导水系数汇总如表 4 - 23 所列。

表 4 - 23　Moench 分析潜水含水层抽水试验成果表

| 抽水试验名称 | 渗 透 系 数 $K$ | | 导水系数 $T$ ($cm^2/s$) |
|---|---|---|---|
| | (m/d) | (cm/s) | |
| SW1 号井第一降深 | 4.9 | $0.56 \times 10^{-2}$ | 3.79 |
| SW1 号井第二降深 | 5.4 | $0.62 \times 10^{-2}$ | 4.20 |
| SW1 号井第三降深 | 4.9 | $0.56 \times 10^{-2}$ | 3.78 |
| SW2 号井第三降深 | 6.3 | $0.72 \times 10^{-2}$ | 4.87 |
| 平均值 | 5.4 | $0.62 \times 10^{-2}$ | 4.16 |

分析评价：由于第一组抽水试验场地含水层为非均质含水层（岩性及厚度均有差异），其中 CS1 号抽水井处含水层为第①$_4$层珊瑚礁灰岩层及第④$_1$层强风化花岗岩层；SW1 号观测井处含水层主要为第①$_3$层珊瑚碎屑夹砂层及第④$_1$层强风化花岗岩层；SW2 号观测井处含水层为第③$_1$层强风化石英质砂岩层，故导致依据潜水完整井稳定流计算公式计算得含水层的渗透系数与采用 Moench 分析法确定得含水层的渗透系数有一定的偏差。

此外 CS1 号抽水井距海水边界（高潮位时）约 31.0 m，大于 2 倍含水层厚度；另外根据抽水试验时测定，本试验所抽得地下水均为淡水，故计算渗透系数时未考虑海水补给情况。

② 第二组 CS2 号抽水井抽水试验。

第二组抽水试验自 2013 年 9 月 24 日 8 时 30 分开始，至 9 月 25 日 17 时 15 分结束，期间共计进行了两个落程的稳定流抽水试验，两个落程的流量分别为 $Q_1 = 45.53$ $m^3/d$；$Q_2 = 49.08$ $m^3/d$，两个落程抽至稳定后抽水井及观测井的最大降深如表 4 - 24 所列。

表 4 - 24　第二组抽水试验流量及最大降深一览表

| 井 号 | 最 大 降 深 (m) | |
|---|---|---|
| | $Q_1 = 45.53$ $m^3/d$ | $Q_2 = 49.08$ $m^3/d$ |
| CS2 | 1.680 | 1.950 |
| S5 | 0.060 | 0.055 |
| SW3 | 0.015 | 0.015 |

第二组抽水试验（两次降深）抽水井、观测井的结构详见图 4 - 40—图 4 - 41，利用公式(4 - 4)及式(4 - 5)计算得两个落程的渗透系数及影响半径见表 4 - 25；第二组抽水试验（两次降深）抽水试验成果如图 4 - 40—图 4 - 41。

表 4 - 25　第二组抽水试验计算成果表

| 流 量 | 渗 透 系 数 | | 影响半径 $R$(m) |
|---|---|---|---|
| | (m/d) | (cm/s) | |
| $Q_1 = 45.53$ $m^3/d$ | 50.9 | $5.9 \times 10^{-2}$ | 33.1 |
| $Q_2 = 49.08$ $m^3/d$ | 62.2 | $7.2 \times 10^{-2}$ | 35.5 |
| 平均值 | 56.6 | $6.6 \times 10^{-2}$ | 34.3 |

利用 Aquifer—test 软件 Moench 分析潜水含水层抽水试验，$W(u) - t/r^2$ 曲线如图 4 - 42—图 4 - 44 所示。

表 4 - 26 CS2# 井第一落程水位观测记录表

| 试验井号 | CS2 | | 落程 | 1 | 稳定水位埋深(m) | S5 | 2.48 | 稳定水位标高(m) | 2.18 |
|---|---|---|---|---|---|---|---|---|---|
| 试验段 | 珊瑚礁岩、强风化花岗岩 | | | | | SW3 | 2.15 | | 2.46 |
| 计算公式 | $K=0.732Q(\lg r_2-\lg r_1)/[(2H-s_1-s_2)(s_1-s_2)]$ | | | | | 抽水井含水层厚度 $H$(m) | | | | 3.62 |
| 历时时间 | 抽水量 | | 观测井水位降深 | | 观测井距抽水井的距离(m) | | | $z_1$ | 7.85 |
| | | | S5 | SW3 | | | | $z_2$ | 22.8 |
| $t$(min) | $Q$(L/s) | $Q$(m³/d) | $s_1$(m) | $s_2$(m) | | | | | |
| 0 | 0.000 | 0.00 | 0 | 0 | | | | | |
| 5 | 0.987 | 85.28 | 0.01 | 0.01 | | | | | |
| 10 | 0.577 | 49.85 | 0.015 | 0.01 | | | | | |
| 15 | 0.557 | 48.12 | 0.015 | 0.01 | | | | | |
| 20 | 0.513 | 44.32 | 0.017 | 0.01 | | | | | |
| 25 | 0.570 | 49.25 | 0.02 | 0.01 | | | | | |
| 30 | 0.530 | 45.79 | 0.02 | 0.01 | | | | | |
| 45 | 0.537 | 46.40 | 0.025 | 0.01 | | | | | |
| 60 | 0.530 | 45.79 | 0.027 | 0.01 | | | | | |
| 75 | 0.529 | 45.71 | 0.03 | 0.01 | | | | | |
| 90 | 0.530 | 45.79 | 0.03 | 0.01 | | | | | |
| 105 | 0.529 | 45.71 | 0.032 | 0.01 | | | | | |
| 120 | 0.524 | 45.27 | 0.035 | 0.01 | | | | | |
| 150 | 0.519 | 44.04 | 0.04 | 0.01 | | | | | |
| 180 | 0.462 | 39.92 | 0.04 | 0.01 | | | | | |
| 210 | 0.512 | 44.24 | 0.045 | 0.01 | | | | | |
| 240 | 0.571 | 49.33 | 0.045 | 0.01 | | | | | |
| 270 | 0.515 | 44.50 | 0.05 | 0.01 | | | | | |
| 300 | 0.463 | 40.00 | 0.05 | 0.01 | | | | | |
| 330 | 0.513 | 44.32 | 0.055 | 0.011 | | | | | |
| 360 | 0.577 | 49.85 | 0.055 | 0.012 | | | | | |
| 390 | 0.517 | 44.67 | 0.055 | 0.013 | | | | | |
| 420 | 0.518 | 44.76 | 0.055 | 0.015 | | | | | |
| 450 | 0.517 | 44.67 | 0.06 | 0.015 | | | | | |
| 480 | 0.520 | 44.93 | 0.06 | 0.015 | | | | | |

渗透系数及影响半径计算:

井流模式:按潜水完整井考虑

渗透系数 $K$:

根据抽水试验资料,平均流量为 0.527 L/s(45.53 m³/d),S5 号井降深为 0.06 m,SW3 号井的降深为 0.015 m;根据公式: $K=0.732Q(\lg r_2-\lg r_1)/[(2H-s_1-s_2)(s_1-s_2)]$ 计算得:

珊瑚礁岩、强风化花岗岩的渗透系数为 $K=50.9$ m/d。

影响半径 $R$ 依据公式:

$$\lg R=\frac{s_1(2H-s_1)\lg r_2-s_2(2H-s_2)\lg r_1}{(s_1-s_2)(2H-s_1-s_2)}$$

计算得影响半径 $R=33.1$ m。

表 4‑27　CS2# 井第二落程水位观测记录表

| 试验井号 | CS2 | 落程 | 2 | 稳定水位埋深(m) | S5 | 2.515 | 稳定水位标高(m) | 2.145 |
|---|---|---|---|---|---|---|---|---|
| 试验段 | 珊瑚礁岩、强风化花岗岩 | | | | SW3 | 2.185 | | 2.425 |
| 计算公式 | $K=0.732Q(\lg r_2-\lg r_1)/[(2H-s_1-s_2)(s_1-s_2)]$ | | | | 抽水井含水层厚度 $H$(m) | | | 8.62 |
| 历时时间 | 抽水量 | | 观测井水位降深 | | 观测井距抽水井的距离(m) | | $z_1$ | 7.35 |
| | | | S5 | SW3 | | | $z_2$ | 22.8 |
| $t$(min) | $Q$(L/s) | $Q$(m³/d) | $s_1$(m) | $s_2$(m) | | | | |
| 0 | 0.000 | 0.00 | 0 | 0 | | | | |
| 5 | 0.777 | 67.13 | 0.005 | 0.004 | | | | |
| 10 | 0.667 | 57.63 | 0.01 | 0.004 | | | | |
| 15 | 0.593 | 51.24 | 0.015 | 0.004 | | | | |
| 20 | 0.490 | 42.34 | 0.02 | 0.005 | | | | |
| 25 | 0.573 | 49.51 | 0.02 | 0.005 | | | | |
| 30 | 0.567 | 48.99 | 0.02 | 0.005 | | | | |
| 45 | 0.567 | 48.99 | 0.025 | 0.005 | | | | |
| 60 | 0.563 | 48.64 | 0.025 | 0.005 | | | | |
| 75 | 0.567 | 48.99 | 0.025 | 0.005 | | | | |
| 90 | 0.556 | 48.04 | 0.03 | 0.005 | | | | |
| 105 | 0.558 | 48.21 | 0.03 | 0.005 | | | | |
| 120 | 0.557 | 48.12 | 0.035 | 0.006 | | | | |
| 150 | 0.556 | 48.04 | 0.035 | 0.006 | | | | |
| 180 | 0.557 | 48.12 | 0.04 | 0.006 | | | | |
| 210 | 0.554 | 47.87 | 0.04 | 0.006 | | | | |
| 240 | 0.552 | 47.69 | 0.045 | 0.007 | | | | |
| 270 | 0.558 | 48.21 | 0.045 | 0.007 | | | | |
| 300 | 0.544 | 47.00 | 0.045 | 0.007 | | | | |
| 330 | 0.549 | 47.43 | 0.045 | 0.008 | | | | |
| 360 | 0.548 | 47.85 | 0.05 | 0.01 | | | | |
| 390 | 0.546 | 47.17 | 0.05 | 0.01 | | | | |
| 420 | 0.536 | 46.31 | 0.055 | 0.012 | | | | |
| 450 | 0.557 | 48.12 | 0.055 | 0.013 | | | | |
| 480 | 0.544 | 47.00 | 0.055 | 0.015 | | | | |

渗透系数及影响半径计算：
井流模式：按潜水完整井考虑
渗透系数 $K$：
根据抽水试验资料，平均流量为 0.568 L/s(49.08 m³/d)，S5 号井降深为 0.055 m，SW3 号井的降深为 0.015 m；根据公式：$K=0.732Q(\lg r_2-\lg r_1)/[(2H-s_1-s_2)(s_1-s_2)]$ 计算得：
珊瑚礁岩、强风化花岗岩的渗透系数为 $K=62.2$ m/d。

影响半径 $R$ 依据公式：
$$\lg R=\frac{s_1(2H-s_1)\lg r_2-s_2(2H-s_2)\lg r_1}{(s_1-s_2)(2H-s_1-s_2)}$$
计算得影响半径 $R=35.5$m。

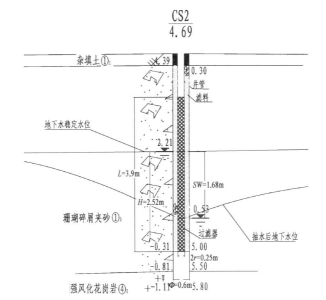

(a) CS2#抽水井结构示意图(第一落程)

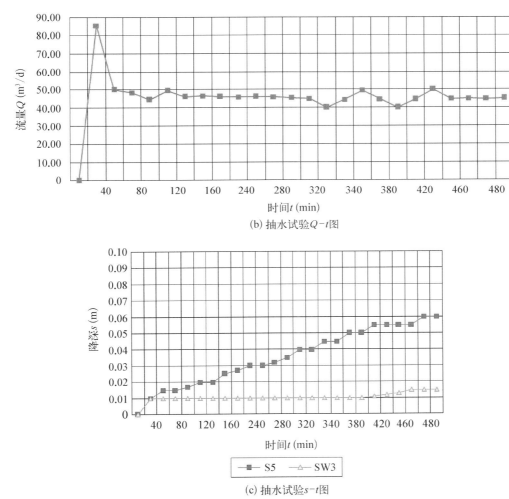

(b) 抽水试验Q-t图

(c) 抽水试验s-t图

**图 4-40  第二组抽水试验(第一落程)计算成果图表**

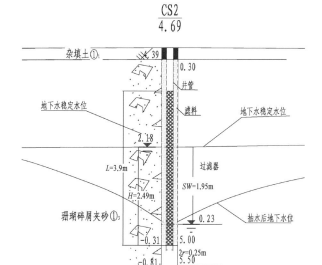

(a) CS2#抽水井结构示意图(第二落程)

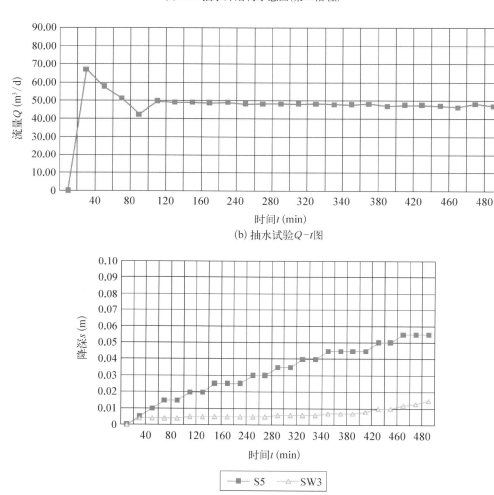

(b) 抽水试验Q-t图

(c) 抽水试验s-t图

**图 4-41    第二组抽水试验(第二落程)计算成果图表**

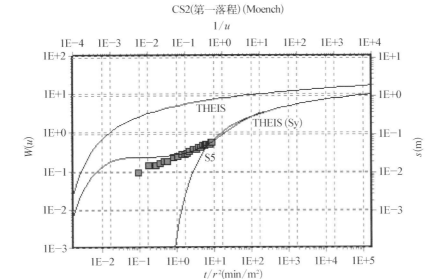

图 4-42　$W(u)$-$t/r^2$（第一落程,S5）

渗透系数 $K=1.06\times10^{-2}\,\mathrm{cm/s}$;导水系数 $T=3.82\,\mathrm{cm^2/s}$。

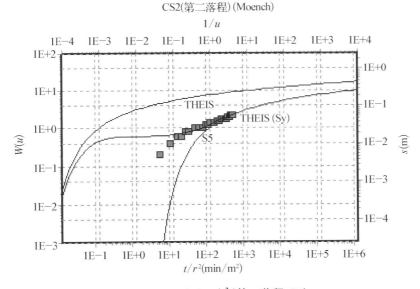

图 4-43　$W(u)$-$t/r^2$（第二落程,S5）

渗透系数 $K=4.97\times10^{-2}\,\mathrm{cm/s}$; 导水系数 $T=18\,\mathrm{cm^2/s}$。

渗透系数及导水系数汇总如表 4-28 所列。

表 4-28　Moench 分析潜水含水层抽水试验成果表

| 抽水试验名称 | 渗　透　系　数　$K$ | | 导水系数 $T$ （$\mathrm{cm^2/s}$） |
| --- | --- | --- | --- |
| | （m/d） | （cm/s） | |
| S5 号井第一降深 | 9.2 | $1.06\times10^{-2}$ | 3.82 |
| S5 号井第二降深 | 43.2 | $4.97\times10^{-2}$ | 18.0 |
| SW3 号井第二降深 | 15.0 | $1.72\times10^{-2}$ | 6.24 |
| 平均值 | 22.5 | $2.58\times10^{-2}$ | 9.35 |

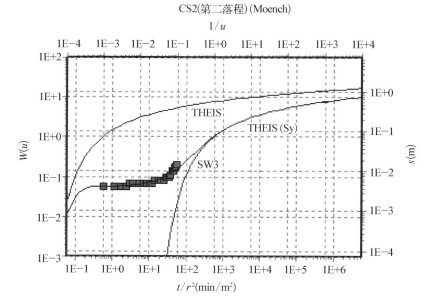

图 4 - 44  $W(u) - t/r^2$(第二落程,SW3)

渗透系数 $K = 1.72 \times 10^{-2}$ cm/s;导水系数 $T = 6.24$ cm²/s。

分析评价:依据潜水完整井稳定流计算公式计算得第①₃层珊瑚碎屑夹砂含水层的渗透系数平均值为 56.6 m/d($6.6 \times 10^{-2}$ cm/s);采用 Moench 分析法确定得第①₃层珊瑚碎屑夹砂含水层的渗透系数平均值为 25.5 m/d($2.6 \times 10^{-2}$ cm/s);两种方法所求得渗透系数基本一致。

③ 第三组 CS3 号抽水井抽水试验。

第三组抽水试验自 2013 年 10 月 11 日 8 时 30 分开始,至 10 月 13 日 16 时 20 分结束,期间共计进行了三个落程的稳定流抽水试验,三个落程的流量分别为:$Q_1 = 33.18$ m³/d;$Q_2 = 58.32$ m³/d;$Q_3 = 60.30$ m³/d,三个落程抽至稳定后抽水井及观测井的最大降深如表 4 - 29 所列。

表 4 - 29  第三组抽水试验流量及最大降深一览表

| 井 号 | 最 大 降 深 （m） | | |
|---|---|---|---|
| | $Q_1 = 33.18$ m³/d | $Q_2 = 58.32$ m³/d | $Q_3 = 60.30$ m³/d |
| CS3 | 0.555 | 3.720 | 3.472 |
| SW5 | 0.029 | 0.037 | 0.030 |
| SW6 | 0.010 | 0.015 | 0.009 |

第三组抽水试验(三次降深)抽水井、观测井的结构详见图 4 - 45—图 4 - 47,利用公式(4 - 4)及式(4 - 5)计算得三个落程的渗透系数及影响半径见表 4 - 30;第三组抽水试验(三次降深)抽水试验成果如表 4 - 31—表 4 - 33、图 4 - 45—图 4 - 47 所示。

表 4 - 30  第三组抽水试验计算成果表

| 流 量 | 渗 透 系 数 | | 影响半径 $R$(m) |
|---|---|---|---|
| | (m/d) | (cm/s) | |
| $Q_1 = 33.18$ m³/d | 36.8 | $4.2 \times 10^{-2}$ | 35.5 |
| $Q_2 = 58.32$ m³/d | 55.8 | $6.4 \times 10^{-2}$ | 39.8 |
| $Q_3 = 60.30$ m³/d | 60.2 | $6.9 \times 10^{-2}$ | 31.6 |
| 平均值 | 50.9 | $5.8 \times 10^{-2}$ | 35.6 |

表 4 - 31　CS3# 井第一落程水位观测记录表

| 试验井号 | CS3 | 落程 | 1 | 稳定水位埋深(m) | SW5 | 2.31 | 稳定水位标高(m) | 2.26 |
| --- | --- | --- | --- | --- | --- | --- | --- | --- |
| 试验段 | 珊瑚礁岩、强风化花岗岩 | | | | SW6 | 2.49 | | 2.29 |
| 计算公式 | $K=0.732Q(\lg r_2-\lg r_1)/[(2H-s_1-s_2)(s_1-s_2)]$ | | | | | 抽水井含水层厚度 $H$(m) | | 5.46 |

| 历时时间 | 抽水量 | | 观测井水位降深 | | 观测井距抽水井的距离(m) | | $z_1$ | 7.47 |
| --- | --- | --- | --- | --- | --- | --- | --- | --- |
| | | | SW5 | SW6 | | | $z_2$ | 15.36 |
| $t$(min) | $Q$(L/s) | $Q$(m³/d) | $s_1$(m) | $s_2$(m) | | | | |
| 0 | 0.000 | 0.00 | 0 | | | | | |
| 5 | 0.467 | 40.35 | 0.004 | | | | | |
| 10 | 0.367 | 31.71 | 0.006 | | | | | |
| 15 | 0.307 | 34.00 | 0.007 | | | | | |
| 20 | 0.397 | 34.30 | 0.008 | | | | | |
| 25 | 0.390 | 33.70 | 0.009 | | | | | |
| 30 | 0.380 | 32.83 | 0.009 | | | | | |
| 45 | 0.363 | 31.36 | 0.01 | | | | | |
| 60 | 0.374 | 32.01 | 0.011 | | | | | |
| 75 | 0.389 | 33.61 | 0.013 | | | | | |
| 90 | 0.384 | 33.18 | 0.013 | | | | | |
| 105 | 0.408 | 35.25 | 0.014 | | | | | |
| 120 | 0.353 | 30.50 | 0.015 | | | | | |
| 150 | 0.378 | 32.00 | 0.010 | 0.002 | | | | |
| 180 | 0.375 | 32.40 | 0.018 | 0.003 | | | | |
| 210 | 0.376 | 32.49 | 0.019 | 0.003 | | | | |
| 240 | 0.373 | 32.23 | 0.02 | 0.004 | | | | |
| 270 | 0.373 | 32.23 | 0.02 | 0.005 | | | | |
| 300 | 0.379 | 32.75 | 0.021 | 0.006 | | | | |
| 330 | 0.366 | 31.62 | 0.023 | 0.006 | | | | |
| 360 | 0.365 | 31.54 | 0.024 | 0.006 | | | | |
| 390 | 0.394 | 34.04 | 0.025 | 0.006 | | | | |
| 420 | 0.387 | 33.44 | 0.023 | 0.007 | | | | |
| 450 | 0.388 | 33.32 | 0.020 | 0.01 | | | | |
| 480 | 0.387 | 33.44 | 0.029 | 0.01 | | | | |

渗透系数及影响半径计算：

井流模式：按潜水完整井考虑

渗透系数 $K$：

根据抽水试验资料，平均流量为 0.384 L/s(33.18 m³/d)，SW5 号井降深为 0.029 m，SW6 号井的降深为 0.010 m；

根据公式：$K=0.732Q(\lg r_2-\lg r_1)/[(2H-s_1-s_2)(s_1-s_2)]$ 计算得：

珊瑚礁岩、强风化花岗岩的渗透系数为 $K=36.8$ m/d。

影响半径 $R$ 依据公式：

$$\lg R=\frac{s_1(2H-s_1)\lg r_2-s_2(2H-s_2)\lg r_1}{(s_1-s_2)(2H-s_1-s_2)}$$

计算得影响半径 $R=35.5$ m。

表 4-32 CS3# 井第二落程水位观测记录表

| 试验井号 | CS3 | | 落程 | 2 | 稳定水位<br>埋深(m) | SW5 | 2.327 | 稳定水位<br>标高(m) | 2.243 |
|---|---|---|---|---|---|---|---|---|---|
| 试验段 | 珊瑚礁岩、强风化花岗岩 | | | | | SW6 | 2.510 | | 2.270 |
| 计算公式 | $K=0.732Q(\lg r_2 - \lg r_1)/[(2H-s_1-s_2)(s_1-s_2)]$ | | | | | 抽水井含水层厚度 $H$(m) | | | 5.47 |
| 历时时间 | 抽水量 | | 观测井水位降深 | | 观测井距抽水井<br>的距离(m) | | | $z_1$ | 7.47 |
| | | | SW5 | SW6 | | | | $z_2$ | 15.38 |
| $t$(min) | $Q$(L/s) | $Q$(m³/d) | $s_1$(m) | $s_2$(m) | | | | | |
| 0 | 0.000 | 0.00 | 0 | 0 | | | | | |
| 5 | 0.837 | 72.32 | 0.008 | 0.002 | | | | | |
| 10 | 0.790 | 68.26 | 0.012 | 0.003 | | | | | |
| 15 | 0.743 | 64.20 | 0.014 | 0.003 | | | | | |
| 20 | 0.723 | 62.47 | 0.015 | 0.004 | | | | | |
| 25 | 0.673 | 58.15 | 0.16 | 0.004 | | | | | |
| 30 | 0.730 | 63.07 | 0.017 | 0.005 | | | | | |
| 45 | 0.688 | 59.44 | 0.018 | 0.005 | | | | | |
| 60 | 0.677 | 58.49 | 0.02 | 0.005 | | | | | |
| 75 | 0.673 | 58.15 | 0.022 | 0.006 | | | | | |
| 90 | 0.672 | 58.06 | 0.023 | 0.006 | | | | | |
| 105 | 0.671 | 57.97 | 0.024 | 0.006 | | | | | |
| 120 | 0.668 | 57.72 | 0.025 | 0.007 | | | | | |
| 150 | 0.671 | 57.97 | 0.027 | 0.009 | | | | | |
| 180 | 0.669 | 57.80 | 0.028 | 0.009 | | | | | |
| 210 | 0.668 | 57.72 | 0.029 | 0.01 | | | | | |
| 240 | 0.664 | 57.37 | 0.031 | 0.012 | | | | | |
| 270 | 0.661 | 57.11 | 0.032 | 0.012 | | | | | |
| 300 | 0.661 | 57.11 | 0.033 | 0.013 | | | | | |
| 330 | 0.539 | 46.57 | 0.035 | 0.013 | | | | | |
| 360 | 0.607 | 52.44 | 0.036 | 0.014 | | | | | |
| 390 | 0.576 | 49.77 | 0.037 | 0.014 | | | | | |
| 420 | 0.597 | 51.58 | 0.037 | 0.015 | | | | | |

渗透系数及影响半径计算：

井流模式：按潜水完整井考虑

渗透系数 $K$：

根据抽水试验资料，平均流量为 0.675 L/s(58.32 m³/d)，SW5 号井降深为 0.037 m，SW6 号井的降深为 0.015 m；
根据公式：$K=0.732Q(\lg r_2 - \lg r_1)/[(2H-s_1-s_2)(s_1-s_2)]$ 计算得：
珊瑚礁岩、强风化花岗岩的渗透系数为 $K=55.8$ m/d。

影响半径 $R$ 依据公式：

$$\lg R = \frac{s_1(2H-s_1)\lg r_2 - s_2(2H-s_2)\lg r_1}{(s_1-s_2)(2H-s_1-s_2)}$$

计算得影响半径 $R=39.8$ m。

表 4 - 33　CS3# 井第三落程水位观测记录表

| 试验井号 | CS3 | 落程 | 3 | 稳定水位埋深(m) | SW5 | 2.316 | 稳定水位标高(m) | 2.254 |
|---|---|---|---|---|---|---|---|---|
| 试验段 | 珊瑚礁岩、强风化花岗岩 | | | | SW6 | 2.503 | | 2.277 |
| 计算公式 | $K=0.732Q(\lg r_2-\lg r_1)/[(2H-s_1-s_2)(s_1-s_2)]$ | | | | 抽水井含水层厚度 $H$(m) | | | 5.477 |
| 历时时间 | 抽水量 | | 观测井水位降深 | | 观测井距抽水井的距离(m) | | $z_1$ | 7.47 |
| | | | SW5 | SW6 | | | $z_2$ | 10.00 |
| $t$(min) | $Q$(L/s) | $Q$(m³/d) | $s_1$(m) | $s_2$(m) | | | | |
| 0 | 0.000 | 0.00 | 0 | 0 | | | | |
| 5 | 0.830 | 71.71 | 0.000 | 0.002 | | | | |
| 10 | 0.770 | 66.53 | 0.013 | 0.003 | | | | |
| 15 | 0.803 | 69.38 | 0.014 | 0.003 | | | | |
| 20 | 0.730 | 63.67 | 0.018 | 0.003 | | | | |
| 25 | 0.737 | 63.68 | 0.017 | 0.003 | | | | |
| 30 | 0.727 | 62.81 | 0.018 | 0.004 | | | | |
| 45 | 0.710 | 61.34 | 0.022 | 0.004 | | | | |
| 60 | 0.701 | 60.57 | 0.023 | 0.005 | | | | |
| 75 | 0.688 | 59.44 | 0.024 | 0.005 | | | | |
| 80 | 0.701 | 60.37 | 0.025 | 0.005 | | | | |
| 105 | 0.691 | 59.70 | 0.026 | 0.005 | | | | |
| 120 | 0.686 | 59.27 | 0.026 | 0.006 | | | | |
| 150 | 0.686 | 59.27 | 0.026 | 0.006 | | | | |
| 180 | 0.709 | 61.26 | 0.026 | 0.007 | | | | |
| 210 | 0.656 | 56.68 | 0.025 | 0.007 | | | | |
| 240 | 0.686 | 59.27 | 0.025 | 0.007 | | | | |
| 270 | 0.678 | 58.58 | 0.026 | 0.007 | | | | |
| 300 | 0.652 | 56.33 | 0.026 | 0.007 | | | | |
| 330 | 0.664 | 57.37 | 0.026 | 0.007 | | | | |
| 360 | 0.659 | 56.94 | 0.026 | 0.007 | | | | |
| 390 | 0.667 | 57.63 | 0.027 | 0.007 | | | | |
| 420 | 0.663 | 57.20 | 0.020 | 0.008 | | | | |
| 450 | 0.662 | 57.20 | 0.029 | 0.009 | | | | |
| 480 | 0.608 | 52.53 | 0.03 | 0.009 | | | | |

渗透系数及影响半径计算：
井流模式：按潜水完整井考虑
渗透系数 $K$：
根据抽水试验资料,平均流量为 0.698L/s(60.30 m³/d),SW5 号井降深为 0.030 m,SW6 号井的降深为 0.009 m;根据公式：$K=0.732Q(\lg r_2-\lg r_1)/[(2H-s_1-s_2)(s_1-s_2)]$计算得:
珊瑚礁岩、强风化花岗岩的渗透系数为 $K=60.2$ m/d。

影响半径 $R$ 依据公式：
$$\lg R=\frac{s_1(2H-s_1)\lg r_2-s_2(2H-s_2)\lg r_1}{(s_1-s_2)(2H-s_2)}$$

计算得影响半径 $R=81.6$ m。

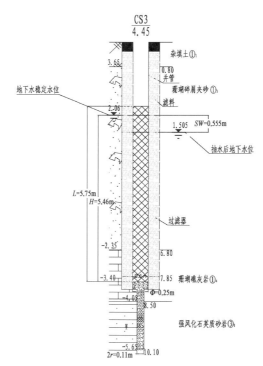

(a) CS3#抽水井结构示意图(第一落程)

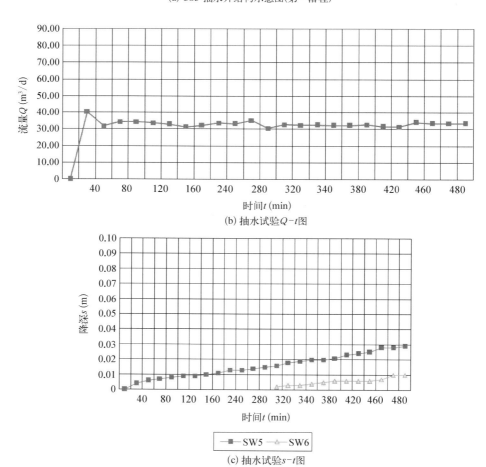

(b) 抽水试验Q-t图

(c) 抽水试验s-t图

图4-45　第三组抽水试验(第一落程)计算成果图表

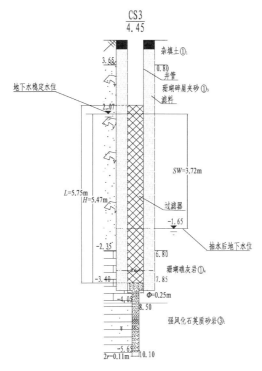

(a) CS3#抽水井结构示意图(第二落程)

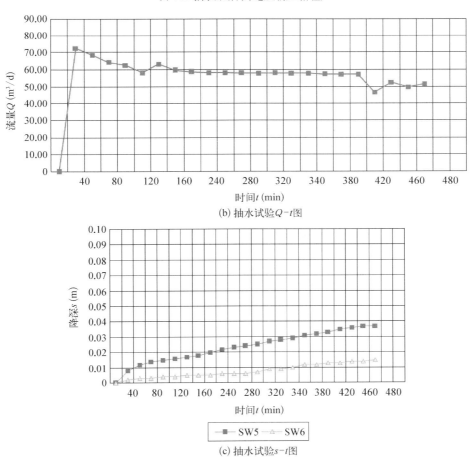

(b) 抽水试验Q-t图

(c) 抽水试验s-t图

**图4-46 第三组抽水试验(第二落程)计算成果图表**

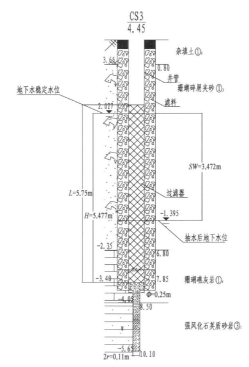

(a) CS3#抽水井结构示意图(第三落程)

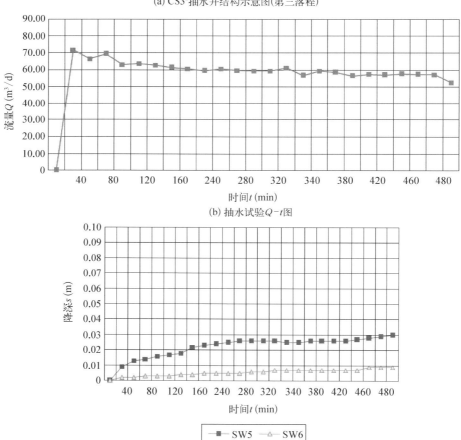

(b) 抽水试验Q-t图

(c) 抽水试验s-t图

**图 4-47 第三组抽水试验(第三落程)计算成果图表**

利用 Aquifer—test 软件 Moench 分析潜水含水层抽水试验，$W(u)$ - $t/r^2$ 曲线如图 4 - 48—图 4 - 50 所示。

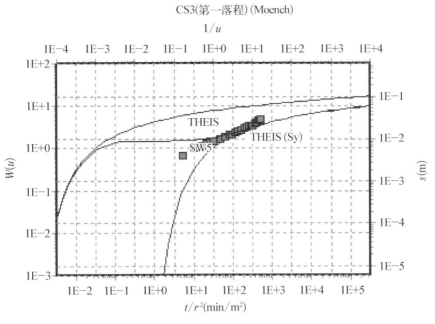

图 4 - 48　$W(u)$ - $t/r^2$（第一落程，SW5）

渗透系数 $K = 9.29 \times 10^{-2}$ cm/s；导水系数 $T = 50.7$ cm²/s。

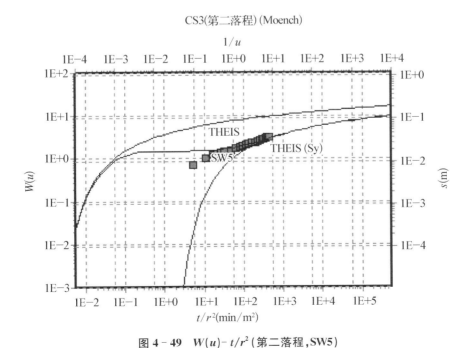

图 4 - 49　$W(u)$ - $t/r^2$（第二落程，SW5）

渗透系数 $K=8.55\times10^{-2}$ cm/s；导水系数 $T=46.8$ cm²/s。

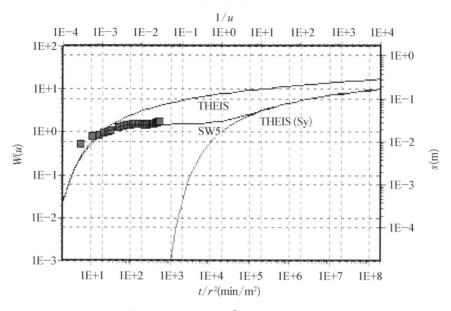

图 4‒50　$W(u)$‒$t/r^2$（第三落程，SW5）

渗透系数 $K=6.11\times10^{-2}$ cm/s；导水系数 $T=33.5$ cm²/s。

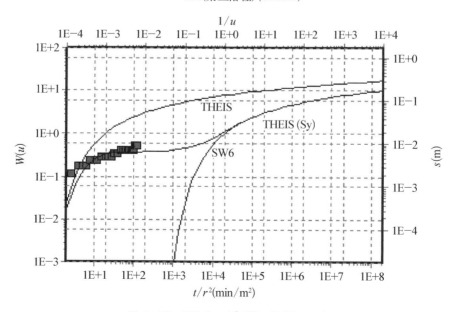

图 4‒51　$W(u)$‒$t/r^2$（第三落程，SW6）

渗透系数 $K=5.97\times10^{-2}\,\mathrm{cm/s}$；导水系数 $T=32.7\,\mathrm{cm^2/s}$。

渗透系数及导水系数汇总如表 4 - 34 所列。

表 4 - 34　Moench 分析潜水含水层抽水试验成果表

| 抽水试验名称 | 渗 透 系 数 $K$ | | 导水系数 $T$ ($\mathrm{cm^2/s}$) |
| --- | --- | --- | --- |
| | (m/d) | (cm/s) | |
| SW5 号井第一降深 | 80.8 | $9.3\times10^{-2}$ | 50.7 |
| SW5 号井第二降深 | 74.3 | $8.6\times10^{-2}$ | 46.8 |
| SW5 号井第三降深 | 53.1 | $6.1\times10^{-2}$ | 33.5 |
| SW6 号井第三降深 | 52.9 | $6.0\times10^{-2}$ | 32.7 |
| 平均值 | 65.3 | $7.5\times10^{-2}$ | 40.9 |

分析评价：依据潜水完整井稳定流计算公式计算得第①$_3$层珊瑚碎屑夹砂、第①$_4$层珊瑚礁灰岩含水层的渗透系数平均值为 $50.9\,\mathrm{m/d}(5.8\times10^{-2}\,\mathrm{cm/s})$；采用 Moench 分析法确定得第①$_3$层珊瑚碎屑夹砂、第①$_4$层珊瑚礁灰岩含水层的渗透系数平均值为 $65.3\,\mathrm{m/d}(7.5\times10^{-2}\,\mathrm{cm/s})$；两种方法所求得渗透系数相近。

各组抽水试验抽水井、观测井钻孔柱状图见图 4 - 52—图 4 - 61。

（4）小结。

根据"海南三亚基地抽水试验成果"，第①$_3$层珊瑚碎屑夹砂、第①$_4$层珊瑚礁灰岩及第③$_1$层强风化石英质砂岩或第④$_1$层强风化花岗岩层的渗透系数详见表 4 - 35。

表 4 - 35　三亚基地潜水含水层渗透系数一览表

| 含 水 层 名 称 | 渗透系数最小值（cm/s） | 渗透系数最大值（cm/s） | 渗透系数平均值（cm/s） |
| --- | --- | --- | --- |
| 第①$_4$层珊瑚礁灰岩、第④$_1$层强风化花岗岩 | $0.56\times10^{-2}$ | $3.8\times10^{-2}$ | $1.71\times10^{-2}$ |
| 第①$_3$层珊瑚碎屑夹砂、第④$_1$层强风化花岗岩 | $1.06\times10^{-2}$ | $7.20\times10^{-2}$ | $4.17\times10^{-2}$ |
| 第①$_3$层珊瑚碎屑夹砂、第①$_4$层珊瑚礁灰岩及第③$_1$层强风化石英质砂岩 | $4.2\times10^{-2}$ | $9.3\times10^{-2}$ | $6.79\times10^{-2}$ |

## 4.2.3　对比分析

经综合对比文昌基地与三亚某基地抽水试验成果：三亚某基地内的主要含水层第①$_3$层珊瑚碎屑夹砂层的渗透系数一般为 $1.06\times10^{-2}\sim9.3\times10^{-2}\,\mathrm{cm/s}$；文昌基地主要含水层第②层细砂、第③层含珊瑚碎屑层的渗透系数一般为 $3.0\times10^{-2}\sim8.2\times10^{-2}\,\mathrm{cm/s}$；两基地内主要含水层岩性特征基本相同，渗透系数基本接近。

| 工程名称 | 珊瑚碎屑及珊瑚礁岩防渗止水系统研究(抽水试验) | | | | | |
|---|---|---|---|---|---|---|
| 工程编号 | | | 钻孔编号 | CS1 | | |
| 孔口高程(m) | 3.43 | 坐标 X = 498756.33 | 开工日期 | 2013-10-3 | 稳定水位深度(m) | 2.04 |
| 孔口直径(mm) | 150.0 | 坐标 Y = 2015126.15 | 竣工日期 | 2013-10-5 | 测量水位日期 | |

| 地层编号 | 时代成因 | 层底深度(m) | 层底高程(m) | 分层厚度(m) | 柱状图 1:100 | 岩土名称及其特征 | 稳定水位(m)和水位日期 |
|---|---|---|---|---|---|---|---|
| ①1 | $Q_4^{ml}$ | 0.30 | 3.130 | 0.30 | | 杂填土:杂色;表层为砼地坪,不均匀;松散;稍湿;下部主要为碎石夹砂。 | |
| ①3 | $Q_4^{m}$ | 2.30 | 1.130 | 2.00 | | 珊瑚碎屑夹砂:灰白、青灰色;不均匀;松散--中密;湿—饱和;珊瑚碎屑以碎块状为主。 | (1)1.390 |
| ①4 | | 4.10 | -0.670 | 1.80 | | 珊瑚礁灰岩:灰白;以钙质为主;夹中、粗砂;具多孔结构,岩芯多部为碎块状,岩芯为短柱状。 | |
| ④1 | | 7.10 | -3.670 | 3.00 | | 强风化花岗岩:灰白;矿物成分以长石为主;粗粒结构,块状构造,岩芯多为碎块状,少量短柱状。 | |
| ④2 | | 9.50 | -6.070 | 2.40 | | 中等风化花岗岩:青灰;矿物成分以长石为主;粗粒结构,块状构造;多见高角度节理和垂直节理,节理面有黄色锈斑。 | |

图 4-52 三亚某基地各组抽水试验抽水井、观测井钻孔柱状图(CS1)

| 工程名称 | 珊瑚碎屑及珊瑚礁岩防渗止水系统研究(抽水试验) | | | | | |
|---|---|---|---|---|---|---|
| 工程编号 | | | 钻孔编号 | CS2 | | |
| 孔口高程(m) | 4.69 | 坐标 X = 498926.80 | 开工日期 | 2013-9-14 | 稳定水位深度(m) | 2.48 |
| 孔口直径(mm) | 600.0 | 坐标 Y = 2015106.26 | 竣工日期 | 2013-9-15 | 测量水位日期 | |

| 地层编号 | 时代成因 | 层底深度(m) | 层底高程(m) | 分层厚度(m) | 柱状图 1:100 | 岩土名称及其特征 | 稳定水位(m)和水位日期 |
|---|---|---|---|---|---|---|---|
| ①1 | $Q_4^{ml}$ | 0.30 | 4.390 | 0.30 | | 杂填土:灰;不均匀;松散;稍湿;含植物根茎;主要成分为碎砖块夹砂性土。 | |
| ①3 | $Q_4^{m}$ | 5.50 | -0.810 | 5.20 | | 珊瑚碎屑夹砂:灰白、青灰色;不均匀;松散—中密;湿—饱和;珊瑚碎屑以碎块状为主。 | (1)2.210 |
| ④1 | | 5.80 | -1.110 | 0.30 | | 强风化花岗岩:灰白;矿物成分以长石为主;粗粒结构,岩芯多为碎块状,少量短柱状。 | |

图 4-53 三亚某基地各组抽水试验抽水井、观测井钻孔柱状图(CS2)

**图4-55　三亚某基地各组抽水试验抽水井、观测井钻孔柱状图（S5）**

| 工程名称 | 珊瑚碎屑及珊瑚礁岩防渗止水系统研究（抽水试验） | | | |
|---|---|---|---|---|
| 工程编号 | | 钻孔编号 | S5 | |
| 孔口高程(m) | 4.66 | 坐标 | X＝498931.39 | 开工日期 | 2013-9-6 |
| 孔口直径(mm) | 110.0 | | Y＝2015100.52 | 竣工日期 | 2013-9-6 |

| 地层编号 | 时代成因 | 层底深度(m) | 层底高程(m) | 分层厚度(m) | 柱状图 1:100 | 岩土名称及其特征 | 稳定水位和水位日期 |
|---|---|---|---|---|---|---|---|
| ① | Q₄^ml | 0.30 | 4.360 | 0.30 | | 杂填土:灰~不均匀;松散;稍湿;含植物根;主要成分为砂性土支撑碎石,碎块状。 | 稳定水位深度(m) 2.48 |
| ②₃ | Q₄ | 6.00 | -1.340 | 5.70 | | 珊瑚碎屑质砂:褐黄~灰色;不均匀;松散~中密;稍湿~饱和;夹中、粗砂;珊瑚碎屑以碎块状为主。 | 稳定水位(m)和水位日期 (1)2.180 |
| ④₁ | | 6.50 | -1.840 | 0.50 | | 强风化花岗岩:灰白;以长石为主;粗粒结构;块状构造;岩芯多为碎块状;少量短柱状。 | |
| ④₂ | | 7.40 | -2.740 | 0.90 | | 中等风化花岗岩:青灰;块状构造;矿物成分以长石为主粗粒结构,节理角度不一,多见陡角节理和垂直节理,节理面有黄色锈斑。 | |

**图4-54　三亚某基地各组抽水试验抽水井、观测井钻孔柱状图（CS3）**

| 工程名称 | 珊瑚碎屑及珊瑚礁岩防渗止水系统研究（抽水试验） | | | |
|---|---|---|---|---|
| 工程编号 | | 钻孔编号 | CS3 | |
| 孔口高程(m) | 4.45 | 坐标 | X＝498965.45 | 开工日期 | 2013-10-3 |
| 孔口直径(mm) | 600 | | Y＝2015075.27 | 竣工日期 | 2013-10-4 |

| 地层编号 | 时代成因 | 层底深度(m) | 层底高程(m) | 分层厚度(m) | 柱状图 1:100 | 岩土名称及其特征 | 稳定水位和水位日期 |
|---|---|---|---|---|---|---|---|
| ① | Q₄^ml | 0.80 | 3.650 | 0.80 | | 杂填土:灰~不均匀;松散;稍湿;包含植物根至;主要成分为砂性土主的量碎石,碎块状。 | 稳定水位深度(m) 2.39 |
| ②₃ | Q₄ | 6.80 | -2.350 | 6.00 | | 珊瑚碎屑质砂:褐黄~灰色;不均匀;松散~中密;稍湿~饱和;夹中、粗砂;珊瑚碎屑以碎块状为主。 | 稳定水位(m)和水位日期 (1)2.060 |
| ④ | | 8.50 | -4.050 | 1.70 | | 珊瑚礁岩:灰~灰白;以钙质为主;孔隙~溶洞结构,局部胶结状柱状。 | |
| ③₁ | ε | 10.10 | -5.650 | 1.60 | | 强风化花岗岩:青灰;矿物成分为各长石,孔隙结构,局部胶结状柱状。 | |

**图 4-57　三亚某基地各组抽水试验抽水井、观测井钻孔柱状图（SW2）**

| 工程名称 | 珊瑚碎屑及珊瑚礁岩防渗止水系统研究（抽水试验） | | | | | | |
|---|---|---|---|---|---|---|---|
| 工程编号 | | | | | 钻孔编号 | SW2 | |
| 孔口高程(m) | 5.69 | 坐标 | X＝498786.86 | | 开工日期 | 2013-9-27 | 稳定水位深度(m)　1.89 |
| 孔口直径(mm) | 110.0 | | Y＝2015150.71 | | 竣工日期 | 2013-9-27 | 测量水位日期 |
| 地层编号 | 时代成因 | 层底深度(m) | 层底高程(m) | 分层厚度(m) | 柱状图 1:100 | 岩土名称及其特征 | 稳定水位(m)和水位日期 |
| ①₁ | Q₄ᵐᴸ | 0.70 | 4.990 | 0.70 | | 杂填土：灰，不均匀；松散；稍湿；包含植物碎屑，主要成分为砂砾土及少量碎石。 | |
| ①₃ | Q₄ᵐ | 1.40 | 4.290 | 0.70 | | 珊瑚碎屑夹砂：灰色，不均匀；松散～中密；稍湿；夹中、粗砂，珊瑚碎屑以砂状为主，少量碎块状。 | |
| ①₃ | Q₄ᵐ | 1.80 | 3.890 | 0.40 | | 珊瑚碎屑夹砂：青灰，矿物成分主要为长石、石英，岩芯多为砂块状。 | |
| ③₂ | ε | 6.10 | -0.410 | 4.30 | | 中风化石英质砂岩：青灰，矿物成分主要为长石、石英，岩芯呈短柱状。强风化面见黄色条带，长度一般为5～15cm。 | (1)3.800 |

**图 4-56　三亚某基地各组抽水试验抽水井、观测井钻孔柱状图（SW1）**

| 工程名称 | 珊瑚碎屑及珊瑚礁岩防渗止水系统研究（抽水试验） | | | | | | |
|---|---|---|---|---|---|---|---|
| 工程编号 | | | | | 钻孔编号 | SW1 | |
| 孔口高程(m) | 3.92 | 坐标 | X＝498764.58 | | 开工日期 | 2013-10-2 | 稳定水位深度(m)　2.32 |
| 孔口直径(mm) | 130.0 | | Y＝2015133.42 | | 竣工日期 | 2013-10-3 | 测量水位日期 |
| 地层编号 | 时代成因 | 层底深度(m) | 层底高程(m) | 分层厚度(m) | 柱状图 1:100 | 岩土名称及其特征 | 稳定水位(m)和水位日期 |
| ①₁ | Q₄ᵐᴸ | 0.30 | 3.620 | 0.30 | | 杂填土：杂色，表层约15cm为松散土，下部主要成分为碎砖块及砂砾土。 | |
| ①₃ | Q₄ᵐ | 5.00 | -1.080 | 4.70 | | 珊瑚碎屑夹砂：黄灰，杂色，不均匀；松散～中密；稍湿～饱和；夹中、粗砂，珊瑚碎屑以砂状为主。 | |
| ④₁ | | 6.30 | -2.380 | 1.30 | | 强风化花岗岩：杂色，以长石为主；粗粒结构，块状构造；岩芯多为碎块状，少量短柱状。 | (1)1.600 |
| ④₂ | | 8.00 | -4.080 | 1.70 | | 中等风化花岗岩：青灰，以长石为主；粗粒结构，块状构造；多裂隙，节理面多以垂直和高角度为主。裂隙面见黄色锈染。 | |

图 4-58　三亚某基地各组抽水试验抽水井、观测井钻孔柱状图(SW3)

抽水井、观测井钻孔柱状图(SW4)

| 工程名称 | 珊瑚碎屑及珊瑚礁岩防渗止水系统研究（抽水试验） | | | | | | |
|---|---|---|---|---|---|---|---|
| 工程编号 | | | 钻孔编号 | SW3 | | 稳定水位深度(m) | 2.16 |
| 孔口高程(m) | 4.61 | 坐标 | X = 498945.27 | 开工日期 | 2013-9-5 | | |
| 孔口直径(mm) | 130.0 | | Y = 2015119.64 | 竣工日期 | 2013-9-6 | 测量水位日期 | |
| 地层编号 | 时代成因 | 层底深度(m) | 层底高程(m) | 分层厚度(m) | 柱状图 1:100 | 岩土名称及其特征 | 稳定水位(m)和水位日期 |
| ① | Q₄¹ | 1.80 | 2.810 | 1.80 | | 杂填土：灰：不均匀，松散—稍密，稍湿，包含植物根茎，主要成分为砂性土夹少量碎砖屑。 | |
| ①₃ | Q₄¹ | 5.80 | -1.190 | 4.00 | | 珊瑚碎屑表砂：灰白，青灰色；不均匀，松散—中密，湿—饱和，珊瑚碎屑以碎块状为主夹中、粗砂。 | 112.450 |
| ④₁ | | 6.30 | -1.690 | 0.50 | | 强风化花岗岩：灰白；矿物成分长石为主粗粒结构，块状构造，岩芯多为碎块状。 | |
| ④₂ | | 7.00 | -2.390 | 0.70 | | 中等风化花岗岩：青灰，以长石为主，粗粒结构，块状构造，多见角度节理和垂直节理，节面有黄色锈斑。 | |

**SW6**

| 工程名称 | 珊瑚碎屑及珊瑚礁岩防渗止水系统研究（抽水试验） | | | |
|---|---|---|---|---|
| 工程编号 | | | | |
| 钻孔编号 | SW6 | | | |
| 孔口高程(m) | 4.78 | 坐标 | X＝498978.56 | |
| 孔口直径(mm) | 110.0 | | Y＝2015083.28 | |
| 开工日期 | 2013-10-2 | 竣工日期 | 2013-10-3 | |
| 稳定水位深度(m) | 2.49 | 测量水位日期 | 稳定水位和水位日期 | (二)2.290 |

| 地层编号 | 时代成因 | 层底深度(m) | 层底高程(m) | 分层厚度(m) | 柱状图 1:100 | 岩土名称及其特征 |
|---|---|---|---|---|---|---|
| ① | Q₄ᵐˡ | 0.80 | 3.980 | 0.80 | | 杂填土：杂色，不均匀，松散，稍密，包含植物根，主要成分为砂性土。 |
| ③ | Q₄ᵐᶜ | 7.10 | -2.320 | 6.30 | | 珊瑚碎屑及珊瑚砂：灰白色，不均匀，松散—中密，湿—饱和，珊瑚碎屑以碎块状为主，夹有中、粗砂。 |
| ④₁ | | 7.50 | -2.720 | 0.40 | | 强风化灰岩：灰白色，矿物成分以灰白名为主，粗粒结构，块状构造，岩芯多为碎块状。 |
| ④₂ | | 8.10 | -3.320 | 0.60 | | 中等风化灰岩：青灰，矿物成分以灰白名以灰石为主，粗粒结构，块状构造，多见裂角度节理和裂隙且节理，节理面有黄色锈迹。 |

图 4-61　三亚某基地各组抽水试验抽水井、观测井钻孔柱状图(SW6)

**SW5**

| 工程名称 | 珊瑚碎屑及珊瑚礁岩防渗止水系统研究（抽水试验） | | | |
|---|---|---|---|---|
| 工程编号 | | | | |
| 钻孔编号 | SW5 | | | |
| 孔口高程(m) | 4.57 | 坐标 | X＝498971.76 | |
| 孔口直径(mm) | 130.0 | | Y＝2015079.27 | |
| 开工日期 | 2013-10-3 | 竣工日期 | 2013-10-3 | |
| 稳定水位深度(m) | 2.31 | 测量水位日期 | 稳定水位和水位日期 | (二)2.260 |

| 地层编号 | 时代成因 | 层底深度(m) | 层底高程(m) | 分层厚度(m) | 柱状图 1:100 | 岩土名称及其特征 |
|---|---|---|---|---|---|---|
| ① | Q₄ᵐˡ | 0.80 | 3.770 | 0.80 | | 杂填土：杂色，不均匀，松散，稍密，包含植物根，主要成分为砂性土。 |
| ③ | Q₄ᵐᶜ | 7.70 | -3.130 | 6.90 | | 珊瑚碎屑及珊瑚砂：灰白色，不均匀，松散—中密，湿—饱和，珊瑚碎屑以碎块状为主，夹有中、粗砂。 |
| ③ | ε | 8.70 | -4.130 | 1.00 | | 珊瑚礁岩：灰白色，以钙质为主；夹中、粗砂，具多孔结构，岩芯多为碎块状，少量柱状。 |
| ④₁ | | 9.60 | -5.030 | 0.90 | | 强风化灰岩：喜灰，矿物成分主要成分为长石，石英；岩芯多为碎块状，少量短柱状。 |
| ④₂ | | 10.00 | -5.430 | 0.40 | | 中等风化灰岩：青灰，以灰名为主，粗粒结构，块状构造，块状，少量短柱状。 |

图 4-60　三亚某基地各组抽水试验抽水井、观测井钻孔柱状图(SW5)

# 5 潮汐作用下深基坑稳定性可靠度分析

## 5.1 概述

### 5.1.1 选题背景及意义

随着我国经济的发展以及对外交流活动的增多,对海岸港口、船坞等海洋相关活动服务设施的需求增大,尤其是最近 10 余年来,因为国内、国际形势的变化,各种大型临海建筑物层出不穷,其规模与复杂度不断提高;与此同时,不断发展的临海建筑工程也对深基坑工程的理论和实践提出了新的要求,与常规静水环境条件下的基坑工程相比,受波浪潮汐等动水作用影响的基坑可能展现出不同的性状,对该类水力条件下基坑稳定问题的研究具有重要的工程意义。

通常人们采用定值方法来评价基坑的稳定性,以土力学的极限平衡理论为基础,通过各个定值参数确定土体材料与施工条件,用安全系数来反映不确定性因素的影响。由于本项目工程地质条件复杂,土性参数与土层性状具有高度的不确定性和变异性,再加上潮汐自然条件的随机性,所以采用定值方法不能完全考虑到设计参数中的变异性和不确定性。

尤其是在本项目中,作为其主要研究对象的岩土体具有复杂的物理力学性质,潮汐作用引起的水土压力变化不能精确确定,同时由于工程地质结构复杂、勘测技术受限于当下的技术环境,这就让勘察设计人员不能准确全面地把握住影响基坑稳定的各个因素。因此在这一项目中,不确定性因素处处可见,使得施工由于认识程度的不足产生了极大的困难和挑战。

基坑围护工程的不确定性主要表现在以下几个方面:

(1)土体物理力学参数的随机性。在施工过程中,基坑围护体的稳定性与渗透稳定性主要取决于工程开挖范围内土体的抗剪强度、水土压力、支护结构的强度与刚度等因素。其中,土体的物理力学性质是土体的抗剪强度与水土压力大小的主要影响因素,但是因为天然岩土体在长期的地质历史作用下,受到不同的地质成因、地质构造作用以及所在环境条件的影响,所以导致岩土体的物理力学参数具有很大的空间变异性和随机性。并且,由于人们在勘察过程中不可忽视的存在,必定会使所得土层参数受到某些人为因素的影响,从而无法得到岩土体物理力学参数的真实值。

(2)统计的不确定性。在可靠度分析的过程中,人们通过对样本数据的统计分析,得到随机参数的统计特征值,由此得到的结果必定会受到所采集样本的个体性质和样本容量的影响。在工程施工前的勘察中,通常是根据经验原则选定一些代表性的地点、剖面来完成样本的采集和数据的收集。在这一过程中,首先,原状土在采集过程中会受到扰动,通过室内试验对其测定的物理力学参数不能准确地反映其真实的性质;其次,样本的采集是在选定的某一个特定点或剖面线来进行的,肯定不能全面地反映出土层物理力学性质的空间变异性。

(3)计算模型的不确定性。在基坑围护工程的设计过程中,要运用到与之相关的地质、力学、数学模型,而这些模型在构建与推导过程中是以一系列的简化和假定为基础的,是在一定程度上的理想化模型,这一简化或者理想化的过程自身就与实际偏离,导致了更多的不确定性。当运用这些模型进行基坑工程的设计计算时,必然会导致这些计算模型的不确定性累加、传递到基坑工程的设计中。

当前,在基坑支护结构的设计与分析中经常采用的是定值设计的方法,它以安全系数,即结构抗力与荷载效应的比值,作为基坑稳定性与变形的评价标准。这种定值设计方法被广泛应用于实际工程的设计中,使人们积累了大量的实践经验,但由于定值设计方法无法考虑上述诸多不确定性因素所导致的基坑安全性问题,存在理论上的天然缺陷,因此按照这种设计方法所得到的计算结果也就不能全面、准确地评价实际工程的安全性。

所以在实际的工程设计施工中,就出现了安全系数较小的工程没有发生工程事故,而安全系数较大的工程却发生了工程事故的情况。与定值设计方法不同,可靠性设计方法可以充分考虑基坑工程设计中的土体力学参数、支护结构设计参数的随机性与计算模型的不确定性,以可靠性指标作为评价基坑工程强度、稳定性与变形的唯一标准,因而其设计理论较安全系数法更为完善,设计结果也更加符合工程实际。

## 5.1.2　研究现状

### 1) 可靠度理论的发展历程

可靠性的研究开始于 20 世纪 30 年代,在第二次世界大战期间,德国和美国都针对火箭和飞机的安全性问题进行过可靠度分析,使可靠度分析开始被应用于结构分析当中。苏联的尔然尼琴[63]于 1947 年提出了基于一次二阶矩的方法进行结构失效概论的估计;美国的康奈尔[63]在 1969 年提出了采用可靠性指标作为机构安全度的一种同一衡量指标。1976 年国际结构安全度联合委员会(JCSS)采用了考虑随机变量实际分布的二阶矩阵模式;国际标准化组织委员会在 1986 年批准了以概率统计理论为基础制定的《结构可靠度总原则》(ISO 2397),成为随后土木工程结构可靠度设计理论的基础。

在 20 世纪 50 年代中期,我国开始采用苏联提出的极限状态设计方法。在 1984 年发布实施的《建筑结构设计统一标注》完全采用了以概率统计为基础的极限状态设计方法,它规定了各种材料结构的可靠度分析方法和设计表达式。随后,铁路、公路、水运和水利部门也分别编制了《铁路工程结构可靠度设计同一标准》(GB 50216—94)、《公路工程结构可靠度设计统一标准》(GB/T 50238—1999)、《港口工程结构可靠度设计统一标准》(GB 50518—92)和《水利水电工程结构设计统一标准》(GB 50199—94),以及几个部门合编的《结构可靠度设计统一标准》(GB 50135—92),这些规范标准的制定和实施促进了我国结构设计方法的发展。

在基坑工程方法的可靠度分析方法研究开始较晚,我国在 1999 年发布的《建筑基坑支护技术规程》(JGJ 120—1999)采用了以概率论为基础的极限状态设计方法,国外早期在这一领域的研究多数是借鉴上部结构可靠度分析理论,用土性的均值和方差来计算工程安全度;随后,基于对土的统计性质、概率模型的研究,逐渐建立了可以描述土体空间自相关特性的随机场模型。

### 2) 可靠性分析方法的研究现状

黄广龙、卫敏、李娟[64]利用可靠度分析方法代替传统的安全系数法来分析基坑围护结构的整体稳定性,考虑岩土参数的不确定性和空间变异性,对土性参数进行空间折减可显著提高可靠度分析的精度。姚岚[65]以某深基坑桩锚撑组合型围护结构为研究对象,采用基于有限元的蒙特卡罗方法进行深基坑工程围护结构的可靠度分析。徐鹏飞[66]进行了基于区间理论的基坑围护结构系统非概率可靠度研究。谢立全、于玉贞、张丙印[67]考虑边坡工程中土的物理力学参数在三维空间上分布的随机变异特性,建立了抗剪强度折减法和蒙特卡罗法相结合的随机有限元法,用以计算边坡的整体稳定可靠度。范益群、孙巍、刘国彬、刘建航[68]提出了在软土地区基坑围护结构设计中,考虑时空效应的空间计算模型以及有限元子结构解法,并编制了相应的增量法程序。杨林德、徐超将[69]蒙特卡洛模拟法与有限元技术结合,对基坑变形的稳定性进行可靠度分析,并通过重构响应面来提高蒙特卡洛模拟法的计算效率。冯敏杰[70]进行了基于神经网络的边坡稳定可靠度分析方法研究。程心恕、杨育文[71]将渗流场中任意一点的土体渗流破坏作为模糊事件来处理,探讨土坡渗透稳定可靠度分析的随机模糊法。张镜剑、李志远[72]对土石坝渗透稳定可靠度分析方法进行了研究。

在基坑工程方面,国外 Matsuo 等做过比较细致的工作;国内以同济大学的况龙川[73—74]、高大钊[74—77]为代表的研究成果较为显著,他们不但研究了土性参数空间平均的特性,而且还采用 JC 法分析了水泥土支护结构的稳定性。近年来,出现了一些关于基坑可靠度方面的论文,研究范围涉及挡土墙、锚杆、土钉以及板状等各种支护形式,但是在基坑稳定性的可靠性方面的研究较少。沿海地区地质与水文地质条件复杂,包括潮汐引起的水土压力的时空变化,基岩面高度变化大以及由于土层在形成与演化过程的复杂性导致的土体物理力学参数的空间变异性。在沿海地区的基坑工程设计与施工依靠传统的"确定性"途径,计算指标的选择是凭经验的,使得计算结果带有人为因素,可能与实际的情况相差甚远,许多原型观察结果或事故分析都说明了这一点。而可靠性理论所采用的概率途径方法,就是以随机事件和随机过程为研究对象,来研究岩土工程问题,这在很大程度上可以改善和弥补确定性方法的不足。因此,在此次研究中基于可靠性原理,采用统计学手段分析各项物理力学参数,最后以蒙特卡洛方法进行抽样模拟,对基坑的渗流和维护体稳定性进行分析和评价。

3)研究现状评述

综上所述,国内外对可靠度理论在基坑稳定方面的研究有以下特点:第一,对影响基坑稳定性因素的研究主要集中在土性参数上,如土层的摩擦角、黏聚力和渗透系数等直接反映基坑所在岩土体性质的参数;第二,可靠性研究的主要方法逐渐扩展,由刚开始的一次二阶矩法,到可靠度指标的引入,再到随机有限元和蒙特卡洛模拟这些数值计算方法的成熟应用。

## 5.1.3 本章研究内容

基于以上的分析可知,在基坑设计、施工和使用过程中涉及的土体的物理力学参数、测试方法与计算模型等都具有较大的不确定性,这些不确定性因素使得现行的定值设计方法存有较大的缺陷,这也是基坑工程事故频发的主要原因之一。而基于可靠性理论的设计方法可以充分考虑这些不确定因素的影响,使设计结果更为合理,更加符合工程实际。本书以临海条件下基坑围护结构为研究对象,建立起基于可靠性理论的分析方法。主要研究内容包括:

(1)根据实际监测资料,分析潮汐影响下,地下水水位时空变化规律,并据此用随机参数描述水土压力的变化情况;

(2)根据工程实际特点和前人研究成果,综合对比各种可靠度分析方法,从而确定合理有效的临海复杂条件下基坑围护结构稳定性的可靠性分析与计算方法;

(3)基于边坡的极限平衡理论,建立基坑围护体整体稳定分析失效函数计算模型;应用可靠性理论计算基坑内部整体稳定的可靠性指标。

## 5.2 临海场地的地质特征

## 5.2.1 地质条件

1)地形地貌

本试验场区属于剥蚀残山—海湾沉积过渡的海岸地貌,剥蚀残山、海岸悬崖、不规则滨海平原等地貌单元均有分布。地形较平坦,微向海倾,是全新世以来随着海平面震荡下降、潟湖消亡逐渐形成的不规则小规模滨海平原,本试验场区高程一般为:3.43~5.69 m。

2)区域地质条件

根据区域地质资料,本区域的主要构造格架由一套古生代地层组成的轴向总体北东、长度大于20 km的向斜构造(晴坡岭向斜)和不同方向、不同时代、不同规模的断层组成。工程区所在地区位于该向斜构造的东南翼,组成该向斜构造东南翼的地层主要为古生代寒武系、奥陶系地层。由于后期印支、燕山期花岗岩的侵入和断裂的破坏,向斜构造显得残缺不全,表现为寒武系、奥陶系地层和不同期次花岗岩交错出露、岩体破碎;根据区域地质资料及钻探揭露,试验场区内下伏基岩主要为燕山期花岗岩和寒武系大茅组的石英质砂岩。

3)地层结构

根据本次钻孔揭示的情况,试验场区在本次钻孔揭露深度内共分为 3 个岩土层,其中第①层分为3 个亚层,第③层、第④层可分为两个亚层(由于本次抽水试验工作勘探孔数量较少且勘探深度较浅,故岩土层的划分参照本项目岩土工程详勘报告)。各岩土层特征如下:

第①$_1$层、杂填土($Q_4^{ml}$),杂色,松散,主要成分为碎砖块、混凝土等夹少量砂土;局部地段主要成分以砂土为主,夹少量碎砖屑。层厚一般为 0.30~1.80 m,层底标高 2.81~4.99 m,平均厚度为 0.64 m左右。

第①$_3$层,珊瑚碎屑夹砂($Q_4^m$),灰白、青灰、褐黄色,松散—中密状态,稍湿—饱和。以珊瑚碎碎屑、中砂和粗砂,珊瑚碎屑成分以钙质为主,中、粗砂矿物成分以石英、长石为主。该层在试验场区均有分布,层厚一般为 0.7~6.9 m,平均厚度约 4.58 m,层底标高为 4.29~−3.13 m。

第①$_4$层,珊瑚礁灰岩($Q_4^m$),白—灰白色,半成岩—成岩状态,取芯为碎块状或短柱状,内部多孔隙。在近岸浅滩区域,珊瑚礁发育较好;远离岸边,珊瑚礁发育较差。分布不均匀,层厚一般为 1.0~1.8 m,层底标高为−0.67~−4.13 m。

第③$_1$层,强风化石英质砂岩($\in_2d^2$),青灰色,褐灰色,风化裂隙发育,裂隙面有褐黄色锈染,岩体破碎,钻探取芯不完整,多为碎石块;在本试验场区仅在 SW2 孔、CS3 孔、SW5 孔处有分布;揭露厚度一般为 0.4~0.9 m,层顶高程一般为 4.29~−4.13 m。

第③$_2$层,中风化石英质砂岩($\in_2d^2$),青灰色,主要矿物成分为长石、石英;微晶结构,块状构造,岩石坚硬,节理较发育,完整性较差,岩芯多为短柱状,岩芯长度一般为 5~15 cm,多见高角度节理和近垂直节理,节理面多平直,见褐黄色锈染,锤击不易碎。层顶高程约为 3.89 m;在本试验场区仅在SW2 孔有揭露。

第④$_1$层,强风化花岗岩($\gamma_5^3$),灰白、青灰色,矿物主要成分为长石、石英,粗粒结构,块状构造,风化裂隙发育,岩芯破碎,岩芯一般为 3~5 cm 的碎块,少量短柱状,原岩结构清晰,部分矿物风化为黏土矿物。揭露厚度一般为 0.40~3.00 m,层顶高程一般为 0.04~−5.03 m。

第④$_2$层,中风化花岗岩($\gamma_5^3$),青灰色—灰白色,局部为褐黄色,矿物主要成分为长石、石英;粗粒结构,块状构造,大部分岩芯完整,长度一般为 10~15 cm,最长达 40 cm 以上,多见高角度节理和垂直节理,节理面多平直,见褐黄色锈染,锤击不易碎。本次钻探未钻穿,层顶标高一般为−1.16~−3.67 m。场区典型地层结构地质剖面见图 5 - 1,各钻孔岩芯取样现场图片见图 5 - 2。

4)水文地质条件

根据钻探揭露,试验区内浅部潜水主要分布于第①$_3$层珊瑚碎屑夹砂含水层、第④$_1$层强风化花岗岩含水层;局部地段分布于第③$_1$层强风化石英质砂岩层及第①$_4$层珊瑚礁灰岩含水层;潜水主要接受大气降水垂直补给和工程区周边的第四系孔隙潜水的侧向补给,排泄途径为垂直蒸发和通过第①$_3$层珊瑚碎屑夹砂层和第①$_4$层珊瑚礁灰岩及强风化花岗岩层向海中径流排泄。

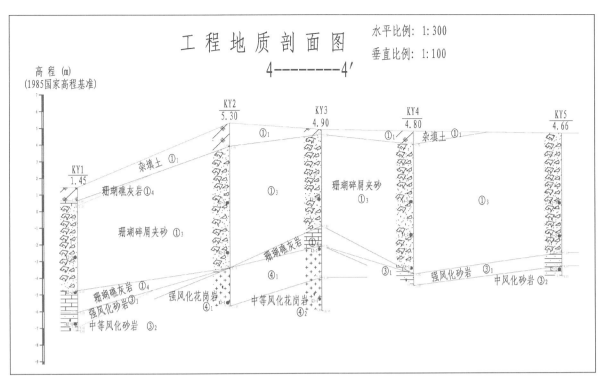

图 5-1 典型地层结构

图 5-2 钻孔岩芯取样

根据本次试验期间所测得的地下水水位、潜水水位随地势缓慢变化,微向海倾斜。北侧:SW2孔、SW1孔及CS1孔地下水水位埋深一般为1.89~2.04 m,地下水水位高程一般为3.80~1.39 m。中部:CS2孔、SW3孔及SW4孔地下水水位埋深一般为2.18~2.48 m,地下水水位高程一般为2.60~2.18 m;南部:CS3孔、SW5孔及SW6孔地下水水位埋深一般为2.31~2.49 m,地下水水位高程一般为2.29~2.06 m。

由于第①$_3$层珊瑚碎屑夹砂、第④$_1$层强风化花岗岩及局部第①$_4$层珊瑚礁灰岩的渗透性较好,对地下水的径流比较有利。总体看,该层潜水径流比较畅通,水量比较丰富,水位受季节性大气降水影响明显。

综上所述,试验区内地下水以孔隙潜水及裂隙潜水为主,含水层较厚,渗透性良好,向海排泄路径通畅。

## 5.2.2　水文地质试验

1) 试验目的及方法

本次试验目的是为了测定拟建场区地下水流向、流速及拟建场区珊瑚碎屑夹砂层、珊瑚礁岩及强风化岩层的渗透系数,为本课题的研究提供依据。

本次抽水试验工作抽水试验孔及水位观测孔平面位置根据海军工程设计研究院勘察室提供的控制点坐标及平面布置图(CAD)采用GPS(RTK)定位,其中坐标系统与海军工程设计研究院提供的详勘报告中的坐标系统一致。

勘探点孔口高程采用GPS(RTK)测量,高程系统与海军工程设计研究院提供的详勘报告中的高程系统一致。

钻探:本次钻探设备采用XY-150型、XY-200型工程钻机,采用自由回转钻进方法,泥浆护壁,控制回次进尺,采用岩芯钻具取芯。

抽水试验:采用JET-250型、JET-500型清水自吸泵抽水,利用1.0 in、1.5 in水表量测抽水量;利用JTM-9000型钢尺水位计测量地下水水位。

2) 试验方案

(1) 地下水流向的测定。

测定各孔(抽水孔、观测孔)的地下水稳定水位,以其水位高程编绘等水位线图、垂直等水位线,并且向水位降低的方向为地下水流向。

(2) 抽水试验。

抽水井的设计与布置如下:

① 拟在试验场区北侧布置一组抽水试验,包括抽水井1个(编号为CS1)、观测井2个(编号为SW1、SW2)。主要针对风化带第③$_1$层强风化石英质砂岩、第④$_1$层强风化花岗岩,拟定抽水井深度进入中风化岩层不少于1 m,深度约10.0 m。

② 拟在试验场区中部及南部各布置一组抽水试验,其中在试验场区中部的一组抽水试验,抽水井编号为CS2、观测井编号为SW3、SW4;其中在试验场区南部的一组抽水试验,抽水井编号为CS3、观测井编号为SW5、SW6;主要针对本场地第①$_3$层珊瑚碎屑夹砂、第①$_4$层珊瑚礁灰岩潜水含水层,拟定抽水井、观测井深度进入中风化岩层不少于1 m,深度约8.0~10.0 m。

针对本场地第①$_3$层珊瑚碎屑夹砂、第①$_4$层珊瑚礁灰岩潜水含水层,因场地的地形、地貌变化大而导致其含水层厚度变化大,在选择抽水孔孔位和布置观测孔时,要根据原勘察报告地层资料预估影响半径、含水层厚度,并经试计算后再确定观测孔孔位。抽水试验时采用完整井稳定流的方式,并用抽水孔所在区域的平均含水层厚度来计算确定其水文地质参数。

抽水设备如图5-5所示。

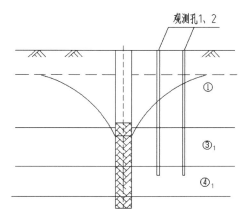

图 5-3　第③₁、第④₁层强风化岩层内的
潜水完整井示意图

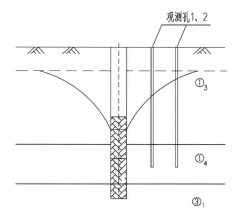

图 5-4　第①₃层、第①₄层内的
潜水非完整井示意图

图 5-5　抽水试验

（3）地下水流速的测定。

利用水力坡度求地下水流速，在等水位线图的地下水流向上，求出相邻两等水位间的水力坡度，然后利用公式 $V=KI$ 计算得出地下水的流速。

3）试验成果

（1）渗透系数计算。

稳定流抽水试验确定渗透系数的公式很多，具体要根据含水层的厚度及过滤器安装位置等抽水井的结构确定，本次抽水试验主要为潜水完整井模式及近似为潜水完整井模式。其次可利用根据现场实测的时间、流量及水位等原始数据，利用 Aquifer—test 软件 Moench 分析潜水含水层抽水试验，通过实测 $W(u)-t/r^2$ 曲线与标准曲线拟合，最终确定含水层的渗透系数。

① 利用潜水完整井流公式计算渗透系数。

潜水完整井，单井抽水，两个观测孔，利用抽水量及两个观测井的水位下降资料计算渗透系数，计算公式如式(5-1)所示：

$$K = \frac{0.732Q(\lg r_2 - \lg r_1)}{(2H - s_1 - s_2)(s_1 - s_2)} \qquad (5-1)$$

式中　$Q$——单井出水量($m_3$)；

　　　$r_1$——1$^\#$观测井中心距抽水井中心的距离(m)；

　　　$r_2$——2$^\#$观测井中心距抽水井中心的距离(m)；

　　　$H$——潜水含水层的厚度(m)；

　　　$s_1$——1$^\#$观测井的水位降深(m)；

　　　$s_2$——2$^\#$观测井的水位降深(m)。

A. 第一组抽水试验。

针对本试验场区第①$_4$珊瑚礁灰岩及第④$_1$层强风化花岗岩含水层,抽水试验时采用稳定流的方式,并用抽水井所在区域的平均含水层厚度来计算其渗透系数。

B. 第二组抽水试验。

针对本试验场区第①$_3$层珊瑚碎屑夹砂含水层,抽水试验时采用稳定流的方式,并用抽水井所在区域的平均含水层厚度来计算其渗透系数。

潜水非完整井,过滤器安装在含水层底部,单井抽水,两个观测井,利用抽水量及两个观测井的水位下降资料近似利用潜水完整井(两个观测井)稳定流计算公式计算渗透系数。

C. 第三组抽水试验。

针对本试验场区第①$_3$层珊瑚碎屑夹砂含水层及第①$_4$层珊瑚礁灰岩含水层,抽水试验时采用稳定流的方式,并用抽水井所在区域的平均含水层厚度来计算其渗透系数。

潜水非完整井,过滤器安装在含水层底部,单井抽水,两个观测井,利用抽水量及两个观测井的水位下降资料近似利用潜水完整井(两个观测井)稳定流计算公式计算渗透系数。

② 利用 Moench 分析法确定潜水含水层的渗透系数。

利用根据现场实测的时间、流量及水位等原始数据、潜水含水层的厚度以及抽水井及观测井结构参数(如：抽水井过滤器的半径、长度；抽水井半径、抽水井过滤器底端至稳定地下水水位的距离等),利用 Aquifer—test 软件 Moench 分析潜水含水层抽水试验,通过实测 $W(u)$-$t/r^2$ 曲线与标准曲线拟合最终确定含水层的渗透系数。

(2)确定影响半径。

根据《水文地质手册》第二版,依据抽水试验确定影响半径,其中潜水含水层、单井抽水带两个水位观测井的影响半径 $R$ 的公式如式(5-2)所示：

$$\lg R = \frac{s_1(2H - s_1)\lg r_2 - s_2(2H - s_2)\lg r_1}{(s_1 - s_2)(2H - s_1 - s_2)} \qquad (5-2)$$

式中参数说明与式(5-1)相同。

(3)抽水试验计算成果分析与评价。

① 第一组 CS1 号抽水井抽水试验。

第一组抽水试验自 2013 年 10 月 8 日 9 时 20 分开始,至 10 月 10 日 17 时 15 分结束,期间共计进行了三个落程的稳定流抽水试验,三个落程的流量分别为 $Q_1 = 39.31 \ m^3/d$；$Q_2 = 60.13 \ m^3/d$，$Q_3 = 66.61 \ m^3/d$；三个落程抽至稳定后抽水井及观测井的最大降深见表 5-1。

表 5 - 1 第一组抽水试验流量及最大降深一览表

| 井 号 | 最 大 降 深(m) | | |
|---|---|---|---|
| | $Q_1 = 39.31 \text{ m}^3/\text{d}$ | $Q_2 = 60.13 \text{ m}^3/\text{d}$ | $Q_3 = 66.61 \text{ m}^3/\text{d}$ |
| CS1 | 0.445 | 1.210 | 1.161 |
| SW1 | 0.105 | 0.147 | 0.130 |
| SW2 | 0.07 | 0.060 | 0.060 |

利用式(5-1)及式(5-2)计算得三个落程的渗透系数及影响半径如表 5-2 所列。

表 5 - 2 第一组抽水试验计算成果表

| 流 量 | 渗 透 系 数 | | 影响半径 $R$(m) |
|---|---|---|---|
| | (m/d) | (cm/s) | |
| $Q_1 = 39.31 \text{ m}^3/\text{d}$ | 33.7 | $3.8 \times 10^{-2}$ | — |
| $Q_2 = 60.13 \text{ m}^3/\text{d}$ | 20.8 | $2.4 \times 10^{-2}$ | 95.5 |
| $Q_3 = 66.61 \text{ m}^3/\text{d}$ | 28.7 | $3.3 \times 10^{-2}$ | 100.0 |
| 平均值 | 27.7 | $3.2 \times 10^{-2}$ | 97.8 |

CS1 号抽水井距海水边界(高潮位时)约 31.0 m,大于 2 倍含水层厚度;另外根据抽水试验时测定,本试验所抽得地下水均为淡水,故计算渗透系数时未考虑海水补给情况。

② 第二组 CS2 号抽水井抽水试验。

第二组抽水试验自 2013 年 9 月 24 日 8 时 30 分开始,至 9 月 25 日 17 时 15 分结束,期间共计进行了两个落程的稳定流抽水试验,两个落程的流量分别为 $Q_1 = 45.53 \text{ m}^3/\text{d}$;$Q_2 = 49.08 \text{ m}^3/\text{d}$,两个落程抽至稳定后抽水井及观测井的最大降深见表 5-3。

表 5 - 3 第二组抽水试验流量及最大降深一览表

| 井 号 | 最 大 降 深(m) | |
|---|---|---|
| | $Q_1 = 45.53 \text{ m}^3/\text{d}$ | $Q_2 = 49.08 \text{ m}^3/\text{d}$ |
| CS2 | 1.680 | 1.950 |
| S5 | 0.060 | 0.055 |
| SW3 | 0.015 | 0.015 |

利用式(5-1)及式(5-2)计算得两个落程的渗透系数及影响半径见表 5-4。

表 5 - 4 第二组抽水试验计算成果表

| 流 量 | 渗 透 系 数 | | 影响半径 $R$(m) |
|---|---|---|---|
| | (m/d) | (cm/s) | |
| $Q_1 = 45.53 \text{ m}^3/\text{d}$ | 50.9 | $5.9 \times 10^{-2}$ | 33.1 |
| $Q_2 = 49.08 \text{ m}^3/\text{d}$ | 62.2 | $7.2 \times 10^{-2}$ | 35.5 |
| 平均值 | 56.6 | $6.6 \times 10^{-2}$ | 34.3 |

③ 第三组 CS3 号抽水井抽水试验。

第三组抽水试验自 2013 年 10 月 11 日 8 时 30 分开始,至 10 月 13 日 16 时 20 分结束,期间共计进行了三个落程的稳定流抽水试验,三个落程的流量分别为 $Q_1 = 33.18$ m³/d;$Q_2 = 58.32$ m³/d,$Q_3 = 60.30$ m³/d,三个落程抽至稳定后抽水井及观测井的最大降深见表 5-5。

表 5-5　第三组抽水试验流量及最大降深一览表

| 井　号 | 最　大　降　深(m) | | |
|---|---|---|---|
| | $Q_1 = 33.18$ m³/d | $Q_2 = 58.32$ m³/d | $Q_3 = 60.30$ m³/d |
| CS3 | 0.555 | 3.720 | 3.472 |
| SW5 | 0.029 | 0.037 | 0.030 |
| SW6 | 0.010 | 0.015 | 0.009 |

利用公式(5-1)及式(5-2)计算得三个落程的渗透系数及影响半径见表 5-6。

表 5-6　第三组抽水试验计算成果表

| 流　量 | 渗　透　系　数 | | 影响半径 $R$(m) |
|---|---|---|---|
| | (m/d) | (cm/s) | |
| $Q_1 = 33.18$ m³/d | 36.8 | $4.2 \times 10^{-2}$ | 35.5 |
| $Q_2 = 58.32$ m³/d | 55.8 | $6.4 \times 10^{-2}$ | 39.8 |
| $Q_3 = 60.30$ m³/d | 60.2 | $6.9 \times 10^{-2}$ | 31.6 |
| 平均值 | 50.9 | $5.8 \times 10^{-2}$ | 35.6 |

4）地下水流速计算与分析

在试验场区未降水的情况下(即自然状态下)地下水流速主要与含水层的渗透性大小及水力坡度相关,因此在确定了含水层的渗透系数后利用水力坡度估算地下水流速。

在地下水等水位线图上垂直等水位线的方向即为地下水流向,在地下水流向方向上,求出相邻两等水位间的水力坡度,然后利用公式 $V = KI$ 计算得出地下水的流速,计算结果见表 5-7。

表 5-7　地下水流速一览表

| 所在试验区 | 含　水　层　名　称 | 平均渗透系数 $K$(m/d) | 水力坡度 | 地下水流速 $V$(m/d) |
|---|---|---|---|---|
| 第一组试验 | 珊瑚礁灰岩、强风化花岗岩 | 16.6 | 0.09 | 1.50 |
| 第二组试验 | 珊瑚碎屑夹砂 | 41.0 | 0.01 | 0.41 |
| 第三组试验 | 珊瑚碎屑夹砂、珊瑚礁灰岩 | 58.1 | 0.01 | 0.58 |

5）试验结果分析

根据钻探成果,本试验场区在钻探揭露深度内主要分布的地层有:第①₁层杂填土、第①₃层珊瑚碎屑夹砂、第①₄层珊瑚礁灰岩、第③₁层强风化石英质砂岩(局部有分布)、第③₂层中风化石英质砂岩(局部有分布)、第④₁层强风化花岗岩、第④₂层中风化花岗岩。

本试验区内浅部潜水主要分布于第①₃层珊瑚碎屑夹砂含水层、第④₁层强风化花岗岩含水层;局部地段分布于第③₁层强风化石英质砂岩层及第①₄层珊瑚礁灰岩含水层。

根据本次试验期间所测得的地下水水位,潜水水位随地势缓慢变化,微向海倾斜。北侧:SW2孔、SW1孔及CS1孔地下水水位埋深一般为 1.89～2.04 m,地下水水位高程一般为 3.80～1.39 m。中部:CS2孔、SW3孔及SW4孔地下水水位埋深一般为 2.18～2.48 m,地下水水位高程一般为 2.60～2.18 m;南部:CS3孔、SW5孔及SW6孔地下水水位埋深一般为 2.31～2.49 m,地下水水位高程一般为 2.29～2.06 m。

地下水流向垂直地下水汇向大海,地下水流速大小主要受含水层的渗透系数及水力坡度的影响,根据本次实测的地下水水位等值线图确定的地下水流速一般为 0.41～1.50 m/d。

根据抽水试验成果分析:在抽水试验区不同地段因岩性的差异其渗透系数大小不同,如试验区北侧(第一组试验区)含水层的岩性为珊瑚礁灰岩及强风化花岗岩其渗透系数较小,而试验区中部及南部含水层主要为珊瑚碎屑夹砂层,其渗透系数相对较大。

## 5.2.3　潮汐及地下水监测网的建立

### 1) 观测系统建设

现场通过钻孔埋设 3 条剖面共 15 个土压力观测孔(剖面线间距 30 m、孔间距 15 m),其中北侧两条剖面每孔埋设土压力计 3 件,南侧一条剖面每孔埋设土压力计 4 件。

现场通过钻孔埋设 3 条剖面共 15 个孔隙水压力监测孔(剖面线间距 30 m、孔间距 15 m),其中北侧两条剖面每孔埋设孔隙水压力计 3 件,南侧一条剖面每孔埋设孔隙水压力计 4 件;其中在 15 个孔隙水压力监测孔中选取 5 个孔,每孔埋设 1 只孔隙水压力计进行地下水水位监测。

为监测海水水位随潮汐作用的变化,在与 3 条剖面线相应的范围内沿海岸线布设 3 点海水水位监测点,每点埋设 1 只孔隙水压力计,监测海水水位。

安装数据自动采集仪 4 套,具体剖面线平面布置图详见图 5-6。钻孔深度进入中风化基岩 1 m 终孔,预计平均深度 15 m 左右。

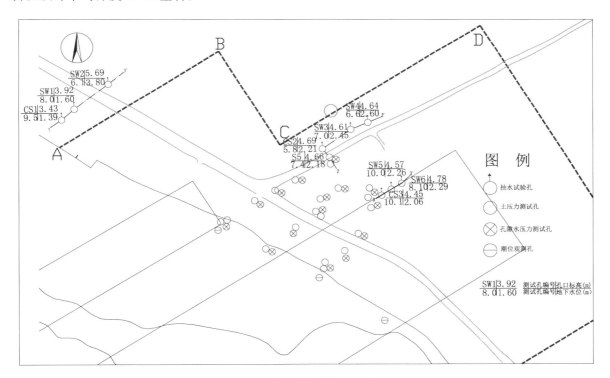

**图 5-6　传感器埋设平面布置图**

施工时投入钻机 1 台,项目负责人 1 名、技术人员 1 名、工人及后勤 10 名。预计施工工期 1 个月。

### 2) 孔隙水压力监测要求

(1) 孔隙水压力宜通过埋设振弦式孔隙水压力计测试;

(2) 孔隙水压力计满量程应大于设计最大压力的 1.2 倍,仪器灵敏度不应大于 1 Hz;

(3) 孔隙水压力计埋设采用钻孔法;

（4）孔隙水压力计埋设前应符合下列要求：

①孔隙水压力计应浸泡饱和，排除透水石中的气泡；②核查标定数据，记录探头编号，测读初始读数；③传感器埋设前，可按仪器说明书对标定系数和零点压力下的频率值进行重新测定；

（5）采用钻孔法埋设孔隙水压力计时，钻孔直径宜为110～130 mm，考虑到现场地层分布特征，成孔时不用泥浆护壁将难以成孔，现仍采用泥浆护壁，待钻孔至设计孔深后、下放测试元件前，应清孔，并及时下放埋设测试元件；钻孔应圆直、干净。封口材料宜采用直径10～20 mm的干燥膨润土球；

（6）孔隙水压力计埋设后应测量初始值，具体可采用JTM—V10A型振弦式读数仪（手持）测试，且宜逐日量测1周以上并取得稳定初始值后正式投入使用、测试（正式接入自动采集系统进行测试）；

（7）应在孔隙水压力监测的同时测量孔隙水压力计埋设位置附近的地下水水位；

（8）埋设结束后要做好观测孔、导线的保护措施。

3）地下水水位监测

（1）地下水水位监测宜通过孔内设置水位管，采用JTM—V3000F型孔隙水压力计进行量测；

（2）地下水水位量测精度不宜低于10 mm；

（3）潜水水位管埋设时滤管长度应满足量测要求；

（4）水位管在埋设后1周内，应逐日连续观测地下水水位并取得合理测试值后才正式投入使用；具体可采用JTM—V10A型振弦式读数仪（手持）测试；

（5）埋设结束后要做好观测孔、导线的保护措施。

4）潮汐水位监测

（1）潮汐水位监测采用JTM—V3000F型孔隙水压力计进行量测；

（2）水位量测精度不宜低于10 mm；

（3）水位测试元件埋设的高度、位置应满足量测要求，布设在3条测试剖面线范围内，且安装牢固，保证在测试周期内能有效使用，应埋设在海岸线内侧潮间带，为了保证安装牢固性，可采用开挖一定深度，然后四周砌置混凝土（侧壁可进水），顶部设置井盖；

（4）测点在埋设后1周内，应采用JTM—V10A型振弦式读数仪（手持）测试，连续观测水位并取得合理测试值后才正式投入使用；

（5）埋设结束后要做好观测点、导线的保护措施。

5）有关水压力及地下水水位测试范围值的计算说明

（1）关于水压力测试范围值的计算说明。

对于水压力，可按下面方法估算其范围值。

①基本假定：地表面水平，取一垂直剖面进入相对隔水层基岩（中风化层）（图5-7）。

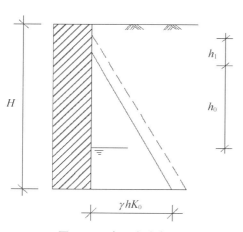

②计算公式：

$$P_0 = \gamma(h_0 + h_1)K_0 \qquad (5-3)$$

式中　$P_0$——孔隙水压力；

$\gamma$——水的重度；

$h_0$——静止地下水水位计算点或测试元件布设处；

$h_1$——受潮汐作用变动的地下水水位；

$H$——基岩面（中风化层）以上土体厚度；

$K_0$——岩土体透性折减系数，一般情况下小于1。

图5-7　水压力分布图

因受岩土体渗透特征的影响，在同一垂直剖面上不同层位处布设的孔隙水压力测试元件，其测试值是不一样的，而且不同层位的孔隙水压力测试元件之间在埋设时要用黏土材料隔断。

（2）关于地下水水位测试范围值的计算说明。

对于地下水水位,可按下面方法估算其范围值:

① 基本假定:地表面水平,取一垂直剖面进入相对隔水层基岩(中风化层),且能反映有可能存在的基岩裂隙水对地下水水位的影响。

② 计算公式:

$$P_0 = \gamma_w(h_0 + h_1) \tag{5-4}$$

式中　$P_0$——地下水水位;

　　　$\gamma_w$——水的重度;

　　　$h_0$——静止地下水水位计算点或测试元件布设处;

　　　$h_1$——受潮汐作用变动的地下水水位;

　　　$H$——基岩面(中风化层)以上土体厚度。

### 5.2.4　监测结果分析

1)水位波动与水平距离的关系

由于滨海潜水含水层与海水具有直接的水力联系,在海水受到潮汐作用影响,发生有规律的波动时,潜水含水层地下水水位也会随之发生变化。但是,由于含水层介质对于能量传播的消减作用,当监测点与海岸水平距离不同时,地下水水位变化情况也不同;同时,对于不同周期的潮汐波动的传播距离也不相同,导致不同距离监测点地下水水位变化形式也不相同(图5-8—图5-13)。

(1)当监测点位置与海岸水平距离较小时,海平面波动能直接传播到潜水含水层中,HC2潮位观测点在2月13日和月末(农历为正月十五和一月廿八)出现潮差最大的大潮,在2月6日和2月20日左右出现潮差最小的小潮。对比孔隙水压力检测孔K1-3可以发现,地下水水位也在相同的时间出现同一趋势的波动。

(2)随着监测点水平距离的增大,地下水水位波动幅度也逐渐减小,呈现指数衰减趋势(表5-8,图5-14)。

(3)当监测点水平距离增大,海水潮汐波动对地下水水位变化的影响逐渐减小,在紧邻海岸地带,如K1-3传感器监测结果显示,地下水水位变化趋势主要受到海平面波动控制;随着水平距离的增大,如K2-3、K3-3传感器监测结果显示,地下水水位变化仍然受到海平面波动影响,发生周期性波

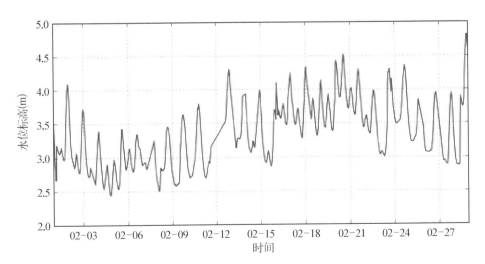

图5-8　HC2传感器2月份海水位随时间变化曲线

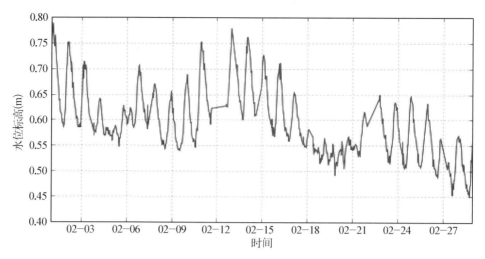

图 5 - 9　K1 - 3 传感器 2 月份地下水水位随时间变化曲线

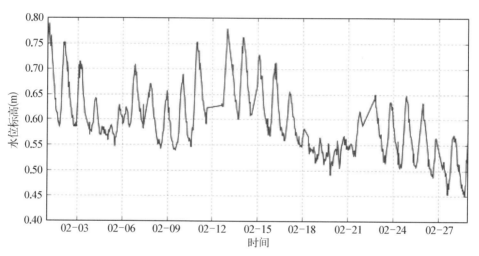

图 5 - 10　K2 - 3 传感器 2 月份地下水水位随时间变化曲线

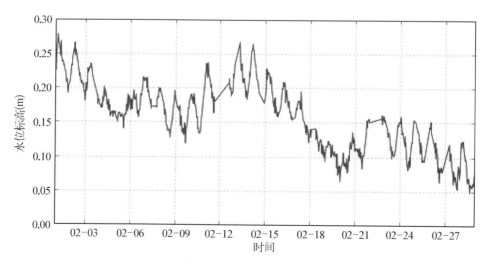

图 5 - 11　K3 - 3 传感器 2 月份地下水水位随时间变化曲线

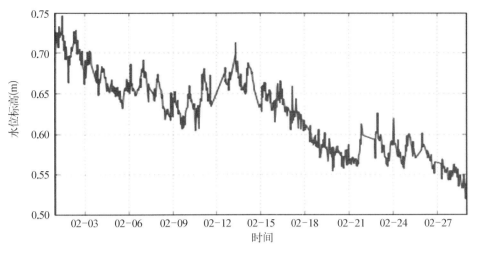

图 5‑12　K4‑3 传感器 2 月份地下水水位随时间变化曲线

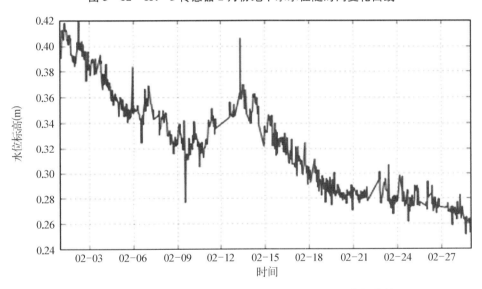

图 5‑13　K5‑3 传感器 2 月份地下水水位随时间变化曲线

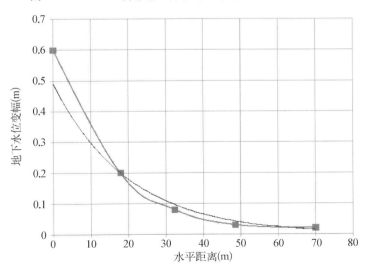

图 5‑14　传感器水平距离与水位波动幅度拟合曲线

动,但是其主要变化趋势受到区域地下水水位变化影响,与整体变化吻合;当传感器水平距离继续增大,海水受潮汐作用发生的海平面变化对地下水水位的影响已经十分微弱,地下水水位主要受到区域水位变化情况控制。

**表 5 - 8 传感器水平距离与水位波动幅度**

| 传感器编号 | K1 - 3 | K2 - 3 | K3 - 3 | K4 - 3 | K5 - 3 |
|---|---|---|---|---|---|
| 水平距离(m) | 0 | 18 | 32.36 | 48.57 | 70.08 |
| 水位日最大变幅(m) | 0.6 | 0.2 | 0.08 | 0.03 | 0.02 |

2)随时间变化规律—潮汐分类

潮汐按每日出现潮汐次数分为:半日潮型、全日潮型和混合潮型。半日潮型是指 1 个太阳日内出现两次高潮和两次低潮,前一次高潮和低潮的潮差与后一次高潮和低潮的潮差大致相同,涨潮过程和落潮过程的时间也几乎相等(6 小时 12.5 分)。我国渤海、东海、黄海的多数地点为半日潮型,如大沽、青岛、厦门等;1 个太阳日内只有一次高潮和一次低潮,称为全日潮型,如南海汕头、渤海秦皇岛等,南海的北部湾是世界上典型的全日潮海区;混合潮型是一月内有些日子出现两次高潮和两次低潮,但两次高潮和低潮的潮差相差较大,涨潮过程和落潮过程的时间也不等;而另一些日子则出现一次高潮和一次低潮,我国南海多数地点属混合潮型。

研究场地位于我国南海地区,在农历每月初一、十五前后,各要发生一次潮差最大的大潮;在每月初八、廿三前后,各要出现一次潮差最小的小潮。在出现大潮时,必定为全日潮;在大潮过后,潮差逐渐变小,潮汐类型由全日潮逐渐变为不规则全日潮最后变成不规则半日潮(图 5 - 15)。

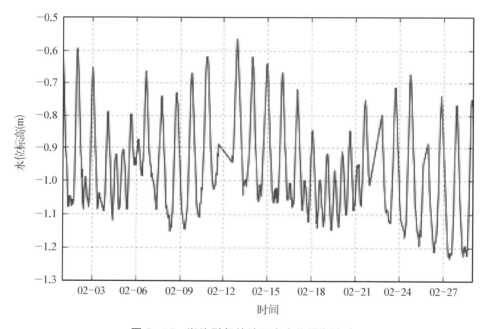

**图 5 - 15 潮汐引起的地下水水位周期波动**

海水的涨落周期对于全日潮来说,每天有一个高潮,高潮时间一般能维持 1 h 左右;对于不正规半日潮,一般在凌晨和下午各 1 次,且两次超高不相等。潮汐的涨落时间每天各不相同,15 d 1 个周期,因此,一次高潮发生后,下一次高潮时间为次日的同一时间向后推迟 0.8 h(48 min),如图 5 - 16,图 5 - 17 所示。

按观测场地潮汐变化情况,观测场地的潮汐类型为混合潮型。

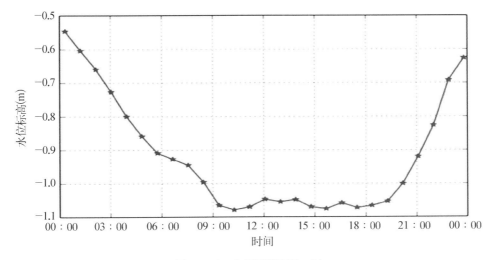

图 5-16 全日型潮(K1-3)

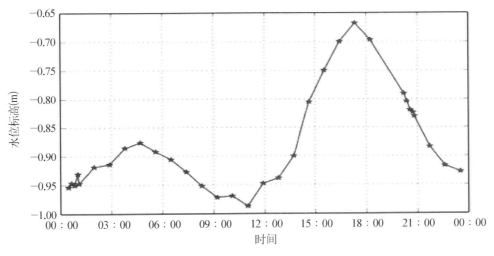

图 5-17 半日型潮(K1-3)

## 5.2.5 影响基坑稳定地下水波动的概率分布规律

在基坑工程可靠性分析过程中,是以某个特定的概率模型来描述系统状态变量的分布形式,反映变量所蕴含的不确定性。这种不确定性是由两方面原因引起的,一方面由于变量所反映的工程条件本身具有不确定性,是变量固有的属性;另一方面,由于统计的不确定性,在进行统计工作的过程中会给目标变量带来额外的扰动,包括对目标自身性质产生的随机影响和对目标认识的不充分。

1) 水位波动强度分带

根据前面分析结果,地下水水位波动幅值随着监测点水平距离变化呈指数衰减,在最接近海岸处地下水受到海水波动影响最大,针对基坑稳定性的分析可以取对基坑稳定最不利位置的地下水波动情况为设计值。在本次监测中 K1,K6,K11 孔隙水压力监测点为 3 个剖面上水平距离最小的位置,对其监测结果进行分布形式分析,可以得到潮汐作用产生最大影响的情况下基坑围护体的整体稳定性和渗流稳定性状态(表 5-9)。

表 5－9　K1－K5 剖面孔隙水波动幅值衰减值

| 孔　号 | 水平距离(m) | 波动幅度(m) | 波动幅值标准差(m) | 衰 减 比 值 |
|---|---|---|---|---|
| HC2 | — | 1.43 | — | 1 |
| K1 | 0.00 | 0.53 | 0.14 | 0.37 |
| K2 | 18.00 | 0.21 | 0.07 | 0.14 |
| K3 | 32.36 | 0.09 | 0.05 | 0.06 |
| K4 | 48.57 | 0.08 | 0.05 | 0.06 |
| K5 | 70.08 | 0.06 | 0.04 | 0.05 |

2）地下水波动的输入概率模型

潮汐作用对地下水产生影响,在水平距离最小时影响最大,取距离海岸最近的 K1－3 传感器进行分析,其水位变化时间曲线和水位分布频率直方图如图 5－18 所示。水位波动值主要受到潮汐作用影响,还会受到其他随机因素如天气、气象条件、监测仪器工作状态等其他因素影响,其波动值分布近似符合正态分布,对其进行正态性检验(图 5－19)。对地下水水位值进行正态分布拟合得到 $X \sim N(-0.97, 0.14)$。

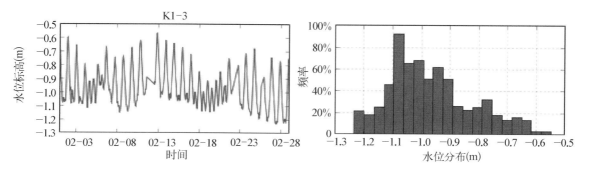

图 5－18　潮汐引起的水位波动分布规律

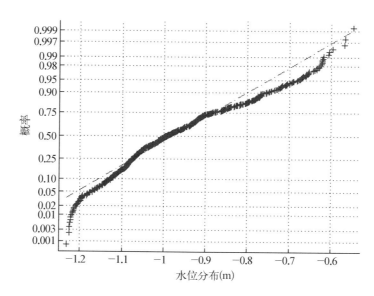

图 5－19　分布规律的正态性检验

### 5.2.6 小结

（1）通过现场抽水试验,确定了场地的主要含水层及其水文地质性质,查明了场地地下水流速和流向分布情况。

（2）针对场地临海这一特殊条件,布设潮汐及地下水监测网络,对潮汐和场地水土压力的长期监测查明潮汐及其引起的地下水波动规律,得到了地下水波动幅值随水平距离的增大逐渐衰减的空间变化规律和地下水相应于潮汐周期性作用产生周期性时间变化规律,并分析波动值的概率分布规律。

（3）通过场地现场潮汐观测,拟建场地潮汐类型为混合潮型。

## 5.3 主要随机参数的分析与识别

### 5.3.1 引言

随着近年来临海建筑物的增多,波浪潮汐作用下的基坑稳定性问题成为工程实践中的一个新的研究热点。与内陆地区基坑工程不同,滨海地区由于自然地质历史不同,工程地质条件与内陆基坑工程有显著不同,最主要的一点是临海基坑工程中,所研究地层直接与海水发生水力联系,海水的潮汐波动情况会直接导致滨海含水层地下水水位的波动。

目前对临海基坑问题的研究主要考虑坑外地下水水位稳定补给情况,对动水边界下基坑渗流问题的研究却很少,水位波动下基坑的渗流机理及其对基坑性状的影响尚不清楚。应宏伟、聂文峰、黄大中[78]将基坑渗流场分区,假设土体总应力不变,将固结方程解耦,利用 Laplace、Fourier 变换推导了浅层含水层内地下水水位波动时板式支护基坑周围地基土孔压响应的二维近似半解析解;聂文峰[79]提出了滨海浅层含水层地下水水位波动和临海水位波动两种情况下的基坑渗流简化分析模型,利用 PLAXIS 软件,基于 Biot 固结理论,建立相应的有限元数值分析模型,分析了浅层含水层地下水水位波动与水位在海床面以上波动两种条件下基坑及周围地基的水土压力响应,并讨论相关参数对基坑渗流性状的影响;钟佳玉、郑永来、倪寅[80]采用波流水槽模型试验的方法,研究了规则波和不规则波作用下砂质海床的孔隙水压力响应问题,其中主要考虑不同深度、波高及周期对孔隙水压力的影响,从而得出孔压变化规律。

可以发现,当前对临海受潮汐作用下场地的孔隙水压力变化情况,主要集中在对孔压变化的微观现象、渗流路径的特定变化模式等确定性情况下的分析。针对本项目工程地质条件的特殊性,本章主要从地下水流动规律入手,采用地下水一维流动的布辛奈斯克方程,研究临海地下水潜水含水层水位波动的影响因素;然后采用灰色关联度分析方法,进行主要影响因素的识别与分析,得到地下水受到潮汐作用影响下波动范围的概率分布规律。

### 5.3.2 基于地下水运动规律的水位波动影响因素分析

1) 控制方程

在一定范围内,滨海含水层系统受到海水潮汐运动影响,产生水位波动。为简化计算,依据场地条件,作如下假设:

（1）含水层均值各向同性,底部隔水层水平,忽略外部降雨入渗补给;

（2）地下水向海水的流动可以看作一维流,地下水流动方向与海岸线垂直;

（3）潜水流的初始状态为稳定流;

（4）海平面变化使得潜水含水层发生瞬时回水,如图 5 - 20 所示。

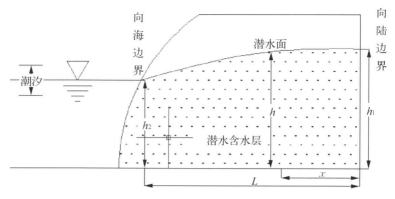

**图 5-20　滨海地下水系统**

2）边界条件

边界条件为向陆边界和向海边界，其中向陆边界假定为足够远处，地下水水位不受潮汐变化影响，取为定水头边界（$h_1$）。在上述情况下，地下水的运动可以用 Boussinesq 方程来描述：

$$\frac{\partial}{\partial x}\left(h\,\frac{\partial h}{\partial x}\right)=\frac{\mu}{K}\,\frac{\partial h}{\partial x} \tag{5-5}$$

式中，$h$ 为地下水水位（以底部为基准面）；$\mu$ 为给水度，无量纲；$K$ 为渗透系数；$t$ 为时间；$x$ 为横向坐标。

3）解析表达式

当忽略潮汐作用的影响，地下水水位不随时间变化，取垂直于河渠的单位宽度来研究，初始条件

$$\begin{cases} h\,|_{x=0}=h_2 \\ h\,|_{x=L}=h_1 \end{cases} \tag{5-6}$$

与公式（5-5）联立，得

$$h^2=h_2^2+\frac{h_1^2-h_2^2}{L}x \tag{5-7}$$

根据假设，潜水流的初始状态为稳定流，水位可用式（5-8）表示，即：

$$h_{x,0}^2=h_{0,0}^2+\frac{h_{0,0}^2-h_{l,0}^2}{L}x \tag{5-8}$$

在上述情况下，地下水的运动仍可以用式（5-5）表示，当潜水含水层厚度变化不大时，可以用其平均值 $h_{\mathrm{m}}$ 来代替 $h$，则式（5-5）经过变量代换和线性化，根据相应的定解条件，得到：

$$\begin{cases} \dfrac{\partial u}{\partial t}=a\,\dfrac{\partial^2 u}{\partial x^2} \\[2mm] u(x,\,0)=0 \\[2mm] u(0,\,t)=\dfrac{1}{2}(h_{0,t}^2-h_{0,0}^2)=\dfrac{1}{2}\,\Delta(h_{0,t}^2) \\[2mm] u(l,\,t)=\dfrac{1}{2}(h_{l,t}^2-h_{l,0}^2)=\dfrac{1}{2}\,\Delta(h_{l,t}^2) \end{cases} \tag{5-9}$$

其中，$a=\dfrac{Kh_{\mathrm{m}}}{\mu}$，$u=\dfrac{1}{2}\left[h^2(x,\,t)-h^2(x,\,0)\right]$。

求解得到：

$$u = \frac{1}{2} \left[ \Delta(h_{0,t}^2) \frac{2}{\pi} \sum_{n=1}^{\infty} \frac{1}{n} \sin \frac{n\pi}{l} x + (h_{l,t}^2) \frac{2}{\pi} \sum_{n=1}^{\infty} \frac{1}{n} (-1)^{n+1} \sin \frac{n\pi}{l} x \right] \cdot (1 - e^{-\frac{n^2\pi^2}{l^2} at})$$

$$(5-10)$$

利用下列展开式：

$$1 - \frac{x}{l} = \frac{2}{\pi} \sum_{n=1}^{\infty} \frac{1}{n} \sin \frac{n\pi}{l} x$$

$$\frac{x}{l} = \frac{2}{\pi} \sum_{n=1}^{\infty} \frac{1}{n} (-1)^{n+1} \sin \frac{n\pi}{l} x$$

并设 $\bar{x} = \frac{x}{t}$，$\bar{t} = \frac{at}{l^2}$，则上式简化为：

$$h_{x,t}^2 = h_{0,0}^2 + \Delta(h_{0,t}^2) F(\bar{x}, \bar{t}) + (h_{l,t}^2) F'(\bar{x}, \bar{t})$$

$$(5-11)$$

其中：

$$F(\bar{x}, \bar{t}) = 1 - \bar{x} - \frac{2}{\pi} \sum_{n=1}^{\infty} \frac{1}{n} \sin(n\pi\bar{x}) e^{-n^2\pi^2\bar{t}}$$

$$F'(\bar{x}, \bar{t}) = \bar{x} - \frac{2}{\pi} \sum_{n=1}^{\infty} \frac{1}{n} (-1)^{n+1} \sin(n\pi\bar{x}) e^{-n^2\pi^2\bar{t}}$$

4）结果分析

（1）影响地下水波动的主要因素。

根据具体工程地质条件，取渗透系数 $K = 7 \times 10^{-5}$ m/s，给水度 $\mu = 0.4$，潜水含水层平均厚度 $h_m = 10$ m，向陆边界处水头 $h_1 = 2$ m，向海边界处低潮位水头（初始水头）$h_2(0,0) = 0 \sim 2$ m，向陆边界与向海边界的距离 $L = 100$ m，如潮汐波动周期 $T = 24$ h，代入公式（5-11），计算结果如图 5-21，图 5-22 所示。

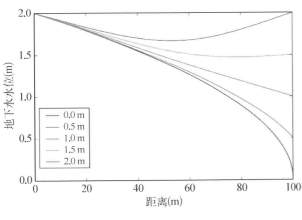

图 5-21　地下水水位与潮高关系

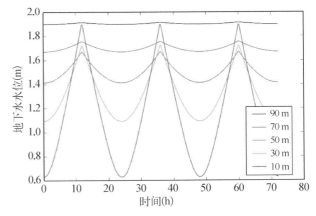

图 5-22　不同水平距离处地下水水位随时间变化

由于潮汐作用引起海平面的增高，滨海潜水含水层受影响范围增大，在影响范围内地下水水位随着潮高的增大而升高。随着计算地点与海岸距离的增大，潮汐波动对地下水水位产生的影响随之减小。

（2）结果验证。

在本次监测范围内，潜水含水层孔隙水压力受到潮汐的影响，呈现有规律的波动趋势。在 K1—K5 剖面，随着传感器与海岸边界距离的增大，孔隙水水头每日变幅明显变小（表 5-10）。通过对其进行拟合分析,发现随着与海岸边界距离的增大,孔隙水压力波动幅值有指数衰减的趋势,与解析解计算结果大体符合。但是在同一水平位置监测值普遍小于计算值(图5-23)。分析可能原因为:在构建控制方程时,对场地条件进行简化,没有考虑含水层底板的起伏和参数的空间变异性。

表5-10　潜水含水层水头变化与水平距离关系

| 传感器编号 | K1-3 | K2-3 | K3-3 | K4-3 | K5-3 |
|---|---|---|---|---|---|
| 与海堤水平距离(m) | 20 | 38 | 52.4 | 68.6 | 90.1 |
| 水头日最大变幅(m) | 0.6 | 0.2 | 0.08 | 0.03 | 0.02 |

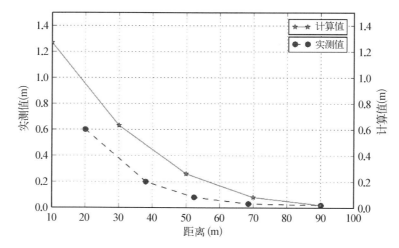

图5-23　监测结果与计算值对比

在一维潜水含水层地下水流动方程的解析表达式基础上,研究了滨海地区潜水含水层地下水水位受潮汐影响的变化特点,得到了影响地下水水位的主要影响因素为:潮汐变化幅值和水平距离远近。通过对滨海场地长期监测数据的整理分析,验证了这一结论。并且,在此次研究中,与距海岸水平距离超过100 m时,由潮汐引起的地下水波动已经可以忽略不计,不会对工程活动产生影响。

5)相关性分析

根据勘察结果揭露,研究场地含水层岩性主要由珊瑚碎屑夹砂、珊瑚礁灰岩、强风化石英质砂岩、中风化石英质砂岩、强风化花岗岩、中风化花岗岩组成,底部基岩面由于地质构造原因起伏较大。含水层的岩性和基岩面的起伏变化情况都会对地下水的运动产生影响,导水系数是渗透系数和含水层厚度的乘积,可以反映含水层整体的综合透水能力。同时,根据地下水运动规律的分析,取监测点水平距离和含水层导水系数为地下水波动主要影响因素,对其进行相关性分析,含水层水平距离、导水系数和波动幅度数值见表5-11,相关性分析结果见表5-12—表5-14。

表5-11　监测点水平距离、导水系数和波动幅度

| 孔　号 | 水平距离(m) | 导水系数(cm²/s) | 波动幅度(m) |
|---|---|---|---|
| K1 | 0.00 | 3.97 | 0.55 |
| K2 | 18.00 | 5.12 | 0.20 |
| K3 | 32.36 | 4.22 | 0.15 |
| K4 | 48.57 | 5.47 | 0.05 |

续　表

| 孔　号 | 水平距离(m) | 导水系数(cm²/s) | 波动幅度(m) |
|---|---|---|---|
| K5 | 70.08 | 5.05 | 0.02 |
| K6 | 0.00 | 1.86 | 0.90 |
| K7 | 13.10 | 4.70 | 0.20 |
| K8 | 36.40 | 4.98 | 0.15 |
| K9 | 45.00 | 5.13 | 0.06 |
| K10 | 55.80 | 5.05 | 0.05 |
| K11 | 0.00 | 5.96 | 0.45 |
| K12 | 16.70 | 5.26 | 0.25 |
| K13 | 36.30 | 7.01 | 0.15 |
| K14 | 58.60 | 5.67 | 0.08 |
| K15 | 63.80 | 5.19 | 0.05 |

表 5-12　K1-5 剖面水平距离、导水系数与波动幅度相关系数表

| | 水平距离(m) | log 波动幅度 | | 导水系数(cm²/s) | 波动幅度(m) |
|---|---|---|---|---|---|
| 水平距离(m) | 1 | | 导水系数(cm²/s) | 1 | — |
| log 波动幅度 | −0.99 | 1 | 波动幅度(m) | −0.75 | 1 |

表 5-13　K6-10 剖面水平距离、导水系数与波动幅度相关系数表

| | 水平距离(m) | log 波动幅度 | — | 导水系数(cm²/s) | 波动幅度(m) |
|---|---|---|---|---|---|
| 水平距离(m) | 1 | — | 导水系数(cm²/s) | 1 | — |
| log 波动幅度 | −0.95 | 1 | 波动幅度(m) | −1.00 | 1 |

表 5-14　K11-15 剖面水平距离、导水系数与波动幅度相关系数表

| | 水平距离(m) | log 波动幅度 | | 导水系数(cm²/s) | 波动幅度(m) |
|---|---|---|---|---|---|
| 水平距离(m) | 1 | — | 导水系数(cm²/s) | 1 | — |
| log 波动幅度 | −0.99 | 1 | 波动幅度(m) | 0.12 | 1 |

根据计算结果显示,地下水水位波动取对数值与水平距离有很强的负相关性;水位波动与导水系数的相关系数在各个剖面上的差异非常大,没有规律可循,可以断定导水系数变化对水位波动幅度没有明显影响,分析其原因可能是因为监测区域内,含水层渗透性较强,水位波动较小且受水平距离影响强烈,岩性与厚度的变化对水位波动的贡献率较小,无法反映到监测数据上。由此可以认为在此次研究的自然地质条件下和较小的范围内,潮汐作用对潜水含水层水位波动的影响,主要与水平距离呈负对数关系,含水层自身性质变化对水位波动的影响可以忽略不计。

## 5.3.3　基岩面起伏分布规律分析

1) 勘察工作布置

本工程的岩土工程勘察主要任务是查明建筑场地的岩土工程条件,地下水类型和埋藏条件,

提供地基基础设计、稳定分析、变形计算及施工所需的岩土参数，并对可能出现的岩土工程问题提出防治措施和方法。钻孔深度要求：Ⅰ区一般性钻孔进入中等风化层不小于 1 m，控制性钻孔穿透中等风化层；Ⅱ区一般性钻孔进入中等风化层不小于 1 m，控制性钻孔进入微风化层不小于 1 m。

钻孔由设计人员布置，在施工过程中，部分钻孔根据现场情况作了调整。

勘察工作主要依据的技术文件及规范如下：

《港口岩土工程勘察规范》(JTJ 133‑1—2010)；

《港口工程地基规范》(JTJ 147‑1—2010)；

《港口工程灌注桩设计与施工规程》(JTJ 248—2001)；

《港口工程嵌岩桩设计与施工规程》( JTJ 285—2000)；

《水运工程抗震设计规范》(JTJ 225‑98)；

《建筑抗震设计规范》(GB 50011—2010)；

《岩土工程勘察规范》(GB 50021—2001)(2009 年版)；

《1801‑10 岩土工程勘察任务书》(2011—07)。

2）勘察结果分析

根据勘察结果作基岩面高程等值线，如图 5‑24 所示，场区特殊性岩土（珊瑚碎屑、珊瑚礁灰岩和黏土质蚀变岩和软弱风化岩）种类多，基岩埋深变化大（图 5‑24，图 5‑25）。其中，Ⅰ区基岩埋藏稍浅，顶板高程 −2～−20 m，以花岗岩为主，岩体较完整；Ⅱ区基岩埋藏深，顶板高程 −15～−40 m，以花岗岩和石英质砂岩为主，受断层构造和接触变质影响，岩体较破碎。

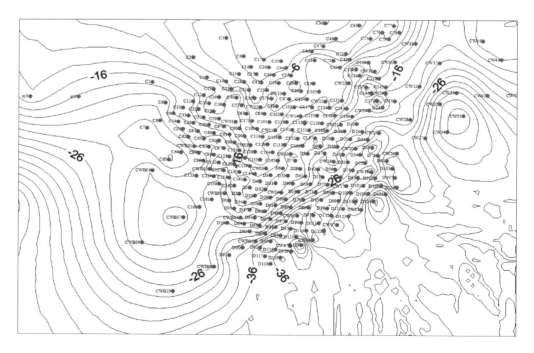

**图 5‑24　勘察钻孔平面布置图和基岩面标高等值线图**

由于对基坑施工产生直接影响的是基岩面的埋深情况，对其结果进行分布区间频率统计，如图 5‑26 所示。基岩面埋深呈指数分布形式，对其取对数可以得到比较标准的正态分布。经过计算得到基岩面埋深取对数值 $\lg(x)\sim N(2.7,0.62)$。

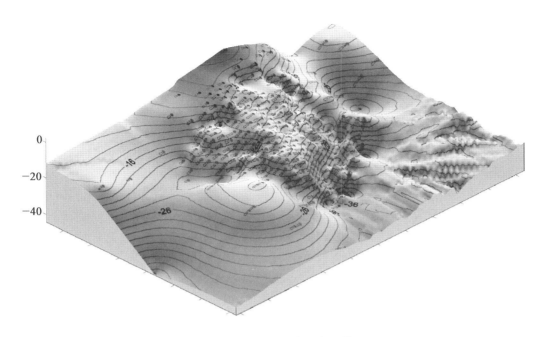

图 5-25  勘察区域基岩面变化效果图

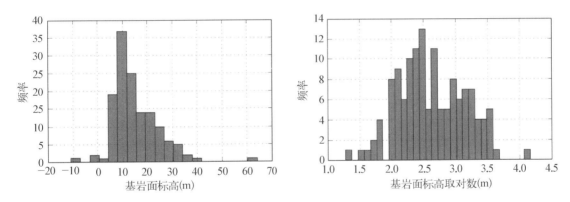

图 5-26  基岩面埋深分布区间频率统计

## 5.3.4  小结

（1）在一维潜水含水层地下水流动方程的解析表达式基础上，研究了滨海地区潜水含水层地下水水位受潮汐影响的变化特点，得到了影响地下水水位的主要因素为潮汐变化幅值和水平距离远近。通过对滨海场地长期监测数据的整理分析，验证了这一结论。并且，在此次研究中，与距海岸水平距离超过 100 m 时，由潮汐引起的地下水波动已经可以忽略不计，不会对工程活动产生影响。

（2）对可能对水位波动产生影响的场地因素进行相关性分析，结果显示水位波动变化主要受到监测点位置的影响，土层自身渗透性能和厚度变化情况不对水位波动产生明显影响。

（3）对场地基岩面埋深情况进行钻孔勘察，其结果显示基岩面起伏较大，但具有明显的分布规律性，对其值取对数 $\lg(x) \sim N(2.7, 0.62)$。

## 5.4 基坑围护体可靠度分析

### 5.4.1 基坑围护体可靠度的蒙特卡洛模拟方法

1）蒙特卡洛方法简介

模拟是基于对现实所做的假设和所构思的模型来复制真实世界的过程。人们常用的模拟方法有实验模拟和理论模拟,理论模拟在实际应用中是通过数值计算或计算机实验来实现的。在工程中,我们用模拟来预测或衡量一个系统中某个参数或设计变量的性能或响应,以此来评价替代设计或确定最优化设计。随着现代计算机科技的发展与普遍应用,模拟方法已经被应用于很多工程当中。

当工程设计中涉及的随机变量已知分布形式时,就可以利用蒙特卡洛方法进行模拟。在整个的模拟过程中,每一次模拟都利用已知的概率分布形式生成随机变量序列,得到样本序列。可以通过蒙特卡洛模拟结果进行各种的统计处理,并作相应的分析,因此,蒙特卡洛方法又被称为随机模拟方法或统计实验方法。

如果功能函数已知并且相关随机变量的分布形式已知,就可以利用蒙特卡洛方法进行可靠度计算。由于蒙特卡洛方法能够应用于大型复杂的结构系统,生成更为真实的模拟模型,并且适合进行并行计算,现已成为重要的结构可靠度分析手段。其主要缺点是计算量大,但随着电子计算机技术的发展,计算成本不断降低,已经可以在大部分工程中进行应用。

2）随机抽样方法

蒙特卡洛方法首先要根据随机变量的分布形式,生成需要的样本值,这一过程被称为对该随机变量的随机抽样。不同分布的随机变量对应不同的随机数序列。随机数的生成方法有多种,最基本的随机变量是区间 $(0,1)$ 上均匀分布的随机变量 $U$,记作 $U \sim u(0,1)$。在不发生混淆时,也把 $U$ 的随机数 $u$ 简称为随机数。服从其他分布的随机变量的随机数都可以用 $U$ 的随机数变换得到。

产生 $(0,1)$ 上均匀分布随机数的方法有很多种。在计算机上用数学方法产生 $(0,1)$ 上的均匀随机数是通过数学递推运算实现的。由于递推运算使得随机数之间并非严格的独立而是具有一定的相关性,因此称这种由完全确定的方式产生的随机数为伪随机数。通常,伪随机数只要能通过对随机数要求的一系列的统计检验,保证抽样为简单随机抽样、周期长度足够,就可以当作具有一定精度的真正的随机数使用。用数学方法产生伪随机数的方法很多,应用最多是同余法,包括乘同余法、加同余法、混同余法等。

服从其他概率分布的随机变量的抽样,就是将 $(0,1)$ 上的均匀随机数变换成指定概率分布的随机数,其方法也有多种。直接法就是根据概率分布的定义来得到该分布形式的随机数,例如在区间 $(a,b)$ 上服从均匀分布的随机数可以通过修改同余法公式来生成,或者取 $(0,1)$ 上的均匀随机数 $u$,而所要求的随机数就是 $(b-a)u+a$。以下是两种经常用到的随机数生成方法。

反变换法:由概率论中的原理可以知道,如果随机变量 $X$ 的累积分布函数为 $Fx(x)$,那么随机变量 $U = FX(x) \sim u(0,1)$。由此可得,生成 $U$ 的随机数 $u$,对连续型随机变量 $X$,$F_X^{-1}(x)$ 存在,$X$ 的随机数为 $x = F_X^{-1}(u)$;对离散型随机变量 $X$,其概率分布为 $P_r(x = x_i) = p_i (i = 1, 2, \cdots)$,$F(x) = \sum_{x_i x} p_i$,用数值搜索找出最接近 $u$ 的 $F(x_i)$,即 $uF_X(x_i)$ 或 $F_X(x_{i-1}) < uF_X(x_i)$ 成立,则 $x_i$ 为 $X$ 的随机数。

舍选法:这种方法按照一定的标准选择或舍弃 $(0,1)$ 上的均匀随机数,以得到目标随机变量 $X$ 的随机数。例如,设随机变量 $X$ 的概率密度函数 $f_X(x)$,对于所有的 $x$,有 $f_X(x)cg(x)$,其中 $c$ 是一个常数,取(0,1)上的均匀随机数 $u$ 和分布 $g(x)$ 的随机数 $x$,令 $r=cg(x)/f_X(x)$,如果 $ur<1$,则 $x$ 也是 $X$ 的一个随机数。

计算机通常都可以生成(0,1)上均匀分布的随机数,其他一些常见的分布形式随机数也可以通过专门软件的随机数生成器生成,可以直接使用。对于特殊的或自定义的概率分布,其随机数可以先生成(0,1)上均匀随机数,生成器再利用上述变换方法得到。

蒙特卡洛模拟的主要任务之一就是根据已知变量的概率分布形式生成相应的随机数,根据生成的随机数序列,作为样本序列进行计算。

3)基坑围护体可靠度的蒙特卡洛模拟

对于基坑围护工程,根据具体工程地质条件、破坏机理以及受力形式,可以建立相应的状态函数:

$$Z = g(X_1, X_2, \cdots, X_m) \tag{5-12}$$

在上式中,$X_1$,$X_2$,$\cdots$,$X_m$ 是 $m$ 个已知分布形式、相互独立的随机变量,并且假定它们的统计值为已知。如果我们把状态函数 $Z$ 定义为安全系数,且随机地从诸多随机变量 $X_i$ 的全体中抽取同分布变量 $x_1'$,$x_2'$,$\cdots$,$x_m'$,则可以由上式求得安全系数的一个随机样本 $z'$。如此重复,直至达到预期精度的充分次数 $N$,便可得到 $N$ 个相对独立的安全系数样本观测值 $Z_1$,$Z_2$,$\cdots$,$Z_n$,安全系数所表达的期限状态 $Z=1$,由此可以构造一个随机变量 $Y$:

$$Y = \begin{cases} 1, & \text{当 } Z \leqslant 0 \\ 0, & \text{当 } Z > 1 \end{cases} \tag{5-13}$$

设在 $N$ 次随机抽样的实验中,出现 $Y=1$,即 $Z \leqslant 0$ 的次数为 $M$,则边坡破坏概率为:

$$P_f = \frac{M}{N} \tag{5-14}$$

这就是直接蒙特卡洛方法计算基坑维护结构破坏概率的公式。

由此可知,当 $N$ 足够大时,由安全系数的统计样本 $Z_1$,$Z_2$,$\cdots$,$Z_n$,可以比较精确地近似安全系数的分布函数 $G(z)$,并估计其分布参数。其均值和标准差分别为:

$$\mu_s = \frac{1}{n} \sum_{i=1}^n Z_i \tag{5-15}$$

$$\sigma_z = \left[ \frac{1}{n-1} \sum_{i=1}^n (Z_i - \mu_z)^2 \right]^{\frac{1}{2}} \tag{5-16}$$

进而可以根据 $G(z)$ 拟合的理论分布,通过积分方法求得破坏概率。

在标准正态空间,也可以根据 $\mu_z$ 和 $\sigma_z$ 求得可靠指标:

$$\beta = \frac{\mu_z}{\sigma_z} \tag{5-17}$$

破坏概率为:

$$P_f = 1 - \Phi(\beta) \tag{5-18}$$

式中,$\Phi(\beta)$ 为标准正态分布函数。

4)模拟步骤

根据前面公式的推导,蒙特卡洛模拟方法的模拟模型中不包括时间因素,如果模拟基坑在施工与使用过程中的围护系统状态,它只代表围护系统在指定的土层参数和受力条件下、在相对时间的有限个点的状态,并假定系统状态的变化是在该时间点上瞬时完成的,因此,蒙特卡洛模拟是对离散事件系统的静态模拟。在这里，事件是指一次独立的试验结果，即一个表示稳定状态的安全系数或安全储备值。在模拟过程中，我们不关心在每个离散时间点上系统状态的变化过程，要模拟的只是对应于离散的时间点上出现的事件和系统的状态函数。因为事件的出现以及系统状态变量都是随机的，因此将它们作为随机问题来处理。具体的模拟过程如图 5 - 27 所示。

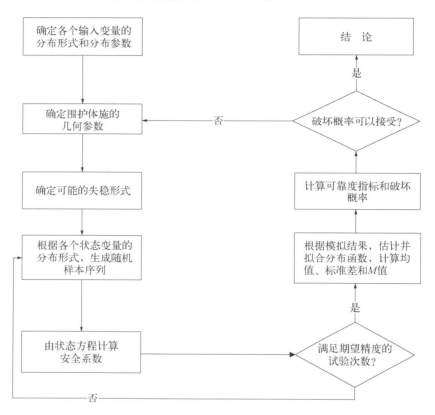

图 5 - 27　蒙特卡洛模拟步骤

## 5.4.2　基坑稳定性分析

　　基坑的稳定性验算是指分析基坑周围土体或土体与围护体系一起保持稳定性的能力。对于放坡开挖基坑，其边坡坡度太陡，围护结构的插入深度不够，或支撑体系刚度或强度不足等都是基坑失稳破坏的触发原因。基坑失稳破坏的过程可能会慢慢发展，也可能在很短的时间内发生。有些基坑失稳可以发现明显的触发原因，例如恶劣天气影响、施工方式错误、工程周围环境变化等；有些基坑的失稳破坏很难发现明显的触发原因，这可能是由于土体或支护结构的强度逐渐降低引起的。

　　根据时间长短，基坑破坏模式可以分为长期稳定和短期稳定问题；根据有无外部支护结构可分为有支护基坑和无支护基坑破坏。其中有支护基坑围护形式又可分为刚性围护、无支撑柔性围护和带支撑柔性围护。各种基坑围护形式又因为力的不同分布形式不同，导致不同的破坏模式。

　　可以根据基坑可能的破坏模式来发掘、探索基坑的失稳形态、破坏机理，为基坑的稳定性分析指明研究方向。《建筑地基基础设计规范》(GB 50007—2002)将基坑的失稳形态归纳为两类：① 因基坑土体强度不足、地下水渗流作用而造成基坑失稳，包括基坑内外侧土体整体滑动失稳；基坑底土隆起；地层因承压水作用，管涌、渗漏等。② 因支护结构(包括桩、墙、支撑系统等)的强度、刚度或稳定性不足引起支护系统破坏而造成基坑倒塌、破坏。

　　1）基坑围护体稳定性分析

　　基坑围护体系整体稳定性分析的主要目的是为了防止基坑围护结构与周围土体发生整体滑动失

稳破坏,在基坑支护设计中需要重点予以考虑,对于不同的支护形式其验算方法会有一些差异。

(1) 基坑围护体失稳模式。

根据围护形式不同,基坑的失稳形态主要表现为如下一些模式。

① 放坡开挖基坑。

由于设计不合理,坡度太陡,或雨水、管道渗漏等原因造成边坡渗水,导致土体抗剪强度降低,引起基坑边土体整体滑动失稳,如图 5-28 所示。

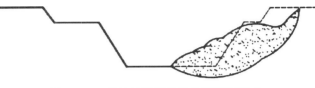

图 5-28 基坑放坡开挖的失稳破坏模式

② 刚性挡土墙基坑。

刚性挡土墙是水泥土搅拌桩或旋喷桩等由工程机械混合水泥和土,形成的宽度较大的一种重力式基坑围护结构,其破坏形式有如下几种:

A. 由于墙体的入土深度不足,或由于墙底存在软弱土层,土体抗剪强度不够,导致墙体随附近土体整体滑移破坏,如图 5-29(a)所示;

B. 由于基坑外挤土施工,如坑外施工挤土桩或者坑外超载作用如基坑边堆载、重型施工机械行走等引起墙后土体压力增加,导致墙体向坑内倾覆,如图 5-29(b)所示;

C. 当坑内土体强度较低或坑外超载时,导致墙底变形过大或整体刚性移动,如图 5-29(c)所示。

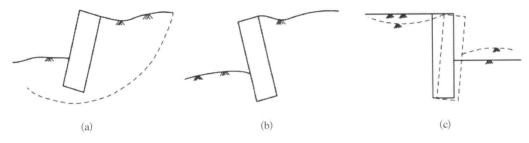

(a)                    (b)                    (c)

图 5-29 刚性挡土墙基坑第一类破坏形式

③ 内支撑基坑。

内支撑基坑是指通过在坑内架设混凝土支撑或者钢支撑来减小柔性围护墙变形的围护形式,其主要破坏形式如下:

A. 因为坑底土体压缩模量低,坑外超载等原因,致使围护墙踢脚产生很大的变形,如图 5-30(a)所示;

B. 在含水地层(特别是有砂层、粉砂层或者其他透水性较好的地层),由于围护结构的止水设施失效,致使大量的水夹带砂粒涌入基坑,严重的水土流失会造成支护结构失稳和地面塌陷的严重事故,还可能先在墙后形成空穴而后突然发生地面塌陷,如图 5-30(b)所示;

C. 由于基坑底部土体的抗剪强度较低,致使坑底土体随围护墙踢脚向坑内移动,产生隆起破坏,如图 5-30(c)所示;

D. 在承压含水层上覆隔水层中开挖基坑时,由于设计不合理或者坑底超挖,承压含水层的水头压力冲破基坑底部土层,发生坑底突涌破坏,如图 5-30(d)所示;

E. 在砂层或者粉砂地层中开挖基坑时,降水设计不合理或者降水井点失效后,由此导致水位上升,产生管涌,严重时甚至会导致基坑失稳,如图 5-30(e)所示;

F. 在超大基坑,特别是长条形基坑(如地铁站、明挖法施工隧道等)内分区放坡挖土,由于放坡较陡、降雨或其他原因导致滑坡,冲毁基坑内先期施工的支撑及立柱,导致基坑破坏,如图 5-30(f)所示。

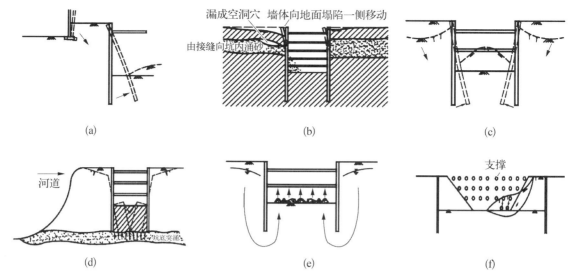

(a)　　　　　　　　　(b)　　　　　　　　　(c)

(d)　　　　　　　　　(e)　　　　　　　　　(f)

图 5‑30　内支撑基坑破坏形式

对于临海入岩深基坑，因入岩需爆破开挖岩体，一般采用止水帷幕加放坡加强护坡的围护形式。边坡稳定性重点研究基岩面以上土体的稳定性。其中，地下水是主要影响因素。其破坏形式接近放坡开挖基坑边坡的破坏形式。

（2）基坑围护体稳定性验算方法。

① 瑞典条分法（Fellenius 法）。

瑞典条分法使用的时间很长，其方法简单易用。它假定基坑的可能滑动面是一个圆弧，并且假定条块间的相互作用力对基坑的整体稳定性影响不大，可以忽略不计，也可以假定每一个土条两侧条间力合力方向均和该土条底面相平行，且大小相等、方向相反、作用在同一条直线上，由此在考虑力和力矩平衡条件时可相互抵消。

图 5‑31 表示匀质基坑边坡及其中任意土条上的作用力。土条宽度为 $b_i$，$W_i$ 为其本身的自重，$N_i$ 及 $T_i$ 分别是作用于土条底部接触面，沿法向和切向的反力和阻力，土条底部接触面法线与垂直方向的夹角为 $\alpha_i > 0$，滑动圆弧小段的长度为 $l_i$，$R$ 是滑弧的半径。Bishop 将土坡稳定安全系数 $F_s$ 定义为沿整个滑动面的抗剪强度 $\tau_f$ 与实际产生的剪应力 $\tau$ 之比，即 $F_s = \dfrac{\tau_f}{\tau}$。

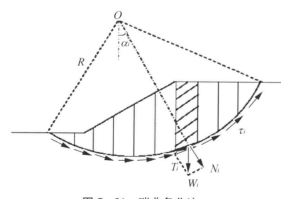

图 5‑31　瑞典条分法

假设整个圆弧滑动面上的安全系数都相等，是 $F_s$，按照上面安全系数的定义，可得土条底部的切向阻力 $\tau_i$ 为：

$$\tau_i = \tau \cdot l_i = \frac{\tau_f}{F_s} \cdot l_i = \frac{C_i l_i + N_i \tan \varphi_i}{F_s} \tag{5-19}$$

由于假定土条间的作用力可以忽略不计，根据土条底部法向力的平衡条件，可得：

$$N_i = W_i \cos \theta_i \tag{5-20}$$

因此土条的力多边形不会闭合，即这种方法不满足土条的静力平衡条件。按照滑动体整体力矩

平衡条件,各土条外力对圆心的力矩之和应当为零,即:

$$\sum W_i R \sin \theta_i = \sum \tau_i R \qquad (5-21)$$

将公式进行代入求解,简化计算,得到:

$$F_s = \frac{\sum (c_i l_i + W_i \cos \theta_i \tan \varphi_i)}{\sum W_i \sin \theta_i} \qquad (5-22)$$

如果将土条 $i$ 的重力 $W_i$ 沿滑动面进行分解,得到切向力 $W_i \sin \theta_i$ 和法向力 $W_i \cos \theta_i$,切向力对圆心产生滑动力矩 $M_s = T_i R$,法向力引起摩擦力,与滑动面上的黏聚力一起构成抗滑力,产生抗滑力矩,代入安全系数计算方程,得到:

$$F_s = \frac{M_r}{M_s} = \frac{\sum (c_i l_i + W_i \cos \theta_i \tan \varphi_i)}{\sum W_i \sin \theta_i} \qquad (5-23)$$

瑞典条分法是忽略了土条间力影响的一种简化方法,它只满足土体整体力矩平衡条件而不满足土条的静力平衡条件,这是它与其他条分法的主要区别。但是这种方法应用的时间最长,积累了丰富的工程经验,一般得到的安全系数偏低(即偏于安全),故目前仍然是工程中常用的方法。

② Bishop 条分法。

为了弥补瑞典条分法不能考虑土条间的作用力的缺陷,改进瑞典条分法的计算结果精度,应当考虑土条间作用力,以使求得的结果更加合理。目前众多的解决方法中 Bishop 提出的简化方法是最简洁有效的,它实际上与瑞典条分法的类型相同、路相似,Bishop 条分法充分考虑了土条间的相互作用力和孔隙水压力 $u_i$,并且以有效应力指标 $c'$ 和 $\varphi'$ 作为抗剪强度指标,土条底面的法向有效应力 $N'_i$ 代替法向总应力 $N_i$。

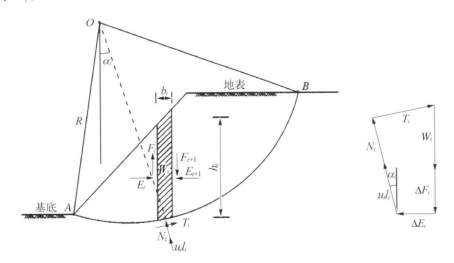

**图 5 - 32　Bishop 条分法计算简图**

图 5 - 32 所示基坑边坡,假设圆弧 $AB$ 为最危险滑动面,其圆心为 $O$,半径为 $R$。取第 $i$ 个土条进行分析,作用于土条上的力有:土条自重 $W_i$,土条底面上由摩擦引起的切向反力 $T_i$,法向反力 $N'_i$ 与孔隙水压力 $u_i l_i$,此外,在土条的两个侧面上还作用有法向力 $E_i$ 和 $E_{i+1}$,与切向力 $F_i$ 和 $F_{i+1}$。由第 $i$ 个土条的静力平衡条件 $\sum F_y = 0$,可知

$$W_i + \Delta F_i - T_i \sin \alpha_i - N'_i \cos \alpha_i - u_i b_i = 0 \qquad (5-24)$$

即

$$N'_i \cos \alpha_i = W_i + \Delta F_i - T_i \sin \alpha_i - N'_i \cos \alpha_i - u_i b_i \tag{5-25}$$

土条底部滑动面上的切向反力 $T_i$ 为

$$T_i = \frac{\tau_{\mathrm{f}i} l_i}{F_{\mathrm{s}}} = \frac{c'_i l_i}{F_{\mathrm{s}}} + \frac{N'_i \tan \varphi^i_i}{F_{\mathrm{s}}} \tag{5-26}$$

将上式代入静力平衡公式,得到

$$N'_i = \frac{W_i + \Delta F_i - \dfrac{c'_i l_i}{F_i} \sin \alpha_i - u_i b_i}{m_{\mathrm{a}i}} \tag{5-27}$$

式中,

$$m_{\mathrm{a}i} = \frac{\cos \alpha_i + \sin \alpha_i \tan \varphi'_i}{F_{\mathrm{s}}} \tag{5-28}$$

则整个滑动土体对圆心 $O$ 的滑动力矩为

$$M_{\mathrm{s}} = \sum_{i=1}^{n} W_i x_i = R \sum_{i=1}^{n} W_i \sin \alpha_i \tag{5-29}$$

抗滑力矩为

$$M_{\mathrm{R}} = \sum_{i=1}^{n} T_i R \tag{5-30}$$

将以上公式进行代入计算,可得

$$M_{\mathrm{R}} = \frac{R \displaystyle\sum_{i=1}^{n} [c'_i b_i + (W_i - u_i b_i + \Delta F_i)] \tan \varphi'_i}{m_{\mathrm{a}i}} \tag{5-31}$$

式中,$\Delta F_i$ 是未知量。为简化计算,令各土条的 $\Delta F_i = 0$,所引起的误差为 $2\%\sim7\%$。由此可求出基坑边坡的稳定安全系数为

$$F_{\mathrm{s}} = \frac{\displaystyle\sum_{i=1}^{n} [c'_i b_i + (W_i - u_i b_i) \tan \varphi'_i]}{m_{\mathrm{a}i} \displaystyle\sum_{i=1}^{n} W_i \sin \alpha_i} \tag{5-32}$$

通过迭代计算,即可求得 $F_{\mathrm{s}}$ 的最小值,即为边坡的稳定安全系数。

③《建筑基坑支护技术规程》提供的方法。

根据《建筑基坑支护技术规程》采用圆弧滑动条分法时,其稳定性应符合以下公式规定:

$$\frac{\sum \{c_j l_j + [(q_j b_j + \Delta G_j) \cos \theta_j - u_j l_j] \tan \varphi_j\}}{\sum (q_j b_j + \Delta G_j) \sin \theta_j} \geqslant K_{\mathrm{s}} \tag{5-33}$$

式中　$K_{\mathrm{s}}$——圆弧滑动稳定安全系数;

$c_j$,$\varphi_j$——第 $j$ 土条滑弧面出土的黏聚力(kPa)、内摩擦角(°);

$b_j$——第 $j$ 土条的宽度(m);

$q_j$——作用在第 $j$ 土条上的附加分布荷载标准值(kPa);

$\Delta G_j$——第 $j$ 土条的自重(kN),按天然重度计算;分条时水泥土墙可按土体考虑;

$u_j$——第 $j$ 土条在滑弧面上的孔隙水压力(kPa);

$\gamma_w$——地下水重度(kN/m³);

$\theta_j$——第 $j$ 土条滑弧面中点处的法线与垂直面的夹角(°)。

④ 最危险滑动面的计算方法。

基坑最危险圆弧滑动面的位置主要取决于滑动圆弧的圆心坐标与滑动半径。应用圆弧滑动面条分法搜索计算基坑围护结构最危险滑动面位置的关键在于找到导致基坑稳定性安全系数最小的滑动圆弧位置,这一目的是通过大量的试算来达到的。当前基坑最危险圆弧滑动面的自动搜索技术多采用枚举法,其主要通过以下两种途径来实现:

第一,首先选定最危险圆弧滑动面圆心位置的取值范围,对不同圆心位置所对应的圆弧滑动面进行稳定性分析,计算出相应的基坑稳定性安全系数。然后将计算得到的所有安全系数进行对比,得到最小的安全系数值,它所对应的圆弧滑动面就是基坑的最危险滑动面。

为了减少最危险圆弧滑动面搜索过程中的计算工作量,首先应在基坑边坡前上方大致确定一个最危险滑动面圆心坐标的取值区域。这个区域的选取是与基坑边坡的形状、土体的物理力学性质、基坑支护方案及受荷情况有关,国内外许多学者已在此方面做出了大量的研究工作。

然后将这个选定的区域划分成较细小的网格,网格上的每一个结点都是圆弧滑动面圆心的试算点,通过大量的重复试算,即可求得最小安全系数所对应的圆弧滑动面圆心位置与半径。为提高计算精度,还可以再以所求得的圆心位置为中心,在小范围内进一步划分更细的圆弧滑动面圆心试算网格,然后重复以上的计算,从而提高最危险圆弧滑动面位置的计算精度。

第二,通过搜索最危险圆弧滑动面与基坑边坡轮廓线的交点,来确定基坑最危险滑动面的圆心坐标与滑动半径。在基坑稳定性分析剖面图中,最危险圆弧滑动面与基坑边坡轮廓线必然存在两个交点,其圆心必然位于这两个交点连线的垂直平分线上。因此,可以通过改变两个交点的位置坐标参数来实现最危险圆弧滑动面的搜索计算。

设最危险滑动面圆弧与基坑边坡轮廓线的两个交点坐标分别为 $(x_i,y_i)$ 与 $(x_j,y_j)$,则两交点连线垂直平分线 $L$ 的方程为

$$y = K(x - C_x) + C_y \tag{5-34}$$

式中,$C_x$、$C_y$ 是两交点连线的中点坐标;$K$ 为直线 $L$ 的斜率,且

$$K = \frac{x_i - x_j}{y_i - y_j} \tag{5-35}$$

设最危险滑动面圆心在垂直平分线 $L$ 上的坐标为 $(x,y)$,则圆弧滑动半径 $R$ 为

$$R = \sqrt{(x - x_i)^2 + (y - y_i)^2} = \sqrt{(x - x_j)^2 + (y - y_j)^2} \tag{5-36}$$

改变两个交点的位置坐标,重复计算基坑的稳定安全系数,比较得到的所有安全系数,其中的最小安全系数即为基坑的稳定安全系数,其所对应的滑动面就是所求的最危险圆弧滑动面。

2) 渗透稳定性分析

(1) 基坑渗透破坏的机理。

渗透破坏的主要表现形式有三种:管涌、流土和突涌,这三种渗透破坏的主要区别在于其发生机理不同。管涌是指在渗透水流作用下,土中的细颗粒在粗粒土形成的孔隙中移动,导致流失;随着细粒土的不断流失,孔隙扩大,渗流速度不断增加,流失土粒径不断增大,最终导致土体中形成贯通的渗流通道,土体发生破坏的现象。如土体中向上渗流水流作用下,表层局部范围的土体和土颗粒同时发生悬浮、移动的现象被称为流土。原则上只要满足

$$i = i_{\mathrm{cr}} = \frac{\gamma'}{\gamma_{\mathrm{w}}} \qquad (5-37)$$

的条件,任何土体均可能发生流土,但是在一些情况下砂土在流土的临界水力坡度达到以前已经先发生了管涌破坏。管涌是一个渐进的破坏过程,可以发生在任何反向渗流的溢出中,这时常见浑水流出,或水中带出细粒。管涌多发生在沙性土中,其特征是颗粒大小差别较大,往往缺少某种粒径,孔隙直径大且相互连通。无黏性土中发生管涌必须满足两个条件:首先,土中颗粒粒径所构成的孔隙直径必须大于细粒粒径,一般不均与系数 $C_{\mathrm{u}} > 10$ 的土才会发生管涌;其次,要满足管涌发生的水力条件,渗流力需能够带动细颗粒在孔隙间滚动或移动。

从以上讨论可知,管涌和流土是两个不同的渗流破坏形式,它们发生的土质条件和水力条件不同,破坏的表现形式也不相同。在基坑工程中,发生哪种破坏,主要是由土质条件决定的,当级配条件满足时,在水力坡降较小的条件下也会发生管涌。例如当止水帷幕失效时,水从帷幕的孔隙中渗漏,水流夹带细粒土流入基坑中,将土体掏空,在墙后地面形成下陷。在地下水水位较高的软土中即使水力坡度比较大,但是因为软土自身的级配特点,一般情况下不会发生管涌,而容易发生流土破坏。

(2)基坑抗渗流稳定性验算方法。

基坑抗渗流验算的图示如图 5-33 所示,要避免基坑发生流土破坏,需要在渗流出口处保证满足下式:

$$\gamma' \geqslant \gamma_{\mathrm{w}} \qquad (5-38)$$

式中,$\gamma'$ 和 $\gamma_{\mathrm{w}}$ 分别为土体的浮重度和地下水的重度;$i$ 为渗流出口处的水力梯度。

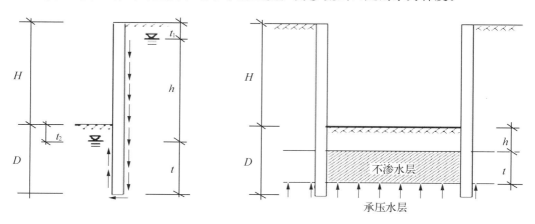

**图 5-33    基坑渗透破坏示意图**

计算水力梯度 $i$ 时,渗流路径可以近似地取最短的路径,在紧贴围护结构位置的路线上求得最大的水力梯度值

$$i = \frac{h}{h + 2t} \qquad (5-39)$$

同时,根据公式(5-38)可以定义抗渗安全系数为

$$K = \frac{\gamma'}{i\gamma_{\mathrm{w}}} = \frac{\gamma'(h+2t)}{\gamma_{\mathrm{w}}h} \qquad (5-40)$$

### 5.4.3    工程实例分析

基坑拟采用混凝土搅拌桩对基坑进行围护加固、防渗处理,嵌固深度根据基岩面变化情况,以进

入中风化或弱风化弱透水层 $0.5 \sim 1$ m 为准。基坑开挖深度为 5 m，基坑内地下水降到开挖面以下 $0.5$ m，土层参数取为重度 $\gamma = 20$ kN/m$^3$，内摩擦角 $\varphi = 20.0°$，地下水水位 $h \sim N(-0.97, 0.14)$，基岩面埋深 $\lg(x) \sim N(2.7, 0.62)$。

1）抗渗稳定性分析。

根据公式(5‐40)，可以建立基坑渗透稳定可靠性分析功能函数

$$K_r = \frac{\gamma'(2h' - d - 0.5)}{\gamma_w(d - d_w + 0.5)} \tag{5‐41}$$

式中，$K_r$ 为抗渗安全系数；$h'$ 为基岩面埋深；$d$ 为基坑开挖深度；$d_w$ 为地下水水位埋深。

在进行渗透稳定性分析时，随机分布状态变量为基岩面埋深 $h'$ 和地下水水位埋深 $d_w$，根据其分布规律生成随机样本，其中样本数 $N = 10\,000$，代入功能函数进行模拟计算，得到抗渗全系数相应的样本值，对其进行频率统计，如图 5‐34 所示，根据公式(5‐13)计算破坏概率

$$P_f = \frac{n}{N} = \frac{778}{10\,000} \approx 0.078$$

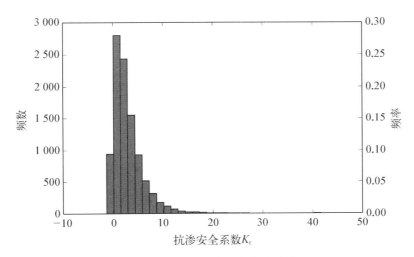

**图 5‐34 抗渗安全系数频率分布**

2）整体稳定性分析

根据公式(5‐33)，建立基坑圆弧滑动稳定性可靠度分析功能函数

$$K_s = \frac{\sum \left[ c_j l_j + (\Delta G_j \cos \theta_j - u_j l_j) \tan \varphi_j \right]}{\sum \Delta G_j \sin \theta_j} \tag{5‐42}$$

在进行整体稳定性分析时，首先通过枚举法搜索找到最危险滑动面，然后针对得到的最危险滑动面进行稳定性验算。在计算过程中要考虑到地下水水位的随机波动规律，通过蒙特卡洛模拟分析地下水波动对稳定性系数的影响。在此次模拟中取模拟次数 $N = 10\,000$，计算得到稳定性安全系数的样本值，对其进行频率统计，如图 5‐35 所示，在各个参数中只取地下水水位波动为随机参数时，计算得到的安全系数样本值频率分布与地下水水位波动值分布规律相似，说明工程地质条件的变化直接影响到基坑整体稳定性。

$$P_f = \frac{n}{N} = \frac{778}{10\,000} \approx 0.078$$

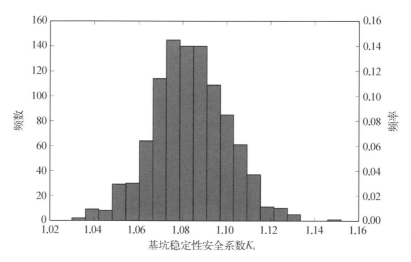

图 5‑35　基坑稳定性安全系数频率分布

　　从渗透稳定性计算和边坡稳定性计算来看,地下水水位波动直接影响稳定性系数,说明地下水作用是主要的、关键的。临海入岩深基坑边坡渗透稳定性和边坡安全稳定性系数主要受控于基坑外侧地下水作用。

## 5.5　结　论

　　本章针对临海基坑的围护结构稳定性的设计、分析展开讨论,重点研究了与海水有直接水力联系的潜水含水层地下水波动规律,采用蒙特卡洛模拟方法建立基坑围护结构稳定性分析模型,重点解决了潮汐影响下地下水波动状态不确定性对基坑稳定性的影响。针对工程实践,总结了潮汐影响下地下水波动特征值的概率统计方法以及以此为基础的围护体稳定性验算方法,为以后的相似工程的设计提供参考。

　　本章的具体研究成果可归结为以下几条:

　　(1)根据潜水含水层地下水一维波动的布辛奈斯克方程,分析了滨海潜水含水层在海水潮汐运动影响下的运动规律;分析结果显示,潮汐的波动周期、震动幅度以及计算点与海岸的水平距离都会影响到地下水的波动情况。

　　(2)根据场地现场对潮汐作用观察,拟建场地的潮汐类型为混合潮型。

　　(3)分析场地勘察成果,得到临海特殊地质条件下影响基坑稳定主要因素为潮汐作用引起的地下水水位波动和岩性的空间变异性。

　　(4)根据基坑稳定性分析的 Bishop 条分法,编写稳定性分析程序,并按照最危险滑动面的枚举法编制程序,搜索查找最危险滑动面。

　　(5)采用蒙特卡洛方法,结合场地潮汐作用下地下水水位波动分析统计成果,对边坡进行稳定可靠性分析,可靠度分析结果与工程实际条件较为符合。

　　(6)从渗透稳定性计算和边坡稳定性计算来看,地下水水位波动直接影响稳定性系数,说明地下水作用是主要的、关键的。临海入岩深基坑边坡渗透稳定性和边坡安全稳定性系数主要受控于基坑外侧地下水作用。

# 6 防渗止水系统设计选型优选

临海地区深基坑围护设计从根本上讲是解决深基坑防渗止水问题。深基坑防渗止水帷幕的设计主要是解决在富含地下水地层,而且与南海海水有直接水力联系的场地深基坑地下水的隔水、降水、排水问题。在类似这样环境中的深基坑工程,设计的成功与否取决于对地下水问题处理的效果。

## 6.1 概述

防渗止水系统设计是深基坑支护设计的主要组成部分。从某种意义上来说,深基坑支护工程是一个复杂的系统工程[86]:

(1)深基坑支护工程涉及面大,影响因素较多,如地质条件、岩土性质、场地环境、气候变化、施工工法、监测手段等,同时也离不开工程地质、水文地质、岩土力学、结构力学、材料力学、施工技术、工程经济等多种学科知识的指导。

(2)深基坑支护工程由支挡、降水和土方开挖、工程监测、环境保护等环节所构成,任何一个环节的失控,都可能酿成工程事故。

(3)深基坑支护工程不是一个简单的、孤立的支护工程,深基坑自开挖之日起,其支护体系、施工过程和围护过程均与周边环境不断地相互影响、相互作用。

(4)场地岩土性质和水文地质条件的复杂性、不确定性和非均匀性以及基坑工程施工和运行期间内降雨、周边道路动载、施工失误等许多不利因素的随机性和偶然性,都会影响基坑工程的正常施工和使用,深基坑支护工程事故的发生常常具有突发性。

我国幅员广阔,几乎遍及全国的高层建筑和其他地下工程给岩土工程师们提供了诸如深厚饱和软土、承压水头埋藏很浅的含水层以及饱和砂性土、湿陷性黄土、膨胀土等各种复杂的工程地质和水文地质条件下的深基坑工程。近10年的工程实践表明,在基坑支护工程中既有大量成功的经验,也有不少失败的教训,更有一系列有待进一步解决的问题。目前在实际工程中,还大量存在着两种极端的现象:一是由于设计和施工不当而导致深基坑支护工程事故,造成重大经济损失,特别是引起基坑周边的建筑物、道路以及水、电、煤气管网等市政工程的破坏;二是由于支护选型和设计保守而造成投资浪费。后者往往更加难以引起人们的注意。在深基坑支护工程招标中,由于各投标单位采用的支护方法和设计计算方法不同,所以报价相差一倍以上的情况并不鲜见。深基坑支护工程作为一门系统工程,必须在其包含的相关的众多确定性因素和非确定性因素中,寻找参数的最佳取值与匹配,以达到节约造价的同时又能解决复杂的技术问题,继而保障基坑工程和周边环境的安全和功能使用需要的目的。一个深基坑工程需要一个真正优秀的方案,即优化设计。因此,如何使深基坑工程做到安全、经济,就成为目前一个亟待解决的课题。在深基坑工程中,支护方案的选择是至关重要的。一个合理的支护方案既能保证安全,又能节约成本。反之,一个不合理的方案即使造价很高,也不见得一定能保证安全。因此,对于每一个设计人员来说,方案选择这一重要环节必须高度重视。

在临海复杂地质条件下,由于工程场地地处原先经济和工程建设不发达地区,过去工程建设项目少,对于该区域地质条件研究不足,深基坑支护工程设计与施工可资参考的案例少。深基坑支护设计形式主要取决于要解决的关键问题,具有一定的优化比选目的与原则,所以,对原深基坑设计与施工经验较少地区的深基坑支护设计形式的研究,就必须结合场地实际地质条件,可根据优化原理进行比选。

## 6.2　优化设计基本原理

一个合理、科学的深基坑工程设计,既要保证整个支护结构在施工过程中的安全,又要控制结构和周围土体的变形,以保障周围环境的安全。在安全的前提下设计合理可以达到节约造价、方便施工、缩短工期的目的。深基坑工程的优化设计主要从以下四个方面进行[86]:

(1) 技术的可靠性、先进性以及施工工艺的可行性;

(2) 经济效益;

(3) 环境影响;

(4) 工期。

深基坑工程的优化设计按其阶段不同,可分为三级优化:系统优化、设计计算优化和动态反演分析优化(包括信息化施工)。系统优化即方案优化,是指根据某一深基坑工程所要达到的目标而优选出一个最佳设计方案,也称设计选型研究。设计计算优化是在支护系统确定后,对具体方案的细部进行优化计算,如锚杆或支撑点的位置和层数、支护桩的桩径和桩距等优选,优化目标是使深基坑工程总体造价为最小。设计计算优化问题是有约束的极小化问题,目标函数为整个支护结构的材料总价值函数,约束条件包括支撑位置的限定、桩顶端或坑壁坡顶最大位移的限制等等。动态反演分析优化是在相似工程及地层条件下,利用当前施工阶段量测到的全量或增量信息,来反求地层性态参数和初始应力状态,进而达到准确预测相继施工阶段的岩土介质和结构的力学状态响应[87],为施工过程的实时模拟、设计验证和修改提供可靠依据,其中包含了目前常用的信息化施工方法。

深基坑支护工程系统优化包括深基坑支护工程的概念设计、支护结构和地下水处理以及周边环境保护等方案的优选。它是整个深基坑支护工程优化设计的第一步,也是最重要的一步。基坑支护系统设计首先应着眼于概念设计,着眼于可行方案的筛选与优化[88]。深基坑支护工程的概念设计是深基坑支护工程的一种整体设计思想,也是面向问题的方案设计方法。具体来说,这种方法包含两个方面的意义:

(1) 从需要解决的关键问题入手,针对具体深基坑支护工程的几何特征、土层特征、地下水特征和环境特征,进行方案的优选。

(2) 从定性的概念出发,确立下一步设计时采用的土压力模式、地下水作用模式和支护结构计算方法。如有的工程主要是渗流破坏,有的则主要是深厚软土层的整体失稳或支护结构的大变形对周边环境的不良影响等等,抓住关键问题,在定性分析的基础上确立具体问题的对策措施。由于深基坑支护工程是一门实践性很强、比较复杂的综合工程,某些理论和计算方法还不能正确地反映实际施工工况、模拟施工过程。此外,岩土材料具有一定的“不确定性”和“地域性”,因此,建立在“经验法则”基础上的工程类比方法和“专家系统”是深基坑工程概念设计的主要途径,信息化施工方法是深基坑工程概念设计在施工过程中的必然延伸。图6-1为深基坑工程优化设计流程图。

(3) 对于临海复杂地质条件下的深基坑,由于要进入基岩,而且需采用爆破方法开挖基岩,所以排除采用内支撑的可能性,可考虑采用外拉锚。但因临海地区一般土体承载力较大,土体强度较大,周边环境限制少,采用放坡加强护坡的挡土形式能解决基坑边坡稳定性问题。所以,结合工程场地条件、周边环境条件和工程地质条件,可比选出合理、经济、科学的支护方案。但临海地区地下水丰富,而且与南海存在水力联系,防渗止水问题是首先要解决的问题,而且是关键问题。

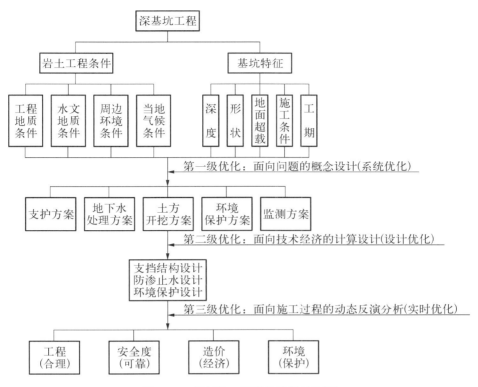

**图 6-1 深基坑工程优化设计流程图**

影响深基坑支护方案的因素众多,这些因素相互依赖、相互制约、相互作用,并且各因素之间的相互联系很难用技术可行等约束条件和费用最低的单目标优化准则做出最佳决策。深基坑工程支护方案的优选是一个多目标的决策问题,根据"最优化原则"求解是一种理想的途径。但实践表明,"最优化原则"求解是一种理想原则,现实中并不存在。决策者由于受到认知上的限制,不可能知道他们的决策所产生的全部结果;由于决策环境的日益复杂和决策因素的日益增多,决策者也不可能了解全部的决策方案;另外,由于人力、物力和财力的限制,也不可能将所有方案一一进行比较。因此,在优化设计时采取"满意化原则"对深基坑工程支护方案进行优选才是一种现实原则。

## 6.3 防渗止水系统设计优选方法

防渗止水系统的优化设计是深基坑优化设计的主要内容,可参考深基坑优化设计的方法来进行防渗止水系统优化设计。在工程实践中,为了选择一个较好的深基坑支护方案,业主往往需要征询专家的意见。对于方案选择的具体操作,国内的专家们尚无统一的看法。目前,对于深基坑支护方案的选择主要有两种方法。

第一种是定性方法,即依靠专家的经验和工程实践形成的经验来选择方案。例如,龚晓南教授在其主编的《深基坑工程设计施工手册》中,只是把深基坑支护方案的选用原则简单地概括为:安全、经济、方便施工和因地制宜[89];刘建航和侯学渊教授主编的《基坑工程手册》,则根据开挖深度和地区的不同给出了一个方案选择表[90];赵志缙和应惠清主编的《简明深基坑工程设计施工手册》中,也是根据基坑场地条件、支护形式的适用条件等确定支护方案。也有一些专家则倾向于按某个特定的方案选择顺序进行选择,如秦四清提出了这样一个支护方案选择顺序:无支护开挖,放坡+土钉,土钉墙,放坡+桩支护,土钉墙+桩支护,悬臂桩,搅拌桩,放坡+锚桩,土钉墙+锚桩,锚桩墙,地下连续墙[91]。

《建筑基坑支护技术规程》(JCJ 120—1999)指出支护结构可根据周边环境、开挖深度、工程地质和水文地质、施工作业设备和施工季节等条件,按规程推荐的支护结构选型表确定[92]。

第二种是定性分析和定量计算相结合的方法,最具代表性的是利用多目标决策方法来进行方案优选。1965 年,美国加州大学 L. A. Zadeh 教授提出了模糊集的概念,美国数学家 A. L. Sally 在 20 世纪 70 年代提出了层次分析法,随后在科学评判、项目评审、竞赛打分、企业分类和经济预测、工程项目决策优选等方面都开始得到广泛的应用[93]。在基坑支护方案选择决策时,要考虑安全、造价、工期等目标,这些目标之间是相互作用和矛盾的,属于多目标决策问题。20 世纪 90 年代后期,层次分析法、模糊综合评判法等开始在基坑支护方案优选中得到应用。1997 年,王东运用模糊综合评判法的原理,在专家系统的帮助下,根据计算的综合价位系数最大来选择基坑支护方案[94];吕培印在 1999 年根据深基坑工程及其支护体系知识,综合运用系统工程、模糊数学理论,构造了深基坑支护体系的指标体系分层递阶结构图,按定性指标和定量指标对支护体系作综合评判[95]。段绍伟、沈蒲生等针对目前深基坑支护结构选型缺乏科学依据,仅凭工程经验判定支护方法等存在的问题,通过分析深基坑支护工程的主要参数,运用非结构性决策模糊集分析法,研究了工程可靠度、工程造价、工期对深基坑支护结构选型的影响[96];万文根据地铁深基坑支护工程特点,构造了单级模糊评价模型,对地铁车站深基坑支护方案的模糊评价进行了研究[97];廖英等利用层次分析法在深基坑支护方案优选研究方面作了初步的研究[98]。

笔者在参考上述方法和原理的基础上,结合拟要解决的问题,提出临海地区复杂地质条件下深基坑防渗止水系统的优化设计方法和具体计算过程。

# 6.4 防渗止水系统的概念设计

深基坑防渗止水系统设计是一个复杂的动态系统工程,是深基坑设计的主要组成部分,有时也是关键设计内容。它与深基坑支护设计一样,需要面对的岩土工程条件、环境条件、施工条件存在着诸多不确定性、多元性和时域性:

(1)土性的非均匀性和不确定性。由于地基土在空间上的非均质性和地基土的物理力学性状不是常量,在基坑的不同部位、不同施工阶段,土性是变化的,甚至基坑土方开挖的快慢都会导致软土表观力学性质的变化,所以地基土对支护结构的作用力或提供的抗力也随之变化。同时,由于软土的流变特性,在基坑开挖以及支撑施工过程中,每个工况开挖的空间几何尺寸和挡墙开挖部分的无支撑的暴露时间,与基坑围护结构变形和基坑周围地层位移之间有明显的相关性,即表现出"时空效应"。

(2)外力的不确定性。作用在支护结构上的外力往往随着环境条件、施工方法和施工步骤等因素的变化而改变。

(3)周边环境条件的不确定性。施工场地内突然发现的地下障碍物、地下管网线以及周边自来水管、污水管的破裂可能导致水对场地土的浸泡,天气和温度的变化等这些事先未曾预料的因素都会影响到支护结构上外力的变化,随之影响到基坑支护工程的正常施工和使用。对于临海地区深基坑,恶劣天气、潮汐作用等是主要不确定性环境条件。

(4)变形的不确定性。变形控制是支护结构设计的关键。影响变形的因素很多,支护结构的刚度、支撑(或锚杆)体系的布置和构件的截面特性、地基土的性质、地下水的变化,以及施工质量等等都是导致变形不确定性的原因。变形过大会破坏止水帷幕体,产生渗漏等问题,甚至危及深基坑边坡安全稳定性。

因此,深基坑工程不同于一般的结构工程和地基基础工程,设计计算是不可缺少的,但第一步的概念设计却是至关重要的,即从深基坑工程定性的概念分析入手,抓住某个特定深基坑工程所要面对的关键问题,着眼于工程判断、方案的筛选和优化。表6-1所示为各种支护结构的特性及使用条件。深基坑防渗止水帷幕设计就是参考表6-1所示的深基坑设计比选条件,解决防渗止水这一主要矛盾和关键问题。

由表6-1可以看出,某单一支护形式可能不尽满足要求。在设计过程中要结合场地周边环境和地质条件以及工程设计情况,采用组合形式。考虑到防渗止水帷幕体需进入基岩,而且基岩面又起伏不平,入岩施工的可行性和工期、造价是必须考虑的因素。为此对比几种可行的支护形式。

表6-1 各种支护结构的特征及使用条件

| 序号 | 支护结构名称 | 特点 | 适宜地质条件 | 防水抗渗效果 | 施工 | 造价 | 工期 |
|---|---|---|---|---|---|---|---|
| 1 | 钢板桩 | 整体性好,刚度较好,一次投入钢材多 | 软土、淤泥及淤泥质土 | 咬口好,能止水 | 难以打入砂卵石及砾石层,有震动噪声 | 能重复利用则省,反之造价较高 | 较长 |
| 2 | 地下连续墙 | 整体性好,刚度好,可以按平面设计成任何形状,施工较困难,需有泥浆循环处理 | 各种地质、水位条件皆适宜 | 防水抗渗性能好 | 需有大型机械设备 | 高 | 慢 |
| 3 | 桩排式 | 整体性及刚度较地下连续墙差,但简便易行 | 除砾石层外,各种土层皆适宜 | 需采用防水抗渗措施,否则止水性差 | 施工机具简单 | 较省 | 较快 |
| 4 | 双排桩前排加钢筋面层 | 桩上必须筑钢筋混凝土扁圈梁或单桩斜梁拉结,使双排桩顶形成门式,有位移变形小的效果 | 黏土、砂土、粉土、砂卵石等地下水水位低的地区 | 不抗渗 | 施工简单,无震动、噪声 | 很省 | 快 |
| 5 | 深层搅拌水泥挡土墙 | 整体性好,刚度较好,墙内可加钢筋或工字钢 | 软土、淤泥质土 | 好 | 需深层搅拌机械,施工较容易 | 较高 | 较长 |
| 6 | 拱形支护结构 | 拱形结构有闭合拱和非闭合拱之分 | 砂土、黏土、粉土等 | 差 | 边砌筑边浇筑混凝土,边开挖 | 省 | 较快 |
| 7 | 悬臂式支护结构 | 平面布置灵活,但整体性差 | 砂土、黏土、粉土等 | 差 | 施工简单 | 较省 | 较快 |
| 8 | 桩锚支护结构 | 与挡墙结构连接,锚入地下,利用地层的锚固力来平衡挡土结构所受的土压力、水压力 | 砂土、黏土、粉土等 | 差 | 施工要有锚杆机械及灌浆设备 | 较高 | 较慢 |
| 9 | 钢板桩支护体系 | 在基坑内支撑有水平横撑及斜撑 | 在软土地区使用 | 咬口好,能止水 | 支撑施工较困难,挖土亦较困难 | 较高 | 长 |

| 序号 | 支护结构名称 | 特　点 | 适宜地质条件 | 防水抗渗效果 | 施　工 | 造　价 | 工期 |
|---|---|---|---|---|---|---|---|
| 10 | 地面拉结与挡土结构 | 需地面开阔,拉结仅能做一道 | 砂土、黏土地区较好,软土地区差 | — | 施工较方便 | 较省 | 较快 |
| 11 | 土钉墙 | 挖一层土做一排土钉,做法与锚杆作业相仿 | 砂土、黏土、粉土等 | — | 洛阳铲或专用机具施工,应与挖土配合好 | 省 | 较快 |

按可入岩的要求,特列表6-2所示设计形式。

**表6-2　可入岩的防渗止水帷幕体特征及使用条件**

| 序号 | 支护结构名称 | 特　点 | 适宜地质条件 | 防渗止水效果 | 施　工 | 造　价 | 工期 |
|---|---|---|---|---|---|---|---|
| 1 | 高压旋喷桩＋放坡＋护坡 | 用钻机引孔可进入基岩,成桩质量不稳定,需设计2~3排 | 砂性土、强风化层,土岩结合面 | 防渗止水效果一般 | 设备小,施工难度低 | 因排数较多,造价高 | 较短 |
| 2 | 素地下连续墙＋放坡＋护坡 | 整体性好,刚度好,可以按平面设计成任何形状,进入基岩施工较困难 | 各种地质、水位条件皆适宜 | 防渗止水性能好 | 需有大型机械设备 | 高 | 慢 |
| 3 | 桩排式＋放坡＋护坡 | 整体性及刚度较地下连续墙差,但简便易行 | 采用冲孔钻机能解决入岩问题 | 防渗止水效果好 | 施工机具简单 | 较高 | 非常慢 |
| 4 | 三轴搅拌桩＋放坡＋护坡 | 三轴搅拌桩对基岩面以上土体防渗止水效果特别好,但不能入岩,不能彻底隔断地下水 | 黏土、砂土、粉土等地层,不能入岩 | 上部防渗止水效果好,不能彻底隔断地下水 | 施工设备大,快速,施工质量稳定 | 很省 | 快 |

## 6.5　选型的原则与规定

1) 选型的基本原则

防渗止水系统选型应遵循"安全、经济、合理"的原则。具体地说,就是要综合考虑基坑平面尺寸、基坑周边环境、场地工程地质与水文地质条件、施工季节、已有的施工机械设备、地区经验做法、施工便捷性、安全性要求、相应的行业规范和条例、经济性要求与社会效益等多种影响因素,合理选择深基坑支护结构形式并在细部予以优化。

2) 选型的一般规定

应当注意,在进行深基坑防渗止水系统选型研究及设计时,基坑边坡稳定性和防渗止水效果需要首先予以确立并重点考虑。在确保基坑边坡安全稳定性系数,以及明确防渗止水系统的隔水、降水、排水效果后,再根据工期、造价和环境保护、文明施工等要求确定深基坑防渗止水系统的选型和设计。

## 6.6 方案初选

方案初选是深基坑支护方案优选的第一步,是指从大量备选方案中筛选出少数几个较好的方案,为进一步优选做准备。方案初选包括以下几方面的内容。

(1)搜集有关支护体系选择方面的基础性资料。具体包括:

① 工程地质和水文地质资料。做好基坑工程的岩土勘察是搜集工程地质和水文地质资料的前提。

② 场地周围环境及地下管线状况。搜集的资料包括:基坑周围邻近建(构)筑物状况调查;基坑周围地下管线状况调查;基坑邻近地下构筑物及设施状况调查;周围道路状况调查等。

③ 地下结构资料。地下结构资料包括:主体结构地下室的平面布置和形状以及与建筑红线的相对位置;主体结构的桩位布置图、主体结构地下室的层数、各层楼板和底板的布置与标高以及地面标高等。

④ 本地区常用支护形式、常见支护结构的特性及适用条件、有关规范规定的条款以及类似工程的基坑支护资料等。

(2)确定基坑安全等级,结合地区经验,初步选择深基坑支护结构形式和监测方案。

(3)确定基坑变形控制等级,据此确定支撑形式、开挖方式以及地下水处理方案等。

### 6.6.1 基坑安全等级的确定

基坑安全等级的划分是对支护设计、施工的重要性认识及计算参数的定量选择,是一个难度很大的问题。根据基坑安全等级并结合地区经验及相关规范,可以初步选定备选方案,并为基坑监测项目选用提供依据。

基坑安全等级分为三级,不同等级采用相应的重要性系数 $\gamma_0$,基坑安全等级分级如表 6-3 所示。

表 6-3 基坑安全等级

| 安全等级 | 破 坏 后 果 | $\gamma_0$ |
|---|---|---|
| 一级 | 支护结构破坏、土体失稳或过大变形对基坑周边环境及地下结构施工影响很严重 | 1.10 |
| 二级 | 支护结构破坏、土体失稳或过大变形对基坑周边环境及地下结构施工影响一般 | 1.00 |
| 三级 | 支护结构破坏、土体失稳或过大变形对基坑周边环境及地下结构施工影响不严重 | 0.90 |

### 6.6.2 基坑变形控制等级的确定

确定基坑变形控制等级和制定相应的变形控制标准,进而为确定合理的围护结构型体,合理地控制因基坑降水和开挖施工引起的环境变化(这里指周围环境、设施因降水或开挖施工所产生的变形)以及重点监测项目目标的制定等提供依据,从而避免人力、物力的浪费,减少工程事故隐患。变形控制等级的确定是个复杂的综合推理过程,可利用的信息多具有模糊性。本书拟用模糊数学的概念和模糊逻辑的推理方法,利用模糊综合判断,结合专家打分的层次分析法,从基坑自身规模、工程地质水文条件以及周围环境条件三方面,对变形情况做出综合评判,从而根据控制要求将变形控制分为五个等级,如表 6-4 所示,一级为要求最严格,五级为要求最不严格。对于临海地区深基坑,由于周边环境宽松,重要、需保护的建筑物、道路、管线几乎没有,所以变形问题不是关键问题,主要是要确保基坑边坡的安全,在基坑和基础施工期间不能发生危及基坑边坡稳定性的变形。临海深基坑变形等级可按四级控制,主要防止基坑边坡失稳。

表 6 - 4　变形控制等级与变形控制参考值

| 变形控制等级 | 条件评语 | 变形控制参考值(mm) | 控制要求 |
|---|---|---|---|
| 一级 | 极差 | 10 | 很严格 |
| 二级 | 差 | 20 | 严格 |
| 三级 | 一般 | 30 | 较严格 |
| 四级 | 较好 | 50 | 不严格 |
| 五级 | 好 | >50 | 无要求 |

## 6.7　防渗止水系统的模糊综合评判优选方法

深基坑支护工程是一个相当复杂的系统工程,防渗止水系统设计方案的优选,受很多因素的影响,其中许多因素都具有模糊性,很难用费用最低的单目标优化准则做出评价。在实际工程中,对于初选出的多个方案,往往很难判断哪一个方案更优越。因为每一种方案都有其特点,有的较省钱,有的施工速度快,有的对环境影响小,有的安全性好,而这些方面又很难直接进行定量化比较,因而给方案的确定带来了一定的难度。如在软土地区,三轴搅拌桩止水帷幕是经常采用的形式,但对于要求入岩的止水帷幕,可能要采用素冲孔桩或咬合桩,这样从造价而言,不经济,而且工期长。但从安全稳定及防渗止水效果上来看,地下连续墙、咬合桩、冲孔桩等排桩类支护体系更可靠,边坡稳定性更好。

评价一个方案优劣的主要依据是安全性、可行性、施工便捷程度、造价以及环境影响等几个方面。因此,防渗止水系统设计方案往往需要从多个角度来描述,其方案的优劣评价也相应地需要从多个方面来进行。传统的评价设计方案优劣的定性方法,如专家问卷调查法、加权平均法等,由于包含的主观因素多,评价误差大,可信度不高,因而不能科学、客观、真实地反映深基坑防渗止水系统设计方案的优劣程度。进行方案优选的实质是实现上述多重目标的最优,由于这些评价指标往往具有模糊性,所以,可以用模糊综合评判的方法来评价一个方案的好坏[99]。

1) 建立因素集

将影响评判对象的各因素组成因素集 $U$,即

$$U = \{u_1, u_2, \cdots, u_m\} \qquad (6-1)$$

其中,$u_i(i=1, 2, \cdots, m)$ 为第 $i$ 个因素,每个因素按其性质和程度细分为 $n$ 个等级,可表示为如下的因素等级集

$$ui = \{u_{i1}, u_{i2}, \cdots, u_{in}\} \qquad (6-2)$$

其中,$u_{ij}(i=1, 2, \cdots, m; j=1, 2, \cdots, n)$ 为第 $i$ 个因素的第 $j$ 个等级。各因素与各等级之间的关系可视为等级论域上的模糊子集,即

$$\widehat{u}_i = \frac{\mu_{i1}}{u_{i1}} + \frac{\mu_{i2}}{u_{i2}} + \cdots + \frac{\mu_{in}}{u_{in}} \qquad (6-3)$$

其中,$0 \leqslant \mu_{ij} \leqslant 1(i=1, 2, \cdots, m; j=1, 2, \cdots, n)$ 为第 $i$ 个因素的第 $j$ 个等级对该因素的隶属度。

2）建立备择集

因为评判的目的是弄清防渗止水系统设计方案的合理性，为了描述合理的程度，取备选集为

$$v = \{ \text{很合理,合理,一般,不合理,很不合理} \} \tag{6-4}$$

其数值用百分制表示为

$$v = \{ 95\%, 80\%, 70\%, 55\%, 40\% \} \tag{6-5}$$

3）各方案同步评判

防渗止水设计方案不止一个，往往有多个，然而选择设计方案所考虑的因素具有共同性，因此，可用同一因素集进行同步评判。

4）一级模糊综合评判

综合因素的各个等级对设计方案选择的贡献是一种单因素评判，设第 $i$ 个因素的第 $j$ 个等级的评判为 $u_{ij}$，对备择集中第 $k$ 个方案的隶属度为 $\gamma_{ijk}(i=1,2,\cdots,m; j=1,2,\cdots,n; k=1,2,\cdots,p)$，则第 $i$ 个因素的等级评判矩阵为

$$\widehat{k}_i = \begin{bmatrix} \gamma_{i11} & \gamma_{i12} & \cdots & \gamma_{i1p} \\ \gamma_{i21} & \gamma_{i22} & \cdots & \gamma_{i2p} \\ \vdots & \vdots & & \vdots \\ \gamma_{in1} & \gamma_{in2} & \cdots & \gamma_{inp} \end{bmatrix} \tag{6-6}$$

为了使各因素具有同一评判矩阵 $\widehat{k}_i$，以简化计算，各因素等级应按影响评判对象的趋势一致来排列。

为了反映某一因素对评判对象取值的影响，而赋予该因素各等级的权数，称为该因素等级权重集。因素各等级的隶属度反映了该因素等级对评判对象的影响，故把第 $i$ 个因素的第 $j$ 个等级对该因素的隶属度 $\mu_{ij}(i=1,2,\cdots,m; j=1,2,\cdots,n)$ 归一化后的值

$$w_{ij} = \frac{\mu_{ij}}{\sum_{j=1}^{n} \mu_{ij}} (i=1,2,\cdots,m; j=1,2,\cdots,n) \tag{6-7}$$

作为该因素的等级权重，第 $i$ 个因素的等级权重集为

$$\widehat{w}_i = \{ w_{i1}, w_{i2}, \cdots, w_{in} \} \quad (i=1,2,\cdots,m) \tag{6-8}$$

按第 $i$ 个因素的各个等级模糊子集进行综合评判得一级模糊评判集为

$$\widehat{A}_i = \widehat{w}_i \widehat{k}_i = (w_{i1}, w_{i2}, \cdots, w_{in}) \cdot \begin{bmatrix} \gamma_{i11} & \gamma_{i12} & \cdots & \gamma_{i1p} \\ \gamma_{i21} & \gamma_{i22} & \cdots & \gamma_{i2p} \\ \vdots & \vdots & & \vdots \\ \gamma_{in1} & \gamma_{in2} & \cdots & \gamma_{inp} \end{bmatrix} = (a_{i1}, a_{i2}, \cdots, a_{in}) \tag{6-9}$$

以 $a_{ik}(i=1,2,\cdots,m; k=1,2,\cdots,p)$ 为元素即得一级模糊综合评判矩阵

$$\widehat{A} = \begin{bmatrix} a_{11} & a_{12} & \cdots & a_{1p} \\ a_{21} & a_{21} & \cdots & a_{2p} \\ \vdots & \vdots & & \vdots \\ a_{m1} & a_{m2} & \cdots & a_{mp} \end{bmatrix} \tag{6-10}$$

5）二级模糊综合评判

一级模糊综合评判，反映了某一因素对评判对象的影响，因此，进行二级模糊综合评判时，一级模糊综合评判矩阵 $\hat{A}$ 为二级模糊综合评判的评判矩阵 $\hat{k}$，即 $\hat{k} = \hat{A}$。为反映各因素影响评判对象的重要程度而建立因素权重，专家根据基坑防渗止水系统的稳定性、施工费用合计及其对周边环境的影响来综合决定权重。各因素权重组成因素权重集

$$\hat{w} = (w_1, w_2, \cdots, w_m) \tag{6-11}$$

各权数应满足归一性条件和非负条件，即

$$\sum_{i=1}^{m} w_i = 1, \ w_i \geqslant 0 \ (i = 1, 2, \cdots, m) \tag{6-12}$$

按所有影响因素进行综合评判，便得二级模糊评判集

$$\hat{B} = \hat{w}\hat{k} = (w_1, w_2, \cdots, w_n) \cdot \begin{bmatrix} a_{11} & a_{12} & \cdots & a_{1p} \\ a_{21} & a_{22} & \cdots & a_{2p} \\ \vdots & \vdots & & \vdots \\ a_{m1} & a_{m2} & \cdots & a_{mp} \end{bmatrix} = (b_1, b_2, \cdots, b_p) \tag{6-13}$$

以 $b_k (k = 1, 2, \cdots, p)$ 综合考虑所有因素时，评判对象对备择集中第 $k$ 个方案的隶属度，即为评判对象的评判指标。

6）设计方案评价综合指标体系的确定

为了使设计方案满足最优，故选择方案最优为总目标，所在层为目标层 $A$；按安全可行、经济合理、环境保护、施工便捷等基本准则，选取安全性指标 $u_1$、工程造价指标 $u_2$、对环境影响指标 $u_3$、施工工期指标 $u_4$ 这四个指标因素，构成准则层 $B$；根据权重合理分配的需要，又将准则层的四个指标细分为各个子指标，构成指标层 $C$。

（1）安全性指标 $u_1$。确保防渗止水系统的安全可靠是进行设计方案优化选择的首要前提，不能保证其安全可靠性的方案是不能作为备选方案的，在方案初选时就应该加以剔除。然而，对于那些能满足安全性基本条件的方案，还需了解该方案对安全性的满足程度。和上部结构相同，深基坑防渗止水系统的设计应满足强度、变形和稳定性验算等基本原则，经过分析，确定影响安全性的因素。

强度 $u_{11}$ 包括围护结构的强度，只有满足强度要求，安全性才有可能得到满足。

变形 $u_{12}$ 包括围护结构的变形以及土体的变形等，过大的变形不仅会损害围护结构的安全性，会使防渗止水系统产生渗漏，严重时还可能引起围护体边坡坍塌、滑坡，会引起周围地表沉降、建筑物裂缝、地下管线破坏等。主要有三种情况：基坑降水引起周围地面沉降；渗漏或边坡坍塌；桩体倾斜引起墙后土体过大变形。三者既有联系，又有区别。

对于深基坑围护结构体，需进行稳定性验算。稳定性验算一般包括基坑边坡整体稳定性 $u_{13}$、渗流管涌稳定性 $u_{14}$、隆起稳定性 $u_{15}$，对以防渗止水为主要目的的深基坑围护体系，一般只验算边坡整体稳定性和渗漏管涌稳定性。

（2）工程造价指标 $u_2$。任何工程设计的最终目的都是在满足安全要求的基础上，追求最合理的造价，因此，造价就构成了设计方案优选时的另一个重要指标。

围护体系施工费用 $u_{21}$，在整个工程造价中占有很大份额，包括防渗止水帷幕及放坡、护坡的费用，主要表现为材料费。

土方开挖费 $u_{22}$，包括土方开挖及搬运费用，主要表现为人工费及机械台班费。

施工监测及检测费 $u_{23}$，施工监测及检测是很重要的项目，对施工的安全顺利进行和基坑理论研究有重要意义，然而其实施程度一直较差。以前的许多基坑工程都不做或少做监测，其费用目前投入相对较少。为查明施工质量和验证施工质量能否满足设计要求，对于防渗止水帷幕的施工质量必须采用有效的方法进行现场监测和检测。

环保费用及文明施工 $u_{24}$，包括为达到环境保护目的所采取的措施费、调查费用以及工地安全文明施工费用等。

（3）对环境影响指标 $u_3$。

施工对周围居民生活的影响 $u_{31}$，包括施工产生的噪声影响居民休息和工作；引起的尘土污染居民生活环境；运输车辆干扰交通路线等。

施工对周围建筑物和地下管线的影响 $u_{32}$，包括施工引起的周边建筑物的振动；降水可能引起的建筑物沉降、倾斜甚至开裂倒塌；土体过大变形可能引起的地下管线的挤压变形甚至破坏等影响。

施工产生的次生灾害影响 $u_{33}$，这是个长久的问题，一般容易忽略，如施工可能产生的水土流失、大面积区域性滑坡，降水可能引起的整个地区地表的下沉等。

（4）施工工期指标 $u_4$。

按施工对象和步骤的不同，施工工期一般可划分为三部分：止水帷幕施工、土方开挖、放坡与护坡。如安排得当，土体开挖和放坡、护坡可同步进行，进行专家评判时很难确定其挖土或放坡、护坡的时间长短，给打分带来了不便。因此，可以只考虑施工总工期并将其作为评价设计方案的一项指标。

7）指标因素集权重的确定

采用层次分析法计算评价指标体系中的最底层 $C$（各指标因素）相对于最高层 $A$（即最优方案）的相对重要性的总排序确定权重。

相对于上一层次某个元素，作出同层次各因素的相对重要性判断，建立同层次各因素的判断矩阵。

将同层次各因素对于上层某因素的重要性进行评价，构成判断矩阵。判断矩阵是层次分析法传递信息的基础，由各因素的相对重要性比较值构成。具体操作是将层次分析模型确定后，让有经验的专家对各因素的重要性两两比较评分。例如，将某一层次的 $n$ 个因素对于上一层的某个因素 $A_k$ 的重要性进行比较，设定两因素 $B_i$ 与 $B_j$ 进行比较，比较结果为 $b_{ij}$，则 $b_{ij}$ 的分值可采用 1—9 标度法[100]，其计算方法如表 6-5 所示。由决策者得出两两因素之间重要程度的比较值 $b_{ij}$，并构成判断矩阵 $A = [b]_{n \times n}$，其形式如表 6-6 所示。

表 6-5 1—9 标度法

| 分 值 | 含 义 |
|---|---|
| 1 | $i$ 因素与 $j$ 因素同样重要 |
| 3 | $i$ 因素比 $j$ 因素稍微重要 |
| 5 | $i$ 因素比 $j$ 因素明显重要 |
| 7 | $i$ 因素与 $j$ 因素强烈重要 |
| 9 | $i$ 因素比 $j$ 因素绝对重要 |
| 2，4，6，8 | $i$ 因素与 $j$ 因素比较结果处于以上结果的中间 |
| 倒数 | 若因素 $i$ 与因素 $j$ 的重要性之比为 $a_{ij}$，那么因素 $j$ 与因素 $i$ 重要性之比为其倒数 |

表 6 - 6   判断矩阵 **A** 的形成

| **A** | $B_1$ | $B_2$ | ... | $B_n$ |
|---|---|---|---|---|
| $B_1$ | $b_{11}$ | $b_{12}$ | ... | $b_{1n}$ |
| $B_2$ | $b_{21}$ | $b_{22}$ | ... | $b_{2n}$ |
| ⋮ | ⋮ | ⋮ | ⋮ | ⋮ |
| $B_n$ | $b_{n1}$ | $b_{n2}$ | ... | $b_{nn}$ |

# 6.8  防渗止水系统设计优化的简单处理

深基坑防渗止水系统设计方案优选的关键是围护结构形式的选择。虽然在选择围护结构形式时考虑因素多,方法相对成熟,但其任务量大,过程繁琐,难以满足工程实践所需的操作简便易行的要求。为此,对深基坑防渗止水系统设计方案优选的模糊综合评判方法进行简化处理。

1) 优化指标及其权重值的确定

在模糊数学理论中,隶属度也可认为是权重,因此,权重的确定方法可按隶属度确定方法进行。首先认真对比四个优化指标,利用二元排序方法,找出其中最重要的一个指标,即安全性指标,并定义其非归一化权重值为1(即隶属度为1)。然后以此为标准,分别与其他指标进行重要性对比。自然语言与文字中,形容词的本质特点是模糊性,它是人们运用自己的经验知识对事物进行二元比较的重要手段。为此可以给出关于模糊观念——重要性的 10 个形容词级差,即 11 个形容词级别:同样、稍稍、略为、较为、明显、显著、十分、非常、极端、无可比拟地重要,在比较中是逐步加强的。按比较结果的语气算子来确定另外三个指标的权重。语气算子与模糊标度、隶属度对应关系见表 6 - 7。

表 6 - 7   语气算子与模糊标度、隶属度对应关系

| 语气算子 | 同 样 | | 稍 稍 | | 略 为 | | 较 为 | |
|---|---|---|---|---|---|---|---|---|
| 模糊标度 | 0.50 | 0.525 | 0.55 | 0.575 | 0.60 | 0.625 | 0.65 | 0.675 |
| 隶属度 | 1.0 | 0.905 | 0.818 | 0.769 | 0.667 | 0.60 | 0.538 | 0.481 |
| 语气算子 | 明 显 | | 显 著 | | 十 分 | | 非 常 | |
| 模糊标度 | 0.70 | 0.725 | 0.75 | 0.775 | 0.80 | 0.825 | 0.85 | 0.875 |
| 隶属度 | 0.429 | 0.379 | 0.379 | 0.29 | 0.25 | 0.212 | 0.176 | 0.143 |
| 语气算子 | 极 其 | | 极 端 | | 无可比拟 | | | |
| 模糊标度 | 0.90 | 0.925 | 0.95 | 0.975 | 1.0 | | | |
| 隶属度 | 0.111 | 0.081 | 0.053 | 0.026 | 0 | | | |

2) 指标相对优属度矩阵 $\hat{k}$ 的确定

首先分析对具体的工程,根据现场的基坑岩土性质、地下水水位、基坑深度、周边环境特点等考虑安全性指标对围护结构选型的影响。对于安全性指标 $u_1$,与确定权重值的方法相同,做出 $n$ 个方案的该指标对基坑围护结构形式影响的重要性排序。定义排序最先的方案的隶属度为1,其他各方法与之对比,按重要性对比评语,根据语气算子与定量标度之间的相对隶属度,确定各个方案对安全性指标的相对优属度向量 $\gamma_1$,同理可依次确定 $\gamma_2$、$\gamma_3$ 和 $\gamma_4$,然后将之合成为相对优属度矩阵 $\hat{k}$,即

$$\widehat{k} = \begin{bmatrix} \gamma_{11} & \gamma_{12} & \cdots & \gamma_{1p} \\ \gamma_{21} & \gamma_{22} & \cdots & \gamma_{2p} \\ \gamma_{31} & \gamma_{32} & \cdots & \gamma_{3p} \\ \gamma_{41} & \gamma_{42} & \cdots & \gamma_{4p} \end{bmatrix} = (\gamma_1, \gamma_2, \gamma_3, \gamma_4)^{\mathrm{T}} = \gamma_{ij}(i = 1, 2, 3, 4; j = 1, 2, \cdots, n)$$

$$(6-14)$$

3）防渗止水系统设计方案优选方程的确定

对于深基坑围护结构,不管采用何种围护形式,相对于安全性、造价、环境影响、工期等指标而言,都具有相同的权重[101],即 $\widehat{w} = (w_1, w_2, w_3, w_4)$。因此,有

$$w_{ij} = w_i(i = 1, 2, 3, 4) \qquad (6-15)$$

方案对优的相对优属度为 $\mu_j$,方案对劣的相对优属度为 $\mu_j^c$。由于模糊集合理论中的隶属度也可定义为权重,方案 $j$ 以相对隶属度 $\mu_j$ 隶属于模糊概念——优,它的距优距离为 $d_{jg}$。为了完善地表达方案 $j$ 与优等方案的距离,引入加权距优距离 $D_{jg}$ 和加权距劣距离 $D_{jb}$。

$$D_{jg} = \mu_j d_{jg} = \mu_j \cdot \sqrt[p]{\sum [w_{ij}(g_i - \gamma_{ij})]^p} \qquad (6-16)$$

$$D_{jb} = \mu_j^c d_{jb} = (1 - \mu_j) \cdot \sqrt[p]{\sum [w_{ij}(\gamma_{ij} - b_i)]^p} \qquad (6-17)$$

建立目标函数 $\min F(\mu_j)$,方案 $j$ 的加权距优距离 $D_{jg}$ 与加权距劣距离 $D_{jb}$ 的平方和为最小[102],即

$$\min F(\mu_j) = \min(D_{jg}^2 + D_{jb}^2) \qquad (6-18)$$

令目标函数式的一阶倒数为零,令 $g_i = 1$, $b_i = 0$, $w_{ij} = w_i$,简化得优选方程

$$\mu_j = \cfrac{1}{1 + \left\{ \cfrac{\sum\limits_{i=1}^{4} [w_j(1 - \gamma_{ij})]^p}{\sum\limits_{i=1}^{4} (w_j \gamma_{ij})^p} \right\}^{\frac{2}{p}}} \qquad (6-19)$$

其中, $p$ 为距离参数, $p = 1$ 为海明距离, $p = 2$ 为欧氏距离。方案为最优时, $\mu_j = 1$,即对优的相对隶属度为 1;方案为最劣时, $\mu_j = 0$,即对优的相对隶属度为 0; $\mu_j$ 越接近于 1,方案越优。

## 6.9　工程实例

### 6.9.1　工程概况

某拟建建筑工程位于海南省文昌市某镇南部,毗邻南海。基坑开挖深度较深,进入基岩;基坑开挖面积较大。

拟建建筑物场地四周空旷,地形基本平坦。场区现已平整,属于海成Ⅰ级阶地地貌。

### 6.9.2　地质条件

岩土工程勘察报告显示,场地上部地层属于第四纪海相沉积物,其岩性特征见表 6-8。

表 6-8　地基土层的岩性特征

| 地层编号 | 地层名称 | 湿度 | 渗透系数(cm/s) | 密实度 | 其 他 性 状 描 述 |
|---|---|---|---|---|---|
| ① | 填土 | 稍湿 | $5.8×10^{-3}$ | 松散 | 灰褐色;粉细砂,含有植物根系、少量细粒土 |
| ② | 细砂 | 饱和 | $5.8×10^{-3}$ | 松散—稍密 | 灰色、褐色;粉细砂,矿物成分主要为石英、长石,含少量黏粒,局部含钙质半胶结碎块 |
| ③ | 含砂生物碎屑 | 饱和 | $8.2×10^{-2}$ | 松散—稍密 | 灰色;以生物碎屑及珊瑚碎屑为主,块径3～6 cm,以灰色细砂充填,砂粒成分主要为石英、长石及生物碎屑,局部为生物碎屑及珊瑚礁 |
| ③₁ | 粉砂 | 饱和 | $5.8×10^{-3}$ | 中密—密实 | 灰色;矿物成分以石英、长石为主,含少量贝壳碎片,黏粒含量约5% |
| ③₂ | 珊瑚礁 | — | $9.3×10^{-2}$ | | 灰色;块状构造,多孔隙,为珊瑚礁盘,主要在中风化花岗岩岩层顶面,不连续分布 |
| ④₁ | 砂砾状强风化花岗岩 | — | $5.8×10^{-4}$ | | 灰黄色;碎裂构造,主要矿物成分为石英等,矿物风化明显,岩芯呈砂砾状,岩体为极软岩,岩体极破碎;岩体基本质量等级为Ⅴ类 |
| ④₂ | 块状强风化花岗岩 | — | $1.3×10^{-4}$ | | 灰黄色,灰白色;呈块状构造、粗粒结构,矿物质成分以长石、石英为主,矿物风化明显,岩芯呈碎块状,易碎,岩体为较软岩,岩体破碎;岩体基本质量等级为Ⅴ类 |
| ④ | 花岗岩 | — | $4.6×10^{-5}$ | | 灰白色;中风化,局部微风化,粗粒结构,块状构造,主要矿物成分为石英、长石等,岩体为较硬岩—坚硬岩,岩体较完整—完整,岩体基本质量等级为Ⅱ—Ⅲ类 |

根据勘察报告,场地有二层含水层,第一层含水层为主要赋存于第②层细砂、第③层含砂生物碎屑、第③₁层粉砂及第③₂层珊瑚礁中的孔隙潜水,地下水主要接受大气降水及地下径流补给,通过大气蒸发及地下径流进行排泄;第二层含水层为赋存于第④₁层砂砾状强风化花岗岩、第④₂层碎块状强风化花岗岩及第④层中风化花岗岩中的裂隙潜水,勘察期间钻孔中静止水位埋深为 0.0～0.6 m(局部低洼处,地表水直接露出地表)。本工程与南海相距较近,场地地下水与南海海水存在着水力联系,尤其受南海潮汐作用影响大。

## 6.9.3　基坑工程特点与难点

1) 基坑工程特点

本基坑工程存在如下特点:① 工程量大:基坑开挖面积大,地面面积约 15 000 m²;开挖深度大,且进入基岩;土石方工程量大。② 工期长:本基坑开挖和基础施工的总工期预计要超过 2 年,这样,基坑开挖后坡面暴露时间长,安全风险大。③ 设计限制:因需爆破开挖基岩,不可设计内支撑,只能采用止水帷幕加放坡、护坡。④ 不利因素多:从本基坑施工过程来看,本基坑在施工期间存在的不利因素多,安全风险大。特别是基岩爆破开挖时的振动荷载对基岩原有裂隙会产生进一步破坏,并且对支护墙体产生不利影响,若墙体强度不足,振动会导致墙体产生裂隙,使基坑围护体破坏而出现漏水现象。潮汐作用所引起的附加荷载加大了围护体外侧的水压力,短时间内形成较大的水位差,在基岩面附近会发生渗漏,对隔断基岩面及其以上覆土层交界面的渗透通道施工质量要求大大提高。这样,在基坑围护体的设计过程中必须考虑这些不利因素的影响。⑤ 安全要求高:基坑围护体因施工周期长而凸显对其隔水效果要求高,因附加荷载多而凸显支护体必须具备一定强度的重要性和必要性。按有关规范要求,本基坑安全等级为一级。环境控制要求不是本围护设计考虑的重点,但防渗止水要求较高。

2)基坑工程难点

(1)工程地质条件复杂。

③层以上地层:根据场地勘察报告,场地内第②层细砂、第③层含砂生物碎屑、第③$_1$层粉砂及第③$_2$层珊瑚礁属于极强透水层,水量极大,局部地段由于珊瑚碎屑及珊瑚礁含量大,钻进时漏浆严重。围护体必须解决的问题:因第①、②、③层土透水性极强,难点之一在设计围护体时必须采用合理的止水帷幕对第③层以上地层进行隔水。

第③、④层交接面:从承载力特征值来看,场区内第②层细砂为 120 kPa、第③层含砂生物碎屑为 130 kPa、第③$_1$层粉砂为 200 kPa、第③$_2$层珊瑚礁为 150 kPa、第④$_1$层砂砾状强风化花岗岩为 300 kPa、第④$_2$层碎块状强风化花岗岩为 500 kPa 及第④层中风化花岗岩为 4 000 kPa,第④层为强度较大的中风化花岗岩。这些指标表明交接面具有一定强度,选择止水帷幕施工方法时必须考虑施工难易和可行性。从第③、④层透水性质上看,第③层以上土层为强透水层,第④层为弱透水层,第③、④层交界面为强透水界面。从地质剖面图可以看出,基坑底标高已进入第④层中微风化岩层,穿过第③层与第④层的强渗透交接面,难点之二是在围护体设计与施工时必须对该界面进行防渗处理。

第④层基岩:根据建筑设计要求,基坑开挖已进入第④层 12~15 m。第④层中风化花岗岩岩体基本完整,总体来说属于弱含水层,水量不大,但不排除局部地段张性裂隙发育,水量丰富的可能性。难点之三是在制定护坡方案及降、排水方案时要充分考虑基岩裂隙水的排放问题。

(2)水文、气象条件恶劣。

本场地内分布的第②层细砂、第③层含砂生物碎屑、第③$_1$层粉砂及第③$_2$层珊瑚礁属于极强透水层,水量极大,局部地段由于珊瑚碎屑及珊瑚礁含量大;第④$_1$层砂砾状强风化花岗岩、第④$_2$层碎块状强风化花岗岩及第④层中风化花岗岩,总体来说属于弱含水层,水量不大,但不排除局部地段张性裂隙发育,水量丰富的可能性。场区内近 3~5 年地下水的最高水位接近地表。第④层中风化花岗岩岩层以上土层渗透系数大,透水性强。局部地段由于珊瑚碎屑及珊瑚礁含量大,地质钻探在钻进时漏浆严重,这样高孔(空)隙地层对采用任何形式的防渗止水隔水帷幕的施工效果都是极大地挑战,因高孔(空)隙地层基体不足,而且分布不均,事前也很难对局部进行有针对性的加强,一旦施工质量不佳,或施工质量不稳定就会产生渗漏点,给基坑施工带来隐患和安全风险。难点之四是在围护体设计与施工时,一是要考虑在基坑顶部设置挡水坝;二是必须对第④层(特别是第③、④层交接面)以上实施全封闭隔水,隔断基坑内地下水与海水之间的水力联系;三是要重视对基坑开挖形成放坡面的明排水问题,包括施工期间的大气降水排放。

## 6.9.4 防渗止水方案比选

通过现场踏勘、场地地层地质特征分析,结合类似的工程特征,主要针对防渗止水要求,提出如下四种设计方案。方案一:入岩素钻孔灌注咬合桩+放坡+护坡;方案二:两排入岩高压旋喷桩+放坡+护坡;方案三:上部三轴搅拌桩(以基岩面上 1 m 为界)+下部入岩高压旋喷桩+放坡+护坡;方案四:入岩素连续墙+放坡+护坡。

根据前述分析,初步方案比选参见表 6-9。

表 6-9　基坑初步方案比选

| 初步围护方案 | 设 计 参 数 | 主 要 优 点 | 主 要 缺 点 |
|---|---|---|---|
| 入岩钻孔咬合桩＋放坡＋护坡 | 一排入岩钻孔咬合桩，桩长 11～19 m，入岩 0.5 m，三级放坡，挂网喷浆护坡 | 防渗止水效果好，能入岩，对高低起伏大的基岩面适应性好 | 造价高，工期长，施工工艺复杂 |
| 两排入岩高压旋喷桩＋放坡＋护坡 | 二排入岩高压旋喷桩，呈梅花状布置，桩长 11～19 m，桩径 0.85 m，桩间距、排距均为 0.6 m，入岩 0.5 m（钻机预成孔入岩）；三级放坡，挂网喷浆护坡 | 对高低起伏大的基岩面适应性好，施工工艺较简单，因场地开阔，可安排多台设备同时施工，工期可满足要求 | 造价较高，成桩质量不稳定，可能会发生局部渗漏 |
| 上部三轴搅拌桩＋下部入岩高压旋喷桩＋放坡＋护坡 | 以基岩面以上 1 m 为界，上部采用三轴搅拌桩，下部采用同心高压旋喷桩（钻机预成孔入岩），入岩 0.5 m，桩之间搭接 1 m；三级放坡，挂网喷浆护坡 | 对高低起伏大的基岩面适应性好；上部采用三轴搅拌桩，成桩质量稳定，防渗止水效果好；工期可满足要求 | 本场地存在珊瑚礁灰岩，可搅拌性差，三轴搅拌桩成桩施工困难 |
| 入岩地下连续墙＋放坡＋护坡 | 入岩 0.5 m 的素地下连续墙，墙厚 0.6 m，墙深 11～19 m；三级放坡，挂网喷浆护坡 | 地下连续墙防渗止水效果好，入岩能隔断基岩面以上土体渗透通道 | 造价高，工期长；同时地下连续墙对高低起伏大的基岩面适应性差 |

## 6.9.5　类似地层基坑防渗止水系统设计方案优选

### 1）设计原则

据文献[103]，基坑设计的原则有：满足安全性、环境保护、技术经济和可持续发展的要求。据文献[104]，在基坑工程设计中，要坚持保证围护体系安全可靠、保护环境、方便施工和经济性的要求。对于本基坑工程，因地处旷野，环境保护要求低，但围护体防渗止水要求高，一旦发生渗漏，处理难、代价高，安全风险大。故特将防渗止水风险是否可控列入设计原则中去，凸显防渗止水重要性，采用安全可靠、技术经济、施工方便和风险可控四个基本原则。从上述四个原则出发，选择了 13 个指标来评价基坑工程设计的优化目标。这样，对基坑工程设计方案的评价就变为求解一个多目标、多层次的评价问题，为此，拟采用层次分析法，将所有评价指标转变为一个 4 层结构（目标层、准则层、指标层和方案层）的综合评价指标体系，如表 6-10 所示。并运用 1—9 比率标度方法构造出判断矩阵，从而求解判断矩阵最大特征根及其特征向量，进而求得各指标的相对权重。

表 6-10　基坑工程设计方案的评价指标体系

| 目 标 层 | 准 则 层 | 指 标 层 | 方 案 层 |
|---|---|---|---|
| 总目标—A 最优方案 | B1 安全可行 | C1 安全性即安全系数，C2 类似工程技术的成熟性，C3 围护系统技术的先进性，C4 施工技术的可行性和可控性，C5 围护系统隔水效果与渗漏可能性，C6 围护系统应急措施的有效性 | D1 方案 1 D2 方案 2 D3 方案 3 D4 方案 4 |
|  | B2 经济合理 | C7 综合造价 |  |
|  | B3 施工方便 | C8 施工总工期，C9 施工难易度，C10 支护结构对后续工序的影响 |  |
|  | B4 风险可控 | C11 可能发生渗漏范围大小，C12 渗漏对施工的影响，C13 采用处置措施的可靠性 |  |

2）基坑工程设计方案评价

根据表 6-10 所列的基坑工程设计方案评价指标体系,对本基坑工程构造的目标基本元素如表 6-11 所示。

**表 6-11 初步方案评价基本指标**

| 目　　　标 | D1 | D2 | D3 | D4 |
|---|---|---|---|---|
| 围护安全性(安全系数) | 1.7 | 1.1 | 1.5 | 1.9 |
| 类似工程技术的成熟性 | 0.85 | 0.6 | 0.9 | 0.95 |
| 围护系统的科学性和先进性 | 0.8 | 0.7 | 1.0 | 0.85 |
| 施工技术的可行性和可控性 | 0.8 | 0.5 | 0.85 | 0.7 |
| 围护系统隔水效果与渗漏可能性 | 0.8 | 1.0 | 0.9 | 0.85 |
| 围护系统应急措施的有效性 | 0.7 | 0.6 | 0.75 | 0.7 |
| 总造价(万元) | 2 800 | 1 800 | 1 200 | 3 200 |
| 施工总工期(d) | 90 | 70 | 50 | 110 |
| 施工的难易度 | 0.9 | 0.5 | 0.6 | 1.0 |
| 围护结构对后续工序的影响 | 1.0 | 0.7 | 0.7 | 1.0 |
| 可能发生渗漏范围大小 | 0.3 | 0.6 | 0.35 | 0.3 |
| 渗漏对施工的影响 | 0.2 | 0.7 | 0.25 | 0.2 |
| 采用处理措施的可靠性 | 0.9 | 0.5 | 0.75 | 0.9 |

分别求得四个方案的 13 个目标值,从而得到目标特征矩阵,再将目标特征值矩阵转换为目标优属度矩阵:

$$R_{13\times4} = \begin{bmatrix} 0.75 & 0 & 0.5 & 1 \\ 0.71 & 0 & 0.86 & 1 \\ 0.33 & 0 & 1 & 0.5 \\ 0.86 & 0 & 1 & 0.57 \\ 1 & 0 & 0.5 & 0.75 \\ 0.67 & 0 & 1 & 0.67 \\ 0.2 & 0.7 & 1 & 0 \\ 0.33 & 0.67 & 1 & 0 \\ 0.2 & 1 & 0.8 & 0 \\ 0 & 1 & 1 & 0 \\ 1 & 0 & 0.83 & 1 \\ 1 & 0 & 0.9 & 1 \\ 1 & 0 & 0.63 & 1 \end{bmatrix} = (r_{ij})$$

经计算,本工程四个初步方案中 13 个目标的权向量为 $w$ =(0.125　0.085　0.085　0.045　0.045　0.015　0.3　0.125　0.045　0.03　0.04　0.04　0.02)。

根据相对优属度矩阵,本工程的相对优方案和劣方案分别为 $g$ =(1 1 1 1), $b$ =(0 0 0 0)。

假定欧氏距离参数 $P$ 为 2,则可分别计算得到:

$$uj = (0.26 \quad 0.53 \quad 0.96 \quad 0.21)$$

　　根据隶属度最大原则,方案三是四个初步方案中相对优方案或者为满意方案,方案二次之。

　　在实际设计时,采用的止水帷幕系统包括:① 基岩面以上透水层的止水帷幕;② 放坡与护坡(含坡顶挡水坝、基岩面以上坡脚处的底腰梁)。止水帷幕结构体由基岩面以上单排($\phi 850@600$)的三轴水泥搅拌桩与三轴搅拌桩同心的单排入岩的高压旋喷桩($\phi 900@600$)组成,二桩上下搭接 1 m。

　　本工程基坑围护施工时选用上述设计方案,目前,基坑围护工程及基础工程已施工完毕。实际施工结果表明,采用三轴搅拌桩在砂土层成桩质量良好、稳定;采用常规地质钻机预成孔,进入基岩深度不小于 0.5 m,入岩高压旋喷桩很好地解决了止水帷幕入岩难、代价高的施工难题,对基岩面起伏大的地层适应性好,有效地解决了基岩面以上强风化带的渗漏问题,同时施工工期进度快,工程造价相对较低。在基坑开挖过程中,只发现零星漏点,围护体整体防渗止水效果好,达到了预期设计与施工的目的。

# 6.10　结论

　　本章通过理论和工程实例研究,得到如下结论:

　　(1)入岩深基坑防渗止水系统设计必须紧密结合场地地层条件、工程设计要求、工程周边环境要求和施工可行性,抓住防渗止水系统设计要解决的主要矛盾,认真分析施工的重点、难点问题,在初步比选的基础上,选择出可实施的待比选方案;

　　(2)对于待优选的方案,可根据深基坑设计比选原则,通过模糊综合评判的方法再作优化比选。对于临海复杂地质条件下的基坑,其防渗止水要求是主要的,首先必须满足防渗止水要求,在比选过程中要赋予防渗止水要求以较大的权重;

　　(3)理论分析和工程实践证明,对于临海入岩深基坑,采用上部三轴搅拌桩和入岩部位高压旋喷桩搭接的复合止水帷幕体形式,科学、经济、合理,具有可操作性强、止水效果好、工程造价较低和工期较短等优点。

# 7 防渗止水系统设计

临海复杂地质条件下的建(构)筑物因使用功能必须开挖深基坑,深基坑设计与施工就成为人们必须面对和解决的重要问题。基坑开挖涉及的内容很多,也很复杂,既涉及基坑自身的强度与稳定性,又包含了地质条件和周边环境问题。基坑开挖的岩土工程问题主要包括:

(1) 基坑防渗止水帷幕设计与施工问题;

(2) 基坑开挖中的人工降水问题;

(3) 基坑边坡稳定问题;

(4) 基坑开挖后的周边环境问题。

大量的工程实践表明,出现这些问题,大部分都和基坑开挖中地下水原有状态的改变有关系。特别是在临海地区,地层富含地下水,而且地层地下水与南海存在强水力联系,基坑开挖边坡稳定性主要受控于地下水的渗流条件,防渗止水成为决定基坑安全的首要问题。在基坑开挖过程中,当基底标高在地下水水位以下时,必须阻断地下水向基坑内渗流。一般采用降水或阻水措施将基坑内的地下水水位降至基坑底以下 0.5~1.0 m,以保证基坑干燥、便于施工。临海地区地下水对基坑工程产生不利影响主要表现为两种:一种是土体坡底渗漏、流沙,影响基坑施工的正常进行,给施工带来很大困难;另一种是在渗漏量大、渗漏点多的情况下会危及基坑边坡稳定性,产生局部滑坡、坍塌等。

为了保证施工的顺利进行,又不至于影响周围环境,工程中所运用的基坑防渗与降水方法大体可分为三类:第一类是单纯的强降水,即将基坑区域内的地下水水位强行降低至开挖面以下;第二类是全方位截渗,即采用高喷灌浆或其他工程措施建立止水帷幕,将基坑底部与周边竖向封闭式截渗,全面切断基坑内外水力联系;第三类是防渗与降水相结合的方法。

由此可见,止水帷幕在基坑开挖中起着不可忽视的重要作用,目前基坑降水中大多数的止水措施都是采用各种施工方式在基坑四周或底部设置有效的防渗层,以此来形成对地下水的阻挡和隔断。对于基坑开挖面积大,开挖深度大,而且还要进入基岩,施工工期长的深基坑工程,全周长隔断地下水,为基坑工程和基础工程施工提供安全、干燥的施工环境,很有必要认真研究解决这一类型深基坑的防渗止水帷幕设计与施工问题。

## 7.1 设计原则

为了给地下工程的敞开开挖创造条件,临海入岩深基坑防渗止水系统设计必须满足如下几个方面的要求:

(1) 适度的施工空间。防渗止水体系加放坡、护坡起到保证基坑边坡稳定的作用,为地下工程的施工提供足够的作业场地。

(2) 干燥的施工空间。采取降水、排水、隔水等各种措施,保证地下工程施工的作业面在地下水水位面以上,方便地下工程的施工作业。当然,也有少量的基坑工程为了基坑稳定的需要,土方开挖采用水下开挖,通过水下浇筑混凝土底板封底,然后排水,创造干燥的工程作业条件。

（3）安全的施工空间。在地下工程施工期间,应确保基坑自身的安全和周围环境的安全。

为了满足上述要求,在基坑工程方案设计时,应首先对基坑工程在安全性、周边环境保护以及技术经济方面的要求进行充分研究;同时,防渗止水体系设计也应利于节约资源,符合可持续发展的要求,实现综合的经济效益和社会效益。

1）安全可靠

影响基坑工程的不确定性因素众多,且基坑工程又是一项风险性很大的工程,稍有不慎就可能酿成巨大的工程事故,防渗止水系统设计的首要目标是确保基坑工程的安全。首先要确保基坑工程自身的安全,为地下结构的施工提供安全的施工空间;其次,基坑施工必然会产生变形,但变形量必须在基坑安全可控范围内,必须确保基坑不发生危及基坑自身和周围环境安全的变形。设计时应结合工程当地的施工经验与技术能力进行具体分析,选择工程当地成熟、可靠的施工方案,降低基坑工程的风险。

2）经济合理

防渗止水系统为临时性的施工措施,在确保基坑工程安全性的前提下,尽可能地降低防渗止水系统的工程造价,是设计人员必须关注的重要问题。不同的防渗止水设计方案对工程工期会有较大的影响,对项目开发所产生的经济性差异也不容忽视。对于某些项目,不同设计方案引起工期变化对于项目开发的经济性影响甚至会超过方案的直接工程量差异。

防渗止水系统设计应采取合理、有效的结构形式与技术措施以控制工程造价和实现工期目标,必要时,对于技术上均可行的多个设计方案,应从工程量、工期、对主体建筑的影响等角度进行定性、定量的分析和对比,以确定最合适的方案。在工程量方面,一般应综合比较防渗止水系统的工程费用、土方开挖、降水与监测等工程费用以及施工技术措施费;在工期方面,应比较工期的长短及由此带来的经济性差异;防渗止水系统设计方案对主体建筑的影响方面,主要考虑不同防渗止水系统的占地要求对主体结构建筑面积的影响,以及对主体结构的防水、承载能力等方面的影响。

3）技术可行

防渗止水系统涉及岩土工程、结构力学、工程结构、工程地质和施工技术等专业知识,是一项综合性很强的学科,防渗止水系统设计不仅要符合基本的力学原理,而且要能够经济、便利地实施,如设计方案是否与施工机械相匹配、施工机械是否具有足够的施工能力、费用是否经济等。

防渗止水系统的作用既然是为地下结构提供施工空间,就必须在安全可靠、经济合理的原则下,最大限度地满足便利施工的要求,尽可能采用合理的设计方案减少对施工的影响,保证施工工期。

4）可持续发展

基坑工程属于能耗高、污染较大的行业。防渗止水系统施工需要大量的水泥、砂、石子、钢材等;工程实施过程中会产生渣土、泥浆、噪声等污染;基坑降水会消耗地下水资源并造成地面沉降等不良后果;防渗止水系统、加固体留在土体内部,将来可能形成难以清除的地下障碍物。因此,在设计方案时,应考虑到可持续发展,尽量采取措施节约社会资源,降低能耗。可采取的技术措施包括围护结构不出红线、减小工程量、尽量采用可重复利用的材料(如钢支撑、型钢水泥土搅拌墙等)、废泥浆的利用等,以减少工程开发对社会的不利影响和对环境的破坏。

## 7.2　设计步骤

临海基坑围护设计是一个不断完善和动态的设计的过程,其科学合理的步骤为:前期设计,现场监测、复核,依据实况修正、补充、调整,具体步骤如图 7 - 1 所示。

动态设计的具体顺序如下:

(1) 熟悉现场环境条件,研究勘察报告及地层土的物理性质和参数。

(2) 依据岩土参数,分析基坑边坡稳定性影响因素,确定基坑围护原则和主要目的。

(3) 确定基坑围护形式,提出几个初步方案,定性评价安全性、可行性及优缺点。

(4) 进行边坡设计剖面的稳定性、防渗计算,定量评价边坡稳定性和防渗安全性,验算能否满足边坡强度和防渗要求。

(5) 进行深基坑整体稳定、抗滑、抗管涌验算,能否达到安全标准。

(6) 经济及环保效果比较,工期保证。

(7) 择优比选,确定施工图围护结构的形式及配套设施等。

(8) 制定切实有效的施工组织设计,落实质量保证体系。

(9) 及时研究施工期间的探孔、引孔所发现的地质条件变化对围护体施工的影响,调整施工参数。

(10) 进行基坑开挖监测,对位移、沉降、地下水水位进行观测、评价和研究;根据监测研究结果,评价边坡各时段(各工况)的稳定性,预测下一工况的发展趋势。

(11) 根据不利的观测结果,如有必要修正事前设计参数,或做设计变更。在施工中,这种动态设计补充、完善是正常的、必要的,这是由基坑围护特性所决定的。

临海深基坑工程常常根据施工过程中的观测结果,积极修改、调整设计。所谓动态设计法,就是当出现与原设计相悖的情况或变化较大时,应根据现状,修正原定的设计。当然,如果地质勘察准确、设计方案圆满,没有出现意外的情况,则是设计者追求的目标。

(12) 经过以上的反复过程,不断满足客观变化需要,最终完成设计目的。

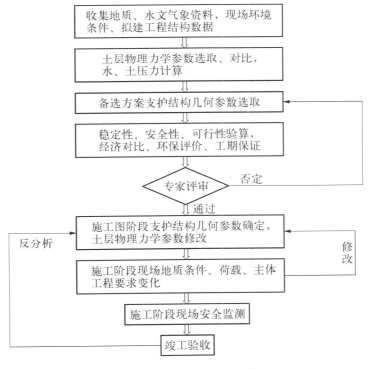

图 7 - 1　设计步骤流程图

## 7.3 设计内容

### 7.3.1 设计依据

考虑到地质条件复杂,可参考的当地工程案例少,工程重要,如发生问题后果严重等因素,临海复杂地质条件下的深基坑设计必须慎重对待。应充分考虑如下设计依据。

1) 类似工程案例研究

对于地处海南省临海地区的基坑,由于建设工程数量不多,地区地质条件研究不太充分,设计与施工经验不多。因此,设计之前必须结合本地区的地质条件,充分调研分析类似地质条件下的基坑工程的成功与失败的原因,并吸取其经验和教训。

2) 地质、气象条件研究

基坑工程与自然条件的关系密切,设计施工中必须全面考虑气象、工程地质及水文地质条件及其在施工中的变化,充分了解工程所处的工程地质及水文地质、周围环境与基坑开挖的关系及相互影响。基坑工程作为一种岩土工程,受到工程地质和水文地质条件的影响较大,区域性较强,对工程场地地区的地质条件认识与判断的正确程度是决定基坑设计与施工成功与否的关键问题之一。为此,必须认真分析研究工程场地的岩土工程勘察报告,对地质条件作对比研究分析。

临海地区因常常出现恶劣天气,场地地下水还受到潮汐作用影响,所以基坑设计,特别是降、排水设计必须考虑恶劣天气和潮汐作用的影响。

3) 周边环境调查

基坑工程支护结构体系除受地质条件制约以外,还受到相邻的建筑物、地下构筑物和地下管线等的影响,周围环境的容许变形量、重要性等也会成为基坑工程设计和施工的制约因素,甚至成为基坑工程成败的关键。因此,设计之前应开展周边环境调查工作,了解影响场地区域内道路、管线、建筑物的详细资料,从而为设计和施工采用针对性的保护措施提供依据。对于临海地区的深基坑,环境约束相对较为宽松。

4) 建筑物基础设计

基坑支护开挖所提供的空间是为主体结构的地下室施工所用,因此任何基坑设计,在满足基坑安全及周围环境保护的前提下,要合理地满足施工的易操作性和工期要求。

5) 场地现场勘察、测试资料

为真正掌握工程场地的工程地质和水文地质条件,为防渗止水帷幕设计提供设计参数,在工程场地内进行有针对性的岩土和抽水试验等野外原位测试工作;为掌握潮汐作用特征,在拟建场地内开展了为期一年的潮汐作用测试。这些测试工作资料是难得的现场第一手资料,也是设计防渗止水系统的基础资料与依据。

6) 规范、规程及相关规定

基坑支护设计必须依据国家及地区现行的有关设计、施工技术规范、规程。如各种国家、行业和地区的基坑工程设计规范,地下连续墙、钻孔灌注桩、搅拌桩等围护结构设计施工技术规程、规范,钢筋混凝土结构、钢结构设计规范等。因此,设计前必须调研和汇总有关规范和规程并注意各类规范的统一和协调,并根据本地区或类似土质条件下的工程经验,因地制宜地进行设计与施工。在城市建设发达地区,如上海、北京、广州等地,地方工程建设管理部门会结合本地区的实际与工程经验,出台与深基坑相关的规定,有些地区也会为保护地铁、历史建筑等出台相关规定、条例等,以规范和指导深基坑设计与施工。

7) 其他

深基坑防渗止水帷幕设计与施工还要考虑建(构)筑物使用功能与要求,建设方开发周期,建设方的资金状况等其他情况。

## 7.3.2 设计内容

临海入岩深基坑防渗止水帷幕设计内容包括:止水(隔水)帷幕体,放坡与护坡,截水、降水、排水系统设计。

1) 防渗止水(隔水)帷幕体设计

基坑在开挖过程中受到周围土体、地表荷载和渗漏、渗透所产生的渗透破坏力等各种荷载的作用,往往产生一定的变形和位移,当位移和变形超过基坑支护的承受能力时,基坑就会产生破坏。调查表明,常见的基坑破坏形式和特征如表7-1所示。

表7-1 常见的基坑破坏形式和特征

| 基坑破坏形式 | 特 征 |
|---|---|
| 边坡失稳 | 基坑地面荷载超过设计允许值;产生流沙、管涌、滑坡 |
| 坑底隆起 | 基坑围护深度或刚度不足,承载力太小;由土体内应力重分布或是有承压水引起 |
| 突 涌 | 坑内承压水水头大于上覆坑底土体自重;地下水涌入坑内,坑外地表大幅沉陷 |
| 围护结构破坏 | 设计支护结构或安全系数选取不当;结构施工质量差,且补救措施不当 |

基坑工程中为避免流沙、管涌,保证工程安全,必须对地下水采取有效的措施。控制地下水的措施可以从两方面进行,分为止水措施和降、排水措施,其中止水(隔水)措施详见表7-2。出于经济和安全的目的,常把止水措施与降、排水措施结合使用。

表7-2 基坑工程中的止水(隔水)措施

| 分 类 | 说 明 |
|---|---|
| 钢板桩 | 其有效程度取决于土的渗透性、板桩的锁和效果和渗径的长度等因素 |
| 地下连续墙 | 深基坑工程中常使用钢筋混凝土地下连续墙,具有一定入土深度,既能承受较大的侧向土压力,又能止水隔渗,效果很好,应用广泛 |
| 水泥和化学灌浆帷幕 | 采用高压喷射注浆,压力注浆或渗透注浆的技术方法在地下形成一道连续帷幕,其有效程度取决于土的颗粒性质,灌浆孔必须一个个紧靠着形成连续的隔水帷幕 |
| 搅拌桩隔水帷幕 | 采用深层搅拌桩的技术方法施工隔水帷幕,有很好的防渗阻水效果,能有效支撑边坡,应用较广 |
| 冻结法 | 采用冷冻技术将基坑四周的土层冻结,达到阻水和支撑边坡的目的,适用于淤泥质砂和黏土质砂及砂卵石土;造价昂贵,且一旦失效则补救非常困难,使用较少 |
| 搅拌桩与高压旋喷桩搭接 | 为进入基岩,采用高压旋喷桩施工方法;基岩面上覆土体采用搅拌桩止水,高压旋喷桩上与搅拌桩有效搭接,下进入基岩一定深度 |

虽然竖向止水帷幕的形式有两种:一种为帷幕墙底插入下伏相对隔水层,为完全隔水;另一种因含水量相对较厚,帷幕墙底未到隔水层,悬挂在透水层中。但对于临海入岩深基坑,只能采用第一种形式,止水帷幕体进入相对不透水层(基岩)。

采用止水帷幕隔离地下水,一般要求插入含水层下的隔水层 2~3 m,帷幕渗透系数宜小于 $1.0 \times 10^{-7}$ cm/s。对于嵌入基岩的全封闭式止水帷幕,桩底宜深入基岩或相对不透水层 0.5~1.0 m。止水帷幕内外宜设观测孔,测量水位,以鉴别隔水效果。

临海入岩深基坑工程,通过第6章比选,其防渗止水帷幕体采用直径为 850 mm 的单排三轴搅拌桩和直径为 900 mm 的单排高压旋喷桩竖向搭接来进入相对不透水层(基岩),对基坑实施全周长、全封闭止水、隔水处理。

设计的止水帷幕体渗透系数小于 $1.0 \times 10^{-5}$ cm/s;止水帷幕体施工 28 d 后的强度大于 0.5 MPa;三轴搅拌桩水泥掺量不低于 20%;高压旋喷桩水泥掺量不低于 25%。施工参数经试成桩再确定。

2) 放坡、护坡设计

放坡、护坡设计内容包括:放坡坡度确定,放坡级数确定,放坡平台设计,护坡坡面设计等。对于土岩结合的临海深基坑边坡,必须考虑土岩结合面上的腰梁设计。

(1) 放坡设计。

放坡设计先根据基坑开挖深度、土体开挖深度、放坡坡度和放坡级数、地质条件等初步设计放坡方案,然后再根据岩土参数等计算指标借助边坡稳定性分析程序验算边坡的稳定性系数,在满足规范要求的情况下确定放坡设计方案,最后根据施工条件等优化、调整设计,再采用有限元计算程序做最后的稳定性复核后,最终确定放坡设计方案。

放坡开挖适合于场地开阔、基坑周边没有重要建筑物、地下水埋深大及基坑边土体变形要求不高的情况。当开挖深度超过 5 m 时,宜采用分级放坡,每一级间有一过渡平台。当场地为黏土或粉质黏土、地下水水位较深时,基坑周围有场地条件放坡,可采用局部或全深度的基坑放坡。边坡类型如表 7 - 3 所示。

表 7 - 3　边坡类型表

| | | | 无地下水 |
|---|---|---|---|
| 边坡类型 | 放坡开挖 | 放坡开挖 | |
| | | 全深度一级开挖 | 明沟 |
| | | | 井点 |
| | | 分级放坡开挖 | |
| | | 组合边坡开挖 | |
| | | 上段放坡<br>人工护面 | 插筋挂网 |
| | | | 砂浆抹面 |
| | | | 喷射混凝土护面 |
| | | | 铺土工布 |
| | | 下段<br>加固处理 | 土钉围护 |
| | | | 注浆护壁 |
| | | | 喷锚围护 |
| | 围护开挖 | 全深度围护开挖 | |
| | | 上段放坡开挖,下段桩墙围护 | |

对于临海入岩深基坑,其开挖深度范围内地层分为基岩面以上的砂性土和基岩面以下的岩体。放坡设计时应按基岩面分别确定土体和岩体的放坡坡度。

岩(土)体边坡的坡率允许值按工程类比的原则并结合已有稳定的边坡分析确定,当地质环境条件简单、土(岩)质均匀,放坡按表 7 - 4 和表 7 - 5 要求确定坡度、坡高,以保证边坡的稳定和安全。

对于临海基坑边坡,考虑到基坑边坡剖面为土岩结合,放坡设计时一定要以土岩分界面为准,对于土体和岩体分别确定放坡坡度。基岩面上覆土体强度较高,经验算,边坡根据基坑开挖深度要求,可按每级放坡高度不大于 8 m 的要求分级放坡,放坡坡度为 1:1~1:1.5;在坡顶预留 3 m 的通道,在每级放坡坡脚设有宽度不小于 3 m 的过渡平台,方便设置排水沟、积水坑。岩体放坡坡度为 1:0.2。在土岩结合面处,要设置过渡平台,并设置土体边坡的底腰梁,底腰梁一般为宽 1~1.2 m,高 1.2~1.5 m 的混凝土坝体,沿土体边坡坡脚四周设计成封闭的腰梁。基坑坑底位于岩体中,要沿基坑坑底四周留有一定距离,一是满足基础外墙施工作业空间,二是确保坑底排水操作工作面。

表 7-4  土质边坡坡率允许值

| 土体类别 | 密实度状态 | 坡率允许值(高宽比) | |
|---|---|---|---|
| | | 坡高 $H<5$ m | 5 m$<H<$10 m |
| 碎石土 | 密实 | 1:0.35~1:0.5 | 1:0.5~1:0.75 |
| | 中密 | 1:0.5~1:0.75 | 1:0.75~1:1 |
| | 稍密 | 1:0.75~1:1 | 1:1~1:1.25 |
| 黏性土 | 坚硬 | 1:0.75~1:1 | 1:1~1:1.25 |
| | 硬塑 | 1:1~1:1.25 | 1:1.25~1:1.5 |

表 7-5  岩质边坡坡率允许值

| 岩体类别 | 风化程度 | 坡率允许值(高宽比) | | |
|---|---|---|---|---|
| | | 坡高 $H<8$ m | 8 m$\leqslant H<$15 m | 15 m$\leqslant H<$25 m |
| I 类 | 微风化 | 1:0.0~1:0.1 | 1:0.1~1:0.15 | 1:0.15~1:0.25 |
| | 中等风化 | 1:0.1~1:0.15 | 1:0.15~1:0.25 | 1:0.25~1:0.35 |
| II 类 | 微风化 | 1:0.1~1:0.15 | 1:0.15~1:0.25 | 1:0.15~1:0.35 |
| | 中等风化 | 1:0.15~1:0.25 | 1:0.25~1:0.35 | 1:0.35~1:0.5 |
| III 类 | 微风化 | 1:0.25~1:0.35 | 1:0.35~1:0.5 | — |
| | 中等风化 | 1:0.35~1:0.5 | 1:0.5~1:0.75 | — |
| IV 类 | 中等风化 | 1:0.5~1:0.75 | 1:0.75~1:1 | — |
| | 强风化 | 1:0.75~1:1 | — | — |

(2) 护坡设计。

因为基坑暴露时间长,临海地区气象条件差,常常有台风、暴雨光顾,又受潮汐作用,所以基坑边坡的护坡设计相对重要。护坡设计的坡面为内挂 $\phi$6.5@200 mm×200 mm 钢筋网片的 120 mm 厚 C20 细石混凝土,分二次喷射。放坡施工后,先对边坡进行修整,然后立即喷射一层 60 mm 厚的细石混凝土,边坡沿纵向挖出 20 m 后,在已喷上一层细石混凝土的面层上挂 $\phi$6.5@200 mm×200 mm 钢筋网片,用 U 型短钢筋固定,再在整个边坡上喷射 60 mm 厚 C20 细石混凝土。在土体放坡面上按设计要求埋设滤水管,采用 $\phi$75 PVC 滤水管,滤水管长 600 mm(埋入土坡内 300 mm 长)。土体放坡坡脚处的 $\phi$6.5@200 mm×200 mm 钢筋网片应进入底腰梁内长度不小于 200 mm。

(3) 边坡稳定性分析。

边坡设计后先根据基坑设计专业计算软件计算,边坡抗滑移等各项计算指标满足规范要求,然后再用有限元进行复核,边坡稳定性系数大于 1.35。

为验算边坡稳定性,采用专业的大型岩土有限元分析软件 MIDAS-GTS,按平面应变连续介质有限元方法进行分析。GTS 是一个专门用于岩土工程变形和稳定性分析的有限元计算程序,可以模拟土体的非线性、时间性以及各向异性的行为。通过几何模型的图形化输入实现计算剖面的结构和施工过程以及荷载和边界条件的模拟。通过自动化生成网格模拟土体、结构和接触单元。采用摩尔库伦、修正摩尔库伦、邓肯-张、剑桥等本构模型模拟土体的不同特性。采用不同的迭代过程计算控制方法,模拟分步施工、单元生死和荷载激活。同时可以模拟土体的初始自重应力、地铁隧道、桩基、地下水和其他地下结构和土体界面影响。GTS 在国内外岩土工程数值分析中得到广泛的应用。

① 分析模型与原理。

本构模型：分析土体采用摩尔库伦模型，岩石也采用摩尔库伦模型，其他材料采用结构模型模拟，止水帷幕采用实体单元进行模拟，具体参数见表 7 - 6。

表 7 - 6　地基土层的计算参数

| 材料名称 | 弹性模量(MPa) | 重度(kN/m³) | 内聚力(kPa) | 内摩擦角(°) | 泊松比 |
| --- | --- | --- | --- | --- | --- |
| 杂填土 | 2.5 | 19.00 | 0.00 | 20.00 | 0.3 |
| 细　砂 | 7 | 19.50 | 0.00 | 32.00 | 0.3 |
| 含砂珊瑚碎屑 | 300 | 19.00 | 0.00 | 37.00 | 0.3 |
| 花岗岩 | 1 200 | 25.00 | 55.00 | 45.00 | 0.2 |

接触面单元：在结构物中，若有两种材料性质相差很大，在一定的受力条件下有可能在接触面产生错动滑移或开裂，如止水帷幕结构与土体之间的接触面。为了模拟这种性质，使得土力学的分析更加符合实际，在结构与土体之间设置接触面单元是十分必要的。

Goodman 单元能够很好地模拟接触面上的错动滑移或张开，能考虑接触面变形的非线性特性。Goodman 单元的模型为将两片接触面之间假想为无数微小的弹簧所连接，在受力前两接触面完全吻合，即单元没有厚度只有长度。

在结点力 $\{F\}^e$ 的作用下，两片接触面间的弹簧所受内应力为

$$\{\sigma\} = \begin{Bmatrix} \tau \\ \sigma_n \end{Bmatrix} \tag{7-1}$$

与之相应，在两片接触面之间产生的相对位移为

$$\{\omega\} = \begin{Bmatrix} \omega_s \\ \omega_n \end{Bmatrix} \tag{7-2}$$

式中，角标 $s$ 表示切向，$n$ 表示法向。

在弹性假设下，应力与相对应位移成正比，关系式为

$$\{\sigma\} = [K]_0 \{\omega\} \tag{7-3}$$

式中，$[K_0] = \begin{bmatrix} K_n & 0 \\ 0 & K_s \end{bmatrix}$，其中压缩劲度 $K_n$ 和剪切劲度 $K_s$ 分别表示法向和切向的单位长度劲度系数($kN/m^3$)，也即产生单位相对压缩或相对滑动所需的力，它们的值由试验确定。对于法向劲度系数 $K_n$，当接触面受压时，为使两边二位单元不出现重叠，如 $K_n = 108 \ kN/m^3$，可以相互嵌入的相对位移小到可以忽略不计。

荷载：模型中土体采用重力场模拟。

② 有限元分析。

本工程模型采用二维平面进行模拟。

模型总尺寸为 $70 \ m \times 45 \ m$。土体采用平面 4 节点单元模拟，位移场的边界条件为 $X$ 向边界约束 $X$ 向位移，$Y$ 向边界约束 $Y$ 向位移，下边界约束竖向位移，计算模型如图 7 - 2 所示，计算结果如图 7 - 3 所示。

从图 7 - 3 可以看出，基岩面以上土体受力较为集

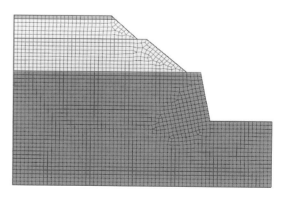

图 7 - 2　边坡计算模型

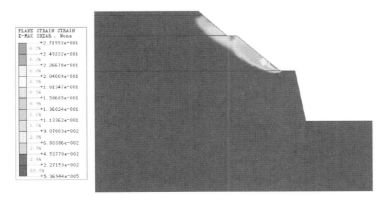

[ DATA ] 边皮失稳，边坡稳定(SRM)，INCR=13 (FOS=1.3875)，[ UNIT ] kN，m

**图 7 - 3　边坡稳定性分析**

中,边坡失稳的可能区域应在基岩面以上土体。通过计算得到边坡的稳定性安全系数为 1.387 5>
1.35,满足规范要求。

本计算仅供参考,在设计过程中,应结合工程特点,根据具体情况进行计算、分析。

3) 截水、降水、排水设计

临海地区入岩深基坑的截水、降水、排水设计内容包括: ① 边坡坡顶截水系统设计;② 基坑内降
水系统设计:确定降水井类型,确定降水井点的数量、单井出水量、总排流量、基坑水位降深效果;
③ 考虑潮汐作用的降、排水设计;④ 水位与地表沉降监测、环境安全评价。

(1) 截水系统设计。

临海地区降雨天气较多,对于开挖面积大的深基坑工程,其汇水面积大,为截断基坑四周地表水,
必须设置截水沟。截水沟设置在止水帷幕体外侧,沿基坑四周贯通设计,同时距离基坑边缘距离不得
小于 3 m;截水沟到基坑边的地面要高于截水沟外地面,以利于地表水流向截水沟。截水沟截面一般
为宽 300 mm×高 400 mm,沿 25～30 m 设置一长 600 mm×宽 500 mm×高 500 mm 的集水坑以方便
抽水。

(2) 降水系统设计。

临海地区深基坑施工中,为避免产生流沙、管涌、大量渗漏情况发生,防止坑壁土体的坍塌,保证
施工安全和减少基坑开挖对周围环境的影响,在基坑开挖过程中,必须选择合适的方法进行基坑降水
与排水。降、排水的主要作用为:

a. 防止基坑底面与坡面渗水,保证坑底干燥,便于施工。

b. 增加边坡和坑底的稳定性,防止边坡或坑底的土层颗粒流失,防止流沙产生。

c. 减少被开挖土体含水量,便于机械挖土、土方外运、坑内施工作业。

d. 有效提高土体的抗剪强度与基坑稳定性。对于放坡开挖而言,可提高边坡稳定性。

目前常用的降排水方法和适用条件,如表 7 - 7 所示。

根据临海地区土体性质和开挖深度,可采用管井、集水坑明排等形式降水,采用排水沟、积水坑方
式明排水。

无论设计管井降水还是明排水降水,都要估算抽水量。假定基坑全封闭隔水,基坑降水没有补
给,在此条件下计算基坑总抽水量。总抽水量计算有如下两种方法。

① 基坑总涌水量计算。

参照单井涌水量公式,将基坑等效为一圆形大井,$r_0$ 为基坑中心到基坑边缘井中心距离,计算涌
水量 $Q$ 时,矩形、不规则形状基坑按式(7 - 4)换算成圆形,计算方法见公式(7 - 5)、式(7 - 6),图 7 - 4
(a)是潜水完整井,图 7 - 4(b)是承压水完整井。

表 7 - 7　常用降排水方法和适用条件

| 降水方法 \ 适用范围 | 降水深度 (m) | 渗透系数 (cm/s) | 适用地层 |
|---|---|---|---|
| 集水明排 | <5 | | |
| 轻型井点 | <6 | | |
| 多级轻型井点 | 6~10 | $1×10^{-7}$~$2×10^{-4}$ | 含薄层粉砂的粉质黏土,黏质粉土,砂质粉土,粉细砂 |
| 喷射井点 | 8~20 | | |
| 砂(砾)渗井 | 按下卧导水层性质确定 | $>5×10^{-7}$ | |
| 电渗井点 | 根据选定的井点确定 | $<1×10^{-7}$ | 黏土,淤泥质黏土,粉质黏土 |
| 管井(渗井) | >6 | $>1×10^{-6}$ | 含薄层粉砂的粉质黏土,砂质粉土,各类砂土,砾砂,卵石 |

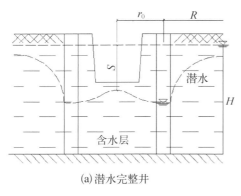
(a)潜水完整井

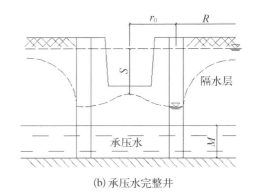
(b)承压水完整井

图 7 - 4　基坑降水示意图

矩形基坑长宽比不大于 5 时,将其转化成一个等效半径为 $r_0$ 的圆形井进行计算:

$$r_0 = \sqrt{\frac{F}{\pi}} \tag{7-4}$$

式中,$F$ 为基坑降水井所包围的面积。

对于临海地区的深基坑,其基岩面上覆土体内的地下水为潜水,那么,潜水完整井:

$$Q = \frac{1.366K(2H-S)S}{\lg[(R+r_0)/r_0]} \tag{7-5}$$

式中,$Q$ 为基坑计算涌水量($m^3/d$);$K$ 为含水层渗透系数(m/d),若为相近的多层含水层可取加权平均值;$H$ 为潜水含水层总厚度(m);$S$ 为设计水位降深(m);$R$ 为影响半径(m)。

利用大井法所计算出的基坑涌水量 $Q$,分配到基坑四周上的各降水井,还应对因群井干扰工作条件下的单井出水量进行验算。当检验干扰群井的单井流量满足基坑涌水量的要求后,降水井的数量和间距即确定,应进一步对基坑地下水水位下降值 $S$ 进行验算,计算所用的公式依然是大井法计算基坑涌水量公式,只是公式中的涌水量 $Q$ 为已知,而求水位下降值 $S$。利用公式(7-5)即可计算得基坑中心水位下降计算公式(7-6),水位下降值 $S$ 是降水设计的核心,它决定了整个降水方案是否成立,它涉及降水井的结构和布局的变更等一系列优化过程,这也是一个试算过程。

对于潜水完整井,基坑中心水位降深计算:

$$S = H - \sqrt{H^2 - \frac{Q}{1.366K}\left[\lg(R + r_0) - \frac{1}{n}\lg(r_1 r_2 \cdots\cdots r_n)\right]} \qquad (7-6)$$

如采用管井,管井设计与施工按如下要求实施:

a. 管井钻孔方式、直径应根据地层性状、可用钻具选取,一般钻孔口径要大于井管 200 mm,井管应根据含水层的富水性、井深、水泵性能及经济对比后选取,铸铁管强度大,施工安全,适合服务周期长、深度大的井。而水泥管适合于短期、深度小的管井,但施工时应注意接管质量,避免脱节、折曲、碰撞,造成井管破裂进砂。

b. 井管底部作为沉砂管的长度不宜小于 3 m,井管内径应大于预装潜水泵外径 50 mm。

c. 钢制、铸铁和钢筋骨架过滤器的孔隙率分别不宜小于 30%、23% 和 50%,使用无纺土工布包裹滤水管效果也较好。

d. 井管外滤料宜选用磨圆度较好的硬质岩石,不宜采用棱角片状石渣料、风化料或其他黏质石料。滤料规格宜满足下列要求:

对于砂土含水层:

$$D_{50} = (6 \sim 8)d_{50} \qquad (7-7)$$

式中,$D_{50}$,$d_{50}$ 分别为填料和含水层颗粒分布累计曲线上重量为 50% 所对应的颗粒粒径。

对 $d_{20} < 2$ mm 的碎石类含水层,$D_{50} = (6 \sim 8)d_{50}$;对 $d_{20} > 2$ mm 的碎石类含水层,可充填粒径为 10~20 mm 的滤料。

滤料的限定粒径 $D_{60}$ 与有效粒径 $D_{10}$ 的比值称为不均匀系数 $C_u$,表示土颗粒组成的特征,$C_u$ 值小,表示颗粒单一;$C_u$ 值大,表示颗粒级配好,各个粒径均有。作为滤料,要求 $C_u$ 值大于 2。

$$C_u = \frac{D_{60}}{D_{10}} \qquad (7-8)$$

e. 降水井填滤料封闭后,应及时用双管压缩空气法或活塞法洗井;洗井后目测水清为止,含砂率应小于 1/50 000(体积比)的要求。洗井结束后,应进行单井抽水,检查降水效果。

② 基坑总抽水量计算。

对于临海地区入岩深基坑,其止水帷幕体进入相对不透水层基岩,基坑内地下水没有补给。基坑内降水就是疏干降水,可以通过式(7-9)计算总抽水量。

$$W = FM\mu \qquad (7-9)$$

式中　$W$——应抽出水体积($\text{m}^3$);

　　　$F$——基坑面积($\text{m}^2$);

　　　$M$——疏干井的含水层厚度($\text{m}$);

　　　$\mu$——含水层的给水度。

通过在海南临海地区的抽水试验,初步确定含水层的给水度如表 7-8 所示。

表 7-8　海南临海地区土层给水度

| 抽水试验井编号 | CS2(第一次降深)S5 | CS2(第二次降深) S5 | CS2(第二次降深)SW3 | CS3(第一次降深)SW5 | CS3(第二次降深)SW5 |
|---|---|---|---|---|---|
| 给水度 | $3.90 \times 10^{-1}$ | $2.36 \times 10^{-1}$ | $3.67 \times 10^{-1}$ | $1.63 \times 10^{-1}$ | $2.56 \times 10^{-1}$ |
| 平均值 | \multicolumn{5}{c}{$2.824 \times 10^{-1}$} |

上述两种计算方法,第二种较为合理。基坑内抽水总量以第二种方法估算。

如采用集水坑明排水方式疏干降水,其设计和施工按如下要求实施:设计时按每 400~500 m² 布设一口集水坑计算集水坑数量,每一集水坑按基坑分层开挖深度为 3 m 的假定条件,设计为长、宽 2 m,深 3.5~4 m 的形体,以便集水、抽水。集水坑在基坑内均匀布置。

工程实践表明:在临海地区,基岩面以上土层为砂性土,土体强度较高,富含地下水,给水度数值较大,采用集水坑明排水方式降水经济、快速,而且方便基坑开挖。所以,在海南临海地区推荐采用这种方法进行基坑内降水。

(3)排水系统设计。

所谓排水是指基坑内明排水。基坑内的水来自边坡渗漏、大气降雨、潮汐作用地下水渗漏补给等。对于土岩结合的入岩深基坑,其排水设计主要是:在土岩结合面处设置过渡平台,在平台上设置排水沟,汇集从土体边坡渗漏、大气降雨等水,再通过排水沟内集水坑将水抽出基坑;在基坑坑底四周设置排水沟,汇集从岩体边坡渗漏、大气降雨等水,再通过排水沟内集水坑将水抽出基坑。排水沟截面一般为宽 300 mm×高 400 mm,沿 25~30 m 设置一长 600 mm×宽 500 mm×高 500 mm 的集水坑以方便抽水。

(4)潮汐作用的考虑。

临海地区深基坑施工受到潮汐作用影响,常常对基坑内的地下水产生补给。为有效控制潮汐作用影响,避免影响基坑施工的正常进行,在基坑降、排水系统设计时必须考虑此因素。潮汐作用体现出较强的时空特点,在时间上,海南省地区的潮汐为混合型。在每天的 3:00~6:00 时间段内潮汐作用较强;在空间上,邻近大海的基坑一侧受潮汐作用地下水补给量较大。为此,基坑降、排水设计时规定:① 土体边坡坡脚、基坑坑底靠大海一侧的排水沟和集水坑适当加强;② 降水管井或明排水集水坑靠大海一侧适当加密;③ 在抽水设备和人员安排上加强从每天 2:00 到 8:00 时间段的投入和保证设备的正常运行,及时抽出潮汐作用所补给的地下水。

# 7.4 止水帷幕系统设计方案

止水帷幕系统设计方案具体内容详见第 10 章工程实例。下面仅列示基坑边坡剖面图,防渗止水帷幕体剖面、底腰梁剖面和集水井式降水坑局部放大图(图 7-5—图 7-8)。

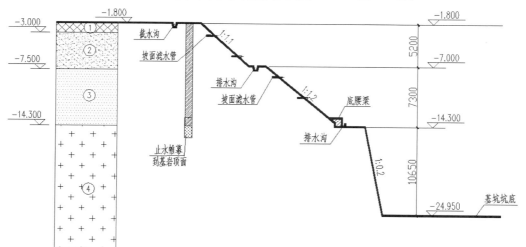

图 7-5 边坡剖面图

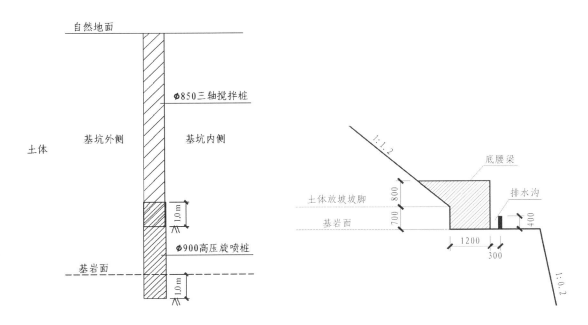

图 7-6  止水帷幕体剖面

图 7-7  底腰梁剖面图

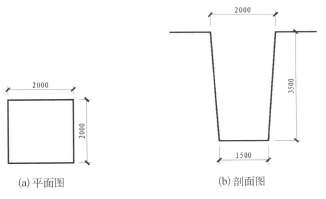

(a) 平面图

(b) 剖面图

图 7-8  基坑内集水井降水坑局部放大图

## 7.5  结 论

（1）针对临海复杂地质条件下的典型地层，结合本工程的特点，基坑围护的关键目的是防渗止水；施工三轴搅拌桩与高压旋喷桩相结合的止水帷幕形式可行，防渗止水效果良好。

（2）结合研究地区的地层情况，采用隔水与降、排水相结合的工程措施，有效地切断了基坑内外水力联系和大气降水。

（3）基坑边坡采用分级放坡，同时沿坡面设置滤水管和在土岩分界面处、基坑坑底坡脚处设置排水沟，大大提高了边坡的稳定性，保证基坑安全，同时有效地解决了基坑排水问题。

（4）基坑降水可采用分层布设集水坑，通过明排水的方式降水，这样经济、快速，降水效果好，同时方便基坑开挖。

（5）三轴搅拌桩与高压旋喷桩相结合的止水帷幕的止水效果，可通过地下水水位监测来检验。

# 8 深基坑工程全程稳定性分析

在临海地区设计与施工进入基岩的基坑必须分析基坑工程的全程稳定性。在基坑工程施工的全过程中会受到各种荷载(包括开挖卸荷、周边堆载、地下水、恶劣天气降水等)的作用,从而在基坑工程施工的全程中,基坑周边的应力场随之产生变化,进而对基坑的整体稳定性会产生一定的影响。基坑开挖需要考虑降水及潮汐作用,对应水位的变化及潮汐荷载循环作用均会改变基坑边坡应力场。基坑的岩层开挖需要采用爆破开挖,爆破动荷载产生的应力波降低边坡的抗剪强度,产生的惯性力可能使边坡下滑,可能导致边坡动力失稳。在基坑工程的施工过程中产生较大的荷载变化,考虑到基坑周边的特殊环境及工程质量要求,研究基坑全程稳定性就很有必要。根据研究得到的规律,对实际设计施工具有很好的指导作用,保证了基坑工程的经济性和安全性。

目前在分析边坡稳定性时,常采用极限平衡条分法和弹塑性有限元数值分析两种方法。其中基于塑性极限平衡原理的极限平衡条分法主要包括两个基本问题:① 对于某一给定的潜在破坏面(如平面、折线形、圆弧滑动面、对数螺线柱面),基于力学分析和物理上的合理性要求建立稳定安全系数的算式,对于条间相互作用力采用不同的模式或假定及约束条件,建立了简化极限平衡法和严密极限平衡法等各种具体方法,各种方法的计算精度取决于所采用假定的合理性。② 对于所有可能的滑动面,确定最临界的破坏机构及其相应的安全系数。这类方法仅考虑了土的强度特性,不能考虑土的实际应力—应变关系,从而也无法得到边坡内的应力与变形的空间分布及其在加载历史中的发展过程。弹塑性有限元数值分析方法通常也分为两种,其一是单纯的弹塑性分析方法,它是基于弹塑性的计算原理,首先通过有限元计算出边坡内的应力场,然后依据数学规划方法和极限平衡原理确定临界滑动面及相应的安全系数;其二为强度折减弹塑性有限元分析方法,它是将强度折减技术与弹塑性有限元方法相结合,首先通过针对某一强度折减系数下边坡的弹塑性有限元分析,得到边坡内的应力场、应变场、位移场,然后再根据位移、广义剪应变等描述变形程度的某种物理量作为评判指标,定量地描绘边坡的潜在塑性破坏区域及其程度与发展趋势,据此基于一定的经验评判准则确定边坡的极限平衡状态,并将由此所确定的相应强度折减系数作为边坡的稳定安全系数。

土石坝的渗流分析和稳定应力分析往往是分别进行的,一般先进行渗流分析,再根据渗流分析结果,赋予坝体不同区域各自不同的容重进行稳定性及应力分析,这种方法虽然简单易行,并且积累了一定的经验,但是没有真实客观地反映渗流场和应力场之间相互控制、互相影响的耦合作用机理。

通过数值模拟的方法,模拟多孔介质(如土体、岩体)中流体流动的形式,流体的模拟独立于力学计算,主要通过孔隙水压力的消散引起土体位移的变化,即孔隙水压力的变化影响有效应力的变化,再者,孔隙水压力的变化又引起流体区域的变化。数值模拟通过模拟流体质点平衡方程和达西定律的相互关系来描述流体的流动,再运用本构方程表现孔隙水压力、饱和状态和体积应变的关系,进而实现流体—固体两者之间的耦合。

## 8.1　研究现状

刘金龙等[106]基于有限元,得出以有限元数值计算的收敛性作为失稳判据在某些情况下所得到的安全系数可能误差较大,而采用特征部位位移的突变性或塑性区的贯通性作为失稳判据所得到的边坡安全系数与 Spencer 极限平衡法的计算结果比较接近。考虑到实用性与简便性,建议在边坡稳定性分析的强度折减有限元方法中联合采用特征部位位移的突变性和塑性区的贯通性作为边坡的失稳判据。

栾茂田等[107]将抗剪强度折减法基本概念、弹塑性有限元分析原理与计算结果图形实时显示技术相结合,提出了以广义塑性应变及塑性开展区作为边坡失稳的评判依据,并与以非线性迭代收敛条件作为失稳评判指标的强度折减有限元方法进行了对比。对天然垂直边坡的算例数值分析表明,采用广义塑性应变与塑性开展区作为失稳判据可以比较准确地预测边坡潜在破坏面的形状与位置及相应的稳定安全系数,验证了这种失稳判据的合理性。对开挖边坡和开挖支护边坡的实例计算结果表明本书方法对于复杂的边坡稳定性分析是实用的。

李宁等[108]应用动力有限元数值模拟,研究不同的边坡与已有洞室间距、岩体阻尼比、最大单响药量情况下边坡爆破振动对洞室围岩和衬砌结构的影响问题。根据洞壁质点振动速度允许值与洞室衬砌在边坡爆破振动波作用下的动拉应力值,考虑不同阻尼比,得出不同围岩级别下,不同边坡与洞室间距的最大单响药量控制:Ⅲ类岩体边坡,坡面距已有洞室 20 m,50 m 时,边坡开挖爆破最大单响药量分别控制在 100 kg 和 300 kg 以内;Ⅳ类岩体边坡,坡面距已有洞室 20 m,50 m 时,边坡开挖爆破最大单响药量分别控制在 150 kg 和 450 kg 以内,研究结果为实际工程的施工和设计提供参考和依据。

裴利剑[109]等认为有限元强度折减法边坡稳定性分析中广泛使用的边坡失稳判据主要有三类,即有限元数值迭代不收敛判据、特征部位位移突变判据、广义塑性应变或等效塑性应变贯通判据。对于上述三类判据的选用,一直以来存在较大的分歧。而从本质上看,三类边坡失稳判据具有一致性和统一性。之所以使用不同判据时计算结果表现出差异,是由于人为误判和有限元数值计算误差造成的。在具有足够计算精度的情况下,三类判据所得结果一致。

郑颖人[110]等认为地震作用下边坡破坏机制是边坡动力稳定性分析的前提,目前主要采用拟静力与动力有限元时程分析的方法进行分析,认为地震边坡破坏机制为剪切破坏,并以极限平衡法计算得到的剪切滑移面作为地震动力作用下的破裂面,而不考虑地震荷载作用下的拉破坏,从而使地震边坡稳定性分析失真。汶川地震边坡调研发现,滑坡上部多数发生拉破坏,甚至有些岩土体被抛出,这是一个很好的启示,为此,采用动力强度折减法,结合具有拉破坏和剪切破坏分析功能的有限元软件对地震边坡破坏机制进行数值分析。计算表明,地震边坡的破坏由边坡潜在破裂区上部拉破坏与下部剪切破坏共同组成,而不是剪切滑移破坏,通过多种途径给出地震边坡破裂面位置的确定方法,为边坡动力稳定性分析提供更加准确的基础。

黄润秋[111]结合青藏高原隆升这一重大地学事件,较全面地分析总结了环青藏高原周边地带岩石高边坡发育的典型特征,指出边坡高陡、形成历史短、地应力高及变形破坏过程复杂是这一地区岩石高边坡发育的主要特征。不论天然还是人工高边坡,均可视为高地应力环境下快速卸荷过程的产物。以此为基础,在总结西南地区大量工程实践的基础上,建立卸荷条件下岩石高边坡发育的动力过程及三阶段演化模式,提出了其时间和空间演化的基本序列,以及不同演化阶段岩石边坡变形破坏的发育特征及稳定性意义。最后,从岩石高边坡发育演化的过程特性出发,提出岩石高边坡稳定性不仅是一个强度稳定性问题,更是一个变形稳定性问题;同时建立岩石高边坡变形稳定性分析的基本原理、理论框架和技术途径,并从灾害控制的角度提出岩石高边坡变形控制的工程原理,探讨变形控制的时机及控制标准问题。

张晓咏[112]等基于 ABAQUS 的有限元强度折减法克服了传统极限平衡法的缺点,计算结果更为合理可靠,是进行渗流作用下边坡稳定这一复杂问题分析的有效方法,可为工程实践提供参考依据。同时,就土体渗透性强弱对渗流浸润面位置及边坡稳定性的影响进行大量的分析和比较,并通过计算表明有限元模型边界的选取对渗流浸润面位置及边坡稳定性都会产生影响,因此有限元建模应合理地选取计算边界。

贾官伟[113]等在试验中,通过水位控制系统实现坡外水位的骤降,利用数码摄像、高精度传感器、侧面示踪点等仪器设备详细记录水位骤降过程中边坡内的孔隙水压力、土水总压力、滑动面形态及坡面裂缝的形成和发展过程,揭示水位骤降导致边坡失稳的原因及失稳模式。试验结果表明,坡外水位骤降时,坡内水位的下降速度显著滞后于坡外,产生指向坡外的渗流,是滑坡产生的重要原因;松散填土边坡的失稳模式为有多重滑面的牵引破坏模式。该研究结果有助于深入认识水位骤降导致滑坡的机制,可为治理此类滑坡提供科学依据。

## 8.2　研究内容

本研究以某基地基坑工程为实例,基坑工程的全程稳定性研究主要考虑土石坝围堰和陆地边坡,周边的工程地质概貌地层由珊瑚碎屑、粉质黏土、强风化花岗岩和中风化花岗岩组成,土石坝的组成部分包括护面碎石、混合倒滤层、混凝土胸墙、碎石找平层、二片石、护底石块、垫层石块、扭王字块和块石。考虑用止水帷幕限制海水的渗流作用以及陆地含止水帷幕体的边坡受降雨和爆破振动荷载的作用,主要研究内容如下:

(1) 研究基坑三维模型的整体稳定性;

(2) 研究土石坝围堰止水帷幕不同渗透系数、不同高度位置的渗透破坏及海水不同渗流水头差对边坡的稳定性影响;

(3) 研究陆地边坡在降雨情况下围护搅拌桩不同渗透系数和不同高度位置的渗透破坏对边坡的稳定性影响;

(4) 研究基坑坑底岩石爆破开挖对陆地边坡的稳定性影响。

## 8.3　计算原理

边坡稳定性计算基于强度折减弹塑性有限元分析方法(SRM),它是将强度折减技术与弹塑性有限元方法相结合,首先通过针对某一强度折减系数下边坡的弹塑性有限元分析,得到边坡内的应力场、应变场、位移场,然后再根据位移、广义剪应变等描述变形程度的某种物理量作为评判指标,定量地描绘边坡的潜在塑性破坏区域及其程度与发展趋势,据此基于一定的经验评判准则确定边坡的极限平衡状态,并将由此所确定的相应强度折减系数作为边坡的稳定安全系数。

在基于强度折减概念的弹塑性有限元数值分析中,对于区域内某一点,假定在某个剪切面上土体中正应力与剪应力分别为 $\sigma$ 和 $\tau$,则按照 Bishop 安全系数的一般定义,同时考虑到该点的抗剪强度,可用 Mohr-Coulomb 破坏准则表示为:

$$\tau_f = c + \sigma\tan\phi \tag{8-1}$$

则该点土体在这个预定剪切面上的安全系数 $F$ 为:

$$F = \frac{\tau_f}{\tau} = \frac{c + \sigma\tan\phi}{\tau} \tag{8-2}$$

假如此时土体没有发生剪切破坏,土体中的实际剪应力与实际中得以发挥的抗剪强度相同,即:

$$\tau = \tau_{fm} = \frac{\tau_f}{F} = \frac{c + \sigma\tan\phi}{F} = c_m + \sigma\tan\phi_m \tag{8-3}$$

由此可知实际中得以发挥的抗剪强度相当于折减后抗剪强度的指标。折减后的抗剪强度指标分别为:

$$c_m = \frac{c}{F}, \quad \phi_m = \arctan\left(\frac{\tan\phi}{F}\right) \tag{8-4}$$

从这个意义上 $F$ 可以看作强度折减系数,而从式(8-2)可以认为 $F$ 为强度储备系数,或者实际强度发挥程度系数。

## 8.4　工程地质条件

本工程区属于剥蚀残山—海湾沉积过度的海岸地貌,剥蚀残山、海岸悬崖、不规则海滨平原和海滩潮间带等地貌单元均有分布。工程跨越了内村村庄陆地和村前海湾两个部分。

地形较平坦,微向海倾,是全新世以来随着海平面震荡下降、潟湖消亡逐渐形成的不规则小规模海滨平原,高程变化 2~5 m。

工程区内地下水以孔隙水为主,含水层较厚,渗透性良好,向海排泄路径通畅。施工开挖应考虑地下水渗流的影响,采取措施,防止渗流破坏和海水倒灌。具体土层地质概况详见表 8-1。

表 8-1　土质参数

| 土　名 | 密度(kg/m³) | 黏聚力(kPa) | 摩擦角(°) | 渗透系数(cm/s) | 弹性模量(MPa) |
|---|---|---|---|---|---|
| 珊瑚碎屑 | 16 | 3 | 35 | $7\times10^{-3}$ | 17 |
| 粉质黏土 | 20.4 | 40 | 15 | $8\times10^{-7}$ | 10 |
| 强风化花岗岩 | 25.6 | — | — | $5\times10^{-5}$ | 3 000 |
| 中风化花岗岩 | 26.2 | — | — | $2\times10^{-6}$ | 10 000 |

## 8.5　计算分析

### 8.5.1　整体稳定性分析

结合实际工程设计概况,首先对土石坝围堰进行三维有限元分析模拟,对土石坝的整体稳定性进行计算分析,模型考虑了实际土层分布情况,整体模型详见图 8-1。

模型主要由土体、坝体、沉箱构成,单元数量达到 161 034,基坑主要由三部分组成,分别为沉箱部分、土石坝部分和陆地部分,陆地部分按 1:1.5 进行放坡。

由图 8-2 可知,基坑周边均是海水,考虑到海水的渗透对基坑整体稳定性的影响,需要对基坑周边的渗流进行计算,此处取基坑周边渗流水头差 13 m,坑底水头为 0 m,边坡坡面为渗流面,得出以下

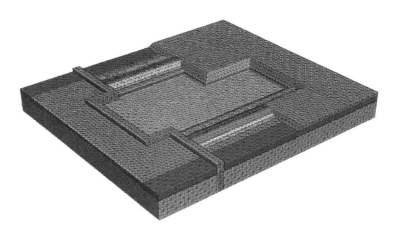

图 8-1　整体三维模型

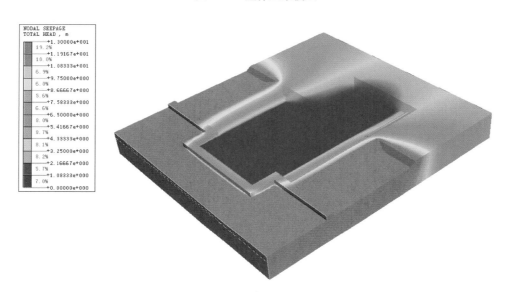

图 8-2　渗流模型图

几点结论：

（1）基坑周围海平面与基坑渗流位置的水头差为 13 m；

（2）坝体坡面为渗流面；

（3）陆地部分由海水渗透作用产生一定的水头。

由图 8-3 可知，在渗流的作用下，基坑的整体稳定性系数达到 6，即基坑整体稳定性非常好。相对于整体模型来说，相对薄弱环节如图 8-4 和图 8-5 所示。

由图 8-4 可知，坝体坡面位置相对来说较为薄弱，滑动面也可能产生在此处，所以施工过程中需要及时监控，保证边坡的稳定。

由图 8-5 可知，陆地边坡坡面位置相对来说较为薄弱，滑动面也可能产生在此处，所以施工过程中需要及时监控，保证边坡的稳定。

## 8.5.2　坝体边坡剖面不同情况对比分析

为了研究坝体边坡剖面的稳定性，主要研究以下三方面的边坡稳定性情况。

1）止水帷幕不同渗透系数对边坡的稳定性影响

取设计高位与坑内边坡透水位置（取粉质黏土位置）之间的水头差 13 m，止水帷幕的渗透系数分

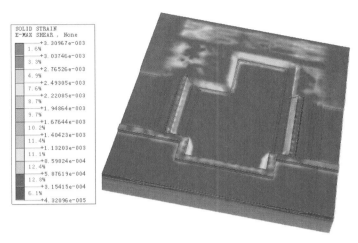

[ DATA ]  边坡失稳，边坡失稳SRM-SRM，INCR=51（FOS=6.0000），[ UNIT ]  kN，m

图 8-3  整体稳定性

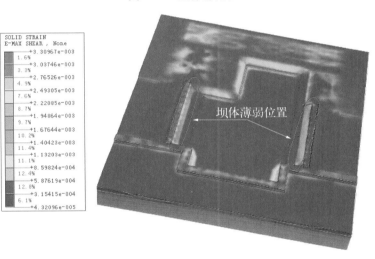

[ DATA ]  边坡失稳，边坡失稳SRM-SRM，INCR=51（FOS=6.0000），[ UNIT ]  kN，m

图 8-4  坝体薄弱位置

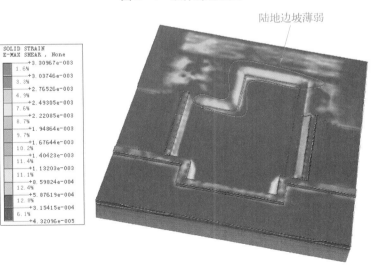

[ DATA ]  边坡失稳，边坡失稳SRM-SRM，INCR=51（FOS=6.0000），[ UNIT ]  kN，m

图 8-5  陆地边坡薄弱位置

别取 $1\times10^{-6}$ cm/s,$1\times10^{-5}$ cm/s 和 $1\times10^{-4}$ cm/s,计算结果详见图 8-6—图 8-9。

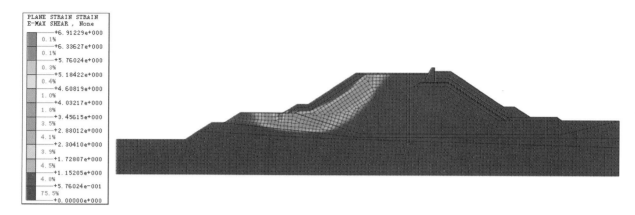

[ DATA ] 渗流失稳， 施工阶段-1-SRM， INCR=21 (FOS=2.4969)， [ UNIT ] kN， m

**图 8-6 止水帷幕渗透系数 $1\times10^{-6}$ cm/s**

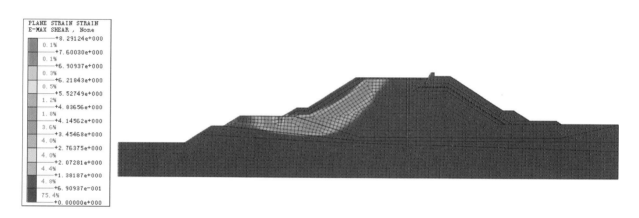

[ DATA ] 渗流失稳， 施工阶段-1-SRM， INCR=21 (FOS=2.4938)， [ UNIT ] kN， m

**图 8-7 止水帷幕渗透系数 $1\times10^{-5}$ cm/s**

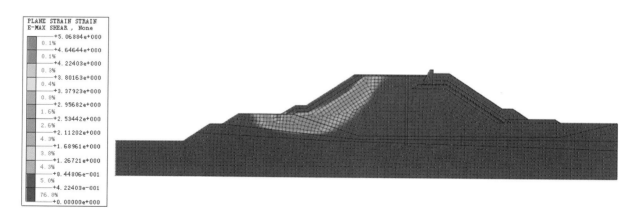

[ DATA ] 渗流失稳， 施工阶段-1-SRM， INCR=19 (FOS=2.4203)， [ UNIT ] kN， m

**图 8-8 止水帷幕渗透系数 $1\times10^{-4}$ cm/s**

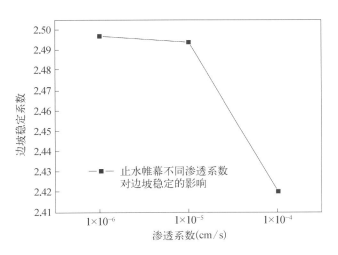

图 8-9　不同渗透系数的影响

由图 8-6—图 8-9 可知，随着止水帷幕的渗透系数增大，边坡的稳定性系数逐渐减小，说明止水帷幕对边坡稳定的重要性，同时也明确了止水帷幕本身的防渗与边坡稳定之间的关系。

2）止水帷幕不同位置高度的渗透破坏对边坡的稳定性的影响

取设计高位与坑内边坡透水位置（取粉质黏土位置）之间的水头差 13 m，止水帷幕的渗透系数取 $1\times10^{-6}$ cm/s，渗透破坏部分取 $1\times10^{-3}$ cm/s，计算结果详见图 8-10—图 8-12 和表 8-2。

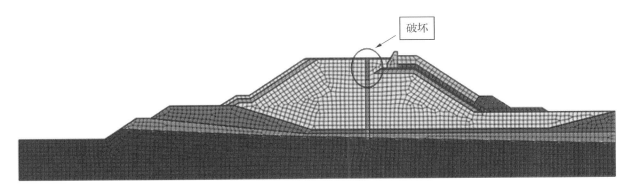

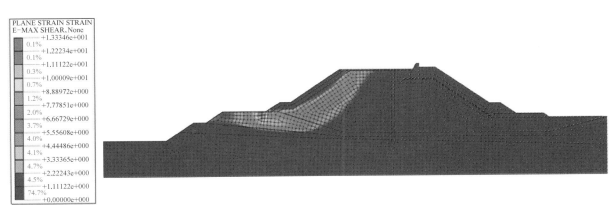

[ DATA ]　渗流失稳，施工阶段-1-SRM，INCR=23 (FOS=2.4438)，　[ UNIT ]　kN, m

图 8-10　止水帷幕上段破坏

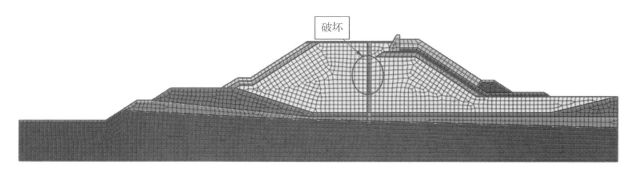

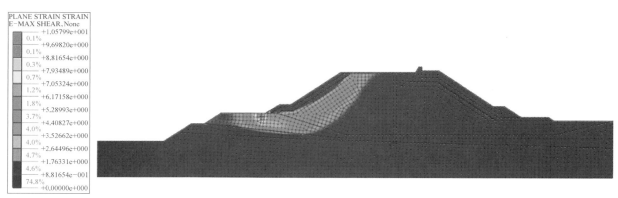

[ DATA ]　渗流失稳，施工阶段-1-SRM，INCR=22（FOS=2.4625），　[ UNIT ]　kN，m

**图 8 - 11　止水帷幕中段破坏**

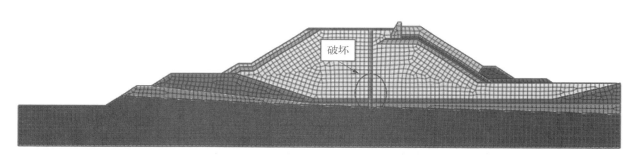

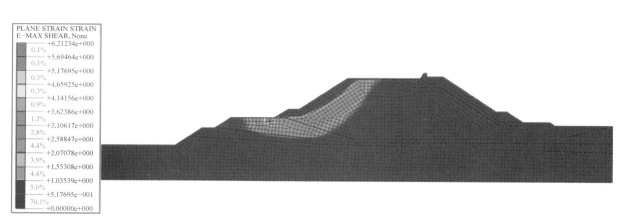

[ DATA ]　渗流失稳，施工阶段-1-SRM，INCR=23（FOS=2.4965），　[ UNIT ]　kN，m

**图 8 - 12　止水帷幕下段破坏**

表 8－2　止水帷幕不同破坏位置处的边坡稳定

| 位　置 | 稳定性系数 | 说　明 |
|---|---|---|
| 上部 | 2.443 8 | 从上到下,稳定性系数逐渐增大 |
| 中部 | 2.462 5 | |
| 下部 | 2.469 5 | |

由图8-10—图8-12和表8-2可知,止水围护结构的破坏越往下,边坡的稳定性越好,由于越往下土质条件比较好,止水帷幕底部已经打入花岗岩,透水性比较差,土层上部透水性较强,对边坡的稳定性影响较大,进而也说明了止水帷幕上部施工质量控制的重要性。

3) 海水不同渗流水头差对边坡稳定性的影响

海水水位与基坑边坡之间产生渗流,不同水头差对边坡的稳定性影响也具有差异,研究水头差分别为5 m,8 m,10 m,13 m对坝体边坡的影响,详见图8-13—图8-17。

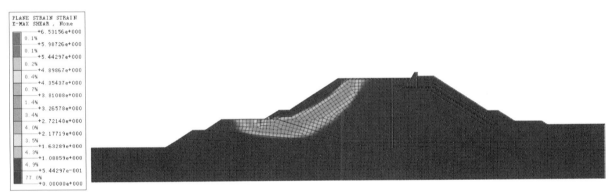

[ DATA ] 渗流失稳,　施工阶段-1-SRM,　INCR=20 (FOS=2.6250),　[ UNIT ]　kN,　m

图 8－13　水头差 5 m

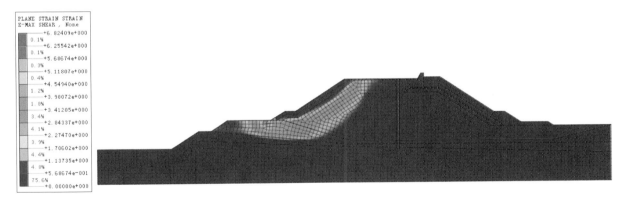

[ DATA ] 渗流失稳,　施工阶段-1-SRM,　INCR=25 (FOS=2.5070),　[ UNIT ]　kN,　m

图 8－14　水头差 8 m

由图8-13—图8-17可知,海平面与坑内渗透位置的水头差越大对坝体边坡的稳定性影响越大。

### 8.5.3　陆地边坡的围护搅拌桩对边坡的稳定性影响

降雨会对陆地边坡的稳定性影响较大,一般取土层下水位0.5 m,边坡进行三级放坡,主要研究以下两方面的边坡稳定性情况。

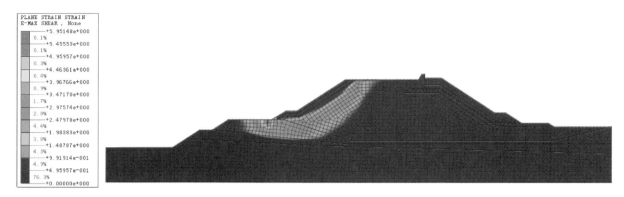

[ DATA ] 渗流失稳, 施工阶段-1-SRM, INCR=21 (FOS=2.4562), [ UNIT ] kN, m

图 8‑15 水头差 10 m

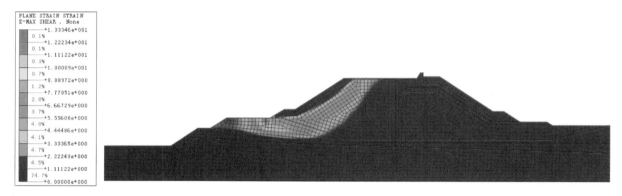

[ DATA ] 渗流失稳, 施工阶段-1-SRM, INCR=23 (FOS=2.4438), [ UNIT ] kN, m

图 8‑16 水头差 13 m

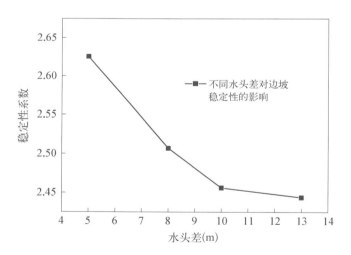

图 8‑17 不同水头差对边坡稳定的影响

1）围护搅拌桩不同渗透系数对边坡的稳定性影响

取设计高位与坑内边坡透水位置（取粉质黏土位置）之间的水头差 19.5 m，止水帷幕的渗透系数分别取 $1×10^{-6}$ cm/s，$1×10^{-5}$ cm/s 和 $1×10^{-4}$ cm/s，计算结果详见图 8‑18—图 8‑21。

由图 8‑18—图 8‑21 可知，陆地边坡的稳定性随着围护搅拌桩的渗透系数增大，边坡的稳定性系数逐渐减小，说明了围护搅拌桩对边坡稳定的重要性，同时也明确了围护搅拌桩本身的防渗与边坡

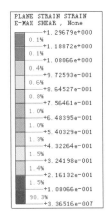
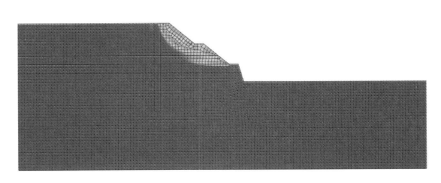

[ DATA ] 渗流失稳，施工阶段-1-SRM，INCR=15 (FOS=1.8875)， [ UNIT ] kN，m

图 8 - 18 止水帷幕渗透系数 $1 \times 10^{-6}$ cm/s

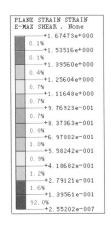
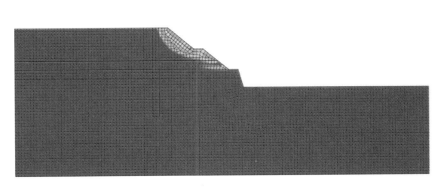

[ DATA ] 渗流失稳，施工阶段-1-SRM，INCR=13 (FOS=1.8250)， [ UNIT ] kN，m

图 8 - 19 止水帷幕渗透系数 $1 \times 10^{-5}$ cm/s

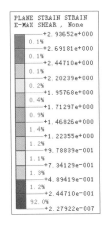
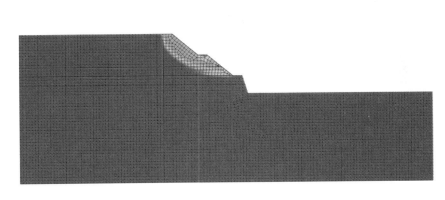

[ DATA ] 渗流失稳，施工阶段-1-SRM，INCR=15 (FOS=1.8000)， [ UNIT ] kN，m

图 8 - 20 止水帷幕渗透系数 $1 \times 10^{-4}$ cm/s

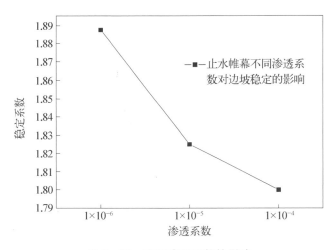

图 8‑21 不同渗透系数的影响

稳定之间的关系。

2）围护搅拌桩不同位置高度的渗透破坏对边坡的稳定性的影响

取设计高位与坑内边坡透水位置(取粉质黏土位置)之间的水头差 19.5 m,止水帷幕的渗透系数取 $1\times10^{-6}$ cm/s,渗透破坏部分取 $1\times10^{-3}$ cm/s,计算结果详见图 8‑22—图 8‑24。

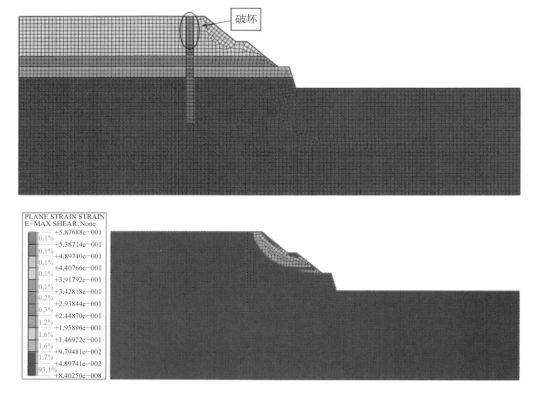

[ DATA ] 渗流失稳,施工阶段-1-SRM,INCR=11 (FOS=1.5438), [ UNIT ] kN, m

图 8‑22 止水帷幕上段破坏

由图 8‑22—图 8‑24 可知,围护搅拌桩结构的破坏越往下,边坡的稳定性越好,由于越往下土质条件比较好,围护搅拌桩底部已经打入花岗岩,透水性比较差,土层上部透水性较强,对边坡的稳定影响较大,进而也说明了围护搅拌桩上部施工质量控制的重要性。

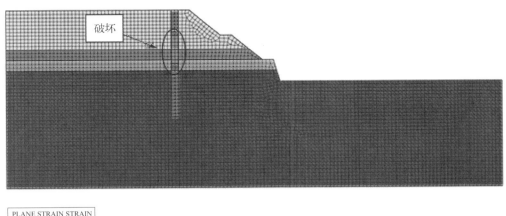

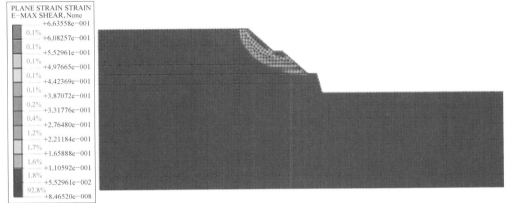

[ DATA ] 渗流失稳，施工阶段-1-SRM，INCR=11 (FOS=1.5500)，[ UNIT ] kN，m

**图 8 – 23 止水帷幕中段破坏**

## 8.5.4 爆破对边坡的稳定性影响

边坡在开挖爆破作用下的稳定性分析是个十分复杂的问题，也是一个亟待深入研究的领域。众所周知，爆破振动对岩质高边坡稳定性的影响主要表现在两方面：一方面，爆破振动荷载的反复作用会导致岩体结构面抗剪强度参数降低；另一方面，爆破振动惯性力的作用使坡体上整体下滑力增大，可能导致边坡的动力失稳。岩质高边坡开挖爆破动力响应及稳定性分析的计算模型主要有变形体介质模型和刚体模型两大类。不连续变形分析方法、离散单元法、动力有限元法及反应谱法等均属于变形体介质模型，而刚体弹簧元法、刚体极限平衡分析方法属于刚体模型[114]。

1）方法简介

施工爆破作用下，岩质边坡的动力响应受很多因素的影响，要精确求解是十分困难的。岩体弹模、边坡坡度、爆源位置和一次起爆药量及岩坡的岩体地质结构等因素对岩坡的爆破振动响应均有很大的影响。

实际工程中岩质边坡是非常复杂的，不仅外形不可能很规则，而且岩体内部存在着明显的非均质性和非连续性。这些因素对岩坡的动力特性和爆破振动响应都有很大的影响。全面考虑上述这些因素，将使问题变得极其复杂以致难以求解。这里仅按均质、连续、外形规则的简化边坡模型进行研究，以期获得一些初步规律[115]。

爆源处的爆破振动传播衰减规律采用经验公式：

$$B = K \left( \frac{Q^{1/3}}{R} \right)^{\alpha} \left( \frac{Q^{1/3}}{H} \right)^{\beta} \tag{8-5}$$

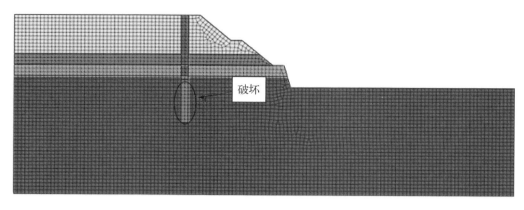

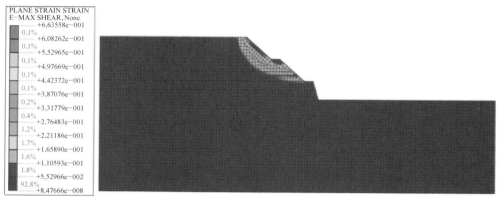

[ DATA ] 渗流失稳，施工阶段-1-SRM，INCR=11 (FOS=1.5500)，　[ UNIT ]　kN，m

**图 8 - 24　止水帷幕下段破坏**

式中，$B$ 为爆破加速度（$m/s^2$）；$K$ 为场地参数；$Q$ 为单响药量（kg）；$R$ 为爆心距（m）；$H$ 为潜在滑体与爆源高差（m）；$\alpha$，$\beta$ 均为衰减参数。

根据爆源最大振动加速度计算岩质边坡体爆破振动状态下的最大加速度，坡体各点的爆破振动水平最大加速度与竖向最大加速度按相等考虑。根据岩坡坡体的弹性模量由表 8 - 3 查出特征加速度 $a_1$，$a_2$，$a_3$。

**表 8 - 3　特征加速度表**

| 弹性模量 $E(\times 10^4 MPa)$ | $a_1(m/s^2)$ | $a_2(m/s^2)$ | $a_3(m/s^2)$ |
| --- | --- | --- | --- |
| <1.0 | 0.22 | 0.15 | 0.07 |
| 1.0～3.0 | 0.30 | 0.20 | 0.12 |
| >3.0 | 0.35 | 0.25 | 0.15 |

根据爆心距 $R$ 求出边坡的振动加速度，具体计算公式如式（8 - 6）和式（8 - 7）所示。

当 $R \leqslant 40$ m 时，振动加速度：

$$a = B\left[1 - \frac{R}{40}(1 - a_1)\right] \tag{8 - 6}$$

当 40 m<$R$<100 m 时，振动加速度：

$$a = B\left[\frac{5}{3}a_1 - \frac{2}{3}a_2 - \frac{R}{60}(a_1 - a_2)\right] \tag{8 - 7}$$

当 $R>100\,\mathrm{m}$ 时,振动加速度 $a$ 等于特征加速度 $a_3$。

2)不同单响炸药量对边坡稳定性的影响

此处取爆心距 $R$ 为 $10\,\mathrm{m}$,研究单响炸药量分别为 $1\,\mathrm{kg}$,$2\,\mathrm{kg}$,$3\,\mathrm{kg}$ 和 $4\,\mathrm{kg}$ 对边坡稳定性的影响,详见表 8-4 和图 8-25—图 8-29。

表 8-4　不同单响炸药量下的最大加速度

| 场地参数 | 单响炸药量 | 爆心距 | 爆破深度 | 衰减参数 | | 爆破最大加速度 | 边坡爆破震动最大加速度 | 系　数 |
|---|---|---|---|---|---|---|---|---|
| $K$ | $Q(\mathrm{kg})$ | $R(\mathrm{m})$ | $H(\mathrm{m})$ | $\alpha$ | $\beta$ | $B(\mathrm{m/s^2})$ | $a(\mathrm{m/s^2})$ | 无量纲 |
| 110 | 1 | 10 | 10 | 1.50 | 0.45 | 1.23 | 1.03 | 0.11 |
| 110 | 2 | 10 | 10 | 1.50 | 0.45 | 1.61 | 1.35 | 0.17 |
| 110 | 3 | 10 | 10 | 1.50 | 0.45 | 1.94 | 1.62 | 0.22 |
| 110 | 4 | 10 | 10 | 1.50 | 0.45 | 2.24 | 1.88 | 0.26 |

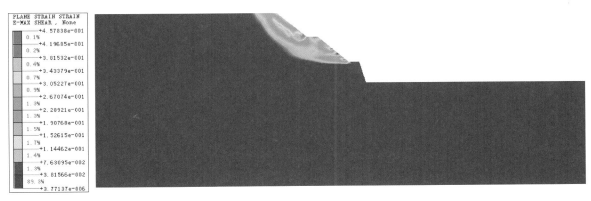

[ DATA ]　1kg,　边坡稳定(SRM),　INCR=15 (FOS=1.7875),　[ UNIT ]　kN,　m

图 8-25　1 kg 单响炸药

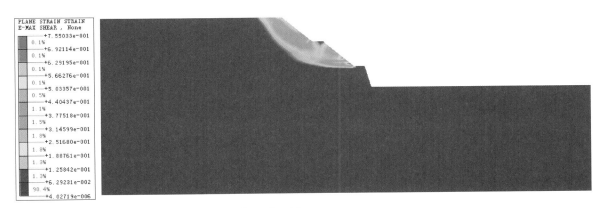

[ DATA ]　2kg,　边坡稳定(SRM),　INCR=14 (FOS=1.7719),　[ UNIT ]　kN,　m

图 8-26　2 kg 单响炸药

由图 8-25—图 8-29 可知,随着单响炸药量的增加,边坡的稳定性逐渐下降,说明在边坡爆破开挖的过程中,要根据工程的实际情况合理控制单响爆破炸药量,以期达到边坡工程的稳定控制。

[ DATA ] 3kg, 边坡稳定(SRM), INCR=14 (FOS=1.7703), [ UNIT ] kN, m

**图 8 - 27 3 kg 单响炸药**

[ DATA ] 4kg, 边坡稳定(SRM), INCR=11 (FOS=1.7125), [ UNIT ] kN, m

**图 8 - 28 4 kg 单响炸药**

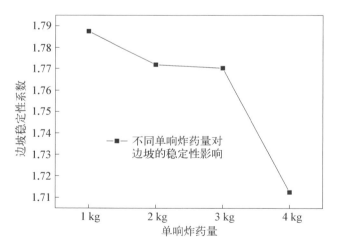

**图 8 - 29 不同单响炸药量对边坡的稳定性影响**

3) 不同爆心距对边坡稳定性的影响

此处取单响炸药量为 1 kg,研究爆心距分别为 15 m,20 m,25 m,30 m 时对边坡稳定性的影响,详见表 8 - 5 和图 8 - 30—图 8 - 34。

表 8-5  不同爆心距的最大加速度

| 场地参数 | 单响炸药量 | 爆心距 | 爆破深度 | 衰 减 参 数 | | 爆破最大加速度 | 边坡爆破震动最大加速度 | 系 数 |
|---|---|---|---|---|---|---|---|---|
| $K$ | $Q$(kg) | $R$(m) | $H$(m) | $\alpha$ | $\beta$ | $B$(m/s$^2$) | $a$(m/s$^2$) | 无量纲 |
| 110 | 1 | 15 | 10 | 1.50 | 0.45 | 0.67 | 0.51 | 0.0518 |
| 110 | 1 | 20 | 10 | 1.50 | 0.45 | 0.44 | 0.29 | 0.0301 |
| 110 | 1 | 25 | 10 | 1.50 | 0.45 | 0.31 | 0.19 | 0.0189 |
| 110 | 1 | 30 | 10 | 1.50 | 0.45 | 0.24 | 0.12 | 0.0124 |

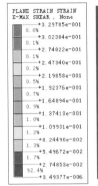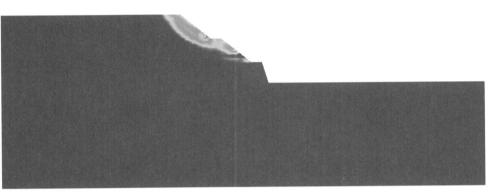

[ DATA ]  20m, 边坡稳定(SRM),  INCR=11 (FOS=1.7625),  [ UNIT ]  kN, m

图 8-30  15 m 爆心距

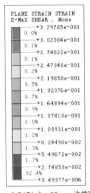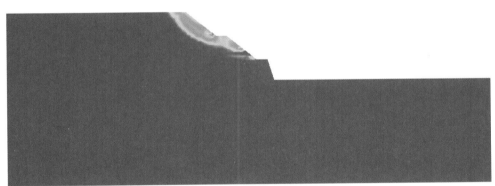

[ DATA ]  20m, 边坡稳定(SRM),  INCR=11 (FOS=1.7625),  [ UNIT ]  kN, m

图 8-31  20 m 爆心距

[ DATA ]  25m, 边坡稳定(SRM),  INCR=18 (FOS=1.8500),  [ UNIT ]  kN, m

图 8-32  25 m 爆心距

[ DATA ]　30m,　边坡稳定(SRM),　INCR=16 (FOS=1.8500),　[ UNIT ]　kN, m

**图 8-33　30 m 爆心距**

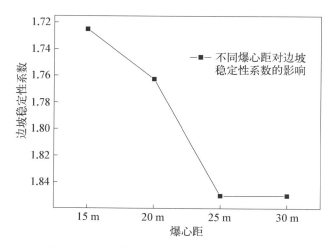

**图 8-34　不同爆心距对边坡稳定性系数的影响**

由图 8-30—图 8-34 可知,随着爆心距的加大,爆破对边坡的稳定性影响越小,在 1 kg 炸药的当量下,当爆心距大于 25 m 时,爆破对边坡的稳定性影响已经很小,所以在实际工程应用中,在影响较大的爆心距范围之内,要采取措施减少爆破对边坡的影响。

4) 不同爆破深度对边坡稳定性的影响

此处取单响炸药量为 1 kg 和爆心距为 10 m,研究不同爆破深度对边坡稳定性的影响,详见表 8-6 和图 8-35—图 8-39。

**表 8-6　不同爆破深度的最大加速度**

| 场地参数 | 单响炸药量 | 爆心距 | 爆破深度 | 衰减参数 | | 爆破最大加速度 | 边坡震动最大加速度 | 系　数 |
|---|---|---|---|---|---|---|---|---|
| $K$ | $Q(\text{kg})$ | $R(\text{m})$ | $H(\text{m})$ | $\alpha$ | $\beta$ | $B(\text{m/s}^2)$ | $a(\text{m/s}^2)$ | 无量纲 |
| 110 | 1 | 10 | 2 | 1.50 | 0.45 | 2.55 | 2.13 | 0.217 6 |
| 110 | 1 | 10 | 4 | 1.50 | 0.45 | 1.86 | 1.56 | 0.159 3 |
| 110 | 1 | 10 | 6 | 1.50 | 0.45 | 1.55 | 1.30 | 0.132 7 |
| 110 | 1 | 10 | 8 | 1.50 | 0.45 | 1.36 | 1.14 | 0.116 6 |

由图 8-35—图 8-39 可知,随着爆破深度的加大,爆破对边坡的稳定性影响越小,所以在实际工程应用中,在影响较大的爆破深度范围之内,要采取措施减少爆破对边坡的影响。

[ DATA ] 2m， 边坡稳定(SRM)， INCR=13 (FOS=1.7250)， [ UNIT ] kN， m

图 8‑35 2 m 爆破深度

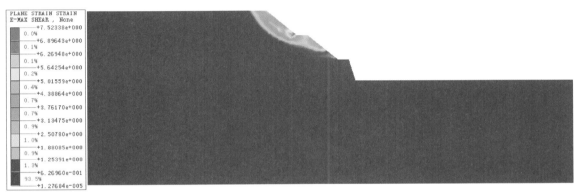

[ DATA ] 4m， 边坡稳定(SRM)， INCR=16 (FOS=1.7625)， [ UNIT ] kN， m

图 8‑36 4 m 爆破深度

[ DATA ] 6m， 边坡稳定(SRM)， INCR=14 (FOS=1.7688)， [ UNIT ] kN， m

图 8‑37 6 m 爆破深度

## 8.5.5 全程稳定性分析

在基坑工程施工的全过程中，开挖土体会产生应力释放，土体会回弹，基坑周边地层的应力场会随之发生改变，进而也会对边坡的稳定性产生影响。所以必须对基坑工程的稳定性时段变化进行分析。

[ DATA ]  8m,  边坡稳定(SRM),  INCR=18 (FOS=1.8000),   [ UNIT ]   kN,  m

图 8-38　8 m 爆破深度

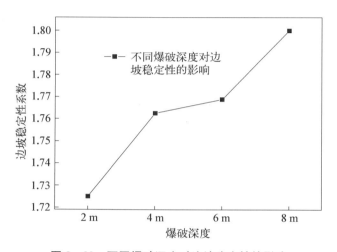

图 8-39　不同爆破深度对边坡稳定性的影响

1) 最危险部位

随着基坑开挖深度的逐渐加大,坝体围堰和陆地边坡的稳定性逐渐下降,当开挖到岩层顶部的时候,此时的边坡稳定性在土体开挖阶段的稳定性最差。加之土岩结合面本身就是基坑边坡稳定性最薄弱部位,基岩面以上的强风化带也是基坑边坡强渗透面,基坑开挖至基岩面后,基岩面以上土体边坡稳定性最差。在以后的时段,基坑边坡稳定性始终受控于基岩面以上土体边坡的稳定性。

2) 最危险的时段

在基坑开挖到基岩面后,岩层爆破开挖阶段,由于爆破产生的应力波会降低边坡的抗剪强度,而且产生的惯性力也会使边坡下滑,这时边坡稳定性较差;如再遇到恶劣天气时,如台风、暴风雨天气的大降雨,地下水水位上升,坑内产生积水,渗流作用对边坡稳定性影响较大,这时边坡稳定性也较差;基坑开挖到基岩面以下,在受到潮汐作用时,地下水水位上升,基坑基岩面以上土体边坡的稳定性下降;当基坑开挖到基岩面以下,而且又遭遇潮汐、降雨等共同作用时,边坡稳定性最差。

## 8.6　结　论

深基坑工程的全程稳定性分析是以现场岩土勘察资料为基础,结合设计方案和边坡稳定性强度破坏理论 SRM 法,综合考虑了渗流、止水、潮汐及爆破对边坡稳定性的影响。具体结论如下:

（1）坝体边坡中，随着止水帷幕的渗透系数增大，边坡的稳定性系数逐渐减小；止水围护结构的破坏部位越往下，边坡的稳定性越好，由于越往下土质条件比较好，止水帷幕底部已经打入花岗岩，透水性比较差，土层上部透水性较强，对边坡的稳定影响较大；海平面与坑内渗透位置的水头差越大对坝体边坡的稳定性影响越大，边坡稳定性随水头差加大而逐渐减小。

（2）对于陆地边坡，随着止水帷幕的渗透系数增大，边坡的稳定性系数逐渐减小；围护搅拌桩结构的破坏部位越往下，边坡的稳定性越好，要控制边坡上部搅拌桩的施工质量。

（3）对于爆破荷载对基坑边坡稳定性的影响，主要考虑单响炸药量、爆心距和爆破深度三要素。随着单响炸药量的增加，边坡随着受到的振动力加大而稳定性逐渐下降；随着爆心距的加大，爆破对边坡的稳定性影响越小；随着爆破深度的加大，爆破对边坡的稳定性影响越小。

（4）基坑工程最危险部位为基坑开挖到土岩结合面部位。随着基坑开挖深度的逐渐加大，坝体围堰和陆地边坡的稳定性逐渐下降，当开挖到岩层顶部的时候，此时的边坡稳定性在土体开挖阶段的稳定性最差。加之土岩结合面本身就是基坑边坡稳定性最薄弱部位，基岩面以上的强风化带也是基坑边坡强渗透面，基坑开挖至基岩面后，受边坡重力、渗透作用等，基岩面以上土体边坡稳定性最差。在以后的时段，基坑边坡稳定性始终受控于基岩面以上土体边坡的稳定性。

（5）通过对基坑工程最危险的时段分析认为：在基坑开挖到基岩面后，岩层爆破开挖阶段，由于爆破产生的应力波会降低边坡的抗剪强度，而且产生的惯性力也会使边坡下滑，这时边坡稳定性较差；如再遇到恶劣天气时，如台风、暴风雨天气的大降雨，地下水水位上升，坑内产生积水，渗流作用对边坡稳定性影响较大，这时边坡稳定性也较差；基坑开挖到基岩面以下，在受到潮汐作用时，地下水水位上升，基坑基岩面以上的土体边坡的稳定性下降；当基坑开挖到基岩面以下，而且又遭遇潮汐、降雨等共同作用时，边坡稳定性最差。

# 9 防渗止水系统施工与检测、监测要求

## 9.1 概述

临海地区进行深基坑工程施工,由于地质条件的复杂性,施工经验不足,施工工艺不尽成熟,所以必须明确施工要求,明确施工质量检测要求,明确基坑边坡稳定性监测要求,以确保基坑工程的安全、顺利实施。

临海地区的工程场地与南海直线距离一般都小于 1 000 m。综合场地周边环境、工程地质条件、水文地质条件、气象条件等因素分析,基坑围护采用止水帷幕加放坡加护坡形式,基坑围护的关键目的是防渗止水,保证基坑稳定。基坑开挖深度大,须进入基岩,止水帷幕必须对基岩面以上实施全封闭隔水,隔断基坑内地下水与海水之间的水力联系。通过对临海工程场地的地层分析,结合岩土组合地层地区的基坑止水防渗设计经验,入岩深基坑的止水帷幕一般采用三轴搅拌桩与高压喷射注浆法结合起来的止水帷幕结构形式,即对于上部砂层和厚度超过 1.0 m 的中部强风化地层,采用单排套打 $\phi 850@1200$ 的三轴搅拌桩进行施工,三轴搅拌桩施打到基岩面 1.0 m 深度,然后在搅拌桩上采用常规钻机同心预成孔进入基岩 1.0 m 以上,再采用高压旋喷桩进行施工,使止水帷幕进入基岩中风化相对不透水层。高压旋喷桩下部进入基岩 1.0 m,上部与三轴搅拌桩有效搭接 1.0 m。

因临海地区的基岩面以上的地层含有珊瑚碎屑和珊瑚礁灰岩,特别是成层分布的珊瑚礁灰岩岩层,对于三轴搅拌桩桩机来说存在可搅拌性分析问题,而且基岩面上覆土体极不均匀,三轴搅拌桩施工参数难以确定。基岩面埋深不一,起伏较大,三轴搅拌桩停打深度需按区段划分,高压旋喷桩施工深度也必须按区段划分。所以,止水帷幕体的施工要求必须进一步明确。

施工质量的检测要求必须紧紧抓住防渗止水这一关键问题,在检测方法的选取、检测结果的分析和处理建议提出等方面,必须坚持检测方法的有效性和针对性,分析结果的合理性,加强处理建议的科学性、安全性和经济性。对于基坑边坡安全性监测,必须结合周边环境和基坑本身的安全性分析,入岩基坑边坡稳定性较薄弱的部位是基岩面以上的土体边坡,主要影响因素是基坑外侧的地下水水位变化。所以,基坑监测的重点是观测基坑外地下水水位变化,基坑内渗漏情况和基坑内在降雨天气下的基坑积水,在潮汐作用下的基坑积水问题。

针对上述问题,对就地搅拌的三轴搅拌桩和高压旋喷桩的施工提出具体要求;对止水帷幕体施工质量检测提出具体方法和要求;对基坑稳定性监测,提出具体监测内容和要求。

## 9.2 施工工序和要求

### 9.2.1 施工工序

根据设计,施工工序如下(图 9-1):

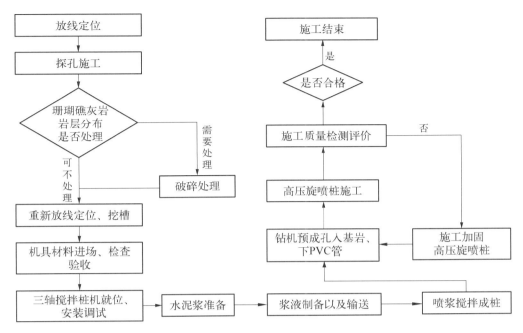

图 9-1　止水帷幕体施工工序

## 9.2.2　施工要求

1）探孔

由于该场地工程地质条件复杂，珊瑚礁灰岩岩层分布不均匀，基岩面起伏变化比较大，为了探明珊瑚礁灰岩岩层厚度、强风化层厚度、基岩面顶面埋深等情况，先采用钻机进行探孔，探孔至基岩面，记录珊瑚礁灰岩岩层厚度、强风化层厚度、基岩面标高，以指导三轴搅拌桩机械施工。

在施工三轴水泥搅拌桩之前须对每副搅拌桩所在部位用钻机进行探孔，其目的主要有：① 查明有无珊瑚礁灰岩分布及其岩层厚度，当无珊瑚礁灰岩分布时，采用常规三轴搅拌桩施工；当有珊瑚礁灰岩分布，但其沿轴线方向长度小于 2.0 m 且其厚度小于 1.5 m 时，可直接施工三轴搅拌桩，在施打三轴搅拌桩时应注意，采用相应的施工参数；当其沿轴线方向长度大于 2 m 或其厚度大于 1.5 m 时，应采用桩径 1.2 m 的大口径冲击钻钻机先进行冲孔处理，完全破碎珊瑚礁灰岩岩层后再回填砂土并压实，然后施工三轴搅拌桩。② 确定强风化层厚度，因强风化层厚度不均，而且土层级配不良，三轴搅拌桩施工质量较难控制，根据探孔获得的强风化层厚度，并将强风化层级配情况记录在探孔表中，对施工参数提出建议。③ 确定基岩面顶面埋深，在后面施工过程中搅拌桩停打于基岩面以上 1～1.5 m，以免三轴搅拌桩桩机搅拌头碰到基岩而损坏桩机，出现抱钻、卡钻等问题。

探孔的间距必须与该工程施工使用的三轴搅拌桩机中心距相等，探孔间距为 1.2 m。将探得的数据做好详细的书面表格记录，做到一孔一表，而且有数据、有分析、有建议、有措施。

2）三轴搅拌桩

成功实施搅拌桩来做止水帷幕的首要条件是深层搅拌机能够可靠地将水泥浆和地基土原位搅拌。就目前国内设备的能力来讲，当地基承载力的标准值大于 120 kPa 时，常规搅拌桩机施工困难，但采用 SMW 工法，因其设备动力大、搅拌轴扭矩大等优势能在本工程场地的第①、②层土和第③层土的大部分进行原位搅拌形成水泥土墙体，能确保就地搅拌充分，形成的桩体具有质量稳定、强度高、止水效果好，抵抗变形能力强等优点。其具体施工要求如下：

（1）水泥采用普通硅酸盐水泥，标号不低于 42.5 级，水灰比 1.5～2.0，水泥掺量 20%，即一副桩每米水泥用量 380 kg,墙体抗渗系数 $10^{-7} \sim 10^{-6}$ cm/s,桩体 28 d 无侧限抗压强度大于等于 0.8 MPa。

（2）墙体施工采用标准连续方式或单侧挤压连续方式,相邻桩施工时间超过 10 h 须作处理。

（3）桩体施工采用"一喷二搅"工艺,水泥和原状土需均匀拌和,下沉及提升均为喷浆搅拌,下沉速度为 0.5～1.0 m/min,提升速度为 1.0～2.0 m/min。

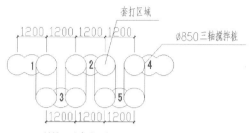

图 9-2 三轴搅拌桩成桩过程示意图

（4）桩体垂直度偏差不大于 1/200,桩位偏差不大于 20 mm。

（5）浆液配比须根据现场试验进行修正,参考配比范围为水泥∶膨润土∶水=1∶0.05∶1.6。

（6）当地层分布有珊瑚礁灰岩岩层时,应适当放慢下沉和提升速度,同时可复搅复喷一次。

（7）三轴搅拌桩的总体施工工序为：放线定位→开挖沟槽→搅拌桩就位,校核水平度、垂直度→开启空压机,送浆至桩机钻头→钻头喷浆、气,下沉桩底→钻头喷浆、气,提升→移机(图 9-2)。

（8）施工过程必须按规范要求留置水泥土试块,每班组不得少于 3 件。

（9）其他未尽事宜按照《型钢水泥土搅拌墙技术规程》(JGJ/T 199—2010)执行。

3）引孔

在三轴水泥土搅拌桩施工后 5 d,首先必须清除现场施工所遗弃的垃圾,接着开始与搅拌桩同心轴线按 0.6 m 间距预成孔,预成孔结束后立即进行高压旋喷桩施工。

（1）预成孔施工。

① 准确放线定位,确定钻孔孔位,并平整安放钻机。

② 预成孔至基岩面下 1 m,在确保进入基岩设计深度后方可终孔。

③ 成孔孔径不小于 130 mm,垂直度偏差不大于 1/200,孔位偏差不大于 20 mm。

④ 认真填写预成孔记录表。

（2）下放 PVC 管。

① 准备的 PVC 管,其管材强度为 1.0～1.5 MPa,管外径为 120 mm,按预钻孔深度下料。

② 将 PVC 管封底,内灌泥浆,从预成孔中下放至基岩面下 1 m,如因孔底沉淀的淤渣较厚,必须清孔排渣,确保 PVC 管进入基岩面以下 1.0 m。

③ 将 PVC 管内的泥浆经清孔后用清水置换,防止沉淀淤积。

④ 认真填写记录表。

4）高压旋喷桩

将带有特殊喷嘴的注浆管,通过钻孔置入到处理土层的预定深度,然后将水泥浆以高压冲切土体。在喷射浆液的同时,以一定速度旋转、提升,形成水泥土圆柱体。加固后可以提高土体强度,封堵渗透空隙、裂隙,形成防渗帷幕。

由于达到预定深度(本工程为中风化花岗岩)是利用钻机通过合金或金刚石钻头进行预成孔钻进的,加固土层的强度、硬度对钻进的影响不大,使加固范围能达到弱透水层花岗岩层,并且能很好处理③、④层渗透界面的渗透问题。

对搅拌桩无法施工的③层和珊瑚碎屑及颗粒状岩块,高压浆液可通过空隙,使空隙被浆液填满;或利用高压冲切碎石层,通过泥浆形成止水帷幕。

为保证岩层分界面也能通过注浆进行止水,可使用合金或金刚石钻头钻到基岩面下 500 mm,开始喷浆。通过控制提升速度、注浆压力和确保注浆量来保证岩层分界面防渗处理效果。其具体施工要求如下：

（1）高压旋喷桩设计桩径 900 mm，桩长根据预成孔等确定，施工前由设计单位以书面表格形式提交施工班组。

（2）高压旋喷桩采用三重管施工，具体施工参数如下：① 速度：注浆管提升速度为 10～12 cm/min，旋转速度 20r/min，在粉土、砂性土地层时应减慢提升速度，控制在 10 cm/min 以内。② 水切割压力：下沉：10 MPa，提升：20～40 MPa；流量 80 L/min。③ 浆液压力：12～15 MPa，流量 80～90 L/min。④ 压缩空气：压力 0.7 MPa，流量 6 m³/h。⑤ 加灌高度：1 m（进入基岩面下 1.0 m 与三轴搅拌桩搭接 1.0 m）。⑥ 喷嘴直径：1.6 mm，水泥掺量 300 kg/m。⑦ 水灰比：1：1。⑧ 喷浆次数：二次，也就是复喷一次。⑨ 28 d 龄期无侧限抗压强度不宜低于 0.8 MPa。

（3）在注浆前 10 min 必须拌制好浆液，搅拌时间不得小于 5 min，在 30 min 内用完，否则作为废浆。

（4）钻机定位必须平稳、准确，定位误差小于 30 mm，钻机轴垂直度偏差小于 1%。

（5）在强风化层及基岩面附近处应减小喷射压力、降低提升速度，确保喷浆量。

（6）因考虑有大通道渗透途径存在的可能性，应利用二次喷浆并调整外加剂水玻璃掺量，第一次喷浆量控制在 30%，第二次 70%，前后需间隔 30 min。

（7）具体施工参数宜通过试桩确定。

（8）认真填写施工记录表。

止水帷幕成桩流程如图 9-3 所示。

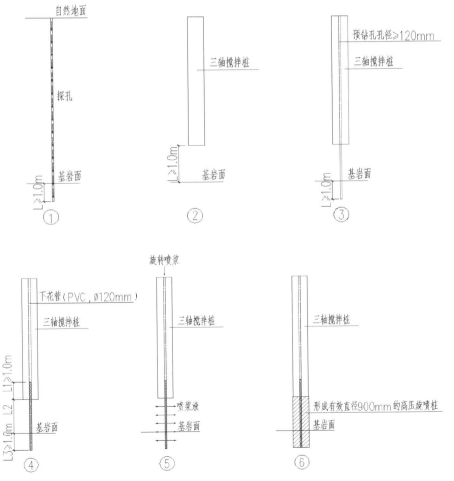

**图 9-3  止水帷幕成桩流程图**

## 9.3 检测要求

### 9.3.1 检测目的

考虑到含珊瑚碎屑和珊瑚礁灰岩土层的均匀性极差,以及基岩面起伏较大,由三轴搅拌桩与高压旋喷桩结合起来的止水帷幕施工质量难以保证,常会出现下列问题:① 注浆搅拌和注浆过程中断或搅拌不均匀,造成桩体在垂直方向上的不连续;② 当钻头在深部注浆时发生偏移或移机间距过大,造成桩体在横向上的不连续;③ 施工时桩长达不到设计桩长,尤其是未进入基岩。这些质量隐患容易导致基坑侧壁发生渗漏等问题。因此在止水帷幕施工完成后及时进行检测,确定止水帷幕的质量隐患部位,及时进行补救处理具有重要意义。

止水帷幕的质量检验主要反映在 3 个方面:桩体的强度、桩体的均匀性和桩身长度。目前工程中常用的检测手段是钻孔取芯法和各种无损检测法。通过比选,本工程利用声波 CT 成像对止水帷幕施工质量进行检测。

### 9.3.2 检测方法

利用工程声波新型 CT 检测系统对止水帷幕进行检测,依照《岩土工程勘察规范》(GB 50021—2001)、中国工程建设标准化协会标准——《超声法检测混凝土缺陷技术规程》、《浅层地震勘查技术规范》(DZ/T 0170—1997)、《水利水电工程物探规程》(SL 326—2005)及建设方要求,结合现场实际情况,在建设场地每间隔 12 m 布置 1 个观测孔,设置声波 CT 测试剖面。

1) 测试准备工作

进行现场测试前,需完成下列准备工作:

(1) 根据探孔、预成孔等资料,确定一定范围内基岩面埋深,以便确定预钻孔深度,确保在此范围内预钻孔进入最大基岩面埋深处的基岩内长度不小于 5.0 m;

(2) 沿基坑止水帷幕四周轴线按 12 m 间距在围护体内放线定位,测量确定测试孔孔位;

(3) 按前述预成孔、下放 PVC 管的施工步骤和要求施工测试孔、下放 PVC 管;要求预成孔必须进入一定范围内基岩的长度不小于 5.0 m,PVC 管进入一定范围内基岩的长度不小于 5.0 m;

(4) 在预成孔过程中,全桩长取芯并取基岩岩芯长度不小于 5.0 m;岩芯试样从上到下排好,详细描述成桩质量,并拍成照片留存;同时选取试样进行单轴抗压试验。

2) 现场测试

(1) 将 12 道水声检波器(每道间距 0.5 m)放入孔中测试位置,把电火花震源放入另一个孔中。

(2) 调整激发点的深度使其与最下边检波器深度相等并激发,由另一个孔中的水声检波器接收并记录数据。

(3) 上提震源 1.0 m 进行第二个激发点的激发并记录数据,并重复该过程 24 次。

(4) 当震源上提 2.5 m 后,需上提检波器 5.0 m,使得震源位置和最下边检波器处于同一深度的位置并激发;重复步骤(4)—步骤(5)直至目标孔段测完为止。

(5) 测完一侧后,将检波器和震源交换孔位,重复步骤(1)—步骤(5)的工作,直至孔段另一侧测完为止。具体声波 CT 成像检测过程如图 9-4 所示。

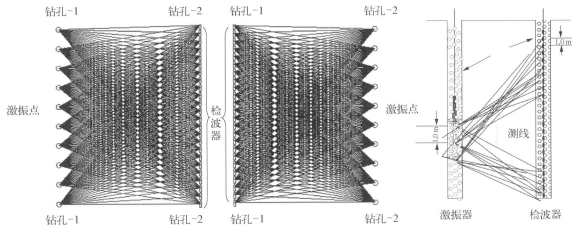

图 9 - 4　声波 CT 成像检测原理示意图

## 9.3.3　检测结果分析及建议

1）取芯试块

取芯试块按规范要求采用单轴抗压试验方法确定其强度,养护 28 d 后强度值不低于 0.5 MPa;并通过钻孔取芯方法判断桩身成桩质量的均匀性,成桩桩长是否满足施工要求。

2）声波 CT 成像检测

在获得现场测试资料后,需根据测试的波速对止水帷幕施工质量进行验证和评价。

（1）桩体施工质量评价表

通过现场取芯完整性描述以及试样的单轴抗压试验,波速测试数据分析对比,假定桩体施工质量好的标准波速,并对较差、差的部位进行钻孔取芯验证,最后按质量好、较好、较差、差四个等级进行评定,认真填写桩体质量评价表,并给出相应处理建议。

表 9 - 1　桩体质量评价表

| 位　置<br>（假定） | 实测波速/标准<br>波速（假定） | 钻孔取芯试样判断描述 | 质量<br>等级 | 处 理 建 议 |
|---|---|---|---|---|
| K3～K4 | 0.8 以上 | 岩芯完整、单轴抗压强度大 | 好 | 不需处理 |
| K13～K14 | 0.6～0.80 | 岩芯较完整、单轴抗压强度较大 | 较好 | 不需处理,需监测 |
| K23～K24 | 0.4～0.6 | 岩芯不太完整、单轴抗压强度较小 | 较差 | 需处理,在相应部位施打第二排高压旋喷桩,桩间距可定为0.9 m |
| K33～K44 | 0.4 以下 | 岩芯不完整、单轴抗压强度小 | 差 | 需处理,在相应部位施打第二排高压旋喷桩,桩间距可定为0.6 m |

（2）止水帷幕再加固处理方案

在前述止水帷幕施工质量评价的基础上,对止水帷幕施工质量分段进行快速评价,编制加固处理方案,提交施工班组施工。

对于需加固处理的部位,按加固处理设计方案,在三轴搅拌桩中心轴线错位施工预成孔,进入基岩 1.0 m,下放 PVC 管,再进行高压旋喷桩施工。如有必要,需再对加固处理部位进行钻孔取芯和声波 CT 成像检测,以评价加固处理效果。

## 9.4　监测工程监测

### 9.4.1　监测目的

基坑工程监测的主要目的是：

（1）使参建各方能够完全客观真实地把握工程质量，掌握工程各部分的关键性指标，确保工程安全；

（2）在施工过程中通过实测数据检验工程设计所采取的各种假设和参数的正确性，及时改进施工技术或调整设计参数以取得良好的工程效果；

（3）对可能发生危及基坑工程自身和周围环境安全的隐患进行及时、准确的预报，确保基坑结构和相邻环境的安全；

（4）积累工程经验，为提高基坑工程的设计和施工整体水平提供基础数据支持。

针对本基坑工程的特点及特殊性，监测的目的是防止基坑侧壁出现地下水渗漏，保证基坑的稳定性。

### 9.4.2　监测项目

本次监测的具体项目如下：

（1）边坡坡顶的水平位移与沉降；

（2）坑内、坑外地下水水位变化；

（3）潮汐作用监测。

### 9.4.3　监测要求

针对本基坑施工特征，主要对地下水水位监测特作如下要求。

（1）加强对基坑外侧观测井和基坑内保留的降水井的地下水水位监测，若发现地下水水位出现异常变化，应及时汇报业主、监理方，并查明原因，积极采取相应对策，防止渗漏水等不利情况发生。

（2）在基坑开挖期间，加强宏观巡视，及时发现开挖时出现的渗漏水现象，并查明原因，积极采取相应对策，防止渗漏水等不利情况发生。

（3）在基坑开挖期间，密切关注一、二级放坡坡脚集水井的积水情况，及时要求排放积水。

（4）在基坑开挖期间，若基坑边坡出现裂缝等异常位移变形情况应及时要求施工方加以处理，一是防止大气降水渗入边坡影响边坡稳定性，二是防止边坡出现滑坡等灾害情况发生。

（5）在基坑开挖期间，监测人员应密切关注天气预报，对有可能出现台风、暴雨等不良天气应要求施工方制定应急预案，一是确保基坑围护施工与基础施工安全，二是预备相关设备和材料，及时排水，防止不利情况发生。

（6）根据潮汐作用规律，加强凌晨地下水和基坑内积水深度观测，指导排水施工，尤其是夜间排水要求加强设备、人员的安排。

（7）考虑到基坑开挖及基础施工工期大于一年，应安排固定人员及设备进行监测工作，确保监测工作的连续性和稳定性。

（8）根据甲方和监理方要求，按时按量按质提交监测报告和月度、年度监测工作总结报告。

### 9.4.4 监测报警值

基坑监测报警值如表9-2所列。

**表9-2 监测报警值**

| 序　号 | 监 测 项 目 | 累计值(mm) | 变化速率(mm/d) |
|---|---|---|---|
| 1 | 边坡坡顶的水平位移与沉降 | 30 | 4 |
| 2 | 坑内、坑外地下水水位变化 | 1 000 | 500 |
| 3 | 潮汐作用水位变化 | — | 1 000 |
| 4 | 坑内积水深度 | 500 | 300 |

### 9.4.5 监测频率

本基坑监测时限为从坑内降水开始至基础施工至±0.00,共划分为3个阶段,特殊情况下的监测频率另定,如表9-3所列。

**表9-3 监测频率**

| 序　号 | 施 工 阶 段 | 监 测 频 率 |
|---|---|---|
| 1 | 降水及基坑土石方开挖阶段 | 每天一至两次 |
| 2 | 基础施工阶段 | 每天一次 |
| 3 | 后期施工阶段 | 每两天一次 |
| 4 | 特殊情况(台风、暴雨、潮汐作用) | 另定 |

## 9.5　结 论

无论是止水帷幕体的施工要求,还是施工质量检测和基坑稳定性监测要求,其目的只有一个,确保基坑工程的安全稳定性。为此,必须满足:

1) 预测性

通过对止水帷幕施工质量的检测和对坑内、坑外地下水水位监测数据的整理与分析,可以对基坑的稳定性进行预测,及时发现问题,及时处理,不留隐患,从而确保基坑安全。

2) 针对性

结合基坑工程的特点,采取有针对性的检测和监测措施来检查止水帷幕的止水效果,检测、监测方法和手段的针对性强,就能做到有的放矢,保证边坡稳定。

3) 有效性

坚持认真、求是的态度,根据规范要求,通过现场实地检测和监测,认真分析检测、监测数据,做出科学、合理分析,在确保监测数据真实可靠的基础上,得出符合实际情况的结论,为分析评价施工质量和边坡稳定性提供可靠的依据,从而确保检测和监测的结果有效性。

4) 指导作用

通过对止水帷幕施工质量的检测、坑内外地下水水位的监测等手段,对基坑的稳定性进行分析评价,总结经验,吸取失败教训,从而为地下工程的顺利实施和类似地下工程施工提供指导作用。

# 10 工程实例

## 10.1 概述

在临海含珊瑚碎屑及珊瑚礁灰岩地层新建大型地下工程始于 21 世纪初,尤其是我国为发展绿色蓝海经济,为交通运输、防险避灾、后勤补给等需要,也为巩固和发展国防目的,海南省新建了以文昌市卫星发射基地为代表的大量重点、大型工程。

目前,我国已建成和投入使用的发射基地有酒泉、西昌、太原和文昌火箭发射中心。前三个发射基地均位于西北高原和山区,商业发展不足,且不便于交通运输。海南省文昌市所处位置的纬度低,距赤道只有 19°,这将大幅增加有效荷载。在赤道附近发射火箭的优势在于,地球在低纬度地带自转速度大,有助于提升火箭推力。而且,海南岛面向南海,大型设备运输条件优越。这样,文昌卫星基地的建设为我国发射自己的空间站、载人登月乃至火星探测器等大型、重型航天、航空设备创造了条件。

海南省文昌市卫星发射基地按设计要求新建 1#、2#工位,因发射需要需开挖基坑,基坑开挖深度达 25～27 m,同时进入基岩 12 m 左右。工程场地具体地址位于文昌市龙楼镇,两工位距南海直线距离均小于 1 000 m,所处地层含珊瑚碎屑和珊瑚礁灰岩。基坑开挖深度所涉及的基岩面以上地层富含地下水,而且与南海有较强的水力联系,受潮汐作用较大。

受 1#、2#工位施工总承包单位的委托,上海市建工设计研究院有限公司承担了 1#、2#工位基坑止水帷幕的设计工作。经施工实践检验,止水帷幕设计是成功的,达到了施工总承包单位的要求。

## 10.2 工程实例 1

项目名称:078 工程 101#、102#建筑止水帷幕工程设计方案
设计单位:上海市建工设计研究院有限公司
设计时间:2010 年 10 月 20 日

### 10.2.1 078 工程 101#、102#建筑止水帷幕工程设计方案

1)工程概况

工程名称:078 工程 101#、102#建筑止水帷幕工程

工程地点:海南省文昌市龙楼镇南部,毗邻南海

(1)基坑概况。

078 工程 101#、102#建筑位于海南省文昌市龙楼镇南部,毗邻南海。因基础施工需开挖基坑,必须进行止水帷幕设计与施工。基坑概况如表 10-1 所示。

表 10-1 基坑概况

| 建筑物代号 | 基 础 埋 深 | 围 护 形 式 |
|---|---|---|
| 101# | 约为 7.5 m | 止水帷幕＋放坡＋护坡 |
| 102# | 22.0～22.5 m | 止水帷幕＋放坡＋护坡 |

本基坑施工存在如下特点：

① 工程量大。基坑开挖面积大,约 17 500 m²,开挖深度深,最大深度达 22.50 m；土石方工程量大。

② 工期长。本基坑开挖和基础施工的总工期超过 1 年,因此,基坑开挖后坡面暴露时间较长。

③ 附加荷载多。基坑围护体在施工期间所需承受的附加荷载类型多,具体有：地下水水位上升附加荷载、台风与暴风雨附加荷载、基岩爆破震动附加荷载、施工现场基坑边材料堆放带来的附加荷载和施工车辆运行的附加荷载等。

④ 不利因素多。从施工过程来看,在施工期间存在的不利因素多、安全风险大。特别是基岩爆破开挖时的振动荷载对基岩原有裂隙会产生进一步破坏,并且对止水帷幕墙体产生不利影响,若墙体强度不足,振动会导致墙体产生裂隙,使基坑止水帷幕破坏而出现渗、漏水现象。这样,在基坑止水帷幕的设计过程中必须考虑这些不利因素的影响。

⑤ 安全要求高。基坑止水帷幕因施工周期长而凸显对其隔水效果要求高,因附加荷载多而凸显止水帷幕墙体必须具备一定强度的重要性和必要性。同时因本工程使用性质的特殊性要求在基础施工过程中必须确保安全生产,比照有关规范,本基坑安全等级为一级。因此,在设计与施工基坑止水帷幕时更应坚持"安全第一"的理念,确保本工程止水帷幕工程的设计质量和实际隔水效果。

（2）周边环境。

从地理位置上看,本工程距离南海直线距离仅有 800 m；从水文地质条件来看,南海海水与本场地地下水存在着水力联系。因此,应重视施工与环境之间相互影响的监测,监测重点是对地下水水位的监测,防止止水帷幕止水效果不佳而出现渗、漏水。

2）工程地质与水文地质条件

（1）地形地貌。

101#、102# 建筑位于海南省文昌市龙楼镇,地形基本平坦,场区现分布有虾塘,场区（孔口）高程 5.06～6.40 m；属于海成Ⅰ级阶地地貌。

（2）地基土层的岩性特征及其空间分布。

根据岩土工程勘察报告,勘察深度范围内上部地层属于第四纪海相沉积物,以砂土及含砂生物碎屑为主,局部为珊瑚礁；下部地层为花岗岩。以满足工程需要为原则,考虑时代成因、岩性特征与物理力学性质等诸多因素,将岩土工程勘察深度范围内的地基土层共划分为 4 个工程地质层。其岩性特征如表 10-2 所示。

表 10-2 地基土层的岩性特征

| 地层编号 | 地层名称 | 湿 度 | 密实度 | 其 他 性 状 描 述 |
|---|---|---|---|---|
| ① | 填土 | 稍湿 | 松散 | 浅褐黄色；以粉细砂为主,含少量细粒土及植物根系,局部为灰色虾塘底部回填土 |
| ② | 细砂 | 很湿 | 松散—稍密 | 褐黄色；以粉细砂为主,矿物成分主要为石英、长石,均粒结构,颗粒均匀,磨圆度一般,该层底部含有大量生物碎屑 |

| 地层编号 | 地层名称 | 湿　度 | 密实度 | 其他性状描述 |
|---|---|---|---|---|
| ③ | 含砂珊瑚碎屑 | 很湿 | 松散—稍密 | 灰色；以生物碎屑及珊瑚碎屑为主，含粉细砂，含量30%～40%，砂砾成分主要为石英、长石等，混粒结构，局部以珊瑚礁为主 |
| ④₁ | 花岗岩 | — | — | 灰黄色；强风化，原岩结构清晰，主要矿物质成分为石英、长石等，矿物风化明显，取芯呈碎块状，局部呈短柱状，岩体为极软岩，岩体极破碎；岩体基本质量等级为Ⅴ类 |
| ④ | 花岗岩 | — | — | 灰白色；中风化，局部微风化，粗粒结构，块状构造，主要矿物成分为石英、长石等，裂隙较发育，硅质胶结，取芯呈短柱状—长柱状，岩体为较硬岩—坚硬岩，岩体较完整—完整，局部较破碎，岩体基本质量等级为Ⅱ—Ⅲ类 |

（3）水文地质条件。

根据勘察报告，场地有二层含水层，第一层含水层为主要赋存于第②层细砂及第③层含砂珊瑚碎屑的孔隙潜水，地下水主要接受大气降水及地下径流补给；第二层含水层为赋存于第④层中风化花岗岩中裂隙潜水，勘察期间钻孔中静止水位埋深为 1.0～2.4 m，高程为 3.30～4.92 m。

根据钻孔提供的地层资料，结合本地区工程经验，场区内第②层细砂及第③层含砂珊瑚碎屑属于极强透水层，水量极大，局部地段由于珊瑚碎屑及珊瑚礁含量大，钻进时漏浆严重；第④层中风化花岗岩岩体基本完整，总体来说属于弱含水层，水量不大，但不排除局部地段张性裂隙发育，水量丰富的可能性。

根据抽水试验得出表 10 - 3 所示的成果表。

表 10 - 3　抽水试验成果表

| 土层名称 | 孔　号 | 含水层厚度 $M$(m) | 稳定水位 (m) | 稳定降深 $S$(m) | 稳定流量 $Q$(t/d) | 井径 $r$(m) | 影响半径 $R$(m) | 渗透系数 $K$(m/d) |
|---|---|---|---|---|---|---|---|---|
| 第②层细砂、第③层含砂珊瑚碎屑 | ZK14 | 11 | 2.4 | 1.17 | 768 | 0.1 | 62.5 | 71.3 |

根据压水试验，岩体的透水率为 5.15 Lu，岩体节理较发育。压水试验成果如表 10 - 4 所示。

表 10 - 4　压水试验成果表

| 第一阶段试段压力 $Q$(MPa) | 第三阶段的计算流量 $L$(L/min) | 试段长度 $L$(m) | 透水率 $q$(Lu) | 岩体评价 |
|---|---|---|---|---|
| 0.5 | 43.75 | 17 | 5.15 | 节理较发育 |

根据勘察报告，场区内近 3～5 年地下水的最高水位接近地表。

3）设计依据及使用规范

（1）基坑安全等级。

根据《建筑基坑支护技术规程》(JGJ 120—99) 及本工程的环境条件，特别是本工程的使用属性，确定本基坑工程的安全等级为一级。

（2）基坑使用期限。

本基坑设计有效使用期限为一年。

（3）设计依据及使用规范。

① 业主提供的有关资料（主要是场地岩土工程勘察报告等）。

②《建筑基坑支护技术规程》(JGJ 120—2012)。

③《建筑地基处理技术规范》(JGJ 79—2011)。

④《水电水利工程高压喷射灌浆技术规范》(DL/T 5200—2004)。

⑤《型钢水泥土搅拌墙技术规程》(JGJ/T 199—2010)。

⑥《建筑桩基技术规范》(JGJ 94—2008)。

⑦ 其他有关的规范和规程。

4) 止水帷幕系统设计方案

(1) 止水帷幕系统组成。

根据本基坑工程特点及基础施工要求,止水帷幕系统包括:① 基岩面以上透水层的止水帷幕;② 放坡与护坡(含坡顶挡水坝);③ 止水帷幕内降水井、基坑放坡开挖明排水设施;④ 基坑止水帷幕外侧的监测井(兼降水井)。

(2) 止水帷幕设计方案。

① 场地地质条件分析。

A. 工程地质条件分析。

(a) ③层以上地层。

根据场区勘察报告,施工场区在工程勘察深度范围内的地基土层共划分为 4 个工程地质层和 1 个工程地质亚层,其中工程地质亚层分布不均。场区内②层及③层属于极强透水层,水量丰富。局部地段由于珊瑚碎屑及珊瑚礁含量大,钻进时漏浆严重。

止水帷幕系统需要解决的问题:因第②、③层土透水性极强,设计止水帷幕时必须采用合理的止水形式对③层以上地层进行隔水。

(b) ③、④层交接面。

从承载力特征值来看,③层细砂为 120 kPa、珊瑚碎屑为 130 kPa,④$_1$层强风化花岗岩为 1 500 kPa,④层为强度较大的中风化花岗岩。这些指标是选择止水帷幕施工方法的重要参考指标,直接关系到施工质量、进度及施工费用。从③、④层透水性质上看,③层以上土层为强透水层,④层为弱透水层,③、④层交界面为强透水界面。

止水帷幕系统需要解决的问题:从地质剖面图可以看出,基坑底标高已进入第④层中微风化岩层,穿过③层与④层的强渗透交界面,在止水帷幕设计与施工时必须对该界面进行防渗处理。一是合理、科学地确定设计方案,二是选择有效可行的施工方法。

(c) ④层基岩。

根据建筑设计要求,基坑开挖已进入④层约 10 m。④层中风化花岗岩岩体基本完整,总体来说属于弱含水层,水量不大,但不排除局部地段张性裂隙发育,水量丰富的可能性。

止水帷幕系统需要解决的问题:在制定护坡方案及降、排水方案时要充分考虑基岩裂隙水的排放问题。

B. 水文、气象条件分析。

由于本基坑所在的场区毗邻南海,距离海边直线距离只有 800 m 左右,场地内②层及③层属于极强透水层,水量丰富,且与南海海水之间存在水力联系;另外,海南岛地处亚热带,台风、暴雨经常光顾,从气象条件来看,在本场地进行基坑、基础施工存在着不利的水文、气象条件。

止水帷幕系统需要解决的问题:考虑到上述水文、气象及水文地质条件,在止水帷幕设计与施工时,一是要考虑在基坑顶部设置挡水坝(挡水坝是止水帷幕系统的重要组成部分);二是必须对④层(特别是③、④层交界面)以上实施全封闭隔水(此部分是止水帷幕系统的主体),隔断基坑内地下水与海水之间的水力联系;三是要重视对基坑开挖形成放坡面的明排水问题,包括施工期间大气降水的排放。

C. 加固深度的选取。

根据总装备部工程设计研究所提供的本项目岩土工程勘察报告,本项目地层起伏不大,相对较为平坦。根据勘察报告提供的 20 个勘探孔资料统计,中风化花岗岩层顶平均埋深 13.25 m,根据《水电水利工程高压喷射灌浆技术规范》(DL/T 5200—2004)第 5.0.5 条规定:"封闭式高喷墙的钻孔宜深入基岩或相对不透水层 0.5~2.0 m",按照止水帷幕设计要求,高压旋喷桩进入中风化岩层 0.5 m,高压旋喷桩桩底深度平均为 13.75 m,花岗岩④1 层平均层厚 0.58 m。结合施工质量控制措施,考虑引孔时存在沉渣厚度,花岗岩④1 层平均层厚按 1 m 计取,宜选取高压旋喷桩桩底埋深为 14 m,这样,止水帷幕设计平均加固深度为 14 m(表 10‑5)。

### 表 10‑5　钻探孔统计资料

| 工程钻探土层分布 | | | | | | | | | | |
|---|---|---|---|---|---|---|---|---|---|---|
| 孔号土层 | DLC01 | DLC02 | DLC03 | DLC04 | DLC05 | DLC06 | DLC07 | DLC08 | DLC09 | DLC10 |
| 层顶埋深(m) | | | | | | | | | | |
| 填土① | 0 | 0 | 0 | 0 | 0 | 0 | 0 | 0 | 0 | 0 |
| 细砂② | 0.8 | 1.1 | 0.85 | 0.5 | 1.2 | 1 | 1 | 1 | 1.1 | 1.5 |
| 含珊瑚碎屑③ | 2.95 | 4.5 | 4.3 | 5.7 | 5.8 | 5.5 | 5.5 | 5 | 4.8 | 5.8 |
| 花岗岩④1 | | | | | | 13 | | | | 14.5 |
| 花岗岩④ | 12.2 | 12.8 | 12.5 | 11.7 | 12.5 | 15 | 13 | 12.7 | 13.5 | 15.2 |
| 工程钻探土层分布 | | | | | | | | | | |
| 孔号土层 | DLC11 | DLC12 | DLC13 | DLC14 | DLC15 | DLC16 | DLC17 | DLC18 | DLC19 | DLC20 |
| 层顶埋深(m) | | | | | | | | | | |
| 填土① | 0 | 0 | 0 | 0 | 0 | 0 | 0 | 0 | 0 | 0 |
| 细砂② | 1.5 | 0.5 | 0.5 | 0.5 | 0.5 | 0.8 | 0.8 | 0.5 | 0.8 | 0.8 |
| 含珊瑚碎屑③ | 5.5 | 5 | 5.5 | 5.6 | 6 | 4 | 3.5 | 4.3 | 4.2 | 4 |
| 花岗岩④1 | | | 11.8 | | 15.1 | | 11.9 | 11.1 | 12 | 13.5 |
| 花岗岩④ | 11.6 | 13 | 12.5 | 12.6 | 15.9 | 12.4 | 13.8 | 12.5 | 15 | 14.5 |

注:花岗岩层顶平均埋深 13.25 m,花岗岩④1 层 20 个勘探孔累计厚度 11.5 m,平均层厚 0.58 m。

② 止水帷幕结构形式的选择。

止水帷幕顾名思义主要是阻断地下水流通道,确保降水后基坑开挖及基础施工处于无水状态和基坑的安全。

目前,国内常用的非桩类止水结构有冻结法、注浆法、高压喷射注浆法、水泥土搅拌法等。结合现场实际情况,使用高压喷射注浆法、水泥土搅拌法是可选的结构形式。

A. 搅拌桩止水帷幕。

水泥土搅拌法是利用深层搅拌机将水泥浆和地基土原位拌合,搅拌后形成柱状水泥土,可提高土体强度,增加稳定性,建成防渗帷幕。

因此,成功实施搅拌桩来做止水帷幕的首要条件是深层搅拌机能可靠地将水泥浆和地基土原位搅拌。就目前国内设备的能力来讲,当地基承载力的标准值大于 120 kPa 时,常规搅拌桩机施工困难,但采用 SMW(Soil Mixing Wall)工法,因其设备动力大、搅拌轴扭矩大等优势能在本工程场地的第①、②层土和第③层土的大部分进行原位搅拌形成水泥土墙体。

采用 SMW 工法相对于单轴(单头)搅拌桩,从设备上讲具有动力上的优势,能确保就地搅拌充分,形成的桩体具有质量稳定、强度高、止水效果好、抵抗变形能力强等优点。

因采用单一的搅拌桩止水帷幕形式,对于本工程来说搅拌桩需穿过 130 kPa、甚至 1 500 kPa 的珊瑚碎屑层和强风化花岗岩层,显然施工十分困难甚至无法施工。当搅拌桩无法搅拌施工时应立即停机,并记录桩号和搅拌桩桩底深度标高。根据勘察报告,搅拌桩的平均桩长为 12.50 m。

B. 高压喷射注浆法止水帷幕。

将带有特殊喷嘴的注浆管(钻杆),通过钻孔置入到处理土层的预定深度,然后将水泥浆以高压冲切土体。在喷射浆液的同时,以一定速度旋转、提升,形成水泥土圆柱体。加固后可以提高土体强度,封堵渗透空隙、裂隙,形成防渗帷幕。

由于达到预定深度(本工程为中风化花岗岩)是利用钻机通过合金或金刚石钻头进行预成孔钻进的,加固土层的强度、硬度对钻进的影响不大,使加固范围能达到弱透水层花岗岩层,并且能很好地处理③、④层渗透界面的渗透问题。

对搅拌桩无法施工的③层和珊瑚碎屑及颗粒状岩块,高压浆液可通过空隙,使空隙被浆液填满;或利用高压冲切碎石层,通过泥浆形成止水帷幕。

为保证岩层分界面也能通过注浆进行止水,可使用合金或金刚石钻头钻到基岩面下 500 mm,开始喷浆。通过控制提升速度、注浆压力和确保注浆量来保证岩层分界面防渗处理效果。

C. 止水帷幕施工方法的选定。

通过以上的比较分析,本工程的止水帷幕将采用三轴搅拌桩与高压喷射注浆法结合起来的止水帷幕结构形式。三轴搅拌桩桩长 12.5 m,从地面到地表下 12.5 m;高压喷射注浆法注浆长度 2.5 m,从地表下 11.5~14.0 m。

③ 止水帷幕的设计参数。

本工程的止水帷幕设计采用三轴搅拌桩与高压旋喷桩注浆法相结合的结构形式。具体方案如下。

A. 设计的三轴搅拌桩墙体参数。

在本场地①、②层和③层上中部采用施打三轴搅拌桩形成止水帷幕。搅拌桩单排,桩径 850 mm,水泥掺量 20%,采用新鲜的 P.O42.5 普通硅酸盐水泥,每立方米水泥用量 380 kg,施工 28 d 后桩体无侧限抗压强度大于 0.8 MPa。搅拌桩施打到搅拌困难时停打,桩长暂估 12.5 m。施工要求一桩一表及时记录搅拌桩停打标高。本工程搅拌桩轴线周长 497 m,共有 414 幅。

设计的三轴搅拌桩墙体抗渗系数为 $4 \times 10^{-5}$ cm/s。

搅拌桩的外加剂应视现场地层特征及施工需要而定。应注意现场地下水的水质,影响水泥浆固化效果时,应采取特别措施。

B. 高压旋喷桩的设计参数。

根据施工经验,结合本工程的实际情况,本工程采用三重管高压旋喷桩进行③层中下部及③层与④层交界面的止水帷幕施工。桩体加固深度为进入中风化基岩面以下 500 mm 范围内,桩顶标高以搅拌桩停打位置深度以上 1 m 的标高为准,深度为 11.5~14.0 m,旋喷长度为 2.5 m。三重管高压旋喷桩直径 1 500 mm,有效直径 900 mm,搭接 300 mm,水泥掺量 25%;28 d 无侧限抗压强度大于 0.8 MPa。沿三轴搅拌桩轴线布置一排高压旋喷桩,桩间距 600 mm。轴线周长 497 m,共有 828 根桩。

高压旋喷桩的外加剂主要选用水玻璃,掺量为水泥掺量的 10%,主要目的是防止浆液大量窜流,让注浆填充空隙、孔隙,并快速凝固。

设计的高压旋喷桩加固体抗渗系数为 $9 \times 10^{-4}$ cm/s。

高压旋喷桩体的墙厚可根据《水电水利工程高压喷射灌浆技术规范》(DL/T 5200—2004)附录 B 并结合表 10-3 抽水试验成果表确定。

高压旋喷桩桩体墙的平均厚度 $t$ 可用式(10-1)计算：

$$t = \frac{L(H+h_0)(H-h_0)K}{2Q} \tag{10-1}$$

式中　　$K$——渗透系数(m/d)；

　　　　$Q$——稳定流量($m^3$/d)；

　　　　$t$——高压旋喷桩墙体平均厚度(m)；

　　　　$L$——围井周边高喷墙轴线长度(m)；

　　　　$H$——围井内试验水位至井底的深度(m)；

　　　　$h_0$——地下水水位至井底的深度(m)。

抽水试验示意图如图 10-1 所示。

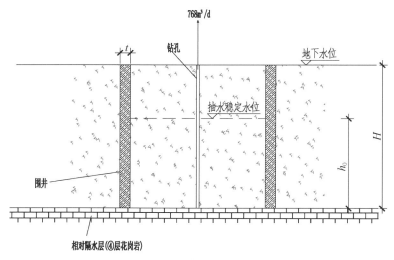

**图 10-1　抽水试验示意图**

根据《水电水利工程高喷射灌浆技术规范》(DL/T 5200—2004)表 5.0.3 高压旋喷桩墙体性能指数，并结合施工实际情况，$K$ 取值为：

$$K = 9 \times 10^{-5} \text{ cm/s} = 0.078 \text{ m/d}$$

根据表 10-3 数据，取：

$$Q = 768 \text{ m}^3/\text{d}$$
$$L = 2 \times 3.14 \times 62.5 = 392.5 \text{ m}^3$$
$$H = 11 \text{ m}$$
$$h_0 = 11 - 1.17 = 9.83 \text{ m}$$

因此，$t$ 的计算值如下：

$$t = \frac{329.5 \times (11 + 9.83) \times (11 - 9.83) \times 0.078}{2 \times 768} = 0.486 \text{(m)}$$

现按单排布孔，桩体直径 1 500 mm，有效直径 900 mm，也就是墙体厚度为：900 mm，大于设计参数要求的 486 mm，安全系数为 1.85。

④ 止水帷幕施工工艺比选。

为确保本工程施工的实际效果，检测止水帷幕止水功能，同时避免因设计方案的不合理、不科学而导致工期延误、费用增加，对是否要试桩和如何试桩特进行如下对比分析(表 10-6)。

表 10-6　试桩方案比选

| | 试桩方案一：小基坑试桩 | 试桩方案二：试工艺 |
|---|---|---|
| 试桩方案 | 根据设计方案,先施工 10 m×10 m 小基坑,再布井抽水检验止水帷幕的止水效果 | 根据地质勘察报告,有针对性地选择典型地层、剖面,进行试打搅拌桩、高压旋喷桩 |
| 试桩目的 | (1) 试打搅拌桩;试打高压旋喷桩;<br>(2) 具体检验实际止水效果 | (1) 试打搅拌桩,通过取芯检验成桩质量,优选施工参数(搅拌速度、提升速度、水泥型号);<br>(2) 试打高压旋喷桩,通过取芯检验成桩质量,优选施工参数(预成孔钻机,钻头选择,高压旋喷送浆压力,送浆速度) |
| 优缺点分析 | 优点:能直接检验止水帷幕的止水效果。<br>缺点:<br>(1) 工期长,约需 40 d。<br>(2) 费用大,约需 80~100 万元。<br>(3) 因基坑小,实际检验的是施工可行性和施工参数的合理性,与大基坑止水帷幕的止水效果无直接可比性 | 优点:<br>(1) 能预先确定施工参数,确保后期施工顺利进行。<br>(2) 通过取芯检验施工质量的好坏间接验证止水帷幕的止水效果。<br>缺点:只能间接检验止水帷幕的止水效果 |
| 比选结论 | 综合分析,本方案费时费钱,检验效果一般 | 推荐本方案。通过调试施工参数,确保施工质量 |

通过表 10-6 的分析,建议通过试验工艺,合理、科学地确定施工参数,来确保止水帷幕施工顺利进行,并且确保施工质量,从而达到止水帷幕实际止水效果。

(3) 放坡与护坡。

基坑边坡分三级放坡,一级边坡从地面至-7.0 m,放坡坡比为 1∶1.3;在一级边坡坡面上按竖向间距 3 m、水平间距 3 m 设一滤水管。在坡脚设 2 m 宽的平台与排水沟,并每隔 30 m 设一集水井。

二级边坡从-7.0 m 至岩层面,放坡坡比为 1∶1.4;在坡面上按竖向间距 2.5 m、水平间距 2.5 m 设一滤水管。在坡脚设 3 m 宽的平台与排水沟,并每隔 30 m 设一集水井。

为提高二级放坡坡底的稳定安全系数,在二级放坡坡面设计一排 MG$\phi$48×3.0@2 000 的锚杆,锚杆长 3 m,横向间距 2 m,纵向距坡脚 1.8 m。

三级放坡为中风化花岗岩层,放坡坡比为 1∶0.3。

根据同济启明星软件计算的一、二级边坡整体稳定安全系数符合规范要求。具体参数选取及计算结果参阅 10.2.3 节计算书一。

在基坑边坡顶面设一挡水坝,挡水坝周长 497 m,底宽 1 m,顶宽 0.5 m,坝高 0.5 m,用 240 砖砌成坝,表面抹 50 mm 厚的 1∶2.5 水泥砂浆。

护坡工作量统计见表 10-7。

表 10-7　护坡工作量统计表

| 名　称 | 工作内容 | 单位 | 设　计　工　作　量 | |
|---|---|---|---|---|
| 坡　顶 | 挡水坝 | m | 497 | |
| | 护坡面积 | m² | 3 700 | |
| 一级放坡 | 面积 | m² | 4 827 | 滤水管 536 个 |
| | 周长 | m | 428 | 排水沟长 428 m,集水井 14 个 |
| 二级放坡 | 面积 | m² | 3 466 | 滤水管 555 个 |
| | 周长 | m | 301 | 排水沟长 301 m,集水井 10 个 |

续　表

| 名　称 | 工作内容 | 单位 | 设 计 工 作 量 | |
|---|---|---|---|---|
| 平台、排水沟换算成护坡面积 | 将平台和排水沟按2.6 m,3.6 m宽度换算 | m² | 2 197 | 一级放坡坡脚总长 428 m,按宽度 2.6 m 换算,二级放坡坡脚总长 301 m,按宽度 3.6 m 换算,换算成护坡面积总计为 2 197 m² |
| 工作量总计 | 按正常喷锚支护取费 | m² | 10 724 | 坡顶、一级放坡、平台和排水沟换算面积共10 724 m²,按正常喷锚支护取费 |
| | 二级护坡按土钉墙取费 | m² | 3 466 | 二级放坡护坡采用纵向一排锚杆(长度为 3 m;横向 151 排,总长 453 m)的土钉墙形式。按土钉墙取费 |
| | 滤水管、集水井 | 个 | 滤水管总数 1 091 个;集水井 24 个 | |

（4）降水与排水。

① 降水井设计。

止水帷幕范围内基坑开挖平面面积约 17 500 m²。现按 400 m² 布一口降水井,共需布设 45 口降水井,在基坑南北两内侧相对密布。采用 $\phi$600 mm 的无砂管井,平均孔深 13.5 m,终孔于④层基岩面或珊瑚礁岩面。基坑开挖前进行坑内降水,坑内地下水疏干后方可进行基坑开挖。基坑开挖时在基坑两侧内部各留 10 口井以备抽水,共留 20 口井至基础施工结束后再拆除。具体孔位见图 10-9。

② 边坡排水沟。

在一、二级放坡边坡坡脚下设置排水沟与集水井,主要用于排放边坡渗、漏水、大气降水等。具体设计见前述"放坡与护坡"。

③ 基岩裂隙水排放。

根据地质勘查报告,第④层花岗岩基岩分布有裂隙并具有一定的透水性。为及时排放因基岩开挖而出现的裂隙水,在基岩开挖到设计标高要求后,对暴露的基岩裂隙采用 200 mm 厚的 C20 混凝土(添加适量早强剂)进行表面封堵,并预埋注浆管,在表面封堵的混凝土初凝后通过预埋的注浆管对裂隙进行注浆,以彻底封堵渗透裂隙。

对于渗透量较小的裂隙可不进行封堵,宜采用明排水的方式及时排放裂隙水。

（5）应急措施。

因基础施工存在许多不确定因素,必须在基坑止水帷幕设计中预备应急措施。

① 水位监测措施。

为检验止水帷幕的隔水效果,在基坑外侧布设 20 口地下水水位监测井,并利用基坑内长期保留的 20 口降水井作为监测井。基坑外的监测井宜采用兼做降水井的无砂管井,必要时通过坑外降水来阻止地下水向坑内渗透,为及时堵漏赢得施工处理时间。基坑内可利用降水井进行地下水水位监测。

在基坑降水和基坑开挖及基础施工过程中通过对比基坑内外侧水位的变化和监测基坑外侧水位的变化来分析判断渗漏点(通道)的大约位置,然后采用钻探取芯确定具体渗漏位置,以便采用封堵等应急处理措施,确保止水帷幕的止水效果。

② 钻孔回填混凝土。

如果通过钻孔取芯发现有大口径的渗透通道,先对钻孔进行扩孔至 600 mm 口径,下套管后灌注速凝混凝土进行封堵。

③ 表面封堵。

因第③层下部珊瑚岩和第③层与第④层交界面有可能存在管状渗透通道,如在开挖到有此通道分布的层位时发生大量涌突水,可用速凝混凝土进行表面封堵,并预埋注浆管。先进行表面封堵,然后通过预埋的注浆管进行注浆以达到彻底堵住管状渗透通道的目的。

（6）设计工作量。

根据本设计，工作内容和工作量如表 10 - 8 所示。

表 10 - 8　设计工作量统计表

| 序　号 | 项目名称 | | 单　位 | 工　作　量 |
|---|---|---|---|---|
| 1 | 挡水坝 | | m | 497 |
| 2 | 止水帷幕搅拌桩 | | $m^3$ | 7 743 |
| 3 | 无砂井(13.5 m)<br>降水(12 个月) | | 口 | 降水取费：前 20 d 按 45 口取费，后 360 d 按 20 口 20% 的抽水概率取费 |
| 4 | 高压旋喷桩 | | $m^3$ | 3 664 |
| 5 | 护坡 | 按正常喷锚支护取费 | $m^2$ | 按正常喷锚支护取费共 10 724 $m^2$ |
| | | 二级护坡按土钉墙取费 | $m^2$ | 二级放坡护坡 3 466 $m^2$ 按土钉墙取费 |
| | | 滤水管、集水井 | 个 | 滤水管总数 1 091 个；集水井 24 个 |
| 6 | 水位监测孔兼降水无砂管井(监测时间 12 个月) | | 口 | 共 40 口监测井。监测频率：前 180 d 按每天一次计；后 180 d 按每 2 d 一次计算 |

5）施工要求

（1）三轴水泥土搅拌桩。

① 预定位要求。

在施工三轴水泥搅拌桩前对每副搅拌桩所在部位用钻机进行探孔，确定基岩面标高位置，在后面施工过程中搅拌桩停打于基岩面以上 500 mm。探孔的间距必须严格按 1.2 m 执行，并且做详细的书面表格记录。

② 三轴水泥土搅拌桩施工要求。

A. 水泥采用普通硅酸盐水泥，标号不低于 42.5 级，水灰比为 1.5～2.0，墙体抗渗系数为 $10^{-6}$～$10^{-5}$ cm/s，水泥掺入量为 20%，桩体 28 d 无侧限抗压强度不小于 0.8 MPa。

B. 墙体施工采用标准连续方式或单侧挤压连续方式，相邻桩施工时间超过 10 h 须作处理。

C. 桩体施工采用"二喷二搅"工艺，水泥和原状土需均匀拌和，下沉及提升均为喷浆搅拌，下沉速度为 0.5～1.0 m/min，提升速度为 1.0～2.0 m/min。

D. 桩体垂直度偏差不大于 1/200，桩位偏差不大于 20 mm。

E. 浆液配比须根据现场试验进行修正，参考配比范围为水泥∶膨润土∶水＝1∶0.05∶1.6。

F. 三轴搅拌桩的总体施工工序为：清除地下障碍物，开挖沟槽搅拌桩就位，校核水平度、垂直度，开启空压机，送浆至桩机钻头，钻头喷浆、气，下沉桩底钻头喷浆、气，提升移机。

G. 其他未尽事宜按照《型钢水泥土搅拌墙技术规程》(JGJ/T 199—2010)执行。

（2）高压旋喷桩。

① 施工工序安排。

在三轴水泥土搅拌桩施工后 2 d，首先必须清除现场施工所遗弃的垃圾，接着开始高压旋喷桩预成孔，预成孔结束后立即进行高压旋喷桩施工。

② 预成孔施工要求。

A. 准确确定钻孔孔位，并平整场地，安放钻机。

B. 预成孔至基岩面下 0.5 m，在确保进入基岩设计深度后方可终孔。

C. 成孔垂直度偏差不大于 1/200，孔位偏差不大于 20 mm。

③ 高压旋喷桩施工要求。

A. 旋喷桩采用三重管施工,水泥浆流量大于 30 L/min,提升速度为 0.1~0.2 m/min,注浆压力不小于25 MPa,28 d 龄期无侧限抗压强度不宜低于 1.0 MPa;

B. 在注浆前 10 min 必须拌制好浆液,搅拌时间不得小于 5 min,在 30 min 内用完,否则作为废浆;

C. 钻机定位必须平稳、准确,定位误差小于 30 mm,钻机轴垂直度偏差小于1%;

D. 为避免串浆,旋喷桩必须采用跳跃法施工,相邻距离不小于 1.2 m。

E. 在③、④层分界面处应减小喷射压力、降低提升速度,确保喷浆量。

F. 因考虑有大通道渗透途径存在的可能性,应利用二次喷浆并调整外加剂水玻璃掺量,第一次喷浆量控制在30%,第二次70%,前后需间隔 30 min。

具体施工参数宜通过试桩确定。

(3) 护坡施工要求。

① 一级放坡护坡要求。

一级放坡施工后,先对边坡进行修整,然后立即喷射一层 50 mm 厚的细石混凝土,边坡沿纵向挖出 20 m 后,在已喷上一层细石混凝土的面层上挂 $\phi$6.5@200 mm×200 mm 的钢筋网片,用 U 形短钢筋固定,再在整个边坡上喷射 50 mm 厚的 C20 细石混凝土。喷射混凝土终凝后 2 h,连续喷水养护3~7 d。

在一级放坡坡脚设置一道 2 m 宽的平台,并在平台的内侧坡脚处设置一道排水沟,在排水沟上每隔 30 m 处设置一集水井,以便及时截断坡面渗水及大气降水,通过集水井排放积水。

在一级放坡坡面按设计要求埋设滤水管,采用 $\phi$75 PVC 滤水管,滤水管长 600 mm(埋入土坡内 300 mm 长)。

一级放坡挖土时应分层分段开挖,及时修整坡面,及时进行护坡。

② 二级放坡护坡要求。

A. 二级放坡按设计规定的开挖深度分层开挖,须先挖出 10 m 宽的土钉墙作业空间;

B. 土方开挖预留 10~30 mm 厚的土层,利于边坡进行人工修整,土质较差时,预留量大些。

C. 土钉注浆施工技术要点:

(a) 注浆用水灰比为 0.4~0.45。

(b) 土钉(从内向外)依次与钢筋网、联筋、井字架焊牢。

D. 放坡处钢筋网编制与喷射混凝土面层施工技术要点:

(a) 按设计要求现场编制钢筋网,使钢筋网牢固地固定在边壁上,在混凝土喷射下不出现振动,钢筋网在每边的搭接长度至少不小于 45 mm。

(b) 喷射混凝土的射距宜在 0.8~1.5 m 的范围内,并从底部逐渐向上部喷射,射流方向一般应垂直于喷面。

(c) 喷射混凝土的粗骨料最大粒径不大于 12 mm,水灰比不大于 0.45,水泥:砂:石子=1:2:2,加入适量的速凝剂,使混凝土的初凝时间和终凝时间分别控制在 10 min 和 30 min 左右。

在二级放坡坡面按设计要求埋设滤水管,采用 $\phi$75 PVC 滤水管,滤水管长 600 mm(埋入土坡内 300 mm 长)。

在二级放坡坡脚内侧设置一道排水沟,排水沟设计尺寸见设计附图 10-8。在排水沟上每隔30 m处设置一集水井,以便及时截断坡面渗水及大气降水,通过集水井排放积水。

(4) 无砂管井施工要求。

① 管井构造。

管井采用回转钻机钻孔,孔径 $\phi$600 mm。无砂管井外侧设 10 cm 厚中粗砂夹石屑的滤水层,靠地下水自流集水,每口井内设一潜水泵,将水排入地面排水系统的集水井内。

② 成井工艺流程。

井点定位→挖井口→钻孔或冲孔→换护壁泥浆→回填井底碎石→安装井管→填滤石砂料→洗井→安放潜水泵。

③ 成井要求。

成井必须保持井体的垂直度,成井的直径为 600 mm。成井时为防止井壁坍塌,要配好护壁泥浆,护壁泥浆的表观密度不小于 1.1 g/mL,成井后应立即清除井底浮泥,测量井底的沉渣,并及时在井底填入 500 mm 厚的砾石层,防止井管安装后的下沉而影响降水效果。

④ 材料要求。

A. 对基坑内 45 口井,采用无砂水泥管,要求无砂管外直径为 400 mm,管壁厚度为 50 mm,内径不小于 300 mm,且透水性良好;

B. 滤水料采用砂和砾石。采用的砂,必须要保证使用中粗砂。而采用砾石时,要保证碎石中的泥(石粉)含量不超过 5%,粒径大于 10 mm 的石子含量不超过 5%;

C. 接头用塑料布,应采用农用塑料薄膜,防止在填滤料时刮伤塑料而影响接头的密封效果;

D. 定位块采用木板制作,为保证降水井外有足够的滤料,定位块每 3～4 m 设置一道。

⑤ 安装无砂井管。

安装井管时,要在第一根井管下放置一个托盘,用钢丝绳兜住托盘,垂直往下放,接头时,上下管垂直相接,在管的接头处用塑料薄膜包两层,用铁线捆扎牢固,每根管包扎长度不少于 100 mm。然后从井底往上 15 m 在井管外侧覆盖一层 60 目的塑料滤网,为保证井管垂直度,在管的周围用竹皮固定,同时在每 3～4 m 处安放一道定位块,直至下到设计深度。

⑥ 填充滤料。

管周围的滤料填充厚度应保证不小于 100 mm,填充滤料时,要保持对称填充,不允许从一面填,防止滤料在填充过程中挤压管侧壁造成井管偏移而影响降水效果。滤料填充至地表面,在降水过程中,若滤料下沉要及时补充。

⑦ 洗井与抽水。

填完滤料后即刻压缩空气进行洗井,洗井结束后立即进行抽水。开始抽出的带泥浆浑水应排在泥浆坑或沉淀池内,泥浆沉降后用水泵排出。待抽出的水变清后,再直接排到排水井内,以防止泥浆堵塞管道。

⑧ 降水。

降水开始后,所有水泵不得停机,现场要有人进行值班和抽水记录,随时观察并检查水位下降情况并记录,以便确定土方的开挖时间。

⑨ 监测井(兼做降水井)。

监测井(兼做降水井)施工要求同上,采用无砂水泥管。

6) 施工设备及工期安排

(1) 施工机具配置计划。

工程开工前,对拟选用的施工机具进行检查、维修,以保证其完好率达到 100%。本工程拟选用的施工机械如表 10-9 所列。

(2) 劳动力配置计划。

劳动力按照施工机械设备所需人数配置,采用固定设备固定人员的办法。具体配置如表 10-10 所列。

(3) 施工工期安排。

施工工期安排如表 10-11 所示。

表 10-9    主要施工机械设备表

| 机 械 名 称 | 型号、规格 | 数 量 | 功率(kW) | 用 途 |
|---|---|---|---|---|
| 三轴搅拌桩机 | ZKD85A-3 | 1 台 | 350 | 止水帷幕 |
| 高压旋喷桩机 | — | 1 套 | 150 | 止水帷幕 |
| 钻机 | XY-100 | 4 台 | 60 | 止水帷幕高压旋喷桩预成孔,无砂管井施工 |
| 空压机 | VF-12/7 | 2 台 | 30 | 护坡喷射混凝土 |
| 混凝土喷射机 | HP-5 | 2 台 | 6 | 护坡 |
| 钢管冲击钻机 | J-100B | 1 台 | 20 | 土钉墙 |
| 水位测量仪 | — | 1 台 | — | 水位监测 |

表 10-10    劳动力配置表

| 机 械 名 称 | 型号、规格 | 数 量 | 人 数 | 用 途 |
|---|---|---|---|---|
| 三轴搅拌桩机 | ZKD85A-3 | 1 台 | 10 | 止水帷幕 |
| 高压旋喷桩机 | — | 1 套 | 10 | 止水帷幕 |
| 钻机 | XY-100 | 4 台 | 20 | 止水帷幕高压旋喷桩预成孔,无砂管井施工 |
| 空压机 | VF-12/7 | 2 台 | 4 | 护坡喷射混凝土 |
| 混凝土喷射机 | HP-5 | 2 台 | 4 | 护坡 |
| 钢管冲击钻机 | J-100B | 1 台 | 3 | 土钉墙 |
| 水位监测仪 | — | 1 台 | 1 | 水位监测 |

7) 监测要求

针对本基坑施工特征,对地下水水位监测特作如下要求。

(1) 本基坑监测时限为从坑内降水开始至基础施工至±0.00,暂时按一年 360 d 计算监测时间。监测频率按 3 个阶段划分:第一阶段为降水及基坑土石方开挖阶段,约 120 d,本阶段每天监测一至两次,并视实际情况需要,适时增减监测频率。第二阶段为基础施工阶段,约 60 d,本阶段每天监测一次。第三阶段为后期施工阶段,约 180 d,本阶段按两天一次执行,并根据实际情况需要适时增减。

(2) 加强对基坑外侧 20 口观测井和基坑内保留的 20 口降水井的地下水水位监测,若发现地下水水位出现异常变化,应及时汇报业主、监理方,并查明原因,积极采取相应对策,防止渗漏水等不利情况发生。

(3) 在基坑开挖期间,加强宏观巡视,及时发现开挖时出现的渗、漏水现象,并查明原因,积极采取相应对策,防止渗、漏水等不利情况发生。

(4) 在基坑开挖期间,密切关注一、二级放坡坡脚集水井的积水情况,及时要求排放积水。

(5) 在基坑开挖期间,若基坑边坡出现裂缝等异常位移或变形情况应及时要求施工方加以处理,一是防止大气降水渗入边坡影响边坡稳定性,二是防止边坡出现滑坡等灾害情况发生。

(6) 在基坑开挖期间,监测人员应密切关注天气预报,对有可能出现台风、暴雨等不良天气应要求施工方制订应急预案,一是确保基坑围护施工与基础施工安全,二是预备相关设备和材料,及时排水,防止不利情况发生。

(7) 考虑到基坑开挖及基础施工工期大于一年,应安排固定人员及设备进行监测工作,确保监测工作的连续性和稳定性。

(8) 根据甲方和监理方要求,按时按量按质提交监测报告和月度、年度监测工作总结报告。

8) 其他说明

因基坑止水帷幕设计不仅需要考虑止水帷幕本身设计与施工的要求,还要考虑施工的可行性和

表 10-11 施工进度计划

078工程101#,102#建筑止水帷幕工程施工进度计划

| 标识号 | WBS | 任务名称 | 工 期 | 开始时间 | 完成时间 | 2010年9月 | 2010年10月 | 2010年11月 | 2010年12月 | 2011年1月 | 2011年2月 | 2011年3月 | 2011年4月 | 2011年5月 | 2011年6月 | 2011年7月 | 2011年8月 | 2011年9月 | 2011年10月 |
|---|---|---|---|---|---|---|---|---|---|---|---|---|---|---|---|---|---|---|---|
| 1 | 1 | 止水帷幕搅拌柱施工 | 20工作日 | 2010年9月20日 | 2010年10月9日 | | | | | | | | | | | | | | |
| 2 | 2 | 高压旋喷桩 | 25工作日 | 2010年9月25日 | 2010年10月19日 | | | | | | | | | | | | | | |
| 3 | 3 | 塔吊基础加固 | 5工作日 | 2010年10月10日 | 2010年10月14日 | | | | | | | | | | | | | | |
| 4 | 4 | 复合土钉(搅拌桩) | 10工作日 | 2010年10月15日 | 2010年10月24日 | | | | | | | | | | | | | | |
| 5 | 5 | 降水 | 360工作日 | 2010年10月24日 | 2011年10月18日 | | | | | | | | | | | | | | |
| 6 | 6 | 水位监测 | 360工作日 | 2010年10月24日 | 2010年10月18日 | | | | | | | | | | | | | | |

备注：具体开工时间以业主要求、监理审批为准。

可操作性,并需考虑基坑开挖、基础和上部结构施工等相互之间的影响与要求。为此,特作如下五点补充说明。

(1)爆破开挖施工控制参数。

考虑到基岩爆破开挖可能对止水帷幕墙体产生振动破坏等不利影响,特对基岩爆破开挖施工提出如下要求:

① 基岩爆破开挖产生对止水帷幕墙体的压应力不得大于 0.6 MPa。

② 建议采用分层、分块爆破开挖基岩,分层的厚度不大于 3 m,分块的面积不大于 200 m²。

③ 要求在基坑坡脚处采用化学静力爆破方法实施爆破。

④ 实际施工时应根据监测情况适时调整爆破开挖方案,确保止水帷幕墙体的安全性。

(2)水泥型号选取建议。

经调查,在施工现场施工时可采用 P. O42.5 普通硅酸盐水泥,可在海南省当地采购:海螺、广西台泥、龙珠、天涯等品牌水泥。

(3)塔吊基础加固设计与施工要求。

因施工需要,拟采用三轴搅拌桩对塔吊基础外围进行复合地基加固,加固范围为 10 m×10 m,桩长暂定为 6.8 m,水泥掺量为 20%,采用 P. O42.5 级普通硅酸盐水泥。在搅拌桩内侧采用纵横间距均为 1 m 布孔的压密注浆进行加固,加固范围为基岩面以上至 6.5 m,加固的总方量 650 m³。每方水泥用量 45 kg,水灰比 1∶0.5,提管间距 0.5 m。

加固后复合地基承载力应大于 150 kPa。

塔吊基础的施工要求按照上述三轴搅拌桩施工要求和《建筑地基处理技术规范》(JGJ 79—2002)执行。

(4)复合坝体设计与施工要求。

在基坑内因开挖标高的差异需对局部地段进行挡土围护施工,拟采用搅拌桩复合坝体支护形式,搅拌桩采用两排三轴水泥土搅拌桩,水泥掺量为 20%,采用 P. O42.5 普通硅酸盐水泥,工作量为 1 526 m³;复合坝体的其他部位采用压密注浆方式,沿着搅拌桩坝体施工宽 3 m 的压密注浆坝体与搅拌桩形成复合坝体。整个加固体 860 m³,每立方米水泥用量 45 kg,按纵横间距均为 1 m 布孔,水灰比 1∶0.5,提管间距 0.5 m。

具体设计见附图 10-10。搅拌桩复合坝体稳定性计算书详见 10.2.3 节计算书二。

复合坝体的三轴搅拌桩施工按上述施工要求执行;压密注浆施工按照上述要求执行。需要指出的是在施工时应注意:一是避开人工挖孔桩孔位;二是压密注浆应加强对岩土体交界面的加固施工。

(5)补充工作量统计表。

根据上述补充工作量说明,复合坝体和塔吊基础所发生的补充工作量统计如表 10-12 所列。

表 10-12　补充工作量统计表

| 序　号 | 项目名称 | 单　位 | 工作量 |
|---|---|---|---|
| 1 | 搅拌桩 | m³ | 1 526 |
| 2 | 压密注浆 | — | 加固体积 1 510 m³,水泥 69 t |

## 10.2.2　附图

基坑围护平面图如图 10-2—图 10-4 所示。101# 基础和塔吊基础平面图如图 10-5 所示。基坑开挖剖面图如图 10-6 所示。护坡施工节点图如图 10-7 所示。挡水坝、边坡坡面示意图如图 10-8 所示。降水井及监测井平面布置如图 10-9 所示。101# 基础、塔吊基础平面、剖面图如图 10-10 所示。施工流程示意如图 10-11 所示。

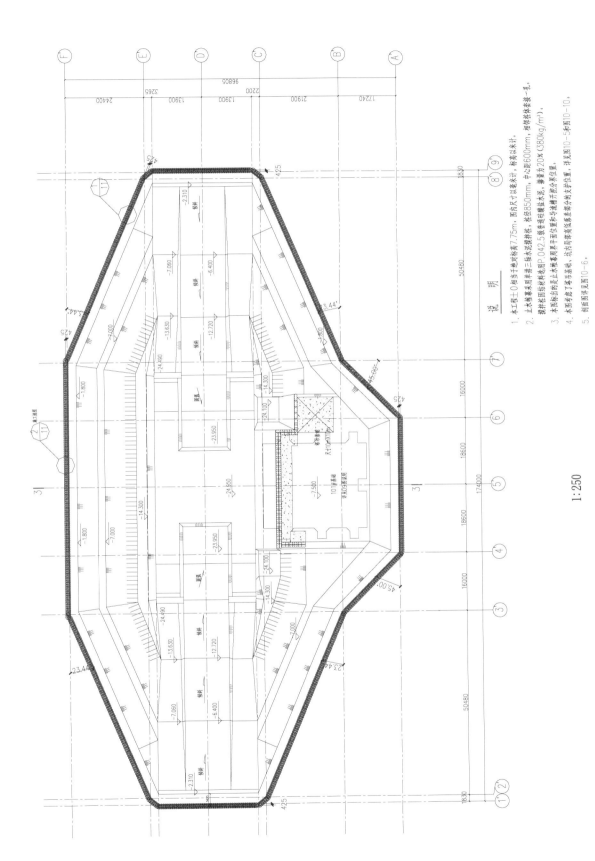

1:250

**图 10-2 基坑围护平面图（一）**

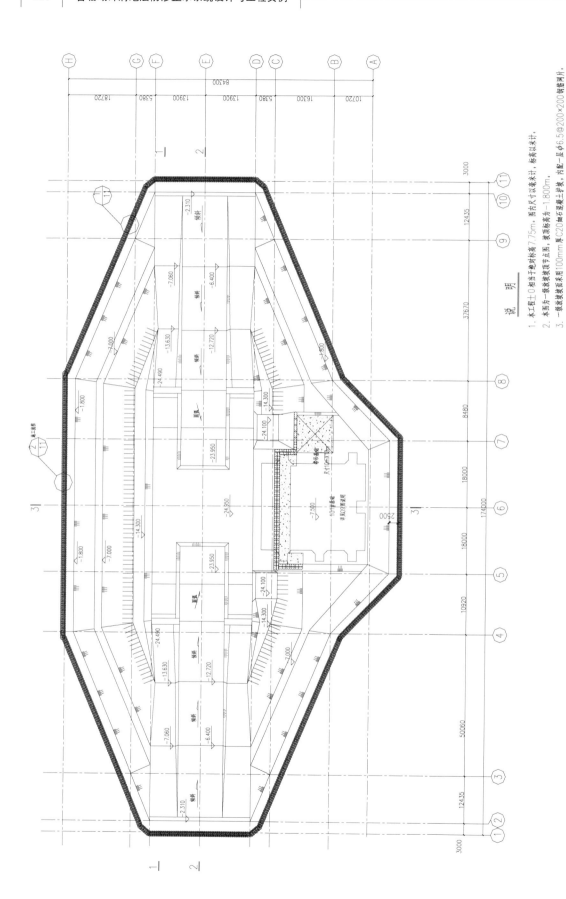

说 明

1. 本工程±0相当于绝对标高7.75m。图内尺寸以毫米计，标高以米计。
2. 本图为一级放坡坡顶节点图，坡顶标高为-1.800m。
3. 一级放坡坡采用100mm厚C20细石混凝土护坡，内配一层φ6.5@200×200钢筋网片。坡面上设φ75 PVC泄水管，竖向间距3m，水平间距3m，梅花形布置。
4. 剖面详见图10-6。

1:250

图10-3 基坑围护平面图(二)

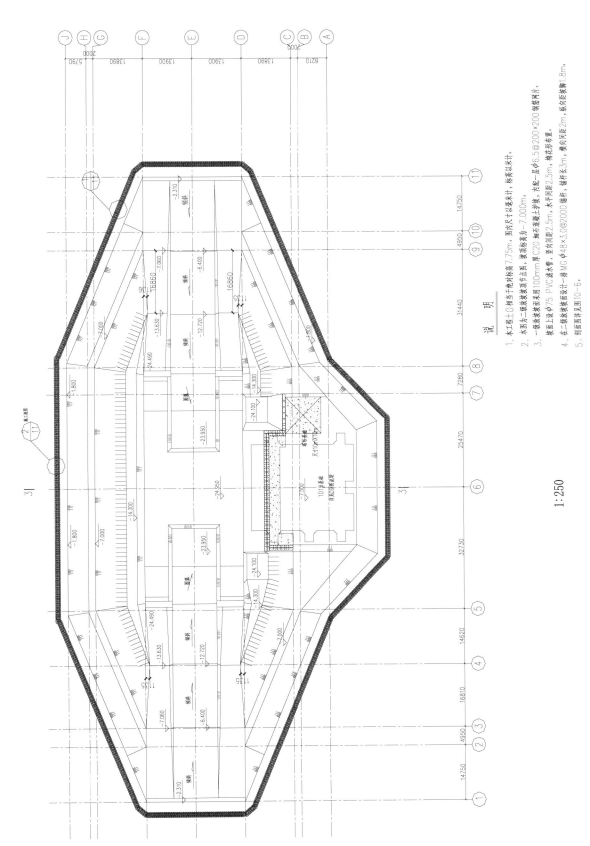

说　明

1. 本工程±0相当于绝对标高7.75m。图内尺寸均以毫米计，标高以米计。
2. 本图分一级放坡顶点图，坡顶标高-7.000m。
3. 坡面上放坡面采用100mm厚C20细石混凝土护坡，内配Φ6.5@200×200钢网片。
4. 一级坡坡面采用Φ75 PVC滤水管，坡面上设Φ75 PVC滤水管，竖向间距2.5m，梅花形布置。
5. 在二级坡坡面设计一排MG Φ48×3.0@2000锚杆，锚杆长3m，横向间距2m，纵向距坡脚1.8m。
6. 剖面图详见图10-6。

1:250

图10-4　基坑围护平面图（三）

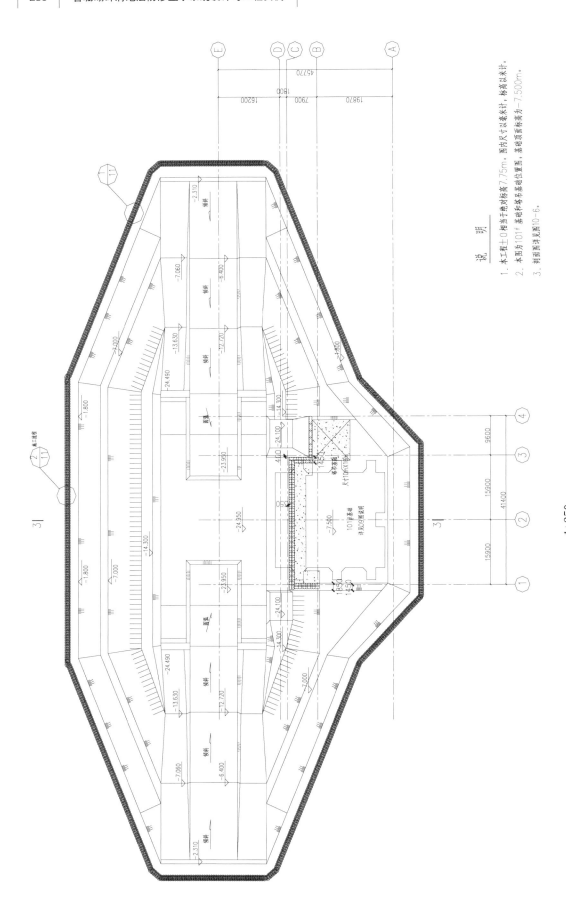

图 10-5　101# 基础和塔吊基础平面图

1:250

说　明

1. 本工程±0相当于绝对标高7.75m。图内尺寸凡未注标高均以米计，标高以米计。
2. 本图为101#基础和塔吊基础位置图，基础顶面标高为-7.500m。
3. 剖面图详见图10-6。

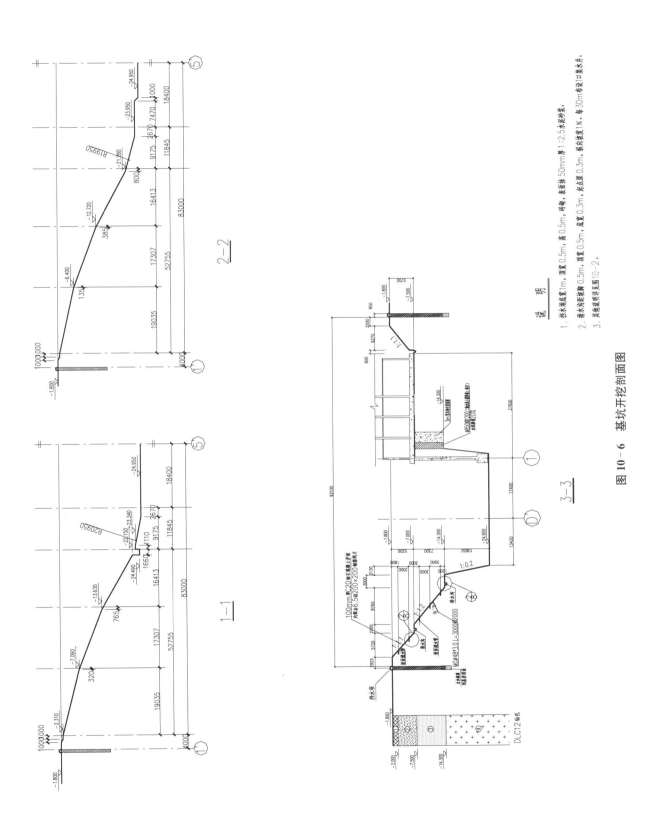

图 10-6　基坑开挖剖面图

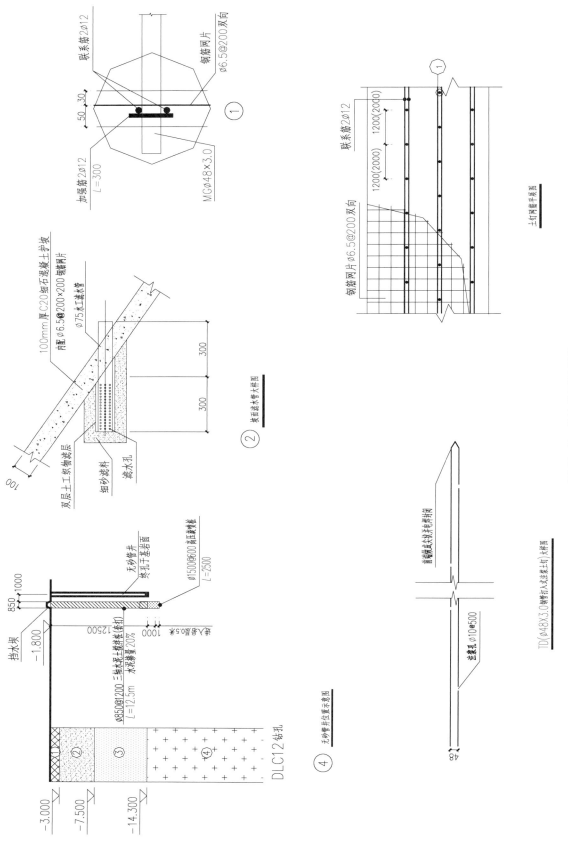

图 10 - 7 护坡施工节点图

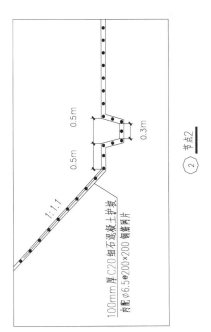

100mm厚C20细石混凝土护坡
内配φ6.5@200×200钢筋网片

1:1.1

0.5m  0.5m  0.3m

② 节点2

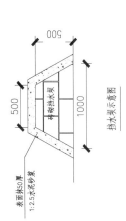

表面抹50厚
1:2.5水泥砂浆

500  500  1000

挡水坝示意图

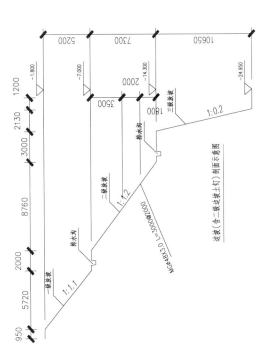

5720  2000  8760  3000  2130  1200  950

-1.800

5200

-7.000

7300  2000

-14.300

3500

排水沟

1800

10650

-24.950

1:0.2

一级放坡  1:1.1
二级放坡  1:1.2
排水沟
MG φ48×3.0 L=3000@2000×2000

边坡(含二级边坡土钉)剖面示意图

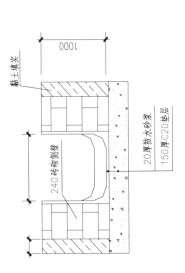

粘土填实

1000

20厚防水砂浆
150厚C20垫层

240砖砌侧壁

集水井大样图

说　明

1. 一级放坡坡比为1:1.1, 二级放坡坡比为1:1.2, 三级放坡坡比为1:0.2。

2. 在一级放坡翻设2m宽平台, 在二级放坡翻设3m宽平台。平台内设排水沟, 排水沟距坡脚0.5m, 顶宽0.5m, 底宽0.3m, 起点深0.3m, 纵向坡度1%。每隔30m设一集水井。

3. 一、二级边坡面采用100mm厚C20细石混凝土护坡, 内配φ6.5@200×200钢筋网片。坡面上设φ75 PVC 泄水管, 一级放坡坡面竖向间距3m, 水平间距3m; 二级放坡坡面泄水管竖向间距2.5m, 水平间距2.5m, 梅花形布置。

4. 在三级放坡设计一排MG φ48×3.0@2000 锚杆, 锚杆长3m, 竖向间距2m, 纵向间距1.8m。

5. 其他说明详见图10-2。

图10-8 挡水坝、边坡面示意图

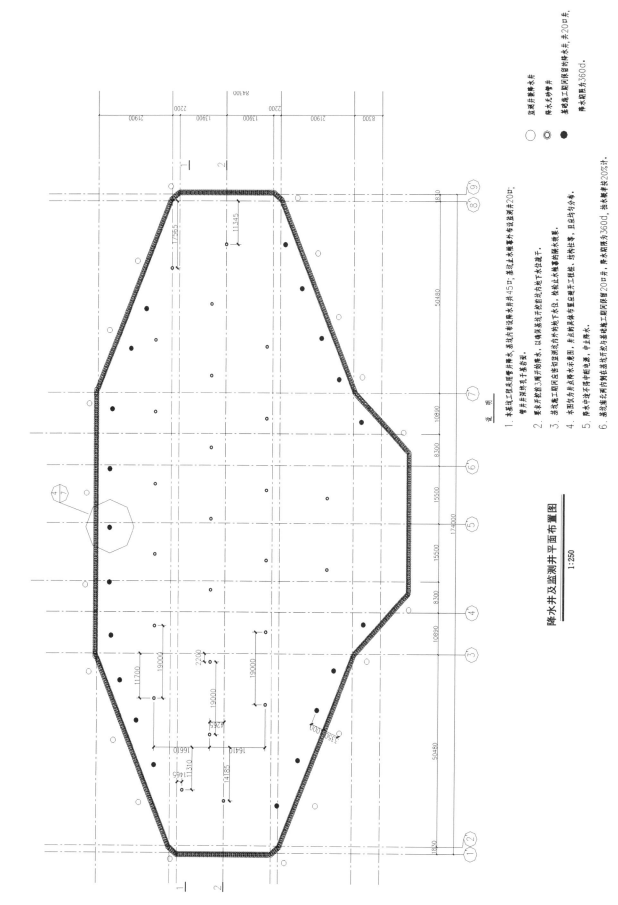

降水井及监测井平面布置图

1:250

图 10-9  降水井及监测井平面布置

说　明

1. 本工程设置管井降水，基坑内布设降水井 45 口；基坑止水帷幕外设监测井 20 口；基坑止水帷幕外设监测井 20 口；
等井深挖孔用于落容面。

2. 基坑施工期间开启降水。以确保基坑开挖范围内地下水位降干。

3. 基坑施工期间密切监测坑内外地下水位，检验止水帷幕的降水效果。

4. 本图仅为井点降水示意图，井点的具体布置应视实工程桩、格构柱等，且应均匀分布。

5. 降水中途不得中断电源，中止降水。

6. 基坑南北两侧降水井布置于基坑开挖与基础施工期间限留 20 口井，降水期限为 360 d，当水帷幕长 20% 计。

○  监测井兼备水井

◎  降水无砂管井

●  基坑施工期间限留的降水井，共 20 口井，

降水期限为 360 d。

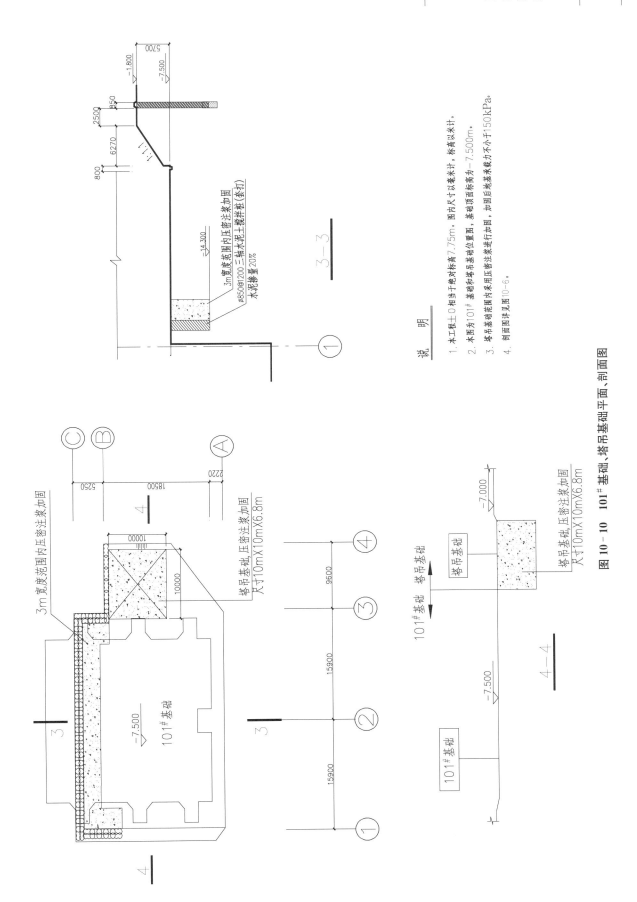

**图 10-10 101#基础、塔吊基础平面、剖面图**

说 明

1. 本工程±0相当于绝对标高7.75m。图内尺寸以毫米计，标高以米计。
2. 本图为101#基础和塔吊基础位置图，基础顶面标高为-7.500m。
3. 塔吊基础范围内采用压密注浆进行加固，加固后地基承载力不小于150kPa。
4. 剖面图详见图10-6。

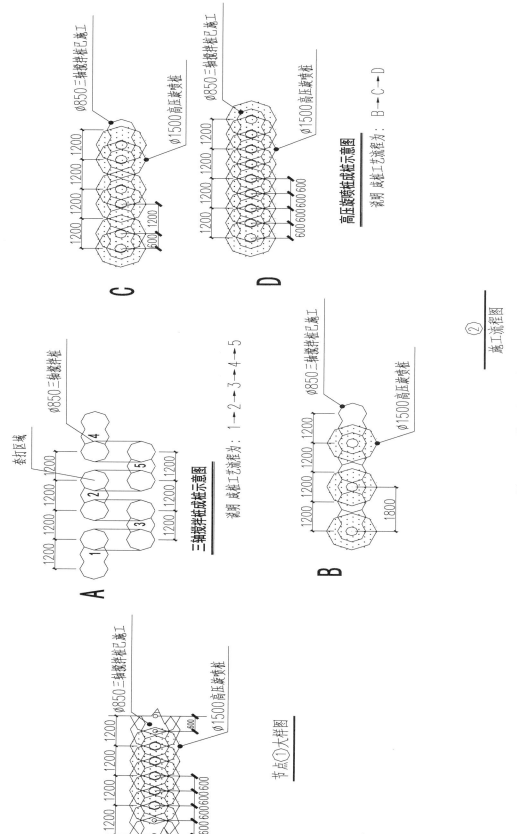

图 10-11  施工流程示意图

## 10.2.3　计算书

1) 计算书一：一级放坡及二级放坡土钉墙护坡稳定性计算书

(1) 工程基本设计计算参数。

① 基本参数(图 10 - 12)。

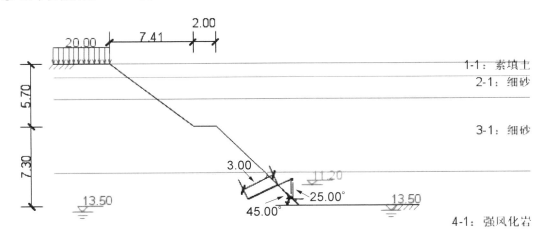

**图 10 - 12　基本参数**

本工程按一级进行计算。

② 土层参数(表 10 - 13)。

**表 10 - 13　土层参数**

| 编　号 | 名　　称 | 厚度(m) | 重度(kN/m³) | 内聚力(kPa) | 内摩擦角(°) |
|---|---|---|---|---|---|
| 1 - 1 | 填　土 | 1.20 | 19.00 | 0.00 | 20.00 |
| 2 - 1 | 细　砂 | 2.00 | 19.50 | 0.00 | 32.00 |
| 3 - 1 | 含砂珊瑚碎屑 | 6.80 | 19.00 | 0.00 | 37.00 |
| 4 - 1 | 花岗岩 | 10.00 | 25.00 | 55.00 | 45.00 |

地下水水位埋深 0.50 m。

③ 放坡设计(表 10 - 14)。

**表 10 - 14　放坡设计参数**

| 坡　　号 | 坡高(m) | 坡宽(m) | 台宽(m) |
|---|---|---|---|
| 1 | 5.70 | 7.41 | 2.00 |

④ 土钉设计(表 10 - 15)。

**表 10 - 15　土钉设计参数**

| 编　号 | 深度(m) | 水平倾角(°) | 水平间距(mm) | 长度(m) |
|---|---|---|---|---|
| 1 | 5.50 | 25.00 | 2 000.00 | 3.00 |

土钉工作面超过土钉深 0.3 m。

(2) 整体稳定计算。

整体计算采用《建筑基坑围护技术规程》(JGJ 120—99)中的方法。

① 计算参数。

计算参数如图 10 – 13 和图 10 – 14 所示。不考虑局部边坡失稳。

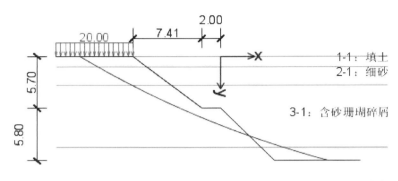

图 10 – 13　第 1 工况计算参数

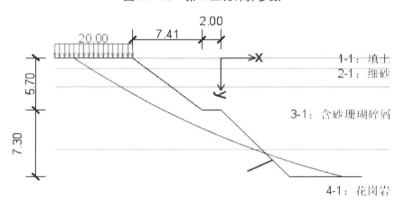

图 10 – 14　第 2 工况计算参数

② 各工况计算结果。

A. 第 1 工况：开挖至 5.80 m

滑动圆心：(38.92，−88.13)m

滑动半径：103.33 m

下滑力：381.7 kN/m

抗滑力：865.7 kN/m

土钉抗滑力：0.0 kN/m

整体稳定安全系数：2.268

要求安全系数：1.30

满足要求。

B. 第 2 工况：开挖至 7.30 m

滑动圆心：(36.21，−76.26)m

滑动半径：92.23 m

下滑力：572.9 kN/m

抗滑力：1461.2 kN/m

土钉抗滑力：0.0 kN/m

整体稳定安全系数：2.551

要求安全系数：1.30

满足要求。

（3）土钉承载力验算。

土钉承载力验算采用《建筑基坑围护技术规程》（JGJ 120—99）中的方法。

① 计算参数（表 10-16）。

表 10-16　计算参数

| 土层编号 | 土　类 | 侧阻力（kPa） | 水土分/合算 |
|---|---|---|---|
| 1-1 | 素填土 | 20.0 | 分　算 |
| 2-1 | 细砂 | 40.0 | 分　算 |
| 3-1 | 细砂 | 50.0 | 分　算 |
| 4-1 | 强风化岩 | 150.0 | 合　算 |

② 计算结果（表 10-17）。

表 10-17　计算结果

| 编　号 | 受拉设计值（kN） | 截面受拉强度（kN） | 抗拔承载力（kN） | 小值（kN） | 结　果 |
|---|---|---|---|---|---|
| 1 | 0.0 | 94.2 | 104.6 | 94.2 | 满　足 |

2）计算书二：搅拌桩复合坝体稳定性计算书

（1）工程基本设计计算参数。

① 基本参数（图 10-15）。

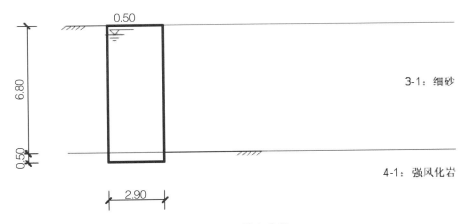

图 10-15　基本参数

本工程按一级进行计算。

② 土层参数（表 10-18）。

表 10-18　土层参数

| 编　号 | 名　称 | 厚度（m） | 重度（kN/m³） | 内聚力（kPa） | 内摩擦角（°） |
|---|---|---|---|---|---|
| 3-1 | 含砂珊瑚碎屑 | 6.80 | 19.00 | 0.00 | 37.00 |
| 4-1 | 花岗岩 | 10.00 | 25.00 | 55.00 | 45.00 |

地下水水位埋深 0.50 m。

③ 墙体设计。

墙厚：2.90 m

嵌入深度：0.50 m

抗压强度：1 000.00 kPa

弹性模量：300.00 MPa

置换率：90.00％

重度：19.50 kN/m³

（2）内力变形计算。

内力变形计算采用《建筑基坑围护技术规程》(JGJ 120—99)中的方法。

① 计算参数。

A. 水土压力（表10-19）。

表 10-19 水土压力

| 土 层 编 号 | 土 类 | 水土分/合算 |
|---|---|---|
| 3-1 | 细 砂 | 合 算 |
| 4-1 | 强风化岩 | 合 算 |

B. 基床系数（表10-20）。

表 10-20 基床系数

| 土 层 编 号 | 土 类 | 基床系数(MN/m²) |
|---|---|---|
| 3-1 | 细 砂 | 5.0 |
| 4-1 | 强风化岩 | 20.0 |

② 计算结果。

A. 土压力计算（表10-21）。

表 10-21 土压力计算结果

| 计算分层号 | 层顶深度(m) | 层顶水土压力(kN/m) | 层底深度(m) | 层底水土压力(kN/m) |
|---|---|---|---|---|
| 1 | 4.9 | 0.0 | 6.8 | 22.7 |

计算宽度取1 m。

B. 基床系数计算（图10-16、表10-22）。

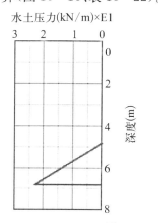
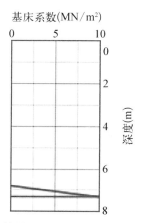

图 10-16 基床系数计算结果

表 10 - 22  基床系数计算结果

| 计算分层号 | 层顶深度(m) | 层顶基床系数(MN/m²) | 层底深度(m) | 层底基床系数(MN/m²) |
|---|---|---|---|---|
| 1 | 6.8 | 0.00 | 7.3 | 10.00 |

计算宽度取 1 m。

C. 内力变形计算。

图 10 - 17 为每延米墙宽的计算结果。

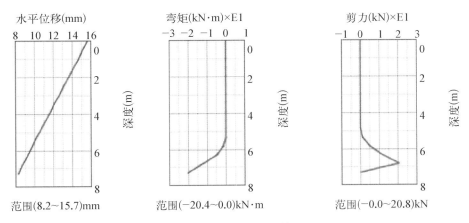

图 10 - 17  内力变形计算结果

（3）地表沉降计算。

地表沉降计算采用自定义方法。

① 计算参数。

计算方法：同济三角形方法。

② 计算结果（图 10 - 18）。

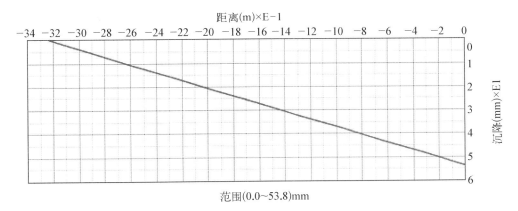

图 10 - 18  地表沉降计算结果

（4）墙体强度计算。

墙体强度计算采用《建筑基坑围护技术规程》（JGJ 120—99）中的方法。

计算结果（图 10 - 19）。

如图 10 - 19 所示，墙体强度满足要求。

（5）整体稳定计算。

整体稳定计算采用《建筑基坑围护技术规程》（JGJ 120—99）中的方法。

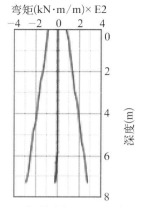

图 10-19　墙体强度计算结果

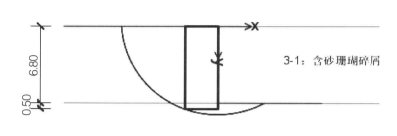

3-1：含砂珊瑚碎屑

4-1：花岗岩

图 10-20　计算参数

① 计算参数(图 10-20)。

② 计算结果。

滑动圆心：(-0.00,-0.60)m

滑动半径：8.42 m

下滑力：391.5 kN/m

抗滑力：1298.1 kN/m

整体稳定安全系数：3.315

要求安全系数：1.30

满足要求。

(6) 抗倾覆稳定计算。

抗倾覆稳定计算采用《建筑基坑围护技术规程》(JGJ 120—99)中的方法。

① 主动侧水土压力(图 10-21、表 10-23)。

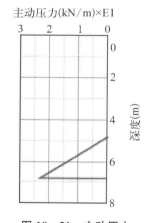

图 10-21　主动压力

表 10-23　主动侧水土压力

| 计算分层号 | 层顶深度(m) | 层顶压力(kN/m) | 层底深度(m) | 层底压力(kN/m) |
| --- | --- | --- | --- | --- |
| 1 | 4.9 | 0.0 | 6.8 | 22.7 |

合力：21.9 kN/m

合力作用点深：6.16 m

② 被动侧水土压力(图 10 - 22、表 10 - 24)。

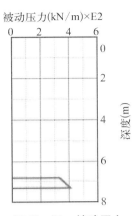

**图 10 - 22 被动压力**

**表 10 - 24 被动侧水土压力**

| 计算分层号 | 层顶深度(m) | 层顶压力(kN/m) | 层底深度(m) | 层底压力(kN/m) |
|---|---|---|---|---|
| 1 | 6.8 | 338.0 | 7.3 | 410.8 |

合力:187.2 kN/m

合力作用点深:7.06 m

③ 墙体重力。

合力:412.8 kN/m

合力作用点离墙趾距离:1.5 m

④ 水浮力。

合力:98.6 kN/m

合力作用点离墙趾距离:1.9 m

⑤ 结论。

抗倾覆稳定安全系数:2.99

要求安全系数:1.32

满足要求

(7) 抗滑移稳定计算。

抗滑移稳定计算采用《建筑基坑围护技术规程》(JGJ 120—99)方法计算结果如下。

① 主动侧土压力(图 10 - 23、表 10 - 25)。

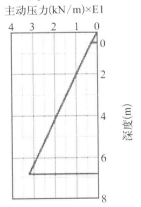

**图 10 - 23 主动压力**

表 10 - 25　主动侧土压力

| 计算分层号 | 层顶深度（m） | 层顶压力（kN/m） | 层底深度（m） | 层底压力（kN/m） |
|---|---|---|---|---|
| 1 | 0.0 | 0.0 | 0.5 | 2.4 |
| 2 | 0.5 | 2.4 | 6.8 | 32.1 |
| 3 | 0.0 | 0.0 | 0.0 | 0.0 |

合力：109.2 kN/m

② 被动侧土压力（图 10 - 24、表 10 - 26）。

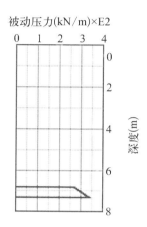

图 10 - 24　被动压力

表 10 - 26　被动侧土压力

| 计算分层号 | 层顶深度（m） | 层顶压力（kN/m） | 层底深度（m） | 层底压力（kN/m） |
|---|---|---|---|---|
| 1 | 6.8 | 265.6 | 7.3 | 338.4 |

合力：151.0 kN/m

③ 结论。

墙底提供抗滑力为：$W\tan\phi + cB = 398.31 \times \tan 45° + 55.0 \times 2.90 = 557.81$ kN/m

抗倾覆稳定安全系数：6.49

要求安全系数：1.44

满足要求。

# 10.3　工程实例 2

工程名称：078 工程 201#、202# 建筑止水帷幕工程设计方案

设计单位：上海市建工设计研究院有限公司

设计时间：2011 年 3 月 20 日

## 10.3.1　078 工程 201#、202# 建筑止水帷幕工程设计方案

1）工程概况

工程名称：078 工程 201#、202# 建筑止水帷幕工程

工程地点：海南省文昌市龙楼镇南部，毗邻南海

（1）基坑概况。

078 工程 201#、202# 建筑位于海南省文昌市龙楼镇南部，毗邻南海。建筑物 ±0.00 标高为 +7.750 m，现场地平整后标高为 +6.000 m，相对标高为 −1.75 m。因基础施工需开挖基坑，必须进行止水帷幕设计与施工。基坑概况见表 10-27 所示。

表 10-27 基坑概况

| 建筑物代号 | 基础埋深 | 围护形式 |
|---|---|---|
| 201# | 约为 5.75 m | 止水帷幕＋放坡＋护坡 |
| 202# | 约为 20.0 m | 止水帷幕＋放坡＋护坡 |

本基坑施工存在如下特点：

① 工程量大。基坑开挖面积大，约 11 000 m²；开挖深度大，最大深度达 20.0 m，土石方工程量较大。

② 工期长。本基坑开挖和基础施工的总工期超过 1 年，因此，基坑开挖后坡面暴露时间长，安全风险大。

③ 附加荷载多。基坑围护体在施工期间所要承受的附加荷载类型多，具体有：地下水水位上升附加荷载、潮汐作用附加荷载、台风与暴风雨附加荷载、基岩爆破震动附加荷载、施工现场基坑边材料堆放带来的附加荷载和施工车辆运行的附加荷载等。其中，潮汐作用附加荷载、基岩爆破震动附加荷载必须加以考虑。

④ 不利因素多。从施工过程来看，在施工期间存在的不利因素多、安全风险大。特别是基岩爆破开挖时的振动荷载对基岩原有裂隙会产生进一步破坏，并且对止水帷幕墙体产生不利影响，若墙体强度不足，振动会导致墙体产生裂隙，使基坑止水帷幕破坏而出现渗、漏水现象。潮汐作用所引起的附加荷载加大了止水帷幕外侧的水压力，短时间内形成较大的水位差，在基岩面附近会发生渗漏，对隔断基岩面及其以上覆土层交界面的渗透通道施工质量要求大大提高。这样，在基坑止水帷幕的设计过程中必须考虑这些不利因素的影响。

⑤ 安全要求高。基坑止水帷幕因施工周期长而凸显对其隔水效果要求高，因附加荷载多而凸显止水帷幕墙体必须具备一定强度的重要性和必要性。

因本工程使用性质的特殊性要求在基础施工过程中必须确保安全生产，按照有关规范，本基坑安全等级为一级。这样，在设计与施工基坑止水帷幕时更应坚持"安全第一"的理念，确保本工程止水帷幕工程的设计质量和实际施工的隔水效果。

（2）周边环境。

从地理位置上看，本工程距离南海直线距离仅有 830 m；从水文地质条件看，南海海水与本场地地下水存在着水力联系，尤其受南海潮汐作用影响大。因此，应重视施工与环境之间相互影响的监测，监测重点是对地下水水位的监测，防止止水帷幕止水效果不佳而出现渗、漏水，并及时、足量安排排水设备，以确保基础施工的顺利进行。

2）工程地质与水文地质条件

（1）地形地貌。

201#、202# 建筑位于海南省文昌市龙楼镇，地形基本平坦，场区现已平整，平整后场地标高为 +6.000 m；勘察时场区（孔口）高程 4.85～6.05 m；属于海成 I 级阶地地貌。

（2）地基土层的岩性特征及其空间分布。

根据岩土工程勘察报告，勘察深度范围内上部地层属于第四纪海相沉积物，以砂土及含砂生物碎

屑为主,局部为珊瑚礁;下部地层为花岗岩。以满足工程需要为原则,考虑时代成因、岩性特征与物理力学性质等诸多因素,将岩土工程勘察深度范围内的地基土层共划分为 4 个工程地质主层和 4 个工程地质亚层。其岩性特征如表 10-28 所示。

表 10-28   地基土层的岩性特征

| 地层编号 | 地层名称 | 湿度 | 渗透系数(cm/s) | 密实度 | 其他性状描述 |
|---|---|---|---|---|---|
| ① | 填土 | 稍湿 | $5.8 \times 10^{-3}$ | 松散 | 灰褐色;以粉细砂为主,含少量细粒土及植物根系 |
| ② | 细砂 | 饱和 | $5.8 \times 10^{-3}$ | 松散—稍密 | 褐色、灰色;以粉细砂为主,矿物成分主要为石英、长石,颗粒均匀,磨圆度一般,含少量黏粒,局部含钙质半胶结碎块 |
| ③ | 含砂生物碎屑 | 饱和 | $8.2 \times 10^{-2}$ | 松散—稍密 | 灰色;以生物碎屑及珊瑚碎屑为主,块径3~6 cm,以灰色细砂充填,砂粒成分主要为石英、长石及生物碎屑,局部为生物碎屑及珊瑚礁 |
| ③₁ | 粉砂 | 饱和 | $5.8 \times 10^{-3}$ | 中密—密实 | 灰色;颗粒均匀,磨圆度差,矿物成分以石英、长石为主,含少量贝壳碎片,黏粒含量约5%;主要分布在202#建筑物的四侧,在DL01、DL02、DL09及DL10这四个钻孔中发现 |
| ③₂ | 珊瑚礁 | — | $9.3 \times 10^{-2}$ | — | 灰色;块状构造,多孔隙,为珊瑚礁盘,主要在中风化花岗岩岩层顶面,不连续分布 |
| ④₁ | 砂砾状强风化花岗岩 | — | $5.8 \times 10^{-4}$ | — | 灰黄色;碎裂构造,可见原岩结构,主要矿物成分为石英、长石等,矿物风化明显,岩体呈砂砾状,岩体为极软岩,岩体极破碎;岩体基本质量等级为Ⅴ类 |
| ④₂ | 碎块状强风化花岗岩 | — | $1.2 \times 10^{-4}$ | — | 灰黄、灰白色;粗粒结构,块状构造,主要矿物质成分为石英、长石及少量暗色矿物,矿物风化明显,岩芯呈碎块状,局部为短柱状,锤击声哑、易碎,岩体为较软岩,岩体破碎;岩体基本质量等级为Ⅴ类 |
| ④ | 花岗岩 | | $4.6 \times 10^{-5}$ | — | 灰白色;中风化,局部微风化,粗粒结构,块状构造,主要矿物成分为石英、长石等,裂隙较发育,硅质胶结,取芯呈短柱状—长柱状,岩体为较硬岩—坚硬岩,岩体较完整—完整,局部较破碎,岩体基本质量等级为Ⅱ—Ⅲ类 |

(3)水文地质条件。

根据勘察报告,场地有两层含水层,第一层含水层为主要赋存于第②层细砂、第③层含砂生物碎屑、第③₁层粉砂及③₂层珊瑚礁中的孔隙潜水,地下水主要接受大气降水及地下径流补给,通过大气蒸发及地下径流进行排泄;第二层含水层为赋存于第④₁层砂砾状强风化花岗岩、第④₂层碎块状强风化花岗岩及第④层中风化花岗岩中的裂隙潜水,勘察期间钻孔中静止水位埋深为 0.0~0.6 m(局部低洼处,地表水直接出露地表),高程为 4.55~5.45 m。

根据钻孔提供的地层资料,结合本地区工程经验,场区内第②层细砂、第③层含砂生物碎屑、第③₁层粉砂及③₂层珊瑚礁属于极强透水层,水量极大,局部地段由于珊瑚碎屑及珊瑚礁含量大,钻进时漏浆严重;第④₁层砂砾状强风化花岗岩、第④₂层碎块状强风化花岗岩及第④层中风化花岗岩,总体来说属于弱含水层,水量不大,但不排除局部地段张性裂隙发育,水量丰富的可能性。

根据抽水试验得出表 10-29 所示的成果表。

表 10-29　抽水试验成果表

| 土层名称 | 孔号 | 含水层厚度 $M$(m) | 稳定水位 (m) | 稳定降深 $S$ (m) | 稳定流量 $Q$ (t/d) | 井径 $r$ (m) | 影响半径 $R$ (m) | 渗透系数 $k$ (m/d) |
|---|---|---|---|---|---|---|---|---|
| 第②层细砂、第③层含砂珊瑚碎屑 | ZK14 | 11 | 2.4 | 1.17 | 768 | 0.1 | 62.5 | 71.3 |

根据勘察报告,场区内近 3~5 年地下水的最高水位接近地表,各层渗透系数如表 10-14 所示。从表 10-14 中可见,第④层中风化花岗岩岩层以上土层渗透系数大,透水性强。局部地段由于珊瑚碎屑及珊瑚礁含量大,钻进时漏浆严重,这样高孔(空)隙地层对三轴搅拌桩和高压旋喷桩的成桩效果都是极大的挑战,因高孔(空)隙,地层基体不足,而且分布不均,事先也很难对局部进行有针对性的加强,唯一的有效措施就是增加高压旋喷桩的排数。结合 101#、102# 建筑施工的实际情况,三轴搅拌桩成桩质量尚可,高压旋喷桩因成桩质量不稳定而产生渗漏点,只有增强高压旋喷桩的排数来弥补。

对比 201#、202# 建筑场地与 101#、102# 建筑场地的地质地层情况发现,201#、202# 建筑场地的第④₁层砂砾状强风化花岗岩和珊瑚礁岩层的平均厚度(1.54 m)远大于 101#、102# 建筑场地厚度(0.68 m),这样势必造成高压旋喷桩桩长增大。

(4) 101#、102# 建筑基坑围护设计与施工的经验与教训。

目前,本场地附近类似工程 101#、102# 建筑基坑正在施工,从施工实际情况来看,止水帷幕设计基本成功,但渗漏点较多,490 m 止水帷幕周长中,大的有 6 处,小的有 14 处,如按一处渗漏点存在一处质量问题桩,817 根高压旋喷桩的施工质量不佳点为 2.4%,基本处于有效控制范围。产生渗漏点的主要原因在于:① 地层分布中含有带状珊瑚礁层,而且无规律,同时地层还含有较大的孤石、珊瑚礁岩等;带状珊瑚礁层因其孔(空)隙度大,搅拌桩、高压旋喷桩在施工过程中因基体不足而成桩质量不佳,产生渗漏点,6 处大的渗漏点都分布在珊瑚礁带部位。较大的孤石、珊瑚礁岩的存在,使搅拌桩、高压旋喷桩成桩质量难以控制,导致产生小渗漏点。② 设计经验不足,对于基岩面附近基岩与上覆土层之间产生小渗漏点认识不足,从增强二级放坡边坡稳定性和封堵小渗漏点的认识出发,应设底腰梁;对强风化层和珊瑚礁层透水性认识不足,三轴搅拌桩成桩效果尚可,但高压旋喷桩成桩质量不稳定,基岩面以上、三轴搅拌桩以下部位渗漏严重,说明原设计基坑止水帷幕时只设计一排高压旋喷桩明显不能满足止水要求。③ 渗漏点处理不及时,特别是对 6 处较大的渗漏点。

从 101#、102# 建筑基坑止水帷幕设计与施工中应汲取的教训有:① 高压旋喷桩应设计二排;② 基岩面上、二级放坡坡脚处应设一道底腰梁;③ 对产生较大的渗漏点应从技术、设备、人员和施工组织设计等方面做好准备和安排,及时处理,有效封堵。

3) 设计依据及使用规范

(1) 基坑安全等级。

根据《建筑基坑支护技术规程》(JGJ 120—99)及本工程的环境条件,特别是本工程的使用属性,确定本基坑工程的安全等级为一级。

(2) 基坑使用期限。

本基坑设计有效使用期限为一年。

(3) 设计依据及使用规范。

① 业主提供的有关资料(主要是场地岩土工程勘察报告等)。

②《建筑基坑支护技术规程》(JGJ 120—99)。

③《建筑地基处理技术规范》(JGJ 79—2002)。

④《水电水利工程高压喷射灌浆技术规范》(DL/T 5200—2004)。

⑤《型钢水泥土搅拌墙技术规程》(JGJ/T 199—2010)。

⑥《建筑桩基技术规范》(JGJ 94—2008)。

⑦ 其他有关的规范和规程。

4)止水帷幕系统设计方案

(1)止水帷幕系统组成。

根据本基坑工程特点及基础施工要求,止水帷幕系统包括:① 基岩面以上透水层的止水帷幕;② 放坡与护坡(含坡顶挡水坝、基岩面以上坡脚处的底腰梁);③ 止水帷幕内的降水井;④ 基坑止水帷幕外侧的监测井(兼降水井)。

(2)止水帷幕设计方案。

① 场地地质条件分析。

A. 工程地质条件分析。

(a) ③层以上地层。

根据场区勘察报告,施工场区在工程勘察深度范围内的地基土层共划分为 4 个工程地质主层和 4 个工程地质亚层,其中工程地质亚层分布不均。场区内第②层细砂、第③层含砂生物碎屑、第③₁层粉砂及③₂层珊瑚礁属于极强透水层,水量极大,局部地段由于珊瑚碎屑及珊瑚礁含量大,钻进时漏浆严重。

止水帷幕系统需要解决的问题:因第①、②、③层土透水性极强,设计止水帷幕时必须采用合理的止水形式对③层以上地层进行隔水。

(b) ③、④层交界面。

从承载力特征值来看,场区内第②层细砂为 120 kPa、第③层含砂生物碎屑为 130 kPa、第③₁层粉砂为 200 kPa、③₂层珊瑚礁为 150 kPa、第④₁层砂砾状强风化花岗岩为 300 kPa、第④₂层碎块状强风化花岗岩为 500 kPa 及第④层中风化花岗岩为 4 000 kPa,④层为强度较大的中风化花岗岩。这些指标是选择止水帷幕施工方法的重要参考指标,直接关系到施工质量、进度及施工费用。从③、④层透水性质上看,③层以上土层为强透水层,④层为弱透水层,③、④层交界面为强透水界面。

止水帷幕系统需要解决的问题:从地质剖面图可以看出,基坑底标高已进入第④层中微风化岩层,穿过③层与④层的强渗透交界面,在止水帷幕设计与施工时必须对该界面进行防渗处理。一是合理、科学地确定设计方案,二是选择有效可行的施工方法。

(c) ④层基岩。

根据建筑设计要求,基坑开挖已进入④层约 10 m。④层中风化花岗岩岩体基本完整,总体来说属于弱含水层,水量不大,但不排除局部地段张性裂隙发育,水量丰富的可能性。

止水帷幕系统需要解决的问题:在制订护坡方案及降、排水方案时要充分考虑基岩裂隙水的排放问题。在考虑基岩面上覆土层边坡稳定性时,在基岩面上、边坡坡脚处设一道底腰梁,一是增强边坡稳定性;二是对小渗漏点进行封堵。

B. 水文、气象条件分析。

由于本基坑所在的场区毗邻南海,距离海边直线距离只有 830 m 左右,场地内②层及③层属于极强透水层,水量丰富,且与南海海水之间存在水力联系;另外,海南岛地处亚热带,台风、暴雨经常光顾,从气象条件来看,在本场地进行基坑、基础施工存在着不利的水文、气象条件。

止水帷幕系统需要解决的问题:考虑到上述水文、气象及水文地质条件,在止水帷幕设计与施工时,一是要考虑在基坑顶部设置挡水坝(挡水坝是止水帷幕系统的重要组成部分);二是必须对④层(特别是③、④层交界面)以上实施全封闭隔水(此部分是止水帷幕系统的主体),隔断基坑内地下水与海水之间的水力联系;三是要重视对基坑开挖形成放坡面的明排水问题,包括施工期间大气降水排放。

C. 加固深度的选取。

根据总装备部工程设计研究所提供的本项目岩土工程勘察报告,本项目地层起伏较大,特别是④₁层、④层层顶埋深。根据勘察报告提供的 20 个勘探孔资料统计,中风化花岗岩层顶平均埋深 13.7 m,根据《水电水利工程高压喷射灌浆技术规范》(DL/T 5200—2004)第 5.0.5 条规定:"封闭式高喷墙的钻孔宜深入基岩或相对不透水层 0.5～2.0 m",按照止水帷幕设计要求,高压旋喷桩进入中风化岩层 0.5 m,高压旋喷桩桩底深度平均为 14.2 m,花岗岩④₁层及珊瑚礁层平均层厚 1.54 m。结合施工质量控制措施,考虑引孔时存在沉渣厚度,花岗岩④₁层及珊瑚礁层平均层厚按 1.7 m 计取,宜选取高压旋喷桩桩底埋深为 14.2 m,因此止水帷幕设计平均加固深度为 14.2 m(表 10-30)。

表 10-30　钻探孔统计资料　　　　　　　　　　　　(单位: m)

| | | | 工程钻探土层分布 | | | |
|---|---|---|---|---|---|---|
| 层顶埋深 | 平整场地标高 | 孔号土层 | 原场地孔口标高 | 花岗岩④₁层、珊瑚礁层厚度 | 花岗岩④层 | 备　注 |
| 13.7 | ±6.000 | DL01 | 5.45 | 2.3 | 16.05 | 花岗岩层顶平均埋深 13.7 m,花岗岩④₁层及珊瑚礁层 20 个勘探孔有 14 个钻孔所示,累计厚度 30.3 m,平均层厚 2.2 m,20 孔平均厚度 1.54m |
| | | DL02 | 5.55 | 1.5 | 15.05 | |
| | | DL03 | 5.6 | 1.2 | 14.6 | |
| | | DL04 | 5.68 | — | 14.72 | |
| | | DL05 | 5.68 | 0.8 | 10.62 | |
| | | DL06 | 6.05 | 1.3 | 12.5 | |
| | | DL07 | 6.05 | 0.5 | 11 | |
| | | DLC08 | 5.85 | — | 11.15 | |
| | | DLC09 | 5.12 | 3.2 | 15.28 | |
| | | DLC10 | 5.55 | 7.2 | 18.75 | |
| | | DLC11 | 5.52 | 5.4 | 16.9 | |
| | | DLC12 | 5.62 | — | 12.48 | |
| | | DLC13 | 5.53 | 2.7 | 12.67 | |
| | | DLC14 | 5.51 | 1.1 | 12.09 | |
| | | DLC15 | 5.41 | 1.5 | 14.09 | |
| | | DLC16 | 4.85 | — | 12.65 | |
| | | DLC17 | 4.95 | 1 | 14.55 | |
| | | DLC18 | 4.91 | — | 12.39 | |
| | | DLC19 | 4.92 | 0.6 | 12.98 | |
| | | DLC20 | 4.91 | | 12.29 | |

② 止水帷幕结构形式的选择。

止水帷幕顾名思义主要是阻断地下水流通道,确保降水后基坑开挖及基础施工处于无水状态和基坑的安全。

目前,国内常用的非桩类止水方法有冻结法、注浆法、高压喷射注浆法、水泥土搅拌法等。结合现场实际情况,使用高压喷射注浆法、水泥土搅拌法是可选的结构形式。

　　A. 搅拌桩止水帷幕。

　　水泥土搅拌法是利用深层搅拌机将水泥浆和地基土原位拌合,搅拌后形成柱状水泥土,可提高土体强度,增加稳定性,建成防渗帷幕。

　　因此,成功实施搅拌桩来做止水帷幕的首要条件是深层搅拌机能可靠地将水泥浆和地基土原位搅拌。就目前国内设备的能力来讲,当地基承载力的标准值大于 120 kPa 时,常规搅拌桩机施工困难,但采用 SMW(Soil Mixing Wall)工法,因其设备动力大、搅拌轴扭矩大等优势能在本工程场地的第①、②层土和第③层土的大部分进行原位搅拌形成水泥土墙体。

　　采用 SMW 工法相对于单轴(单头)搅拌桩,从设备上讲具有动力上的优势,能确保就地搅拌充分,形成的桩体具有质量稳定、强度高、止水效果好、抵抗变形能力强等优点。

　　因采用单一的搅拌桩止水帷幕形式,对于本工程来说搅拌桩需穿过 130 kPa、甚至 1 500 kPa 的珊瑚碎屑层和强风化花岗岩层,显然施工十分困难甚至无法施工。当搅拌桩无法搅拌施工时应立即停机,并记录桩号和搅拌桩桩底深度标高。根据勘察报告,搅拌桩的平均桩长为 12.0 m。

　　B. 高压喷射注浆法止水帷幕。

　　将带有特殊喷嘴的注浆管(钻杆),通过钻孔置入到处理土层的预定深度,然后将水泥浆以高压冲切土体。在喷射浆液的同时,以一定速度旋转、提升,形成水泥土圆柱体。加固后可以提高土体强度,封堵渗透空隙、裂隙,形成防渗帷幕。

　　由于达到预定深度(本工程为中风化花岗岩)是利用钻机通过合金或金刚石钻头进行预成孔钻进的,加固土层的强度、硬度对钻进的影响不大,使加固范围能达到弱透水层花岗岩层,并且能很好地处理③、④层渗透界面的渗透问题。

　　对搅拌桩无法施工的③层和珊瑚碎屑及颗粒状岩块,高压浆液可通过空隙,使空隙被浆液填满;或利用高压冲切碎石层,通过泥浆形成止水帷幕。

　　为保证岩层分界面也能通过注浆进行止水,可使用合金或金刚石钻头钻到基岩面下 500 mm,开始喷浆。通过控制提升速度、注浆压力和确保注浆量来保证岩层分界面防渗处理效果。

　　C. 止水帷幕施工方法的选定。

　　通过以上的比较分析,本工程的止水帷幕将采用三轴搅拌桩与高压喷射注浆法结合起来的止水帷幕结构形式。三轴搅拌桩桩长 12 m,从地面到地表下 12 m;高压喷射注浆法注浆长度 2.7 m,从地表下 11.5～14.2 m;三轴搅拌桩与高压旋喷桩搭接 0.5 m。

　　③ 止水帷幕的设计参数。

　　本工程的止水帷幕设计采用三轴搅拌桩与高压旋喷桩注浆法相结合的结构形式。具体方案如下:

　　A. 设计的三轴搅拌桩墙体参数。

　　在本场地①、②层和③层上中部采用施打三轴搅拌桩形成止水帷幕。搅拌桩单排,桩径 850 mm,水泥掺量 20%,采用新鲜的 P. O42.5 硅酸盐水泥,每立方米水泥用量 380 kg,施工 28 d 后桩体无侧限抗压强度大于 0.8 MPa。搅拌桩施打到搅拌困难时停打,桩长暂估 12 m。施工要求一桩一表及时记录搅拌桩停打标高。因本基坑形状有多处拐角,在拐角处作加强处理(外侧再打 3 根桩,包括起点和终点交界处)。本工程搅拌桩轴线周长 488.6 m,11 个冷接缝与拐角,共有 379 幅。

　　设计的三轴搅拌桩墙体抗渗系数为 $2 \times 10^{-4}$ cm/s。

　　搅拌桩的外加剂应视现场地层特征及施工需要而定。应注意现场地下水的水质,影响水泥浆固化效果时,应采取特别措施。

　　B. 高压旋喷桩的设计参数。

　　根据施工经验,结合本工程的实际情况,本工程采用三重管高压旋喷桩进行③层中下部及③层与④层交界面的止水帷幕施工。桩体加固深度为进入中风化基岩面以下 500 mm 范围内,桩顶标高以搅拌桩停打位置深度以上 0.5 m 的标高为准,深度 11.5～14.2 m,旋喷长度 2.7 m。三重管高压旋喷桩直径 1 500 mm,有效直径 900 mm,搭接 300 mm,水泥掺量 25%;28 d 无侧限抗压强度大于 1.0 MPa。

本次设计两排高压旋喷桩。内排:沿三轴搅拌桩轴线布置一排高压旋喷桩,桩间距 600 mm,桩长 2.7 m,进入基岩面下 0.5 m;外排:在搅拌桩外侧布一排高压旋喷桩,桩间距 600 mm,桩长 1.7 m,终孔于基岩面,内外二排高压旋喷桩排中心间距 1 225 mm。因本基坑形状有多处拐角,在拐角处作加强处理(外侧再打 3 根桩,包括起点和终点交界处)。轴线周长为 488.6 m,11 个冷接缝与拐角,共有 1 494 根桩。

设计的三轴搅拌桩加固体抗渗系统为 $4\times10^{-5}$ cm/s,高压旋喷桩加固体抗渗系数为 $9\times10^{-4}$ cm/s,局部珊瑚礁部位为 $3\times10^{-3}$ cm/s。

高压旋喷桩体的墙厚可根据《水电水利工程高压喷射灌浆技术规范》(DL/T 5200—2004)附录 B 并结合 $101^{\#}$、$102^{\#}$ 场地的抽水试验成果表确定。

高压旋喷桩桩体墙的平均厚度 $t$ 可用式(10-2)计算:

$$t = \frac{L(H+h_0)(H-h_0)K}{2Q} \qquad (10-2)$$

式中    $K$——渗透系数(m/d);

$Q$——稳定流量($m^3$/d);

$t$——高压旋喷桩墙体平均厚度(m);

$L$——围井周边高喷墙轴线长度(m);

$H$——围井内试验水位至井底的深度(m);

$h_0$——地下水水位至井底的深度(m)。

抽水试验示意图如图 10-25 所示:

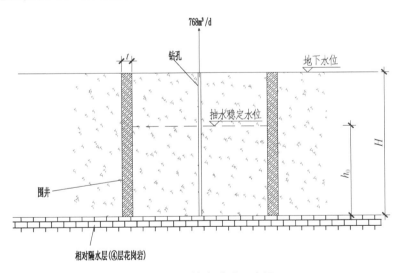

图 10-25  抽水试验示意图

根据《水电水利工程高压喷射灌浆技术规范》(DL/T 5200—2004)表 5.0.3 高喷墙墙体性能指数,并结合施工实际情况,$K$ 取值为:

$$K = 9\times10^{-5}\text{cm/s} = 0.078 \text{ m/d}$$

根据表 10-3 数据,取:

$$Q = 768 \text{ m}^3/\text{d}$$
$$L = 2\times3.14\times62.5 = 392.5 \text{ m}^3$$

$$H = 11 \text{ m}$$
$$h_0 = 11 - 1.17 = 9.83 \text{ m}$$

因此，$t$ 的计算值如下：

$$t = \frac{329.5 \times (11 + 9.83) \times (11 - 9.83) \times 0.078}{2 \times 768} = 0.486 (\text{m})$$

局部珊瑚礁部位 $t = 0.486 \times 30/9 = 1.62 (\text{m})$。

三轴搅拌桩的厚度 $t = 0.486 \times 0.4/9 = 0.021\,6 (\text{m})$。

对于珊瑚礁层，现高压旋喷桩按双排布孔，桩体直径 1 500 mm，有效直径 900 mm，也就是墙体厚度为 1 800 mm，大于设计参数 1 620 mm 的要求，安全系数为 1.11。三轴搅拌桩的墙体厚度 0.850 m，远大于 0.021 6 m，满足要求。

（3）放坡与护坡。

基坑坡顶留 2 m 宽坡顶，供施工及观测通道之需。

基坑边坡分三级放坡，一级边坡从地面至 -7.0 m，高差 5.25 m，放坡坡比为 1：1.3；在一级边坡坡面中间、水平间距 6 m 设一排滤水管。在坡脚设 2 m 宽平台与排水沟。

二级边坡从 -7.0 m 至岩层面（-14.0 m），高差 7.0 m，放坡坡比为 1：1.4；在坡面中间、水平间距 5 m 设一排滤水管。在坡脚设 3 m 宽的平台与排水沟，并每隔 30 m 设一集水井。

为提高二级放坡坡底的稳定安全系数，在二级放坡坡脚、基岩面上设计一道底腰梁，宽 1.5 m，高 1.0 m，并呈斜坡形与二级放坡坡脚搭接；底腰梁采用 C35 混凝土，坍落度为 16～18 cm。

三级放坡为中风化花岗岩层，放坡坡比为 1：0.2，坡底留 3 m 平台。

根据理正深基坑软件计算的一、二级边坡整体稳定安全系数符合规范要求。具体参数选取及计算结果见 10.3.3 节计算书一。

在基坑边坡顶面设一挡水墙，挡水墙周长 488.6 m，墙宽 0.4 m，墙高 0.5 m，用 240 砖砌成墙，表面抹 50 mm 厚的 1：2.5 水泥砂浆。

护坡工作量统计如表 10 - 31 所示。

表 10 - 31　护坡工作量统计表

| 名　称 | 工 作 内 容 | 单位 | 设 计 工 作 量 | |
|---|---|---|---|---|
| 坡顶 | 挡水墙 | m | 488.6 | |
| | 护坡面积 | m² | 1 720 | |
| 一级放坡 | 面积 | m² | 4 040 | 滤水管 96 个 |
| | 周长 | m | 740 | 排水沟长 740 m，集水井 25 个 |
| 二级放坡 | 面积 | m² | 4 200 | 滤水管 120 个 |
| | 周长 | m | 510 | 排水沟长 510 m，集水井 17 个 |
| 平台、排水沟换算成护坡面积 | 将平台和排水沟按 2.6 m，3.6 m 宽度换算 | m² | 3 760 | 一级放坡坡脚总长 740 m，按宽度 2.6 m 换算，二级放坡坡脚总长 510 m，按宽度 3.6 m 换算，换算成护坡面积总计为 3 760 m² |
| 工作量总计 | 按正常喷锚支护取费 | m² | 12 000 | 坡顶，一、二级放坡，平台和排水沟换算面积共 12 000 m²，按正常喷锚支护取费 |
| | 滤水管、集水井 | 个 | 滤水管总数 216 个；集水井 42 个 | |

（4）降水与排水。

① 降水井设计。

止水帷幕范围内基坑降水采用管井方式降水，基坑开挖平面面积约 11 000 m²，现按 250～300 m² 布一口降水井，共需布设 45 口降水井。降水井终孔于基岩面。

② 边坡排水沟。

在二级放坡边坡坡脚下设置排水沟与集水井，主要用于排放边坡渗、漏水、大气降水等。具体设计见前述"放坡与护坡"。

③ 基岩裂隙水排放。

根据地质勘查报告，第④层花岗岩基岩分布有裂隙并具有一定的透水性。为及时排放因基岩开挖而出现的裂隙水，在基岩开挖到设计标高要求后，对暴露的基岩裂隙采用 200 mm 厚的 C20 混凝土（添加适量早强剂）进行表面封堵，并预埋注浆管，在表面封堵的混凝土初凝后通过预埋的注浆管对裂隙进行注浆，以彻底封堵渗透裂隙。

对于渗透量较小的裂隙可不进行封堵，宜采用明排水的方式及时排放裂隙水。

（5）应急措施。

因基础施工存在许多不确定因素，必须在基坑止水帷幕设计中预备应急措施。

① 水位监测措施。

为检验止水帷幕的隔水效果，在基坑外侧布设 20 口地下水水位监测井。基坑外监测井宜兼做降水井，必要时通过坑外降水来阻止地下水向坑内渗透，为及时堵漏赢得施工处理时间。

在基坑降水和基坑开挖及基础施工过程中通过分析基坑外侧水位的变化来分析判断渗漏点（通道）的大约位置，然后采用高压旋喷桩设备确定具体渗漏位置，以便采用封堵等应急处理措施，确保止水帷幕的止水效果。

② 钻孔回填混凝土。

如果通过高压旋喷桩发现有大口径的渗透通道的具体位置，先对钻孔进行扩孔至 500 mm 口径，下 400 mm 的 PVC 套管后灌注速凝混凝土进行封堵，在外侧再进行高压旋喷桩加固。

③ 表面封堵。

因第③层下部珊瑚岩和第③层与第④层交界面有可能存在管状渗透通道，如在开挖到有此通道分布的层位时发生小量渗漏水，可用速凝混凝土进行表面封堵，并预埋注浆管。先进行表面封堵，然后通过预埋的注浆管进行注浆以达到彻底堵住管状渗透通道的目的。

特别强调的是：对产生较大的渗漏点应从技术、设备、人员和施工组织设计等方面做好准备和安排，及时处理，并能有效封堵。要真正做到：准备充分、组织有序、处理及时、效果良好。

（6）设计工作量。

根据本设计，工作内容和工作量如表 10-32 所示。

表 10-32 设计工作量统计表

| 序 号 | 项 目 名 称 | 单 位 | 工 作 量 |
|---|---|---|---|
| 1 | 挡水墙 | m | 488.6 |
| 2 | 止水帷幕搅拌桩 | m³ | 6 800 |
| 3 | 集水坑降水（12个月） | 口 | 明排水集水坑，第一、二两层布坑 40 口，第三至五层布坑 24 口。降水取费：前 20 d 按 40 口取费，后 30 d 按 30 口取费；再 360 d 按 20 口的 50% 抽水概率取费 |
| 4 | 高压旋喷桩 | m³ | 7 801 |

| 序　号 | 项 目 名 称 | | 单 位 | 工 作 量 |
|---|---|---|---|---|
| 5 | 护坡 | 按正常喷锚支护取费 | m² | 按正常喷锚支护取费共 12 000 m² |
| | | 滤水管、集水井 | 个 | 滤水管总数 216 个;集水井 42 个 |
| 6 | 水位监测孔兼降水无砂管井<br>(监测时间 12 个月) | | 口 | 共 20 口监测井。监测频率:前 180 d 按每天一次计;后 180 d 按每 2 d 一次计算 |

5) 施工要求

(1) 三轴水泥土搅拌桩。

① 预定位要求。

在施工三轴水泥搅拌桩前,根据勘察报告初步确定每幅桩的基岩面标高位置,在后面施工过程中搅拌桩停打于基岩面以上 500 mm,并且以书面表格形式提交给施工班组。

② 三轴水泥土搅拌桩施工要求。

A. 水泥采用普通硅酸盐水泥,标号不低于 42.5 级,水灰比为 1.5~2.0,墙体抗渗系数为 $10^{-6}$~$10^{-5}$ cm/s,水泥掺入量为 20%,桩体 28 d 无侧限抗压强度不小于 0.8 MPa。

B. 墙体施工采用标准连续方式或单侧挤压连续方式,相邻桩施工时间超过 10 h 须作处理。

C. 桩体施工采用"一喷二搅"工艺,水泥和原状土需均匀拌和,下沉及提升均为喷浆搅拌,下沉速度为 0.5~1.0 m/min,提升速度为 1.0~2.0 m/min。

D. 桩体垂直度偏差不大于 1/200,桩位偏差不大于 20 mm。

E. 浆液配比须根据现场试验进行修正,参考配比范围为水泥:膨润土:水=1:0.05:1.6。

F. 三轴搅拌桩的总体施工工序为:清除地下障碍物,开挖沟槽搅拌桩就位,校核水平度、垂直度,开启空压机,送浆至桩机钻头,钻头喷浆、气,下沉桩底钻头喷浆、气,提升移机。

G. 其他未尽事宜按照《型钢水泥土搅拌墙技术规程》(JGJ/T 199—2010)执行。

(2) 高压旋喷桩。

施工时,先施工内排,后施工外排,内外排中心间距 1 225 mm。对于二排高压旋喷桩,在搅拌桩轴线中心一排桩,按下面程序要求施工。对于外侧一排高压旋喷桩,不需预成孔,直接施工,终孔于基岩面,具体施工参数可参照下面要求。

① 施工工序安排。

在三轴水泥土搅拌桩施工后 2 d,首先必须清除现场施工所遗弃的垃圾,接着开始高压旋喷桩预成孔,预成孔结束后立即进行高压旋喷桩施工。

② 预成孔施工要求。

A. 准确确定钻孔孔位,并平整场地,安放钻机。

B. 预成孔至基岩面下 0.5 m,在确保进入基岩设计深度后方可终孔。

C. 成孔垂直度偏差不大于 1/200,孔位偏差不大于 20 mm。

③ 高压旋喷桩施工要求。

A. 旋喷桩采用三重管施工,水泥浆流量大于 30 L/min,提升速度为 0.1~0.2 m/min,注浆压力不小于 25 MPa,28 d 龄期无侧限抗压强度不宜低于 1.0 MPa。

B. 在注浆前 10 min 必须拌制好浆液,搅拌时间不得小于 5 min,在 30 min 内用完,否则作为废浆;

C. 钻机定位必须平稳、准确,定位误差小于 30 mm,钻机轴垂直度偏差小于 1%。

D. 为避免串浆,旋喷桩必须采用跳跃法施工,相邻距离不小于 1.2 m。

E. 在③、④层分界面处应减小喷射压力、降低提升速度,确保喷浆量。

F. 因考虑有大通道渗透途径存在的可能性,应利用二次喷浆并调整外加剂水玻璃掺量,第一次喷浆量控制在 30%,第二次 70%,前后需间隔 30 min。

G. 具体施工参数宜通过试桩确定。

(3) 护坡施工要求。

① 一级放坡护坡要求。

一级放坡施工后,先对边坡进行修整,然后立即喷射一层 50 mm 厚的细石混凝土,边坡沿纵向挖出 20 m 后,在已喷上一层细石混凝土的面层上挂 $\phi6.5@200$ mm×200 mm 的钢筋网片,用 U 形短钢筋固定,再在整个边坡上喷射 50 mm 厚的 C20 细石混凝土。喷射混凝土终凝后 2 h,连续喷水养护 3～7 d。

在一级放坡坡脚设置一道 2 m 宽的平台。

在一级放坡坡面按设计要求埋设滤水管,采用 $\phi75$ PVC 滤水管,滤水管长 600 mm(埋入土坡内 300 mm 长)。

一级放坡挖土时应分层分段开挖,及时修整坡面,及时进行护坡。

② 二级放坡护坡要求。

二级放坡施工后,先对边坡进行修整,然后立即喷射一层 50 mm 厚的细石混凝土,边坡沿纵向挖出 20 m 后,在已喷上一层细石混凝土的面层上挂 $\phi6.5@200$ mm×200 mm 的钢筋网片,用 U 型短钢筋固定,再在整个边坡上喷射 50 mm 厚的 C20 细石混凝土。喷射混凝土终凝后 2h,连续喷水养护 3～7 d。

在二级放坡坡脚设置一道 3 m 宽的平台,并在平台的内侧坡脚处设置一道排水沟,在排水沟上每隔 30 m 处设置一集水井,以便及时截断坡面渗水及大气降水,通过集水井排放积水。

在二级放坡坡面按设计要求埋设滤水管,采用 $\phi75$ PVC 滤水管,滤水管长 600 mm(埋入土坡内 300 mm 长)。

二级放坡挖土时应分层分段开挖,及时修整坡面,及时进行护坡。

在二级放坡坡脚内侧设置一道排水沟。在排水沟上每隔 30 m 处设置一集水井,以便及时截断坡面渗水及大气降水,通过集水井排放积水。

(4) 监测井(降水井)施工要求。

① 构造。

管井采用回转钻机钻孔,孔径 $\phi600$ mm。PVC 管井外侧设 10 cm 厚中粗砂夹石屑的滤水层,靠地下水自流集水,每口井内设一潜水泵,将水排入地面排水系统的集水井内。

② 成井工艺流程。

井点定位→挖井口→钻孔或冲孔→换护壁泥浆→回填井底碎石→安装井管→填滤石砂料→洗井→安放潜水泵。

③ 成井要求。

成井必须保持井体的垂直度,成井的直径为 600 mm。成井时为防止井壁坍塌,要配好护壁泥浆,护壁泥浆的表观密度不小于 1.1 g/cm³,成井后应立即清除井底浮泥,测量井底的沉渣,并及时在井底填入 500 mm 厚的砾石层,防止井管安装后的下沉而影响降水效果。

④ 材料要求。

A. 井管采用 PVC 管,要求 PVC 管外直径 $\phi400$ mm,管壁厚度不小于 50 mm,内径不小于 300 mm,且透水性良好;

B. 滤水料采用砂和砾石。采用的砂必须要保证使用中粗砂。而采用砾石时,要保证碎石中的泥(石粉)含量不超过 5%,粒径大于 10 mm 的石子含量不超过 5%;

C. 接头用塑料布,应采用农用塑料薄膜,防止在填滤料时刮伤塑料而影响接头的密封效果;

D. 定位块采用木板制作,为保证降水井外有足够的滤料,定位块每 3～4 m 设置一道。

⑤ 安装井管。

安装 PVC 井管时，要垂直下放，接头处，上下管垂直相接，在管接头处用塑料薄膜包两层，用铁线捆扎牢固，每根管包扎长度不少于 100 mm。然后从井底往上 15 m 在井管外侧覆盖一层 60 目的塑料滤网，为保证井管垂直度，在管的周围用竹皮固定，同时在每 3～4 m 处安放一道定位块，直至下到设计深度。

⑥ 填充滤料。

管周围的滤料填充厚度应保证不小于 100 mm，填充滤料时，要保持对称填充，不允许从一面填，防止滤料在填充过程中挤压管侧壁造成井管偏移而影响降水效果。滤料填充至地表面，在降水过程中，若滤料下沉要及时补充。

⑦ 洗井与抽水。

填完滤料后即刻压缩空气进行洗井，洗井结束后立即进行抽水。开始抽出的带泥浆浑水应排在泥浆坑或沉淀池内，泥浆沉降后用水泵排出。待抽出的水变清后，再直接排到排水井内。以防止泥浆堵塞管道。

⑧ 降水。

降水开始后，所有水泵不得停机，现场要有人进行值班和抽水记录，随时观察并检查水位下降情况并记录。

（5）底腰梁施工要求。

① 清淤。

在基坑开挖至基岩面时，先沿二级放坡的坡脚清淤，并对渗漏点进行排放处理。

② 以垒砂袋代替模板。

根据设计要求的宽度、高度，以垒砂袋代替模板。

③ 浇灌混凝土。

根据设计参数要求浇灌混凝土。

（6）集水坑施工要求。

① 设备。

采用挖土机现场施工。

② 规格。

根据设计要求的长度、宽度、深度开挖。

③ 其他。

施工时应注意不要影响挖土运输，方便抽水，并采用一定安全防护措施。

6）施工设备

（1）施工机具配置计划。

工程开工前，对拟选用的施工机具进行检查、维修，以保证其完好率达到 100%。本工程拟选用的施工机械如表 10-33 所列。

表 10-33　主要施工机械设备表

| 机 械 名 称 | 型号、规格 | 数 量 | 功率(kW) | 用 途 |
|---|---|---|---|---|
| 三轴搅拌桩机 | ZKD85A-3 | 1台 | 350 | 止水帷幕 |
| 高压旋喷桩机 | — | 2套 | 150 | 止水帷幕 |
| 钻 机 | XY-100 | 4台 | 60 | 止水帷幕高压旋喷桩预成孔,监测井施工 |
| 空压机 | VF-12/7 | 2台 | 30 | 护坡喷射混凝土 |
| 混凝土喷射机 | HP-5 | 2台 | 6 | 护坡 |
| 水位测量仪 | — | 1台 | — | 水位监测 |

（2）劳动力配置计划。

劳动力按照施工机械设备所需人数配置,采用固定设备固定人员的办法。具体配置如表 10-34 所列。

表 10-34 劳动力配置表

| 机械名称 | 型号、规格 | 数量 | 人数 | 用途 |
|---|---|---|---|---|
| 三轴搅拌桩机 | ZKD85A-3 | 1台 | 10 | 止水帷幕 |
| 高压旋喷桩机 | — | 2套 | 20 | 止水帷幕 |
| 钻机 | XY-100 | 4台 | 20 | 止水帷幕高压旋喷桩预成孔,监测井施工 |
| 空压机 | VF-12/7 | 2台 | 4 | 护坡喷射混凝土 |
| 混凝土喷射机 | HP-5 | 2台 | 4 | 护坡 |
| 水位监测仪 | — | 1台 | 1 | 水位监测 |

7）监测要求

针对本基坑施工特征,对地下水水位监测特作如下要求。

（1）本基坑监测时限为从坑内降水开始至基础施工至±0.00,暂时按一年 360 d 计算监测时间。监测频率按 3 个阶段划分:第一阶段为降水及基坑土石方开挖阶段,约 120 d,本阶段每天监测一至两次,并视实际情况需要,适时增减监测频率。第二阶段为基础施工阶段,约 60 d,本阶段每天监测一次。第三阶段为后期施工阶段,约 180 d,本阶段按两天一次执行,并根据实际情况需要适时增减。

（2）加强对基坑外侧 20 口观测井的地下水水位监测,若发现地下水水位出现异常变化,应及时汇报业主、监理方,并查明原因,积极采取相应对策,防止渗漏水等不利情况发生。

（3）在基坑开挖期间,加强宏观巡视,及时发现开挖时出现的渗、漏水现象,并查明原因,积极采取相应对策,防止渗、漏水等不利情况发生。

（4）在基坑开挖期间,密切关注一、二级放坡坡脚集水井的积水情况,及时要求排放积水。

（5）在基坑开挖期间,若基坑边坡出现裂缝等异常位移或变形情况应及时要求施工方加以处理,一是防止大气降水渗入边坡影响边坡稳定性,二是防止边坡出现滑坡等灾害情况发生。

（6）在基坑开挖期间,监测人员应密切关注天气预报,对有可能出现台风、暴雨等不良天气应要求施工方制订应急预案,一是确保基坑围护施工与基础施工安全,二是预备相关设备和材料,及时排水,防止不利情况发生。

（7）考虑到基坑开挖及基础施工工期大于一年,应安排固定人员及设备进行监测工作,确保监测工作的连续性和稳定性。

8）设计说明

因基坑止水帷幕设计不仅需要考虑止水帷幕本身设计与施工的要求,还要考虑施工的可行性和可操作性,并需考虑基坑开挖、基础和上部结构施工等相互之间的影响与要求。为此,特作如下五点补充说明。

（1）爆破开挖施工控制参数。

考虑到基岩爆破开挖可能对止水帷幕墙体产生振动破坏等不利影响,特对基岩爆破开挖施工提出如下要求:

① 基岩爆破开挖产生对止水帷幕墙体的压应力不得大于 0.6 MPa。

② 建议采用分层、分块爆破开挖基岩,分层的厚度不大于 3 m,分块的面积不大于 200 $m^2$。

③ 要求在基坑坡脚处采用化学静力爆破方法实施爆破。

④ 实际施工时应根据监测情况适时调整爆破开挖方案,确保止水帷幕墙体的安全性。

（2）水泥型号选取建议。

经调查,在施工现场施工时可采用 P.O42.5 普通硅酸盐水泥,可在海南省当地采购。

（3）塔吊基础加固设计与施工要求。

塔吊基础采用 4 根直径 1.2 m,进入基岩 1.5 m 的人工挖孔桩。

塔吊基础人工挖孔桩施工要求参考基础人工挖孔桩施工要求。

（4）201#平台边坡设计与施工要求。

201#平台相对标高−7.50 m,开挖深度约 5.8 m,距基岩面高度 6.5 m,基岩面上留 1.5 m,开挖 5 m,应按 1∶1.2 放坡,并按前述要求护坡(不挂钢筋网片,只喷混凝土)。

201#平台的人工挖孔桩应在基础回填后实施。

（5）补充工作量统计表。

根据上述补充工作量说明,复合坝体和塔吊基础所发生的补充工作量统计如表 10−35 所列。

表 10−35　补充工作量统计表

| 序　号 | 项目名称 | 单　位 | 工　作　量 |
|---|---|---|---|
| 1 | 护坡 | m² | 600 |
| 2 | 人工挖孔桩 | 根 | 四根,直径 1.2 m,进入基岩 1.5 m,桩长 8.7 m |

9）其他说明

为明确本设计工作量,特作如下说明:

（1）本设计不包括的工作量。

本设计不包括:

① 基岩爆破开挖时的基岩明排水、三级放坡坡脚的排水沟施工及排水工作。

② 基坑外地下水水位监测以外的基坑监测工作。

（2）特殊处理工作量。

根据在本项目 101#、102# 开挖所示地层的地质构造来看,这一地区分布有高孔(空)隙度的珊瑚礁岩层,呈带状,分布没有规律性。因施打搅拌桩和高压旋喷桩时,带状珊瑚礁层基体不足,无法搅拌成桩,必然在基坑开挖时形成渗透通道,需作特殊处理。具体措施包括:

① 首先用高压旋喷桩机查明珊瑚礁层分布,即渗漏通道的具体位置。

② 接着用钻机钻孔 500 mm,下放 400 mm PVC 管,再向 PVC 管中灌注速凝混凝土。

③ 施打 3 根桩后,在桩的外侧用高压旋喷桩加固。

由于此部分工作量无法事前计量,施工时按实际发生量取费。

## 10.3.2　附图

基坑围护平面图如图 10−26 所示。基坑开挖剖面图如图10−27 所示。挡水墙、边坡坡面示意图如图 10−28 所示。降水井及监测井平面布置图如图 10−29 所示。施工流程示意图如图 10−30 所示。

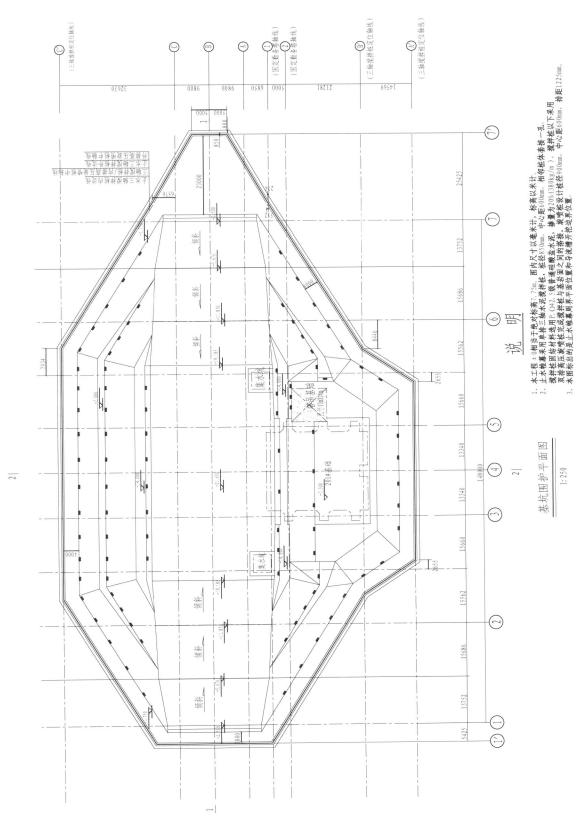

基坑围护平面图
1:250

图 10-26 基坑围护平面图

说 明

1. 本工程±0.00相当于绝对标高7.75m,图内尺寸以毫米计,标高以米计。
2. 止水帷幕采用单排三轴水泥搅拌桩,桩径850mm,中心距600mm,相邻桩体套接一孔。搅拌桩固结材料选用P.O42.5级普通硅酸盐水泥,掺量为20%(380kg/m³),搅拌桩以下采用压密注浆,注浆处喷桩设计桩径900mm,中心距600mm,排距1225mm。岩喷桩与搅拌桩之间的搭接;基坑岩若壁处喷桩与止水帷幕周界水平面之间的搭接。
3. 本图标出的是止水帷幕周界平面的导流槽和导流墙开挖边界位置。

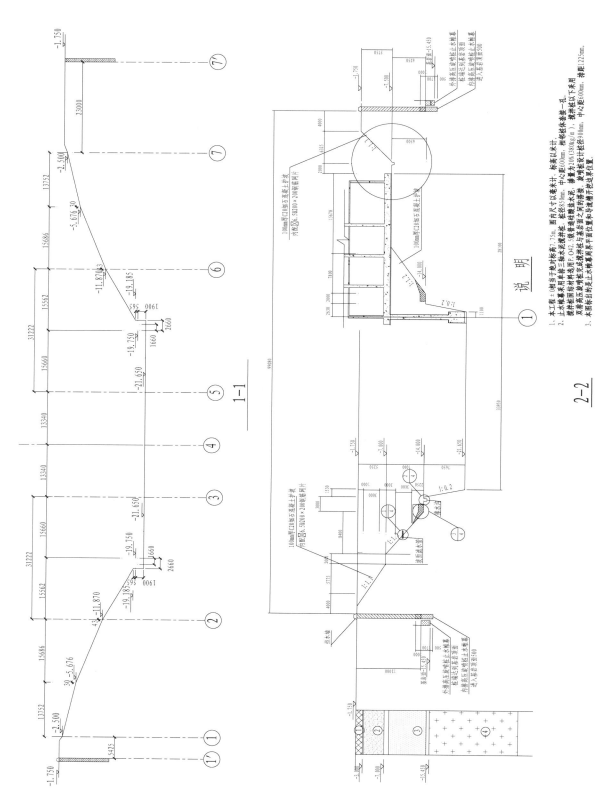

图 10 - 27 基坑开挖剖面图

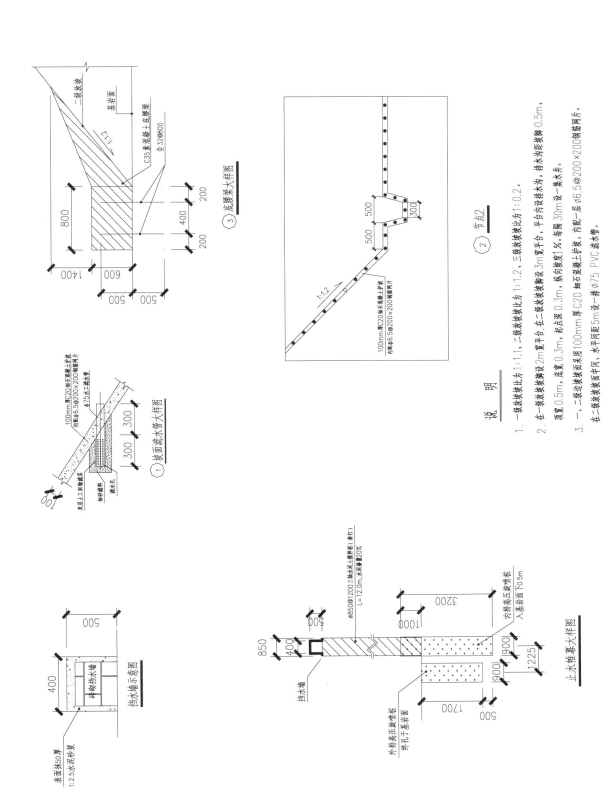

图 10-28 挡水墙、边坡剖面示意图

说 明

1. 一级放坡坡比为1:1.1，二级放坡坡比为1:1.2，三级放坡坡比为1:0.2。

2. 在一级放坡坡脚设2m宽平台，在二级放坡坡脚设3m宽平台，平台内设排水沟，排水沟距坡脚0.5m，顶宽0.5m，底宽0.3m，起点深0.3m，纵向坡度1%，每隔30m设一集水井。

3. 一、二级放坡坡面采用100mm厚C20细石混凝土护坡，内配一层φ6.5@200×200钢筋网片。在二级放坡坡面中间，水平间距5m设一排φ75 PVC滤水管。

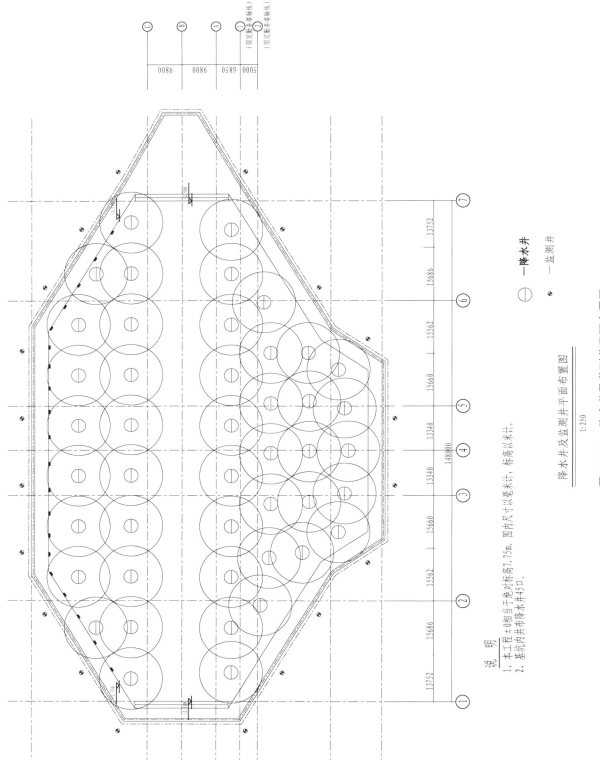

说 明
1. 本工程±0相当于绝对绝高7.75m，图内尺寸以毫米计，标高以米计。
2. 基坑内共布降水井45口。

降水井及监测井平面布置图
1:250

图 10 - 29　降水井及监测井平面布置图

○ 降水井
· 监测井

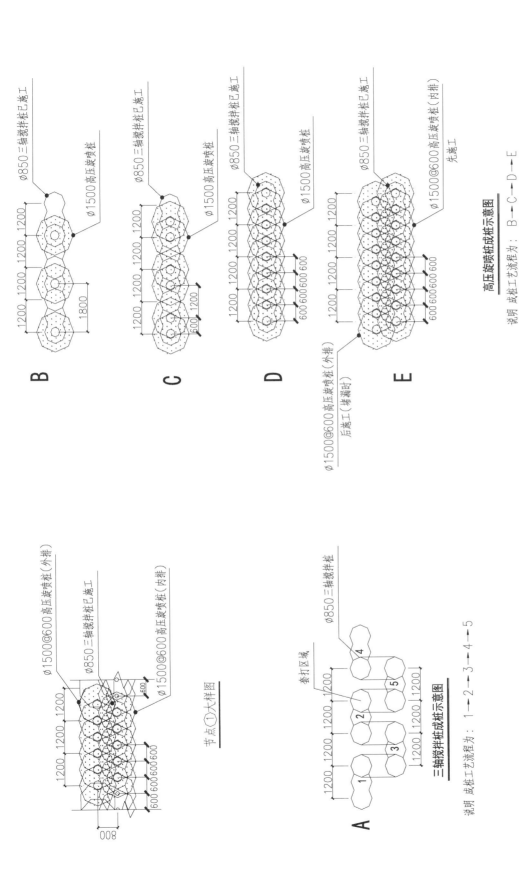

节点①大样图

$\phi$1500@600高压旋喷桩（外排）
$\phi$850三轴搅拌桩已施工
$\phi$1500@600高压旋喷桩（内排）

B
$\phi$850三轴搅拌桩已施工
$\phi$1500高压旋喷桩

C
$\phi$850三轴搅拌桩已施工
$\phi$1500高压旋喷桩

D
$\phi$850三轴搅拌桩已施工
$\phi$1500高压旋喷桩

E
$\phi$850三轴搅拌桩已施工
$\phi$1500@600高压旋喷桩（内排）先施工
$\phi$1500@600高压旋喷桩（外排）后施工（堵漏时）

高压旋喷桩成桩示意图
说明 成桩工艺流程为：B→C→D→E

A
$\phi$850三轴搅拌桩

三轴搅拌桩成桩示意图
套打区域
说明 成桩工艺流程为：1→2→3→4→5

② 施工流程图

图 10－30 施工流程示意图

### 10.3.3　一级放坡及二级放坡稳定性计算书

（1）支护方案（图 10 - 31）。

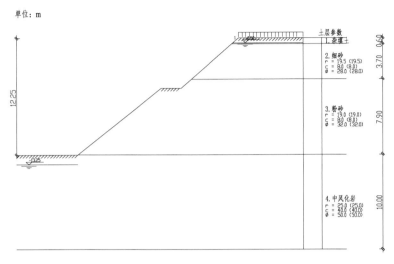

**图 10 - 31　天然放坡支护方案**

（2）基本信息（表 10 - 36）。

**表 10 - 36　基本信息**

| 规范与规程 | 《建筑基坑支护技术规程》（JGJ 120—99） |
| --- | --- |
| 基坑等级 | 一级 |
| 基坑侧壁重要性系数 $\gamma_0$ | 1.10 |
| 基坑深度 $H$(m) | 12.250 |
| 放坡级数 | 2 |
| 超载个数 | 1 |

（3）放坡信息（表 10 - 37）。

**表 10 - 37　放坡信息**

| 坡　号 | 台宽(m) | 坡高(m) | 坡度系数 |
| --- | --- | --- | --- |
| 1 | 2.000 | 5.250 | 1.100 |
| 2 | 0.000 | 7.000 | 1.200 |

（4）超载信息（表 10 - 38）。

**表 10 - 38　超载信息**

| 超载序号 | 类　型 | 超载值(kPa,kN/m) | 作用深度(m) | 作用宽度(m) | 距坑边距(m) | 形　式 | 长　度(m) |
| --- | --- | --- | --- | --- | --- | --- | --- |
| 1 | ↓↓↓↓↓↓ | 20.000 | — | — | — | | |

（5）土层信息（表 10 - 39）。

表 10 - 39    土层信息

| 土 层 数 | 内侧降水最终深度（m） | 坑内加固土 | 外侧水位深度（m） |
| --- | --- | --- | --- |
| 4 | 13.250 | 否 | 0.500 |

（6）土层参数（表 10 - 40）。

表 10 - 40    土层参数

| 层号 | 土类名称 | 层厚（m） | 重度（kN/m³） | 浮重度（kN/m³） | 黏聚力（kPa） | 内摩擦角（°） | 黏聚力水下（kPa） | 内摩擦角水下（°） |
| --- | --- | --- | --- | --- | --- | --- | --- | --- |
| 1 | 杂填土 | 0.60 | 19.0 | 9.0 | 8.00 | 20.00 | 8.00 | 20.00 |
| 2 | 细砂 | 3.70 | 19.5 | 9.5 | 8.00 | 28.00 | 8.00 | 28.00 |
| 3 | 粉砂 | 7.90 | 19.0 | 9.0 | 8.00 | 32.00 | 8.00 | 32.00 |
| 4 | 中风化岩 | 10.00 | 25.0 | 15.0 | 40.00 | 50.00 | 40.00 | 50.00 |

（7）天然放坡计算条件。

计算方法：瑞典条分法

应力状态：总应力法

基坑底面以下的截止计算深度：0.00 m

基坑底面以下滑裂面搜索步长：5.00 m

条分法中的土条宽度：0.40 m

计算示意图如图 10 - 32 所示。

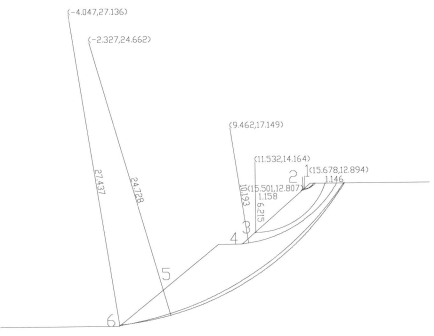

图 10 - 32    计算示意图

（8）天然放坡计算结果（表 10 - 41）。

表 10 - 41　天然放坡计算结果

| 道　号 | 整体稳定安全系数 | 半　径 $R$(m) | 圆　心　坐　标 | |
|---|---|---|---|---|
| | | | $X_c$(m) | $Y_c$(m) |
| 1 | 1.776 | 1.146 | 15.678 | 12.894 |
| 2 | 1.797 | 1.158 | 15.501 | 12.807 |
| 3 | 1.279 | 6.215 | 11.532 | 14.164 |
| 4 | 1.259 | 10.193 | 9.462 | 17.149 |
| 5 | 1.251 | 24.728 | −2.327 | 24.662 |
| 6 | 1.270 | 27.437 | −4.047 | 27.136 |

## 10.4　1#、2# 工位基坑止水帷幕设计总结

078 工程 1# 工位基坑先于 2# 工位基坑施工,因第一次在临海地层设计与施工止水帷幕,经验不足,缺乏可参考的工程案例,在 1# 工位基坑止水帷幕施工和基坑开挖期间,地下水渗漏问题突出,虽采用了各种措施进行弥补,但效果甚微。为此,在 1# 工位施工完毕后,针对基坑开挖期间所暴露的问题从设计、施工等角度进行深入研究分析,在 2# 工位设计时,主要针对设计和施工薄弱环节提出相应措施,2# 工位基坑开挖期间,地下水渗漏问题得到有效控制。下面从设计和施工两方面来展开分析、讨论。

### 10.4.1　设计因素

在 1# 工位基坑防渗止水帷幕设计前,设计方认真研究了工程场地的岩土工程勘察报告,对基岩面以上土层富含地下水问题有足够的认识,对基坑开挖深度和施工周期的了解也很明确。从 1# 工位设计情况来看,设计主要缺点有:

1）高压旋喷桩设计排数偏少

针对场地岩土层分布,设计方提出复合止水帷幕结构,从原理上讲,有一定的科学性和经济性。但采用单排高压旋喷桩去连接三轴搅拌桩和进入基岩略显单薄,从后期的施工效果来看,在施工经验不足地区,设计应有一定的富余度,高压旋喷桩应设计成二排,呈梅花状布置。

2）排水通道、施工空间预留不足

本基坑止水帷幕体的主要功能是隔断地下水,设计时对一旦出现渗漏如何堵漏没有设想,也未留施工作业空间、场地。结果是基坑开挖到基岩面附近出现大量渗漏,想进行堵漏施工,坡顶、一级放坡平台和二级放坡坡脚处（基岩面附近）预留空间不足,施工无法操作。设置排水沟空间也很小。

3）基岩面处应设置底腰梁

基坑边坡土性在基岩面上下发生很大变化,基岩面以上为土体,基岩面以下为岩体,基坑边坡放坡坡度在基岩面上下也不同。基岩面是边坡稳定性薄弱部位,也是基坑外地下水向基坑内渗漏的主要通道。为提高边坡稳定性,隔断地下水向基坑内渗漏的通道,在基岩面处应设置平台,并设置底腰梁。平台宽度应不小于 3 m,以便设置排水沟、施工底腰梁。

4）对潮汐作用认识不足

基坑开挖深度大于基岩面埋深,基岩面附近强风化带经基坑开挖卸荷成为强透水带,渗透性较

强。所以,每天夜里基坑渗漏量远远大于白天,造成每天早晨基坑都有大量积水。因设计时未强调,夜里排水设备、排水人员安排不足,给施工带来不利影响。

　　5)对高压旋喷桩成桩方法要求无针对性

　　复合止水帷幕体是通过高压旋喷桩来上接三轴搅拌桩,下进入基岩面以下岩体,高压旋喷桩施打成桩部位正是基岩面以上透水性较强的强风化带,所以,高压旋喷桩成桩质量非常重要。设计时,由于未特别强调高压旋喷桩施工前引孔的重要性,也未采取相关措施,致使高压旋喷桩施工深度不到位,所喷浆液量不足,成桩质量较差,结果是基坑开挖到基岩面附近渗透量突然增大。

　　6)成桩质量检测未提要求

　　从后期基坑开挖情况来看,上部三轴搅拌桩成桩质量稳定、良好,防渗止水效果好,施工质量有问题的主要是止水帷幕体下部高压旋喷桩段。另外,在珊瑚礁成层分布的区域,三轴搅拌桩施工质量也不是十分良好。在设计时,考虑检测时间、费用的限制,对复合止水帷幕体施工质量检测和加固处理未提出任何要求,从而导致基坑开挖后有大量渗漏时再去考虑此问题,显得仓促而力不从心,十分被动和无奈。

　　针对上述设计方面的不足,在2#工位基坑设计时,采取了一定措施。2#工位基坑开挖时,地下水渗漏问题得到了有效控制,节省了排水所投入的人力、财力、物力,也大大节省了工期。主要措施有:

　　1)重视高压旋喷桩设计

　　针对高压旋喷桩排数偏少问题,设计时一方面强调施工要求的规范化,另一方面在预测到的薄弱部位将高压旋喷桩设计成二排以增强止水帷幕的防渗能力。

　　2)设置坡顶、平台

　　为在一旦出现渗漏时有一定的堵漏施工作业空间、场地,设计时要求坡顶、一级放坡平台和二级放坡坡脚处(基岩面附近)、基坑底预留一定空间,方便堵漏施工和设置排水沟、抽水集水坑。

　　3)在基岩面附近设置平台和底腰梁

　　为适应基坑边坡土性在基岩面上下的变化,根据基岩面上下土性区别分别计算确定边坡坡度。土体边坡坡度不大于1∶1.2;岩体边坡坡度不大于1∶0.3。考虑到基岩面是边坡稳定性薄弱部位,也是基坑外地下水向基坑内渗漏的主要通道。为提高边坡稳定性,隔断地下水向基坑内渗漏的通道,在基岩面处应设置平台,并设置底腰梁。平台宽度应不小于3 m,以便设置排水沟,施工底腰梁。

　　4)加强夜间排水要求

　　受潮汐作用,经开挖卸荷作用的基岩面附近强风化带渗透性较强。所以,每天夜里基坑渗漏量远远大于白天,造成基坑大量积水。为此,设计时强调,夜间增加排水设备、排水人员的投入,并预备发电设备,确保在停电期间排水设备的正常运转,及时排放基坑积水。

　　5)细化高压旋喷桩成桩要求

　　为确保复合止水帷幕体中高压旋喷桩的成桩质量,必须做到:高压旋喷桩上端要与三轴搅拌桩有效搭接,下端要真正进入基岩面以下岩体,而且高压旋喷桩成桩质量(直径、强度、均匀性等)满足设计要求。实施起来有难度的是下端要确保进入基岩面以下岩体和成桩质量(直径、强度、均匀性等)。为此,对施工时的引孔质量有明确要求,近期,结合1#、2#工位施工实践,设计时通过先引孔,下放低强度的PVC管,避免因引孔孔底淤泥而使高压旋喷桩桩机喷头下放不到位,以确保高压旋喷桩真正进入基岩面以下岩体。对成桩质量,细化了施工工序和施工参数,特别是水泥用量、提升速度、停留喷浆时间等。

　　6)明确成桩质量检测要求

　　成桩质量检测是检验设计合理性、施工质量好坏的重要手段,也是基坑开挖前弥补设计和施工缺陷的宝贵机会。从基坑开挖情况来看,复合止水帷幕体上部三轴搅拌桩成桩质量稳定、良好,防渗止水效果好,施工质量有问题的主要是止水帷幕体下部高压旋喷桩段。另外,在珊瑚礁成层分布的区域,三轴搅拌桩施工质量也不是十分理想。为此,在设计时,结合场地地层情况,有针对性地采用检测方法、安排重点检测部位,并根据检测情况去设计加固处理措施。

在 2#工位,主要是发现有渗漏区域,采用钻孔方法去寻找渗漏通道,再用高压旋喷桩去堵塞渗漏通道。但仅凭钻孔方法去寻找渗漏通道,时间长,设备、人力投入大,往往事倍功半。但 2#工位设计时因吸取了 1#工位失败的教训,通过以上措施大大降低了渗漏的风险,使基坑渗漏始终控制在可控的范围内。

## 10.4.2　施工因素

在 1#工位基坑防渗止水帷幕正式施工前,设计方要求施工单位进行试成桩,以确定施工参数,发现施工过程中可能存在的问题,寻找相应对策。由于受工期和费用的限制,在 1#工位施工前未进行试成桩,这也是 1#工位开挖后渗漏较为严重的原因之一。从 1#工位施工情况来看,施工主要缺点有:

1)对地层随机差异性认识不足

临海地区的地层,因受成因和沉积环境的限制,地层的厚度和物理力学指标变异性极大。这样造成施工参数很难确定,或者换句话说,施工过程中很难调节施工参数来适应地层变化。同时,基岩面起伏较大,上覆土层厚度不均,三轴搅拌桩长短不一,高压旋喷桩每根桩的施打深度都有变化,施工质量较难控制。由于对地层变异性认识不足,施工过程中桩长、搭接长度和位置等控制不严,给后期基坑开挖渗漏带来隐患。

2)对珊瑚礁灰岩可搅拌性研究不够

由于第一次在成层珊瑚礁灰岩地层施工三轴搅拌桩,而珊瑚礁灰岩的饱水强度差异性极大,有的珊瑚礁灰岩可搅拌,有的珊瑚礁灰岩难以搅拌。在 1#工位基坑开挖轴线上,其西南角分布有较难搅拌的珊瑚礁灰岩,而且厚度较大。施工时,因搅拌困难而停打,在后期高压旋喷桩施工时,桩与桩之间搭接长度不够,从而造成 1#工位基坑西南角在基坑开挖期间长期渗漏,渗漏量也大,只能采用直接明排的方法,无法采用其他弥补措施。

3)施工参数针对性不强

由于对地层不均匀的认识不足,也未进行试成桩,从而使施工参数的确定针对性不强。施工工序未考虑地质条件的复杂性,施工参数的确定未适应地层差异性大的变化要求,从而造成成桩质量不均匀,桩体强度变化大,造成许多渗漏薄弱环节,形成许多渗漏通道。

4)施工过程控制不严

在设计方案文本中,对施工工序、工艺和施工要求都提出了详细的要求。在施工过程中,由于技术管理人员对现场施工人员管理不严,实际操作过程中,工人素质参差不齐,设计要求很难真正落实到位。

5)施工准备不足

施工技术和管理人员对设计研究不够,对场地地层条件分析不透,对施工重点、难点研究不够,施工条件准备不充分。在遇到复杂地层、临时停电时,应对处理不及时,造成许多施工冷缝,形成后期基坑开挖期间渗漏通道。

针对 1#工位基坑施工不足,在 2#工位施工时,着重加强了如下工作。

1)深入研究地层的随机差异性

根据 2#工位场地地质勘察报告,按基岩面上覆土层的厚度、土体特性、基岩面埋深来划分区段;针对成层分布的珊瑚礁灰岩部位,独立区分出来。详细研究基坑止水帷幕体轴线地层的变异性,按区分类,并制订探孔、引孔表格,做到每孔一表。动态分析评价地层复杂性。

2)认真研究珊瑚礁灰岩可搅拌性

在成层分布、强度较高的珊瑚礁灰岩区域施工三轴搅拌桩比较困难,有时会造成抱钻现象。通过钻孔取芯和室内单轴抗压试验来确定珊瑚礁灰岩强度,如强度在 5 MPa 以下,是可搅拌的。如遇到强度大于 5 MPa,对于成层珊瑚礁灰岩应采用口径大于 1.2 m 的冲击钻钻机先行破碎,再施打三轴搅拌桩。这样,可确保三轴搅拌桩成桩的可行性和成桩质量。

3) 细化施工参数

根据地层差异性分区,按每区地层特点有针对性地制订施工参数,要求施工参数能适应地层的变化。对施工工序、施工参数和施工要求都细化到区域、每根桩。从设备、人力用工和材料用量来确保施工满足设计要求。

4) 制订施工细则

在 2# 工位基坑施工前,根据设计方案对施工要求和总结 1# 工位施工经验的基础上,明确要求施工单位在施工前制订施工细则,明确施工工序、工艺和施工步骤,明确施工过程和施工要求。尽量细化到每一施工步骤,并且每一步都留有书面资料,使质量控制有据可依,有案可查。

5) 充分做好施工准备

严格要求施工技术和质量管理人员充分做好施工准备工作。在施工组织、施工技术、施工设备和材料、施工质量控制等方面做好准备。认真分析施工重点、难点和施工质量风险,寻找相应对策。主要做好以下准备:针对施工组织,要根据施工需要设置岗位,选用称职人员上岗,明确岗位职责到人;针对地质条件的复杂性,要深入研究岩土勘察报告,弄清地层分区,认真阅读设计文件,明确分区施工参数要求;对施工重点、难点加以认真分析,制订施工细则,指导施工过程;为防止施工设备、水电供应、材料供应等影响施工,一是认真检修,二是留有备件,准备停电时的发电设备,准备好排水设备等。材料供应主要是水泥,要安排好货源、运输等。按要求做好施工质量检测,及时发现问题,及时处理,不留后患。

由于 2# 工位基坑止水帷幕体设计精心,施工准备充分,施工过程控制严格,在基坑开挖过程中渗漏情况始终受控,相较于 1# 工位基坑,排水的费用和时间大大减少。

### 10.4.3　1# 工位冷缝处理问题的反思

078 工程 101#、102# 建(构)筑物(简称 1# 工位)的基坑止水帷幕体施工于 2010 年 11 月 10 日正式开工,至 2011 年 1 月 10 日三轴 SMW 工法搅拌桩已施工完毕,设备已退场;高压旋喷桩于 2010 年 11 月 20 日开始施工,至 2011 年 1 月 25 日也进入施工后期收尾阶段。在前期施工过程中因供水、供电等现场施工条件限制,因机械出故障,或因珊瑚礁岩层较厚等的影响,三轴搅拌桩和高压旋喷桩施工遗留了一些冷接缝,亟待进行处理,以绝渗水、漏水之后患。

在施工过程中施工方已将会出现冷接缝的桩号记录下来,经技术管理人员分析讨论,并结合现场施工条件与现状,在认真分析产生冷接缝原因的基础上,对每根桩作出有针对性的具体处理措施。

1) 出现冷接缝原因分析与处理措施

(1) 冷接缝产生原因分析。

只有找到冷接缝产生的原因,才能有针对性地加以处理。根据现场施工记录,并结合地质条件、施工条件和设备情况,对冷接缝产生原因作如下分类。

① 地质条件限制。

在场地的西南部位因存在 ④₁ 层强风化层,岩石破碎,引孔未能引到基岩面,在施工高压旋喷桩时,因受地质条件和引孔深度的限制,未能施工到基岩面下,具体桩号和施工记录如表 10-42 所列,共有 12 孔。

在场地的东北面,因珊瑚礁埋深浅、厚度大,三轴成桩质量不好,尽管引孔深度较深,但在施打高压旋喷桩时,施打不下去,共有 27 孔(表 10-43)。

表 10-42 引孔未到基岩面的桩号

| 序 号 | 桩 号 | 三轴施打深度(m) | 以前引孔深度(m) | 处 理 措 施 |
|---|---|---|---|---|
| 1 | X33 | 11.2 | 4.5 | 引孔未到基岩面,高压旋喷桩施打未进入基岩面,因④₁层存在,③、④层交界面未能得到处理,必须重新处理,除 X33 桩处理深度为全桩长即从桩顶到基岩面下 0.5 m 外,其他桩号处理深度为从三轴搅拌桩桩端以上 1 m 到基岩面下 0.5 m |
| 2 | X38 | 11.2 | 9.6 | |
| 3 | X39 | 11.4 | 9.6 | |
| 4 | X41 | 10 | 9.6 | |
| 5 | X42 | 10 | 9.6 | |
| 6 | X43 | 10.5 | 9.6 | |
| 7 | X44 | 10.5 | 9.6 | |
| 8 | X45 | 10.5 | 9.6 | |
| 9 | X46 | 10.5 | 9.6 | |
| 10 | X47 | 10.5 | 9.6 | |
| 11 | X48 | 10.5 | 9.6 | |
| 12 | X49 | 10.5 | 9.6 | |

表 10-43 珊瑚礁部位高压旋喷桩未成桩桩号

| 序 号 | 桩 号 | 三轴施打深度(m) | 以前引孔深度(m) | 处 理 措 施 |
|---|---|---|---|---|
| 1 | X691 | 10.5 | 11.8 | 珊瑚礁埋深较浅、厚度大,高压旋喷桩未能成桩,或成桩质量较差,从三轴搅拌桩施打深度 1 m 以上成桩质量不好,其中 X656、X657、X658、X659、X660、X641 共 6 根桩必须从桩顶到基岩面下 0.5 m 全桩长进行高压旋喷桩施工外,其他 21 根桩必须从三轴施打桩端以上 1 m 到基岩面下 0.5 m 重新施打高压旋喷桩 |
| 2 | X692 | 10.5 | 11.8 | |
| 3 | X693 | 10.5 | 11.8 | |
| 4 | X694 | 10.5 | 11.8 | |
| 5 | X680 | 10.5 | 13.8 | |
| 6 | X651 | 10.5 | 14.2 | |
| 7 | X652 | 10.5 | 14.5 | |
| 8 | X653 | 10.5 | 14.5 | |
| 9 | X654 | 10 | 14.5 | |
| 10 | X655 | 10 | 14.5 | |
| 11 | X656 | 5.5 | 14.5 | |
| 12 | X657 | 5.5 | 14.5 | |
| 13 | X658 | 5.5 | 14.5 | |
| 14 | X659 | 5.5 | 14.5 | |
| 15 | X660 | 4.5 | 14.5 | |
| 16 | X647 | 11 | 12.6 | |
| 17 | X648 | 10.5 | 12.6 | |
| 18 | X641 | 4.5 | 11.6 | |
| 19 | X634 | 11 | 11.6 | |
| 20 | X632 | 11 | 12.5 | |

| 序　号 | 桩　号 | 三轴施打深度(m) | 以前引孔深度(m) | 处 理 措 施 |
|---|---|---|---|---|
| 21 | X630 | 11.5 | 12.5 | |
| 22 | X629 | 11.5 | 13.5 | |
| 23 | X628 | 11.5 | 14.5 | |
| 24 | X626 | 11.5 | 13.5 | |
| 25 | X625 | 11.5 | 13.5 | |
| 26 | X623 | 11.5 | 13.5 | |
| 27 | X621 | 11.5 | 13.5 | |

② 施工条件限制。

在施工过程中因受停水、停电,场地提供不及时和水泥供货等因素影响,三轴搅拌桩施工正常,引孔也到基岩面下,但高压旋喷桩未能成桩或成桩质量不好,共26根桩必须重新施打高压旋喷桩(表10-44)。

**表 10-44　受施工条件限制高压旋喷桩未能成桩的桩号**

| 序　号 | 桩　号 | 三轴施打深度(m) | 以前引孔深度(m) | 处 理 措 施 |
|---|---|---|---|---|
| 1 | X609 | 11.6 | 13.6 | |
| 2 | X608 | 11.6 | 13.6 | |
| 3 | X606 | 11.6 | 12.6 | |
| 4 | X605 | 11.6 | 12.6 | |
| 5 | X593 | 11.6 | 13.6 | |
| 6 | X590 | 11.6 | 13.0 | |
| 7 | X589 | 11.6 | 13.6 | |
| 8 | X587 | 11.6 | 13.6 | 三轴施工正常,引孔也正常到基岩面下,但受施工条件限制,高压旋喷桩成桩质量不好,必须重新引孔,再施工高压旋喷桩。施工范围为从三轴桩端以上1m至基岩面下0.5m重新施工高压旋喷桩 |
| 9 | X585 | 11.6 | 13.6 | |
| 10 | X583 | 11.6 | 13.6 | |
| 11 | X579 | 11.6 | 13.6 | |
| 12 | X578 | 11.6 | 13.6 | |
| 13 | X577 | 10 | 13.6 | |
| 14 | X563 | 10 | 12.6 | |
| 15 | X557 | 9 | 12.4 | |
| 16 | X556 | 9 | 12.4 | |
| 17 | X555 | 9 | 12.4 | |
| 18 | X549 | 10.5 | 12.6 | |
| 19 | X543 | 10.2 | 12.6 | |
| 20 | X535 | 10.5 | 12.6 | |
| 21 | X514 | 11.0 | 12.4 | |
| 22 | X510 | 11.0 | 12.4 | |

| 序　号 | 桩　号 | 三轴施打深度(m) | 以前引孔深度(m) | 处 理 措 施 |
|---|---|---|---|---|
| 23 | X603 | 11.6 | 11.6 | 引孔时吊钻,三轴桩端有空洞,必须重新引孔,从基岩面下0.5 m至三轴桩端以上1 m重新施打高压旋喷桩 |
| 24 | X597 | 11.6 | 12.6 | |
| 25 | X595 | 11.6 | 13.6 | |
| 26 | X594 | 11.6 | 13.6 | |

③ 设备原因。

在高压旋喷桩施工过程中,因设备故障、操作不当等原因造成设备停工、维修,从而产生冷接缝,共有10根桩必须重新施打(表10-45)。

表 10-45　因设备停工、维修原因未成桩的桩号

| 序　号 | 桩　号 | 设备停工原因 | 处 理 措 施 |
|---|---|---|---|
| 1 | X714 | 抱钻1.5 d | 重新引孔到基岩面下0.5 m,高压旋喷桩从桩顶到基岩面下0.5 m全桩长重新施打 |
| 2 | X713 | | |
| 3 | X62 | 设备等配件停工3 d | |
| 4 | X61 | | |
| 5 | X50 | 抱钻、维修停工3 d | |
| 6 | X49 | | |
| 7 | X425 | 设备维修停工0.5 d,未成桩 | |
| 8 | X424 | | |
| 9 | X351 | 抱钻停工1.5 d,未成桩 | |
| 10 | X350 | | |

（2）处理措施。

通过以上对冷接缝产生原因的分析与归类,针对冷接缝产生的具体原因,分门别类地提出处理措施。具体操作程序如下。

① 重新引孔。

为重新施打高压旋喷桩就必须重新引孔。本次引孔采用特别加工的合金钢钻头,直径130 mm,大于原钻头直径(110 mm),并在引孔钻机就位误差、引孔垂直度等方面要高于初次引孔,在原引孔位置重新引孔。引孔深度必须满足进入中风化花岗岩(地质报告中的④层)基岩面下0.5 m。

② 高压旋喷桩施打范围要求。

因产生高压旋喷桩冷接缝原因不同,原三轴成桩和高压旋喷桩成桩质量好坏不同,对重新施打高压旋喷桩的范围应明确规定(表10-46)。

表 10-46　高压旋喷桩施打范围

| 原　　因 | | 施　打　范　围 |
|---|---|---|
| 地质条件 | 未引孔到基岩面下,共12根,预估工作量60 m | 引孔未到基岩面,高压旋喷桩施打未进入基岩面,因④₁层存在,③、④层交界面未能得到处理,必须重新处理,除X33桩处理深度为全桩长即从桩顶到基岩面下0.5 m外,其他桩号处理深度为从三轴搅拌桩桩端以上1 m到基岩面下0.5 m |

| 原　　因 | | 施　打　范　围 |
|---|---|---|
| 地质条件 | 珊瑚礁分布区,共27根,预估工作量100 m | X656、X657、X658、X659、X660、X641共6根桩必须从桩顶到基岩面下0.5 m进行全桩长高压旋喷施工 |
| | | 其他21根桩必须从三轴施打桩端以上1 m到基岩面下0.5 m重新施打高压旋喷桩 |
| 施工条件限制 | 停水、停电等原因,共22根桩,预估工作量50 m | 受施工条件限制,高压旋喷桩成桩质量不好,必须重新引孔,再施工高压旋喷桩。施工范围为从三轴桩端以上1 m至基岩下0.5 m重新施工高压旋喷桩 |
| | 吊钻等原因,共4根桩,预估工作量16 m | 引孔时吊钻,三轴桩端有空洞,必须重新引孔,从基岩面下0.5 m至三轴桩端以上1 m重新施打高压旋喷桩 |
| 设备原因 | 设备维修、损坏停工,共有10根桩,预估工作量130 m | 重新引孔到基岩面下0.5 m,高压旋喷桩从桩顶到基岩面下0.5 m全桩长重新施打 |
| 工作量统计 | 共有75根桩必须进行重新施工,预估工作量356 m | |

③ 高压旋喷桩工艺要求。

因本次施工是按照原基坑围护设计方案和施工组织设计要求进行的。高压旋喷桩的施工工序、工艺及水泥掺量等指标均应按原设计方案执行。

④ 造成原因分类。

造成冷接缝原因可分为两类:第一类是客观原因(地质、停水、停电等);第二类是施工方原因。按工程合同与有关规定,施工方承担第二类原因的费用,业主承担第一类原因所发生的费用。

2) 处理措施落实情况及后果

(1) 处理措施落实情况。

设计方在认真分析冷缝产生原因基础上,提出了具体处理措施,但因施工工期较紧,施工费用控制较严,又临近农历春节,施工人员回家过节心情迫切,无心施工作业;后来,施工方仅凭现场施工人员的感觉零星补了部分高压旋喷桩,具体部位位于珊瑚礁灰岩分布区,对于其他区域补桩较少或未补桩。

(2) 后果。

因施工冷接缝处理不到位,造成的直接后果是1#工位在基坑开挖期间渗漏情况严重,尤其是基坑开挖到基岩面附近,大大小小的渗漏点有74处,其中大的渗漏点(每天渗漏量在10 m³以上)有16处,最大的渗漏点每天的渗漏量在150 m³。因受潮汐作用影响,每天夜间的渗漏量是白天的3倍以上。为确保基坑底基础施工和基坑边坡安全,实行24 h不间断排水,白天需安排6台抽水设备、4人值班排水,夜间需安排10台设备、6人值班排水,耗费了大量人力、物力和财力。而且给施工也带来隐患和不便,延长了基础施工工期。

(3) 反思。

通过078工程1#、2#工位基坑的设计与施工技术咨询,对1#工位基坑发生大量渗漏和2#工位基坑渗漏情况得到有效控制的原因进行对比分析,1#工位基坑设计和施工存在许多不足,这些既有设计问题,也有施工质量和加固处理不及时、不到位的问题。进一步反思,主要有以下几点教训。

① 设计需进一步完善。首先,要充分认识临海复杂地区地层的变异性,基岩面以上土体含有珊瑚碎屑、珊瑚礁灰岩,土体厚度、物理指标均极不均匀;珊瑚礁灰岩可搅拌性需研究;要详细研究基坑止

水帷幕体轴线位置地层的变化,按基岩面埋深、基岩面起伏、上覆土体土性变异性等分区,进一步细化基坑止水帷幕体轴线位置地层分区,以便按分区设计基坑止水帷幕体。其次,基坑止水帷幕体设计要结合地层分区情况,按分区设计止水帷幕体剖面和确定施工参数。最后,要考虑基坑渗漏情况的弥补措施和预留施工作业面,在基坑边坡坡顶、分级放坡平台、边坡坡底等位置要预留一定宽度的抢险、堵漏施工作业空间。

② 通过试成桩明确施工工序、工艺和施工参数。对于没有施工经验的工程项目,应采用试成桩的方法获取施工工序和确定施工参数。这样能起到事半功倍的效果。而这点,正是前期所忽略未做到的。特别是在 1# 工位施工前未做试成桩。

③ 应加强施工过程质量控制。科学、合理的设计方案要靠认真施工才能实现设计目的。在地质条件复杂的地区,进行基坑止水帷幕体施工,由于施工人员施工经验不足,技术管理人员对施工重点、难点不了解,如没有施工管理细则或施工导则指导和控制施工质量,施工起来,施工质量难以满足设计要求。

④ 重视施工质量检测。施工质量检测是对新型设计、地质条件复杂等止水帷幕体质量事后控制必不可少的手段。检测方法的选取不能仅考虑方便、费用,一定要将检测方法的有效性放在首位。通过后期的研究,采用声波 CT 法具有科学性和合理性。在止水帷幕体上钻孔并取出水泥土桩芯样,这样可直观看到止水帷幕体的长度、强度和上下均匀性。声波成像可分析止水帷幕体的成桩质量。将钻孔取芯方法和声波方法有机结合起来,费用较省,施工方便,测试结果稳定、可靠。

⑤ 设计加固处理、抢险、堵漏预案。基坑开挖不发生渗漏的可能性几乎为零,但在设计时要认真分析设计、施工和检测风险,找到发生渗漏的源点,有针对性地制订加固处理、抢险和堵漏预案,做到有备无患。

## 10.5 结 论

通过 078 工程 1#、2# 工位基坑的设计与施工过程的回顾与反思,对 1# 工位基坑发生大量渗漏的原因分析,对 2# 工位基坑渗漏情况得到有效控制的经验总结。可以得到如下结论。

(1)基坑防渗止水帷幕体设计形式是科学、合理的。针对临海地区复杂的地层,基岩面上覆土层的变异性大,基岩面以上土体含有珊瑚碎屑、珊瑚礁灰岩,土体厚度、物理指标均极不均匀,选用三轴搅拌桩可有效对上覆土体进行搅拌处理,工后止水效果好;为适应基坑止水帷幕体轴线位置、基岩面埋深、基岩面起伏等变化,采用小型钻机引孔的方式进入基岩,设备体型小,操作简单、方便,入岩深度能保证,这样为高压旋喷桩施工进入基岩面创造了条件,使复合止水帷幕体设计能得到有效实施。

(2)截水、排水设计与有效实施是关键。在坡顶、放坡平台和坡底布置截水、排水沟,能有效配合基坑隔水帷幕的止水效果,也能弥补止水帷幕体施工质量的部分缺陷。基坑开挖期间的降水,可采用明排水的方式,这样可提高降水效率,也能节省费用。

(3)加强边坡土岩分界面设计能增强基坑稳定性。基坑边坡土岩分界面是整个边坡稳定性薄弱部位,也是渗漏最严重的部位。为提高边坡稳定性,隔断地下水渗漏通道,应加强土岩分界面的设计,一般情况下,设置一道底腰梁,并预留空间供设置排水沟。

(4)重视施工前的地质条件勘察。三轴搅拌桩施工前的探孔和高压旋喷桩施工前的引孔等,都是保证施工顺利进行的必不可少的环节。要分析基岩面上覆土层的不均匀性;要分析珊瑚礁灰岩的分布对三轴搅拌桩施工的影响;要查明基岩面的埋深和起伏情况。对地层变化较大的区域,应分区以便按分区确定施工参数。

(5)加强施工过程质量控制。施工前应认真编制施工组织设计方案,明确施工组织、岗位职责和管理程序,认真进行技术交底,明确施工工序和施工参数,对施工过程中可能出现的问题有预测、有分析、有应对处理措施。施工班组应准备好各类记录表格,施工过程应有详细记录,如施工发生问题可追溯查找。

(6)重视施工质量检测。施工质量检测是对新型设计、地质条件复杂等止水帷幕体质量事后控制必不可少的手段。检测方法的选取不能仅考虑方便、费用,一定要将检测方法的有效性放在首位。通过后期的研究,采用声波CT法具有科学性和合理性。在止水帷幕体上钻孔并取出水泥土桩芯样,这样可直观看到止水帷幕体的长度、强度和上下均匀性。声波成像可分析止水帷幕体的成桩质量。将钻孔取芯方法和声波方法有机结合起来,费用较省,施工方便,测试结果稳定、可靠。

(7)认真分析渗漏风险,制订堵漏预案。基坑开挖不发生渗漏的可能性几乎为零,但在设计时要认真分析设计、施工和检测风险,找到影响施工质量的风险因素,对可能发生渗漏的薄弱部位,有针对性地制订加强施工管理的对策,编制加固处理、抢险和堵漏预案,做到有备无患。

(8)重视设计与施工经验的总结。临海复杂地质条件下的基坑止水帷幕体施工是个难题,只有不断实践,不断总结,在实践中不断发现问题,不断解决问题,才能不断成熟起来。地下水和潮汐作用,以及恶劣天气等影响是临海地区基坑稳定性的主要因素;结合场地地质条件,尤其是基岩面情况是解决止水防渗问题的前提;选择科学、合理的止水帷幕体形式是基坑防渗止水施工成功的关键;加强基坑防渗止水帷幕体施工质量控制是确保工后效果的基础;施工质量检测与处理是预测防渗止水效果的必不可少的手段;分析渗漏风险,制订堵漏预案是确保防渗止水施工成功的最后安全屏障。

# 附　录

## 附录 A：　钻探施工及抽水试验现场照片

A-1　钻探取芯现场

A-2　3# 抽水试验第一落程

A-3　3# 抽水试验第二落程

A-4　3# 抽水试验第三落程

A-5　7# 抽水试验第一落程

A-6　7# 抽水试验第二落程

A-7　7# 抽水试验第三落程

A-8　11# 抽水试验第一落程

A-9　11# 抽水试验第二落程

A-10　11# 抽水试验第三落程

A-11　10# 恢复水位观测井

A-12　专家检查、指导(1)

A-13　专家检查、指导(2)

A-14　专家检查、指导(3)

A-15　专家检查、指导(4)

A-16　专家检查、指导(5)

A-17　7$^{\#}$井抽水试验视频截图(1)

A-18　7$^{\#}$井抽水试验视频截图(2)

A-19　CS1# 抽水井现场

A-20　CS1# 井下管(1)

A-21　CS1# 井下管(2)

A-22　CS1# 井下管(3)

A-23　第一组 CS1# 井抽水设备

A-24　第一组 CS1# 抽水井第一次降深(1)

A-25　第一组 CS1# 抽水井第一次降深（2）

A-26　第一组 CS1# 抽水井第二次降深

A-27　第一组 CS1# 抽水井第二次降深测流量

A-28　第一组 CS1# 抽水井第三次降深

A-29　第一组 CS1# 抽水井第三次降深测流量

A-30　第一组 SW1# 观测井第一降深

A－31 第一组 SW1$^{#}$ 抽水井第二次降深

A－32 第一组 SW2$^{#}$ 抽水井第二次降深

A－33 第一组 SW1$^{#}$ 抽水井第三次降深

A－34 第一组 SW2$^{#}$ 抽水井第三次降深

A－35 CS2$^{#}$ 抽水井钻探现场

A－36 井管过滤器制作

A－37　井管过滤器制作

A－38　填放滤料

A－39　CS2$^{\#}$抽水井井管下置

A－40　CS2$^{\#}$抽水井泵安置

A－41　CS2$^{\#}$抽水井试抽水

A－42　第二组 CS2$^{\#}$抽水井第二次降深

A－43　第二组 S5# 井第二次降深

A－44　第二组 SW3# 井第二次降深

A－45　CS3# 抽水井下井管

A－46　SW5# 井下井管

A－47　第三组 CS3# 抽水井第一次降深

A－48　第三组 SW5# 抽水井第一次降深

A‑49　第三组 SW6# 井第一次降深

A‑50　第三组 CS3# 井第三次降深

A‑51　第三组 CS3# 抽水井第三次降深

A‑52　第三组 SW5# 抽水井第三次降深

A‑53　第三组 SW6# 抽水井第三次降深

# 附录 B：三亚某基地抽水井、观测井钻探岩芯照片

B-1　SW3

B-2　CS2

B-3　CS1

B-4　SW1

B - 5 SW2

B - 6 CS3

B - 7 SW6

# 参考文献

[1] 汪稔,宋朝景,赵焕庭,等.南沙群岛珊瑚礁工程地质[M].北京:科学出版社,1997.

[2] 王新志,汪仁,孟庆山,等.南沙群岛珊瑚礁礁灰岩力学特性研究[J].岩石力学与工程学报,2008,27(11):2221-2226.

[3] 尹宏锦.实用岩石可钻性[M].东营:石油大学出版社,1989.

[4] 韩来聚,李祖奎,燕静,等.碳酸盐岩地层岩石声学特性的试验研究与应用[J].岩石力学与工程学报,2004,23(14):2444-2447.

[5] 李士斌,闫铁,张艺伟.岩石可钻性级值模型及计算[J].大庆石油学院学报,2002,26(3):26-28.

[6] 邹德永,程远方,刘洪祺.岩屑声波法评价岩石可钻性的试验研究[J].岩石力学与工程学报,2004,23(14):2439-2443.

[7] 鲍挺,郑明明,张思渊.岩石可钻性研究方法与发展前景[J].安徽建筑,2010(4):73-74.

[8] 熊继有,李井矿,付建红,等.岩石矿物成分与可钻性关系研究[J].西南石油学院学报,2005,27(2):31-33.

[9] 修宪民,杨弘.岩石力学性质及可钻分级研究[J].云南地质,2001,20(3):323-330.

[10] 闫铁,李玮,李士斌,等.牙轮钻头的岩屑破碎机理及可钻性的分形法[J].石油钻采工艺,2007(2):27-30.

[11] 闫铁,李玮,李士斌,等.旋钻钻机中岩石破碎能耗的分形分析[J].岩石力学与工程学报,2008,27(2):3649-3654.

[12] 夏宏权,刘之德,陈平,等.基于BP神经网络的岩石可钻性测井计算研究[J].测井技术,2004,28(2):148-150.

[13] 王海淼.基于分形方法的深部砂岩地层岩石可钻性分析[J].科学技术与工程,2011,11(24):5917-5920.

[14] 李士斌.深井岩石破碎规律及破碎的分形机理研究[D].大庆:大庆石油大学,2006.

[15] 赵琰.基于神经网络方法在致密砂岩可钻性中的建模[D].成都:成都理工大学,2007.

[16] 叶建忠,周健,韩冰.基于离散元理论的静压沉桩过程颗粒流数值模拟[J].岩石力学与工程学报,2007,26(增1):3058-3064.

[17] 周健,邓益兵,叶建忠,等.砂土中静压桩沉桩过程试验研究与颗粒流模拟[J].岩土工程学报,2009,31(4):503-507.

[18] 王仁,丁中一.轴对称情况下地球自转速率变化及引潮力引起的全球应力场[C]//中国天文学会天文地球动力学专业组.天文地球动力学论文集.上海:上海天文台出版,1979:8-21.

[19] 王仁,丁中一.轴对称情况下地球自转速率变化及引潮力引起的全球应力场[M]//中国地质科学院地质力学研究所.地质力学论丛.北京:科学出版社,1982.

[20] 张昭栋,郑金涵,耿杰,等.地下水潮汐现象的物理机制和统一数学方程[J].地震地质,2002,24(2):208-214.

[21] 汪成民,车用太,万迪堃,等.地下水微动态研究[M].北京:地震出版社,1988.

[22] 廖欣,刘春平,万飞,等.引潮力作用下饱和地质岩体的力学响应[J].中国地震,2009,25(4):
386-393.

[23] 邓苏谊.潮汐作用下地下水位波动特性的研究及已知解析解评价[D].南京:河海大学,2008.

[24] 钟启明.考虑降雨作用的海水入侵模型研究[D].南京:河海大学,2006.

[25] 高茂生,叶思源,史贵军,等.潮汐作用下的滨海湿地浅层地下水动态变化[J].水文地质工程地
质,2010,37(4):24-27.

[26] 孙海枫,牛勇,袁顺德.潮汐作用对海积淤泥地层深基坑的影响研究[J].中国科技信息,2011(2):
39-41.

[27] 于洪丹,陈卫忠,郭小红,等.潮汐对跨海峡隧道衬砌稳定性影响研究[J].岩石力学与工程学报,
2009,28(1):2905-2914.

[28] 向先超,侯剑舒,朱长歧.潮汐作用下淤泥路基固结变形特性研究[J].岩土力学,2009,30(4):
1142-1146.

[29] 张浩,杨东焱,罗泽亮.鞍钢鲅鱼圈职工公寓基础受潮汐作用的判别[J].研究与应用,2010(4):
37-38.

[30] 吕振利,陈建平.高透水性江心洲地区基坑支护及加固技术研究[J].建筑科学,2010,26(5):
79-82.

[31] 朱汝贤,王宇飞,杨传森.沿海造陆区地质条件下旋喷桩止水帷幕实践[J].建筑科学,2010(11):
32-33.

[32] 金成文,朱匡平.填海造陆区旋喷桩止水帷幕施工实践[J].探矿工程(岩土钻掘工程),2009,36
(3):57-58.

[33] 吴明军,刘会,杨转运,等.深水钻孔灌注桩施工[J].建筑技术,2008,39(9):718-720.

[34] 高亚军,徐啸.上海外高桥造船有限公司大密度桩群码头潮汐水流及泥沙模型试验研究[M]//吴
有生,刘桦,许唯临,等.第九届全国水动力学学术会议暨第二十二届全国水动力学研讨会文集.
北京:海洋出版社,2009:960-966.

[35] 赵晖,刘军.人造机床单桩稳定性的二维离散元模拟[J].岩土力学,2008,29(12):3407-3411.

[36] 林祥,尹宝树,侯一筠,等.辐射应力在黄河三角洲近岸波浪和潮汐风暴潮相互作用中的影响[J].
海洋与湖沼,2002,33(6):615-618.

[37] 欧素英,杨清书.珠江三角洲网河区径流潮流相互作用分析[J].海洋学报,2004,26(1):
125-131.

[38] 蒋红星,李龙,冯芳.深基坑支护工中的地下水防治问题研究[J].中国煤田地质,2003,15(1):
41-43.

[39] 李群.如何做好沿海地区深基坑围护及降水的监理工作[J].科技资讯,2011(3):32-33.

[40] 郑定刚,郑必勇.全封闭止水的深基坑降水计算的思考与探讨[J].江苏建筑,2011(1):88-89.

[41] 沈建军,李立灿,李彦利,等.某填海造地电厂降水试验研究[J].勘测设计,2009(2):17-20.

[42] 王赫生,孙亚军,李燕.煤矿抽水试验及疏水设计参数的合理确定[J].煤炭工程,2011(4):
13-15.

[43] 邹正盛,刘明辉,赵智荣.基坑降水"疏不干"问题及其工程对策[J].长春科技大学学报,2011,31
(2):173-175.

[44] 王金超,刘伟.沿海地下建筑物基坑降水开挖及支护[J].山东水利,2011(4):57-60.

[45] 胡鸿志.特大型深基坑抽渗结合配合区域明排水的设计与施工[J].建筑与技术,2005,36(8):
574-575.

[46] 徐冬生. 疏干降水施工技术在人工挖孔桩的应用[J]. 中外建筑,2004(4):136.

[47] 刘澜. 银座大厦深基坑地下水疏干措施[J]. 四川地质学报,2003,23(4):213-215.

[48] 褚振尧,秦文清. 元宝山露天煤矿疏干方式探讨[J]. 露天采煤技术,2002(5):25-30.

[49] 骆祖江,刘昌军,瞿成松,等. 深基坑降水疏干过程中三维渗流场数值模拟研究[J]. 水文地质工程地质,2005(5):48-53.

[50] 赵文超. 考虑渗流影响的基坑工程三维有限元模拟及分析[D]. 天津:天津大学,2008.

[51] 冯海涛. 深基坑地下水控制的有限元模拟及分析[D]. 天津:天津大学,2006.

[52] 张瑾. 基于实测数据的深基坑施工安全评估研究[D]. 上海:同济大学,2008.

[53] 梁文成. 苏丹珊瑚礁灰岩地区地质勘察总结[J]. 水运工程,2009(7):151-153.

[54] 谢万东. 高喷止水帷幕在珊瑚礁中的应用[J]. 水运工程,2014(2):194-196.

[55] 海南省文昌市地方志编纂委员会. 文昌县志[M]. 北京:方志出版社,2000.

[56] 海南省三亚市地方志编纂委员会. 三亚市志[M]. 北京:中华书局,2001.

[57] 海南省地方志办公室. 海南省志　地质矿产志[M]. 海南:南海出版公司,2004.

[58] 海南省地质调查院. 1:25万琼海县幅区域地质调查报告[R]. 1999.

[59] 刘景儒,等. 1801-10船坞岩土工程勘察报告[R]. 北京:海军工程设计研究院,2012.

[60] 吴吉春,薛禹群. 地下水动力学[M]. 北京:中国水利水电出版社,2009.

[61]《工程地质手册》编委会. 工程地质手册[M]. 4版. 北京:中国建筑工业出版社,2007.

[62] 中国地质调查局. 水文地质手册[M]. 2版. 北京:地质出版社,2012.

[63] 高大钊. 土力学可靠性原理[M]. 北京:中国建筑工业出版社,1989.

[64] 黄广龙,卫敏,李娟. 参数变异性对围护结构稳定性影响分析[J]. 岩土力学,2010,31(8):2484-2488.

[65] 姚岚. 基于有限元的深基坑组合型围护结构可靠度分析[D]. 长春:吉林大学,2012.

[66] 徐鹏飞. 基于区间理论的基坑围护结构系统非概率可靠度研究[D]. 石家庄:石家庄铁道大学,2011.

[67] 谢立全,于玉贞,张丙印. 土石坝坡三维随机有限元整体可靠度分析[J]. 岩土力学,2004,25(S2):235-238.

[68] 范益群,孙巍,刘国彬,等. 软土深基坑考虑时空效应的空间计算分析[J]. 地下工程与隧道,1999(2):2-8,46.

[69] 杨林德,徐超. MonteCarlo模拟法与基坑变形的可靠度分析[J]. 岩土力学,1999,20(1):16-19.

[70] 冯敏杰. 基于神经网络的边坡稳定可靠度分析方法研究[D]. 合肥:合肥工业大学,2008.

[71] 程心恕,杨育文. 土坡渗透稳定可靠度分析的模糊概率法[J]. 福州大学学报(自然科学版),1997(1):70-76.

[72] 张镜剑,李志远. 土石坝可靠度分析的初步研究[C]//工程结构可靠性——中国土木工程学会桥梁及结构工程学会结构可靠度委员会全国第三届学术交流会议论文集,1992.

[73] 况龙川. 水泥土支护体稳定的可靠度分析[J]. 岩土力学,2000,21(1):45-48.

[74] 况龙川,高大钊. 水泥土支护体抗滑动可靠度分析[J]. 工程勘察,1999(1):3-5.

[75] 高大钊. 岩土工程的可靠性分析[J]. 岩土工程学报,1983,5(3):124-134.

[76] 高大钊,魏道垛. 上海软土工程性质的概率统计特征[C]//中国土木工程学会土力学及基础工程学术会议论文选集,1983.

[77] 高大钊. 地基基础工程标准化与概率极限状态设计原则[J]. 岩土工程学报,1993,15(4):8-14.

[78] 应宏伟,聂文峰,黄大中. 地下水位波动下基坑周围地基土的孔压响应半解析解[J]. 岩土工程学报,2014,36(6):1012-1019.

[79] 聂文峰. 水位波动条件下基坑周围地基土的孔压响应[D]. 杭州：浙江大学, 2013.

[80] 钟佳玉, 郑永来, 倪寅. 波浪作用下砂质海床孔隙水压力的响应规律实验研究[J]. 岩土力学, 2009, 30(10)：3188 - 3193.

[81] Wang H. Influence of excavation width on enclosure-structure stability of foundation pits[J]. China Civil Engineering Journal, 2011, 44(6)：120 - 126.

[82] Ulitskii V M, Alekseev S I. Preservation of Buildings during the Installation of Foundation Pits and the Laying of Utilities in Saint Petersburg[J]. Soil Mechanics & Foundation Engineering, 2002, 39(4)：133 - 138.

[83] Casagrande A. Role of calculated risk in earth work and foundation engineering[J]. Journal of the Soil Mechanics & Foundations Division, 1966, 91：1 - 40.

[84] Wu T H, Kraft L M. Safety analysis of slopes[J]. Journal of the Soil Mechanics & Foundations Division, 1970, 96(1)：609 - 630.

[85] Lumb P. Statistical Methods on Soil Investigation[C]//Proc. 5th Australia-New Zealand and Conf. on Soil mech. and Found Engrg., 1967.

[86] 徐杨青. 深基坑工程设计的优化原理与途径[J]. 岩土工程与工程学报, 2001, 20(2)：248 - 251.

[87] 朱合华, 丁文其. 地下结构施工过程的动态仿真模拟分析[J]. 岩土力学与工程学报, 1999, 18(5)：558 - 562.

[88] 周海龙. 软土地区基坑支护系统的设计思路及要点[M]. 北京：中国建筑工业出版社, 1996.

[89] 龚晓南, 高有潮. 深基坑工程设计施工手册[M]. 北京：中国建筑工业出版社, 1998.

[90] 刘建航, 候学渊. 基坑工程手册[M]. 北京：中国建筑工业出版社, 1997.

[91] 秦四清. 深基坑工程优化设计[M]. 北京：地震出版社, 1998.

[92] 中华人民共和国住房和城乡建设部. 建筑基坑支护技术规程：JGJ 120—2012[S]. 北京：中国建筑工业出版社, 1999.

[93] 徐玖平. 多目标决策的理论与方法[M]. 北京：清华大学出版社, 2005.

[94] 王东. 运用模糊综合评判法选择基坑支护方案的分析方法[J]. 住宅科技, 1997(9)：28 - 31.

[95] 吕培印. 深基坑支护体系的多层次模糊综合决策[J]. 辽宁工学院学报, 1999, 19(5)：42 - 46.

[96] 段绍伟, 沈蒲生. 基于工程可靠度工程造价工期的深基坑支护结构选型研究[J]. 湘潭矿业学院学报, 2002, 17(2)：79 - 81.

[97] 万文. 地铁支护方案的模糊评价[J]. 探矿工程, 2003(1)：57 - 59.

[98] 廖英, 夏海力. 层次分析模糊综合评价法在深基坑支护方案优选中的应用[J]. 工业建筑, 2003, 34(9)：26 - 35.

[99] Zhang S G, Cheng C S. Fuzzy optimization model of support scheme for deep foundation pits and its application[J]. Chinese Journal of Rock Mechanics and Engineering, 2004, 23(12)：2046 - 2048.

[100] 王卓甫. 工程项目风险管理[M]. 北京：中国水利水电出版社, 2002.

[101] 高文华. 淮北临涣井田综采地质条件多层次评价模型[J]. 湘潭矿业学院学报, 1998, 13(1)：28 - 32.

[102] 陈守煜. 工程模糊集理论应用[M]. 北京：国防工业出版社, 1998.

[103] 刘国彬, 王卫东. 基坑工程手册[M]. 2版. 北京：中国建筑工业出版社, 2009.

[104] 中国土木工程学会土力学及岩土工程分会. 深基坑支护技术指南[M]. 北京：中国建筑工业出版社, 2012.

[105] 徐杨青. 深基坑工程设计方案优化决策与评价模型研究[J]. 岩土工程学报, 2005, 27(7)：

844 - 848.

[106] 刘爱娟. 基坑止水帷幕优化设计及工程应用[D]. 郑州：华北水利水电学院,2006.

[107] 刘金龙,栾茂田,赵少飞,等. 关于强度折减有限元方法中边坡失稳判据的讨论[J]. 岩土力学,2005,26(8)：1345 - 1348.

[108] 栾茂田,武亚军,年廷凯. 强度折减有限元法中边坡失稳的塑性区判据及其应用[J]. 防灾减灾工程学报,2003,23(3)：1 - 8.

[109] 李宁,张承客,周钟. 边坡爆破开挖对邻近已有洞室影响研究[J]. 岩石力学与工程学报,2012,31(增 2)：3472 - 3477.

[110] 裴利剑,屈本宁,钱闪光. 有限元强度折减法边坡失稳判据的统一性[J]. 岩土力学,2010,31(10)：3337 - 3340.

[111] 郑颖人,叶海林,黄润秋. 地震边坡破坏机制及其破裂面的分析探讨[J]. 岩石力学与工程学报,2009,28(8)：1715 - 1723.

[112] 黄润秋. 岩石高边坡发育的动力过程及其稳定性控制[J]. 岩石力学与工程学报,2008,27(8)：1526 - 1544.

[113] 张晓咏,戴自航. 应用 ABAQUS 程序进行渗流作用下边坡稳定分析[J]. 岩石力学与工程学报,2010,29(增 1)：2927 - 2934.

[114] 贾官伟,詹良通,陈云敏. 水位骤降对边坡稳定性影响的模型试验研究[J]. 岩石力学与工程学报,2009,28(9)：1798 - 1803.

[115] 许红涛,卢文波,周创兵,等. 基于时程分析的岩质高边坡开挖爆破动力稳定性计算方法[J]. 岩石力学与工程学报,2006,25(11)：2213 - 2219.

[116] 何蕴龙. 岩质边坡施工爆破振动加速度近似计算方法[J]. 岩石力学与工程学报,1996,15(1)：19 - 25.

[117] 中华人民共和国住房和城乡建设部. 建筑基坑工程监测技术规范：GB 50497 - 2009[S]. 北京：中国计划出版社,2009.

[118] 中华人民共和国水利部. 水利水电工程物探规程：SL 326 - 2005[S]. 北京：中国水利水电出版社,2005.

[119] 中国工程建设标准化协会. 超声法检测混凝土缺陷技术规程：CECS 21：2000[S]. 北京：中国计划出版社,2000.

[120] 海南省地方志办公室. 海南省志　气象志[M]. 海南：南海出版公司,2004.

[121] 袁建平,余龙师,邓广强,等. 海南岛地貌分区和分类[J]. 海南大学学报(自然科学版),2006,24(4)：364 - 370.

# 致　谢

　　本科研项目在近 7 年的研究时间里得到了中国人民解放军海军工程设计研究院和上海市建工设计研究院有限公司的大力支持,这里特别要感谢海军工程设计研究院的李忠平院长、王其涵院长、倪琦总工程师,上海市建工设计研究院有限公司的胡玉银院长、栗新总工程师和技术中心的陈建兰主任,没有他们的支持和关心,本课题就不会如期顺利完成。在现场试验和工程实例引用上,得到了中国人民解放军总装备部安装总队驻 078 基地的杨晓明副总队长等的帮助,总装备部设计研究院无私地提供了文昌卫星发射基地的岩土勘察报告,中国二十冶集团有限公司在 1#、2# 工位基坑施工方案编制和基坑防渗止水帷幕体的施工过程中也给予大力支持,这里一并致以深深的谢意!

　　最后,对为本课题完成付出辛勤劳动的课题组成员表示感谢,道一声,同志们,辛苦了!

著　者

2016 年 9 月